数字媒体技术应用专业系列教材

三维可视化制作

——Autodesk 3ds Max 2011

Sanwei Keshihua Zhizuo

——Autodesk 3ds Max 2011

矫学成　主编

武莹　副主编

高等教育出版社·北京

HIGHER EDUCATION PRESS　BEIJING

内容提要

本书是数字媒体技术应用专业系列教材，是教育部职业教育与成人教育司校企合作项目——“数字媒体技能教学示范项目试点”指定教材。

本书针对中等职业学校学生的特点，从三维可视化制作初学者和实战应用的角度出发，通过一个个具体的案例由浅入深地讲解了 3ds Max 2011 的三维可视化制作方法。本书主要内容包括 3ds Max 2011 基础知识，创建与编辑模型，建模综合实训，材质与贴图，灯光、摄像机和渲染，室内效果图设计，动画制作，环境与特效，动画制作实训。

本书配套光盘提供书中所用案例的素材和源文件。本书还配套学习卡网络资源，使用本书封底所赠的学习卡，登录 http://sve.hep.com.cn，可获得相关资源。

本书侧重三维可视化制作技能的学习，突出实战能力的提高。本书适合作为职业学校计算机应用、数字媒体技术应用、计算机平面设计、计算机动漫与游戏制作等专业教材，也可供三维可视化制作爱好者使用。

图书在版编目(CIP)数据

三维可视化制作：Autodesk 3ds Max 2011/矫学成主编.—北京：高等教育出版社，2011.8

ISBN 978-7-04-032640-6

Ⅰ.①三… Ⅱ.①矫… Ⅲ.①动画制作软件，3DS MAX 2011—中等专业学校—教材 Ⅳ.①TP391.41

中国版本图书馆 CIP 数据核字(2011)第 146523 号

策划编辑 赵美琪　　责任编辑 赵美琪　　封面设计 张申申　　版式设计 范晓红

责任校对 陈旭颖　　责任印制 韩 刚

出版发行 高等教育出版社
社　　址 北京市西城区德外大街 4 号
邮政编码 100120
印　　刷 中原出版传媒投资控股集团 北京汇林印务有限公司
开　　本 787mm×1092mm　1/16
印　　张 20
字　　数 460 千字
购书热线 010-58581118

咨询电话 400-810-0598
网　　址 http://www.hep.edu.cn
　　　　 http://www.hep.com.cn
网上订购 http://www.landraco.com
　　　　 http://www.landraco.com.cn
版　　次 2011 年 8 月第 1 版
印　　次 2011 年 8 月第 1 次印刷
定　　价 59.00 元(含光盘)

物 料 号 32640-00

序

近年来，随着我国文化产业的发展和以计算机网络技术为核心的数字技术的飞跃，对于数字媒体人才的培养和教育已经成为各阶段教育所面临的重要任务。数字媒体行业是智力密集型的产业，是依赖于创作者主观意识和艺术素质综合实力的行业，所以人才的素养是它的核心。

组织编写数字媒体技术应用专业系列教材的初衷是在我们走访了很多学校，并且和校长及老师们交流之后，深切感受到有一套适合中职学校使用的数字媒体技术应用专业教材非常必要。这套教材的出版不仅为中职的老师和学生提供了教科书，而且完成了我这几年从事数字媒体行业的一个心愿。虽然我国目前的数字媒体行业还处在起步阶段，各个学校和企业都求贤若渴，迫在眉睫的事就是如何培养满足行业发展需要的人才。时不我待，但我们仍然要脚踏实地，从培养基础人才做起。我们的编者都具有丰富的行业经验，他们的实践积累不仅能为学生的学习提供帮助，更能为他们走上工作岗位以后的从业打下扎实的基础。

感谢教育部职业教育与成人教育司、高等教育出版社和康智达公司为这套教材的出版做出的大量辛苦、细致的工作，感谢他们为数字媒体教育做出的努力和探索。希望中国未来也能出现像 Brad Bird(《超人总动员》导演，11 岁立志成为动画人，15 岁制作出自己的第一步动画短片)这样的技术派大导演。

谨代表欧特克公司祝愿中国数字媒体专业水平更上一层楼！

欧特克软件(中国)有限公司传媒娱乐行业总监　姜洪

前　言

3ds Max 2011是集建模、材质编辑、场景设计、动画制作和渲染为一体的软件，在动画、多媒体、游戏、影视、广告和效果图设计等领域中有着广泛的应用。目前，在职业院校的计算机应用、软件技术和数码娱乐等专业，均将3ds Max应用设置为专业必修课之一。

全书由49个案例构成，介绍了3ds Max 2011的基本使用、操作技巧及实际作品设计制作方法，适合3ds Max初学者使用。本书在编写上具有以下特色。

1. 适应“做中学，做中教”教学模式

本书编写打破了传统的学科课程体系，根据实际工作要求，以案例为主要内容，以实战训练为结构框架，以动手实践为主体，整合相关的、必需的理论知识，让学生在做中学，让教师在做中教，加强专业教育与社会生产实际的联系，加强专业教育与具体工作任务的联系，强化职业能力的培养。案例选取了具有实际应用价值的作品，能够激发学生的学习兴趣，使学生在积极主动地解决问题的过程中掌握就业岗位技能。

2. 采用案例式结构

全书采用案例式结构，以应用为主线。每章按知识体系划分为若干节，而每一节则以两个或两个以上涵盖相关知识点的应用案例为开头，首先根据案例的效果给出具体的操作步骤，然后再归纳案例所涉及的各个知识点及知识点的扩展应用。这使学生不仅能知其然，也能知其所以然。这样，学生才能在学会了案例的制作过程之后，再发挥自己的创意，完成更多的实际应用作品的制作。

3. 强调实际操作技能的训练

本书在每一案例的后面均通过“巩固与提高”给出了运用案例知识设计新颖的实际应用作品上机操作任务，突出了实际操作能力的培养。在每个案例的“自我创意”中，还布置了一个不带提示的创意题，给学生提出一定的挑战，充分调动其学习积极性与创造性。

本书在编写上力求做到语言简洁，图示详细，在案例设计上既注重对相关知识点的涵盖，又注重实用性和趣味性。

为了能真正提高学生的三维可视化制作能力，学校在开设本课程时，最好全部进行上机学习。有条件的学校，在安排本课程学习前，最好能够先安排Photoshop相关课程的学习，这样学生的实战能力会大大提高。本书的建议学时安排如下。

建议学时安排(不包含期中、期末考试复习)

章　节	总　学　时
1　3ds Max 2011 基础知识	4
2　创建与编辑模型	20
3　建模综合实训	8
4　材质与贴图	6
5　灯光、摄像机和渲染	8
6　室内效果图设计	4
7　动画制作	10
8　环境与特效	4
9　动画制作实训	8
合计	72

本书由大连电子学校矫学成主编，武莹副主编。第1～6章、第8章由矫学成编写，第2章第5节、第3章第3节、第7章、第9章由武莹编写。参与编写的人员还有尹琳琳、王田老师。相关行业人员参与整套教材的创意设计及具体内容安排，使教材更符合行业、企业标准。中央广播电视大学史红星副教授审阅了全书并提出宝贵意见，在此表示感谢。

本书配套光盘提供书中所用案例的素材和源文件。本书还配套学习卡网络教学资源，使用本书封底所赠的学习卡，登录 http://sve.hep.com.cn，可获得相关资源，详见“郑重声明”页。本书所使用的相关资料只用于教学，不应用于商业用途。

本书是集体智慧的结晶，在编写过程中，我们力求精益求精，但难免存在一些不足之处。读者使用本书时如果遇到问题，可以发 E-mail 到 edu@digitaledu.org 与我们联系。

编者

2011年5月

目 录

3ds Max 2011 基础知识

1.1 3ds Max 2011 功能简介

3ds Max 是美国 Autodesk 公司旗下优秀的集建模、材质编辑、场景设计、动画制作和渲染为一体的软件，目前最新版本为 2011。

1.1.1 应用领域

3ds Max 广泛应用于建筑设计、工业造型、视频影视、军事战场模拟、室内外效果图制作、角色及游戏动画等多个领域。3ds Max 是业界应用非常广泛的建模平台，并集成了新的子层面细分(Subdivision)表面和多边形几何建模，还包括新的集成动态着色(ActiveShade)及元素渲染(Render Elements)功能的渲染工具。同时 3ds Max 提供了与高级渲染器的连接，如 Mental Ray 和 Renderman，来产生更好渲染效果及分布式渲染。

1.1.2 用户界面简介

1. 3ds Max 2011 启动

在 3ds Max 2011 安装完成后，它会自动在系统的"开始"菜单中创建程序组，执行"开始→程序→Autodesk →Autodesk 3ds Max 2011 32-bit →Autodesk 3ds Max 2011 32 位"命令，即可启动 3ds Max 2011 软件，也可以双击桌面上的快捷方式图标，启动 3ds Max 2011 软件。用户操作界面如图 1-1-1 所示。

2. 3ds Max 2011 软件用户操作界面的组成

(1) 菜单栏：3ds Max 2011 共有 12 组菜单，这些菜单包含了 3ds Max 2011 的大部分操作命令。

(2) 主工具栏：3ds Max 2011 共有 31 个工具，通过主工具栏用户可以快速访问多种常用任务工具和对话框。

(3) 石墨建模工具：石墨建模工具由 4 个面板组成，它包含了所有雕塑和编辑对象的必要工具。这些工具在面板中安排有序，可以展开与折叠。

(4) 命令面板：命令面板由 6 个单独面板组成，用于创建和编辑场景中的对象。每个面板都有卷展栏，其中包含按功能划分的命令和参数，卷展栏可以展开或折叠。要浏

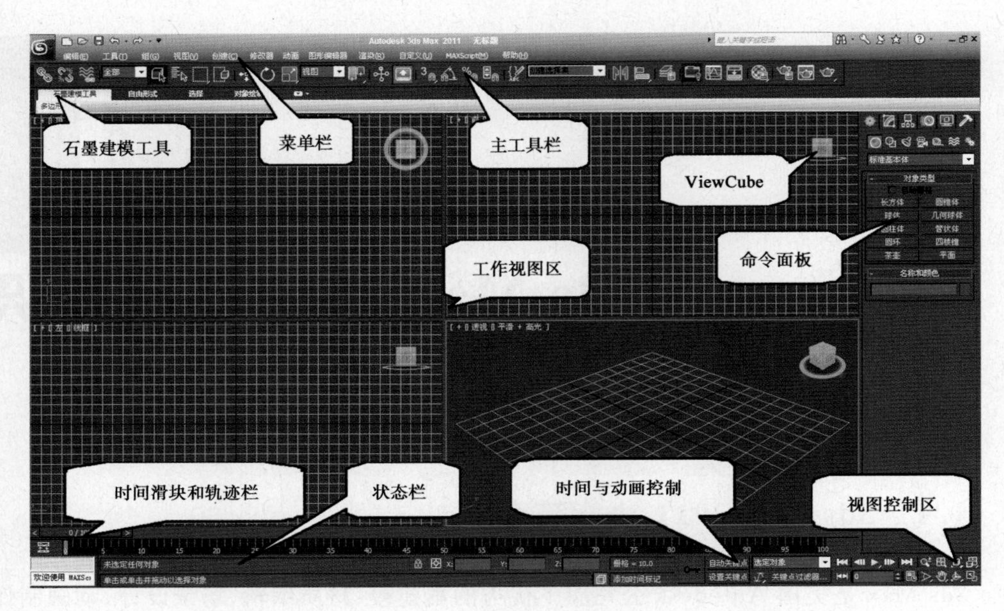

图 1-1-1

览整个面板，可以在面板空白区域进行拖动，或者拖动右侧边缘的窄滚动条。

(5) 时间与动画控制：使用时间与动画控制可以创建动画。

(6) 时间滑块和轨迹栏：沿着轨迹栏拖动时间滑块可以查看创建的动画。

(7) 状态栏：状态栏会显示有关场景的信息。

(8) 工作视图区：工作视图区可以从不同角度显示场景。3ds Max 2011 默认由 4 个视图构成，分别称“顶”、“前”、“左”视图（为正交视图）与“透视”视图。正交视图是三维场景的二维展示，“透视”视图是最接近人视觉的三维场景展示。

要在正常大小与全屏幕间切换活动视图，可单击视图，然后按 Alt＋W 快捷键。

(9) ViewCube：通过 ViewCube，可以快速在不同视图间浏览。要更改当前视图，可单击 ViewCube 的任意定义区域。用户还可以通过拖动 ViewCube 来设置自定义视图。

(10) 视图控制区：视图控制区共 8 个工具，用来控制场景的浏览，也可以使用 SteeringWheels，按 Shift＋W 快捷键可在两者间切换。

SteeringWheels 将多种常用视图控制组合在一个界面中，该界面由鼠标光标控制。该界面中有不同类型的轮子，每种轮子都有各自的用途。要使用轮子，可将光标放在相应的楔体上，然后通过单击或拖动激活轮子的工具。在视图中右击可关闭轮子。

1.1.3 应用案例展示

(1) 建筑设计应用如图 1-1-2 所示。

(2) 工业造型如图 1-1-3 所示。

(3) 视频影视如图 1-1-4 所示。

(4) 军事战场模拟如图 1-1-5 所示。

(5) 室内效果图制作如图 1-1-6 所示。

(6) 角色模型如图 1-1-7 所示。

图 1-1-2

图 1-1-3

图 1-1-4

图 1-1-5

图 1-1-6

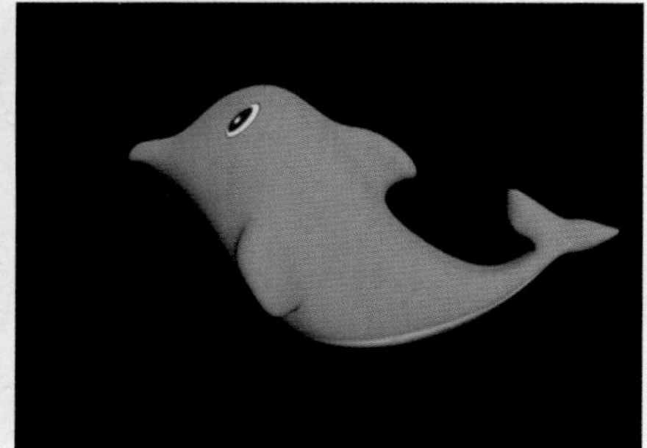

图 1-1-7

（7）游戏设计如图 1-1-8 所示。

图 1-1-8

1.2 3ds Max 2011 基本操作

1.2.1 文件管理操作

文件管理操作是使用 3ds Max 2011 软件的基础，为了完成作品设计必须要熟练掌握文件的打开、导入、保存、重置、新建与导出等操作。

(1) 打开：打开一个 3ds Max 文件，可以按 Ctrl+O 快捷键，打开的 3ds Max 场景文件格式为 .max 或 .3ds。

(2) 导入：将外部文件导入到 3ds Max 中。

① 导入：将外部文件格式导入到 3ds Max 中。

② 合并：将 3ds Max 外部文件的对象插入到当前场景。

③ 替换：用外部文件的对象来替换当前 3ds Max 场景中的对象。

(3) 保存：保存当前 3ds Max 场景，可以按 Ctrl+S 快捷键。

(4) 重置：重置 3ds Max 进程到默认设置及空场景。单击左上角按钮，选取"重置"命令。

(5) 新建：用新文件刷新 3ds Max 并保留进程设置。单击左上角按钮，选取"新建"命令。

(6) 导出：从当前 3ds Max 场景导出外部文件格式。单击左上角按钮，选取"导出"命令。

1.2.2 视图调整

视图是 3ds Max 2011 的操作舞台，对场景对象进行各种操作都依赖于视图效果。为了完成作品设计必须要熟练掌握视图的切换调整与视图的控制等操作。

3ds Max 2011 软件视图共有 10 种，其默认视图为 4 种，分别为"顶"、"前"、"左"与"透视"视图。视图都可以任意相互切换，视图效果可以进行控制。

1. 视图切换

(1) 利用"快捷键"：T(顶)、F(前)、L(左)、P(透视)、C(摄像机)、U(正交)、B(底)。

(2) 利用鼠标：右击视图名，在快捷菜单中选取相应视图名。

2. 视图控制

(1) 利用视图控制区：通过单击视图控制区相应的按钮(8 个)实现。

(2) 利用鼠标：滚动滚轮可以实现缩放；按住滚轮拖动可以实现平移；按住 Alt 键，按住滚轮拖动可以实现旋转视图。

(3) 利用快捷键：按 Alt+W 快捷键可以实现最大视图切换。

(4) ViewCube：通过 ViewCube，可以快速在单个视图的不同视图间浏览。要更改当前视图，可单击 ViewCube 的任意定义区域。用户还可以通过拖动 ViewCube 来设置自定义视图。

1.2.3 单位设置

在 3ds Max 2011 软件作品设计时，通常应对对象模型大小比例进行控制，才能使作品的设计符合生活实际。要使对象模型大小成比例，在作品设计前应对系统的使用单位进行设置。在3ds Max 2011中有两种单位，一种是“系统单位”，一种是“显示单位”。设置单位的目的是度量场景中几何体的大小。“系统单位”决定了对象的实际大小，而“显示单位”只影响几何体在视图中的显示方式。系统默认单位为“英寸”。

单位设置方法如下：

(1) 选取“自定义”菜单中“单位设置”命令，弹出“单位设置”对话框，如图1-2-1所示。

(2) 选中“公制”，单击其右边的下拉菜单按钮，选取相应的单位。

(3) 单击“确定”按钮完成设置。

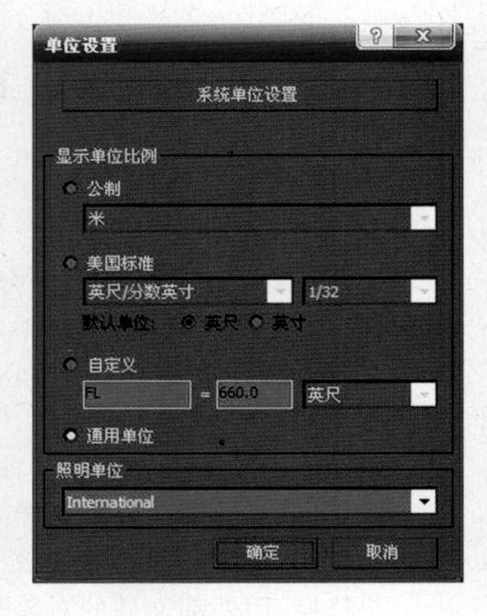

图 1-2-1

1.2.4 对象操作

对象是3ds Max 2011软件中的基本模型单位，实现对象操作是3ds Max 2011中最基本的操作。为了完成作品设计必须要熟练掌握3ds Max 2011中对象的选择、移动、旋转、缩放、复制、镜像、对齐、阵列等操作。在3ds Max 2011软件中这些操作主要是利用主工具栏的相应工具实现的。

(1) 对象的选择：在3ds Max 2011软件中，对象的选择有多种方法可以实现，主要包括：

① 选择对象工具：实现选择对象。

② 按名称选择工具：通过对象名称来选择指定对象。

③ 选择区域工具：通过不同方法画出区域，选择包含在区域内的所有对象。

④ 选择与移动工具：选择对象的同时可以移动对象。

当某一对象被选择后，该对象就会带坐标轴显示。对象的控制主要依赖于坐标轴。

(2) 对象的移动：利用选择与移动工具实现。通过拖动对象上的坐标中心或坐标轴，水平方向移动拖X轴，垂直方向移动拖Y轴，任意方向移动拖坐标中心。

(3) 对象的旋转：利用选择与旋转工具实现。通过拖动对象上红、黄、蓝旋转线实现在不同轴向的旋转。旋转角度可通过视图上方的旋转坐标值确定。

(4) 对象的缩放：利用选择与缩放工具实现。缩放工具有三种，均匀、非均匀及挤压缩放。通过拖动对象上的坐标中心或坐标轴，水平方向缩放拖X轴，垂直方向缩放拖Y轴，等比缩放拖坐标中心。

(5) 对象的复制：按住Shift键，再拖动对象实现。复制的方式有三种：复制、实例和参考。

① 复制：复制相同对象，一个对象改变，不影响另一个对象。

② 实例：复制相同对象，一个对象改变，另一个对象也随着改变。

③ 参考：复制相同对象，源对象改变，复制的对象也随着改变，但复制的对象改变，不影响源对象。

(6) 对象的镜像：利用镜像工具实现。镜像也是一种复制，有 4 种方式：不克隆、复制、实例和参考。

(7) 对象的对齐：利用对齐工具实现。操作方法如下：

① 选择要对齐的对象，单击“对齐”工具。

② 在视图中单击对齐目标对象，弹出“对齐当前选择”对话框，如图 1-2-2 所示。

③ 确定对齐位置、方向，单击“确定”按钮。

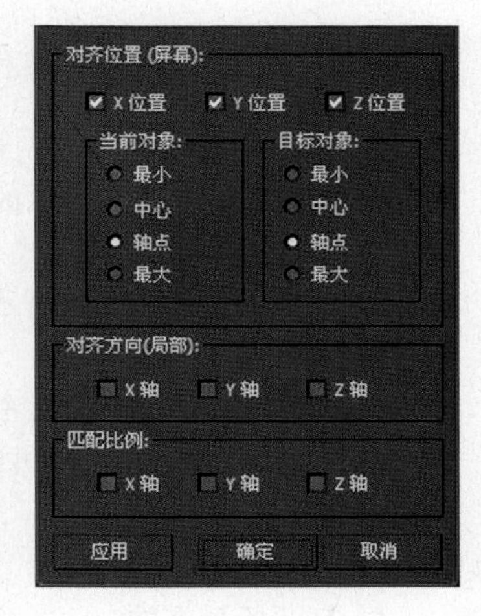

图 1-2-2

(8) 对象的阵列：对象的阵列分线性阵列和角度阵列。

线性阵列为沿某一坐标方向阵列。操作方法如下：

① 选中对象，单击“工具”菜单中“阵列”命令，弹出如图 1-2-3 所示对话框。

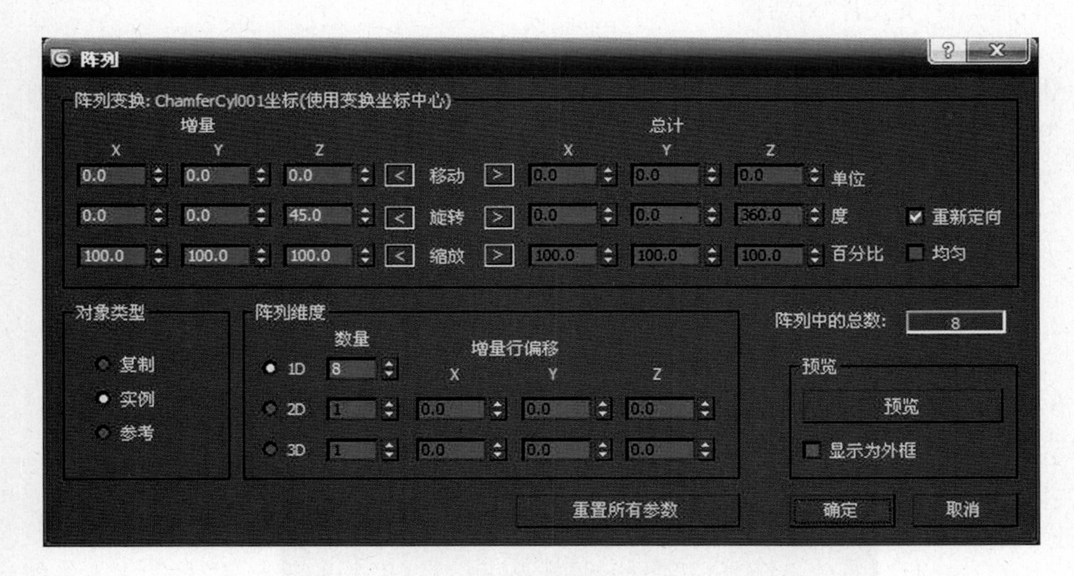

图 1-2-3

② 确定阵列数量，某一坐标方向的间距值。

③ 单击“确定”按钮。

角度阵列为以某一坐标轴为中心，沿弧度方向阵列。操作方法如下：

① 选中对象，单击主工具栏中 视图 工具，选取“拾取”项。

② 单击中心参考物，再按下主工具栏中“视图”工具旁工具，选中最下边的工具。

③ 单击“工具”菜单中“阵列”命令，弹出如图 1-2-3 所示对话框。

④ 确定阵列数量，某一坐标轴上的角度值。

⑤ 单击“确定”按钮。

1.2.5　应用案例：制作玩偶

【案例分析】

本案例是利用场景提供的现成的模型部件，利用相关操作，用搭积木的方式来制作一个可爱的玩偶，其渲染效果如图 1-2-4 所示。

图 1-2-4

【操作目的】

通过本案例的学习，读者将进一步熟练掌握 3ds Max 2011 的基本操作，并对三维空间及坐标轴有更多的认识。

【操作步骤】

1. 打开场景文件

（1）启动 3ds Max 2011 之后，选择“打开”菜单，弹出“打开文件”对话框。

（2）在对话框中选择本书配套光盘上“场景”文件夹中的文件“玩偶－1.max”，单击“打开”按钮。打开的场景如图 1-2-5 所示，其中提供了制作玩偶所需的各个部件，如“头”、“身体”、“脚”等。

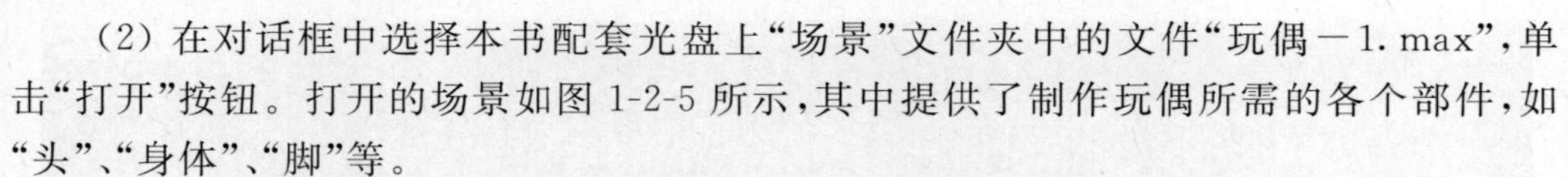

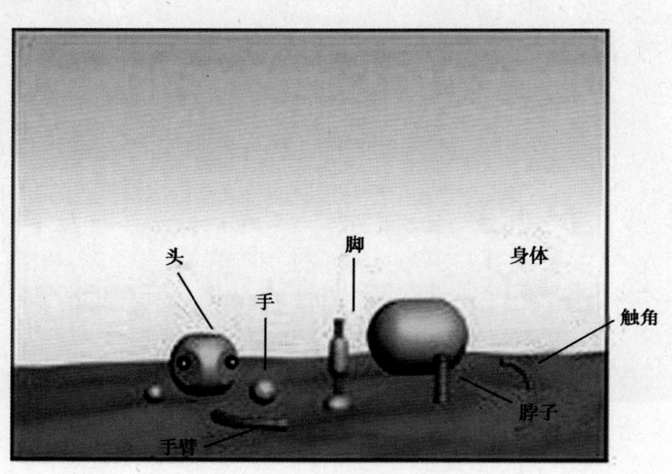

图 1-2-5

2. 拼接“脚”和“身体”

（1）复制另一只“脚”。单击工具栏中的按钮，在前视图中单击选择“脚”的造型，这时，在命令面板的名称栏中会显示出“脚”。把光标移到 X 轴上使之变成黄色显示，然后按住 Shift 键不放，按住鼠标左键向右拖动鼠标，在适当的位置放开鼠标左键及 Shift 键，弹出“克隆选项”对话框，单击“确定”按钮，即复制出了另一只“脚”。

（2）把“身体”立起来。单击工具栏中的“选择并旋转”按钮，在前视图中单击选择“身体”的造型，这时在“身体”的周围出现了两个同心圆环，这是旋转操作的坐标轴标志。单击工具栏中的“角度捕捉切换”按钮，再把光标移到蓝色的内圆环处使之变成黄色显示，按下左键向上拖动鼠标，使“身体”绕 Z 轴沿顺时针方向旋转。拖动鼠标的

同时注意观察屏幕底部的状态栏，当Z轴右边的数字变成“－90”时，放开左键结束旋转操作。

（3）将“身体”移到“脚”上。单击工具栏中的按钮，在前视图中选择“身体”，然后把光标移到X轴和Y轴标志之间的红绿色方形边线处，使之变成黄色方块，这表示可以在XY平面上自由移动对象。按下鼠标左键将“身体”移到两只脚上，如图1-2-6所示。

虽然在前视图中“身体”移到了脚上，但从其他3个视图中可以看出，“身体”并没有和“脚”连在一起，需继续调整“身体”的位置。

（4）确认工具栏中的按钮已被激活，在左视图中将“身体”沿着X轴右移，使其位置如图1-2-7所示。

图 1-2-6

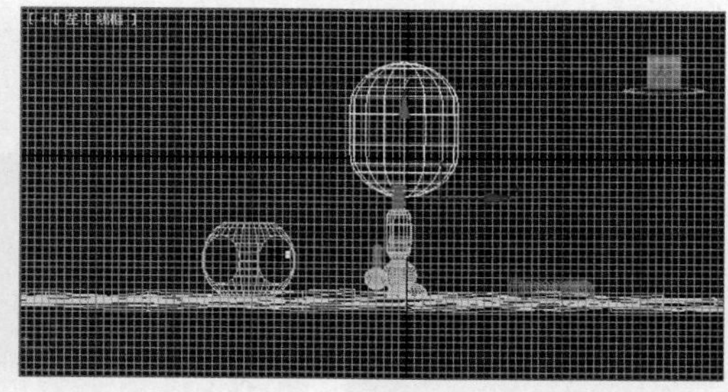

图 1-2-7

3. 拼接“手”和“手臂”

（1）调整“手臂”的角度。在透视视图中选择“手臂”，再按空格键锁定对该对象的选择，这时屏幕底部状态栏中的“选择锁定切换”按钮会变成黄色显示。单击工具栏中的按钮，再按下按钮锁定旋转角度，在左视图中将“手臂”绕Z轴沿逆时针方向旋转90°。

（2）单击工具栏中的按钮，分别在前视图和左视图中调整“手臂”的位置，使其如图1-2-8所示。

（3）再次按空格键，取消对“手臂”的锁定，这时状态栏中的按钮又会恢复成灰色显示。用相同的方法，将较大的一个球体（即“手”的造型）移到“手臂”的一端，与“手臂”连在一起。

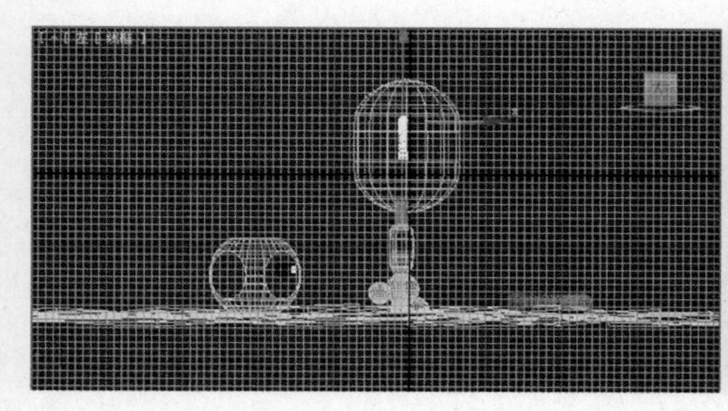

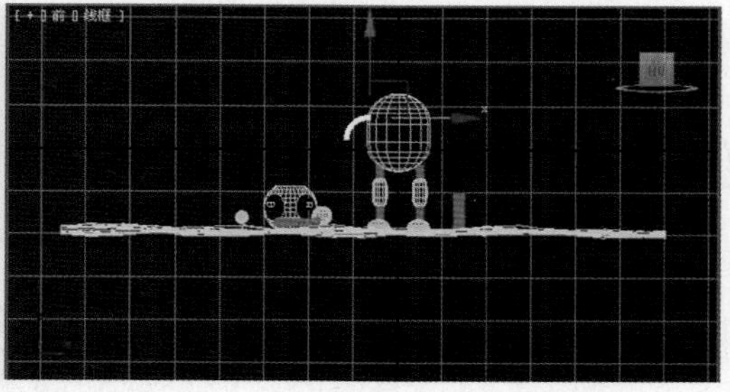

图 1-2-8

图 1-2-9

（4）组合“手”和“手臂”。确认“手”已被选择，再按住Ctrl键不放，在前视图中单击选择“手臂”，这样就同时选定了“手”和“手臂”两个不同的对象。选择“组→成组”命令，弹出图 1-2-9 所示的对话框。在其中的“组名”栏中输入“手和手臂”，单击“确定”按钮。

（5）复制出对称的另一只“手”和“手臂”。按空格键锁定“手和手臂”对象组，再单击前视图使之成为当前视图。单击工具栏中的“镜像”按钮，弹出如图 1-2-10 所示的对话框，在其中的“克隆当前选择”栏中，选择“复制”选项，单击“确定”按钮。

（6）单击工具栏中的按钮，在前视图中将镜像复制出的“手”和“手臂”沿着 X 轴移到“身体”的另一侧，如图 1-2-11 所示。

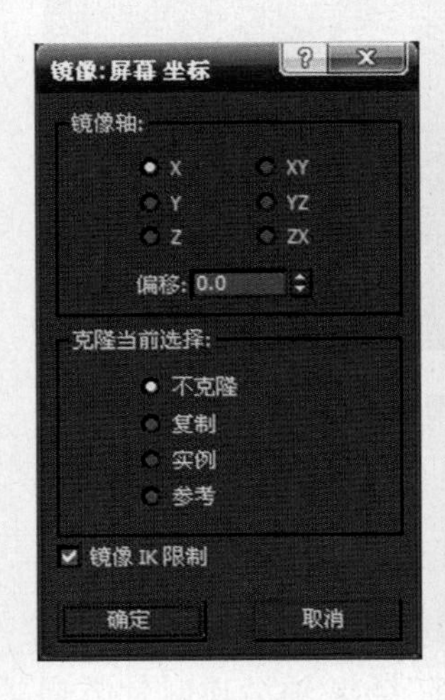

图 1-2-10

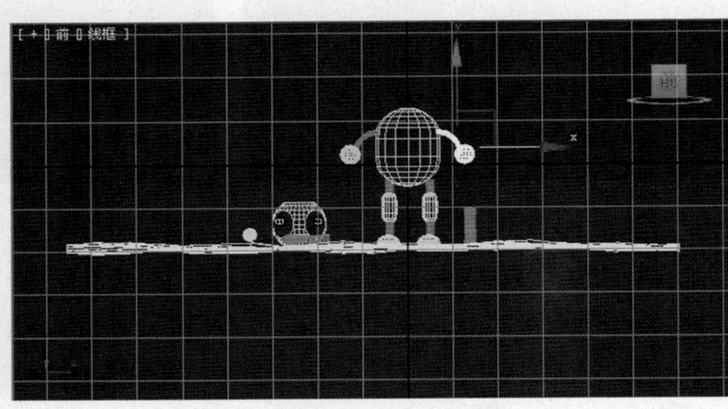

图 1-2-11

4. 拼接“脖子”和“头”

（1）调整“脖子”的位置。单击工具栏中的按钮，在前视图中将“脖子”移到“身体”的上端。

（2）调整“头”的位置。分别在前视图和左视图中移动“头”的位置，使其如图1-2-12所示。

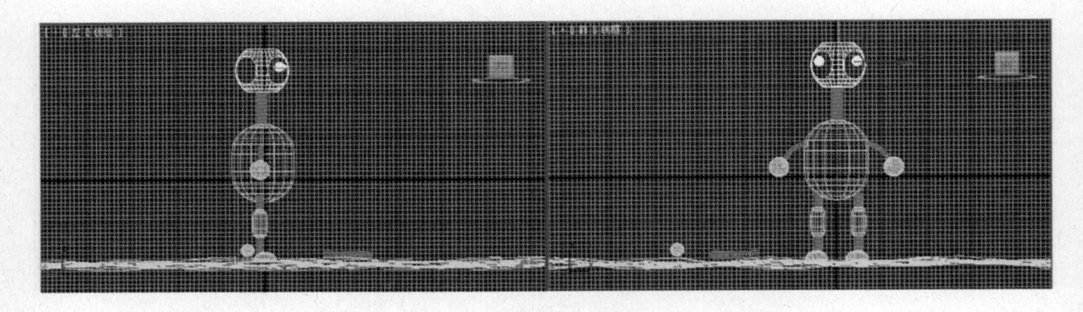

图 1-2-12

5. 拼接“触角”

（1）调整“触角”的位置。单击工具栏中的![]按钮，如图 1-2-13 所示，在前视图和左视图中移动组成触角的弯管和球体的位置。

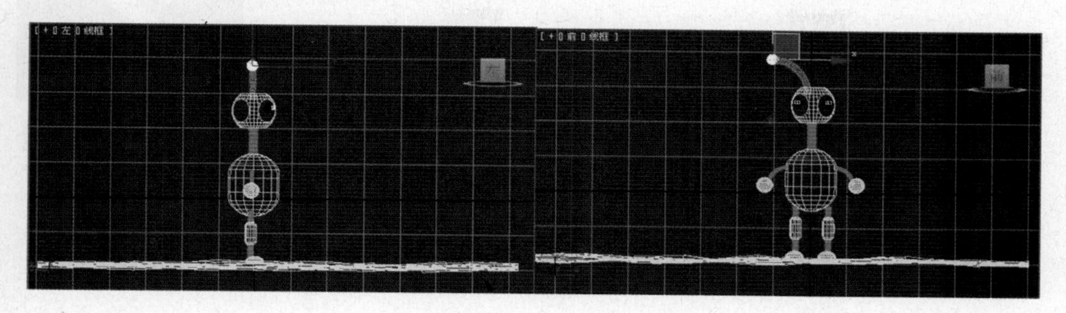

图 1-2-13

（2）组合触角。同时选择组成触角的弯管和球体，再使用“组/成组”菜单，将其组合成一个对象组，并命名为“触角”。

（3）调整“触角”的角度。确认“触角”被选择，按空格键锁定选择。单击工具栏中的![]按钮，在顶视图中将“触角”绕 Z 轴沿顺时针方向旋转 45°，结果如图 1-2-14 所示。

（4）镜像复制出另一只触角。采用镜像复制手臂的方法，单击工具栏中的![]按钮，在顶视图中镜像复制出另一只触角，并将其移动到“头”的另一边。

至此，一个可爱的玩偶就构建好了。渲染透视视图，结果如图 1-2-4 所示。

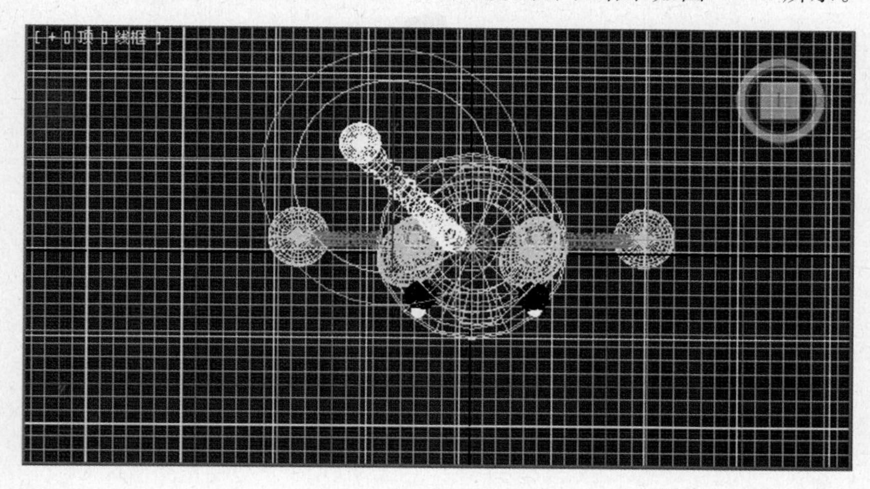

图 1-2-14

创建与编辑模型

2.1 标准模型建立

2.1.1 案例一：制作“雪人”

1. 案例效果

案例效果如图 2-1-1 所示。

图 2-1-1

2. 制作流程

(1)在顶视图分别建立两个球体作为身体→(2)在前视图建立两个小球与一个圆锥作为眼睛和鼻子→(3)在顶视图建立一个圆锥作为帽子→(4)赋材质→(5)加灯光→(6)保存渲染。

3. 步骤解析

(1) 单击“创建”命令面板中的“几何体”，选取“标准基本体”项，单击“球体”。

(2) 在顶视图拖动，建立半径参数分别为 50、35 的两个球体，将两个球体对齐并调整位置，如图 2-1-2 所示。

(3) 在前视图拖动，建立半径参数为 5 的两个小球体，调整位置如图 2-1-3 所示。

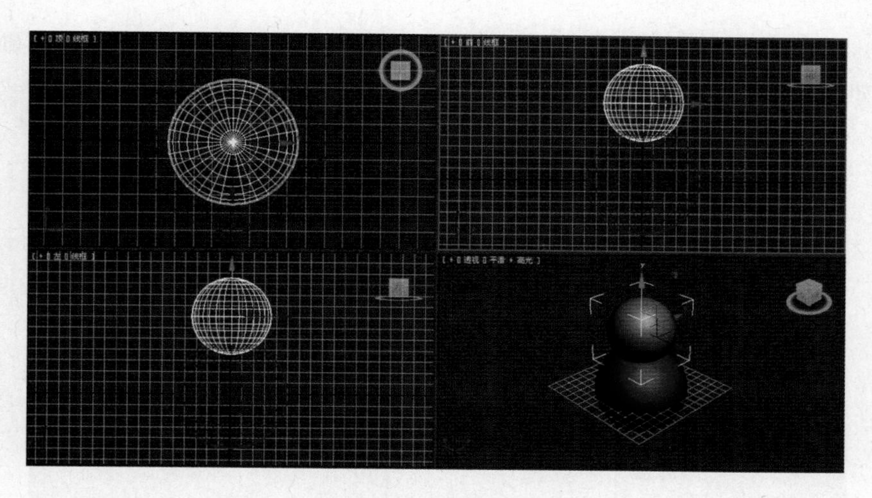

图 2-1-2

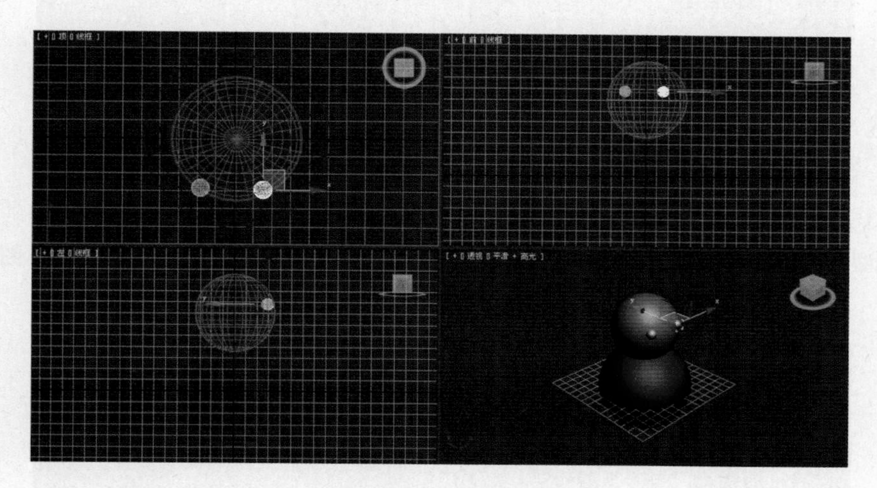

图 2-1-3

(4) 单击面板中"圆锥体",在前视图拖动,建立半径 1、半径 2 参数分别为 6、0,高度为 25 的圆锥体,调整位置如图 2-1-4 所示。

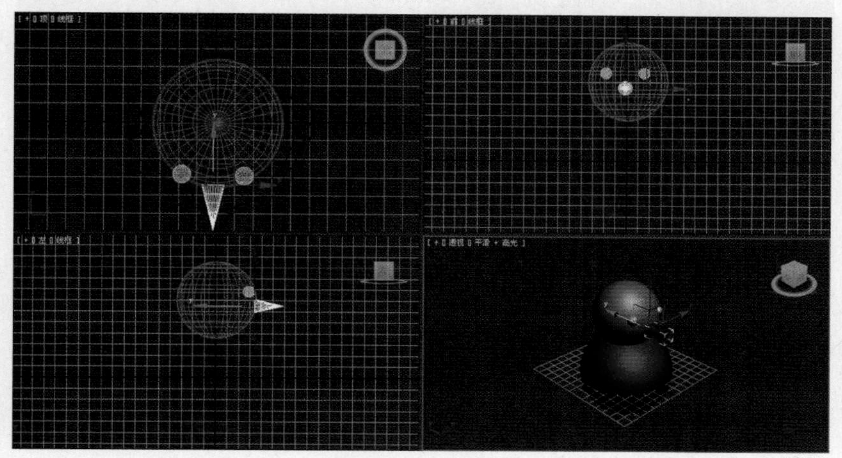

图 2-1-4

(5) 在顶视图拖动建立半径 1、半径 2 参数分别为 25、10，高度为 45 的圆锥体，调整位置如图 2-1-5 所示。

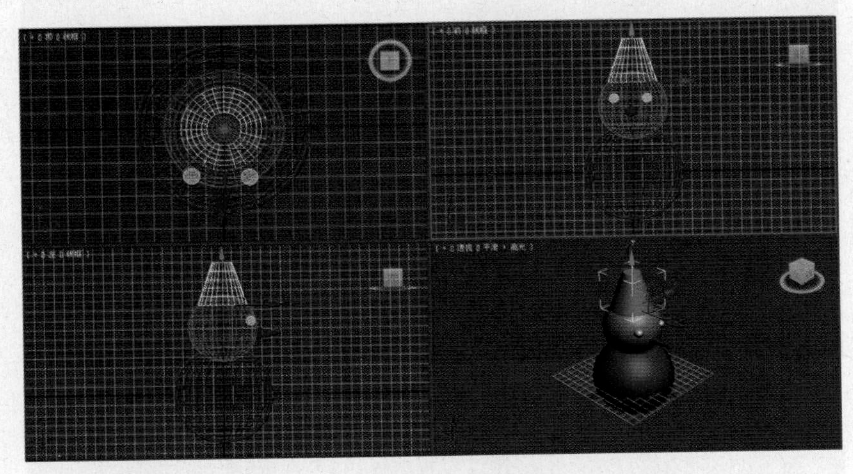

图 2-1-5

(6) 单击面板中“平面”，在顶视图拖动，建立长度、宽度参数分别为 1 400、1 400 的平面。

(7) 单击“选择并移动”工具，在前视图拖动选中所有对象，单击“选择并旋转”工具调整模型角度，按住 Alt 键，同时按下鼠标滚轮拖动透视视图，形成效果如图 2-1-6 所示。

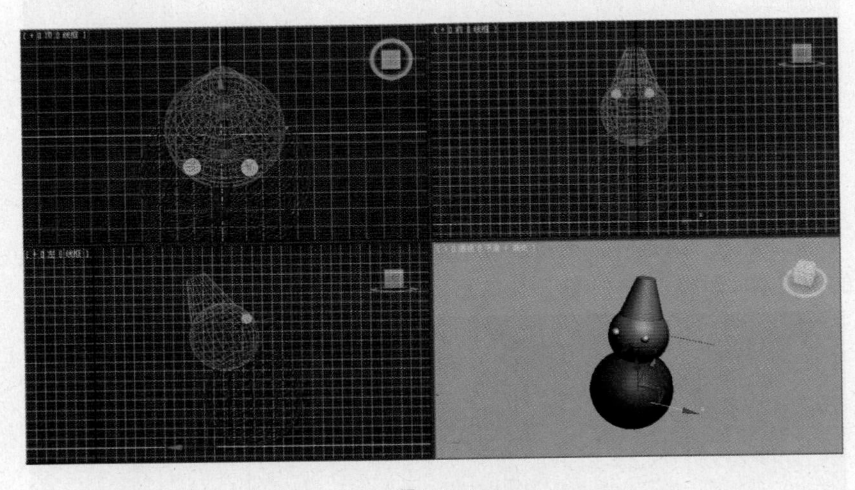

图 2-1-6

(8) 单击“材质编辑器”工具，打开材质编辑器如图 2-1-7 所示。

选取第一个球，“漫反射”选黑色，展开“贴图”卷展栏。选中“凹凸”，单击“凹凸”后面的“None”长按钮，打开如图 2-1-8 所示，双击“烟雾”。

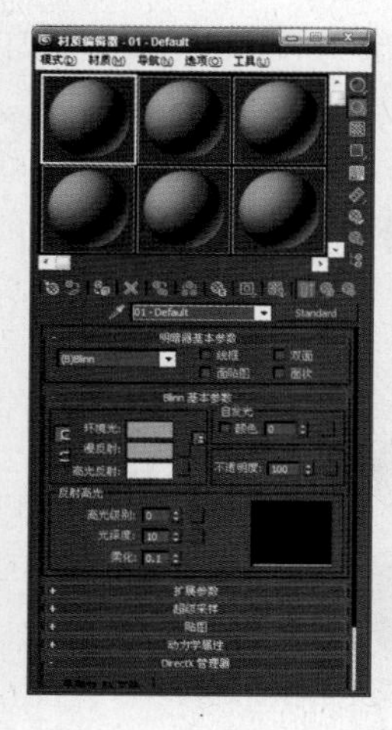

图 2-1-7

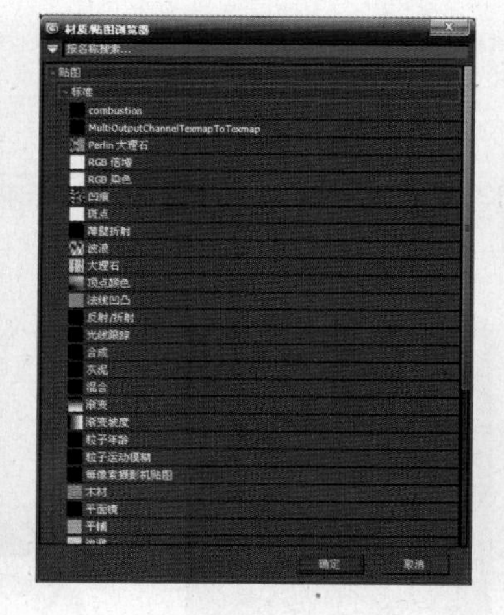

图 2-1-8

图 2-1-9

(9) 选中帽子圆锥体与眼睛的两个球，单击材质编辑器中的按钮，将材质赋给选中物体。

(10) 在材质编辑器中选取第二个球，“漫反射”选白色，展开“贴图”卷展栏。选中“凹凸”，单击“凹凸”后面的“None”长按钮，打开如图 2-1-8 所示，双击“位图”，如图 2-1-9 所示。

(11) 选取指定素材文件“冰裂玻璃.jpg”，设置“坐标”中 U、V 坐标“瓷砖”参数都为 2。

(12) 选中雪人身体的两个球，单击材质编辑器中的按钮，将材质赋给选中物体。

(13) 选中雪人鼻子的圆锥体，单击命令面板“名称和颜色”中的色块图标，置为红色。

(14) 在顶视图选中平面，单击命令面板“名称和颜色”中的色块图标，设置为白色。

(15) 单击“创建”命令面板中的“灯光”，选取“标准”项，单击“泛光灯”。

(16) 在前视图雪人上方左右分别单击，建立两盏灯光，如图 2-1-10 所示。选中左边灯光，单击“修改”命令面板，选取“常规参数”面板中阴影中的“启用“项，倍增设为“0.6”。选中左边灯光，倍增设为“0.6”。

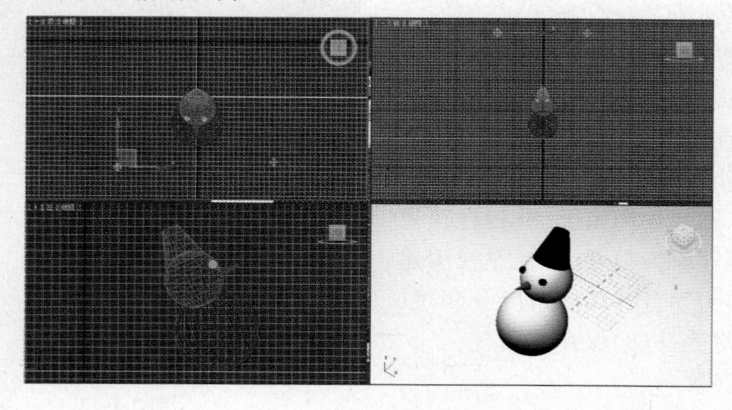

图 2-1-10

(17) 单击主工具栏中“渲染产品”工具，渲染的场景效果如图 2-1-1 所示，单击

渲染窗口中“保存”命令，确定保存位置，输入文件名，选取文件类型为“.jpg”，单击“保存”按钮，保存渲染的场景效果。

4. 知识链接

标准基本体的创建，是通过“创建命令”面板中 标准基本体 来进行的，如图2-1-11所示。

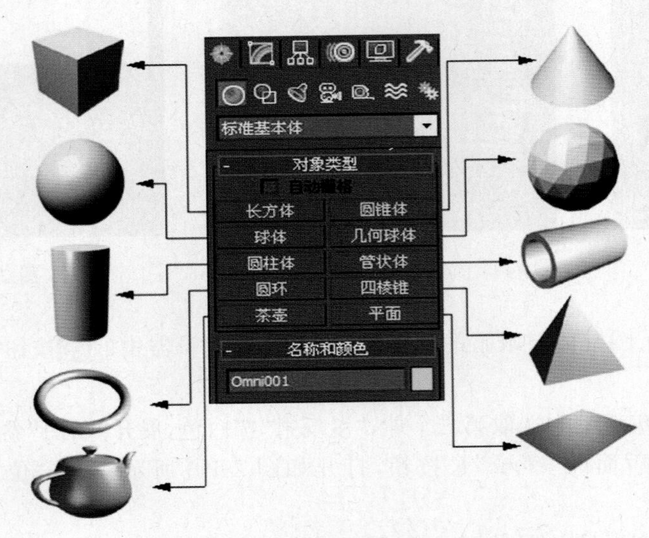

图 2-1-11

5. 案例小结

本案例重点是掌握建立标准几何模型，通过几何模型来构造复杂模型方法，同时了解模型材质和贴图设置、灯光设置及场景渲染方法。

巩固与提高

1. 案例效果

案例效果如图 2-1-12 所示。

图 2-1-12

2. 制作流程

(1)在顶视图分别建立两个球体作为身体→(2)在前视图建立两个小球与一个圆锥作为眼睛和鼻子→(3)在顶视图建立一个圆锥、球、圆环作为帽子→(4)在顶视图建立两个圆柱作为腿→(5)在左视图建立两个圆柱作为手臂并调整角度→(6)赋材质→(7)加灯光→(8)保存渲染。

3. 自我创意

利用标准基本体的创建方法，结合生活实际，自我创意各种卡通物模型。

2.1.2 案例二：制作“电脑桌”

1. 案例效果

案例效果如图 2-1-13 所示。

图 2-1-13

2. 制作流程

(1)在顶视图建立两个切角长方体作为桌面与底→(2)在顶视图建立三个切角长方体为两个桌腿与中间隔板→(3)在顶视图建立两个切角长方体作为电脑桌两侧挡板→(4)在顶视图建立一个切角长方体作为键盘托板→(5)在前视图建立一个切角长方体作为键盘挡板→(6)赋材质→(7)保存渲染。

3. 步骤解析

(1) 单击“创建”命令面板中的“几何体”，选取“扩展基本体”项，单击“切角长方体”。

(2) 在顶视图拖动，建立长度、宽度、高度、圆角、圆角分段分别为 50、100、3、2、2 的切角长方体作为桌面。

(3) 在顶视图拖动，建立长度、宽度、高度、圆角、圆角分段分别为 45、85、3、2、2 的切角长方体作为桌底，调整位置如图 2-1-14 所示。

(4) 在顶视图拖动，建立长度、宽度、高度、圆角、圆角分段分别为 48、3、70、2、2 的切角长方体作为左桌腿。按住 Shift 键，拖动左桌腿切角长方体复制产生右桌腿，调整位置如图 2-1-15 所示。

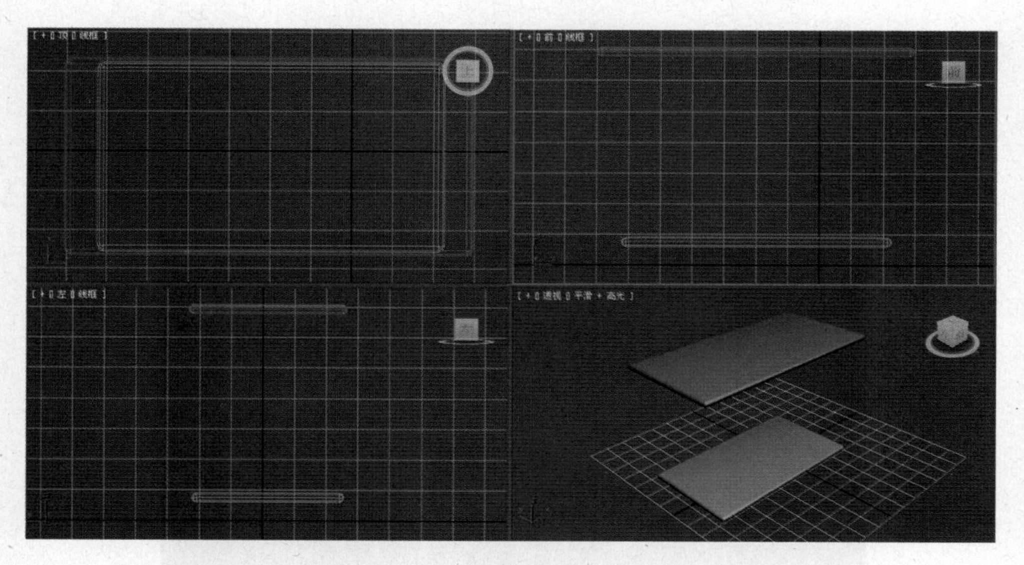

图 2-1-14

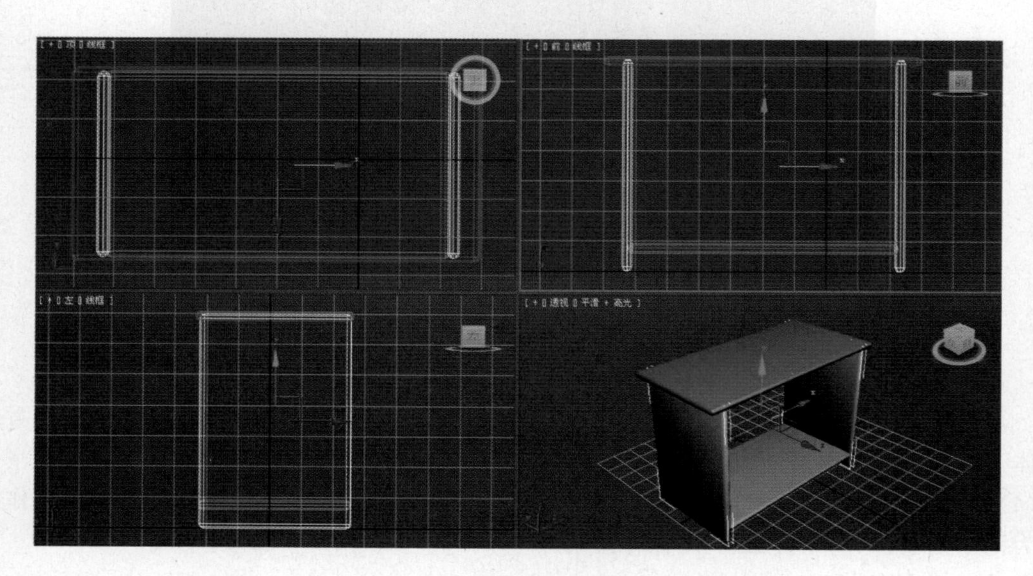

图 2-1-15

(5) 在顶视图拖动，建立长度、宽度、高度、圆角、圆角分段分别为 48、60、3、2、2 的切角长方体作为中间隔板。

(6) 在顶视图拖动，建立长度、宽度、高度、圆角、圆角分段分别为 53、3、10、2、2 的切角长方体作为电脑桌左侧挡板，按住 Shift 键，拖动左侧挡板切角长方体复制产生右侧挡板，调整位置如图 2-1-16 所示。

(7) 在顶视图拖动，建立长度、宽度、高度、圆角、圆角分段分别为 30、45、3、2、2 的切角长方体作为键盘托板。

(8) 在前视图拖动，建立长度、宽度、高度、圆角、圆角分段分别为 8、50、3、2、2 的切角长方体作为键盘托板挡板，调整位置如图 2-1-17 所示。

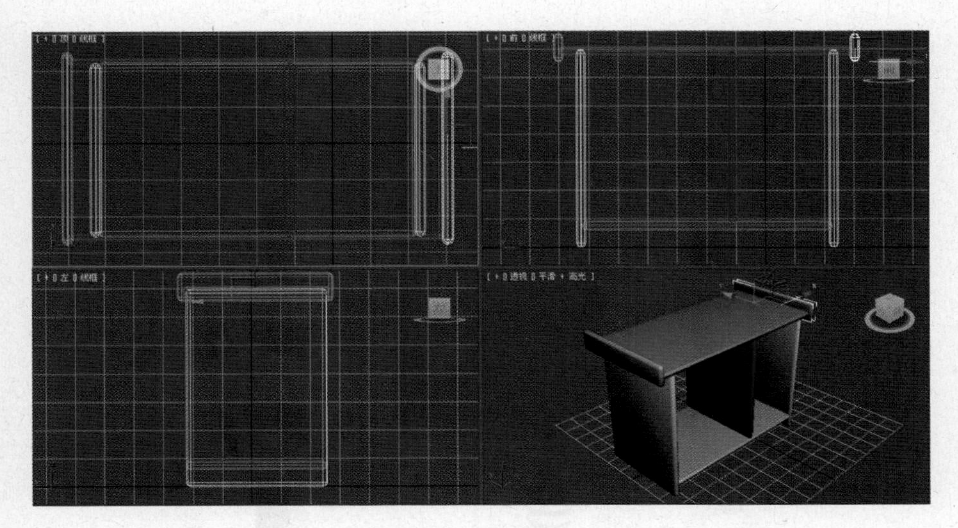

图 2-1-16

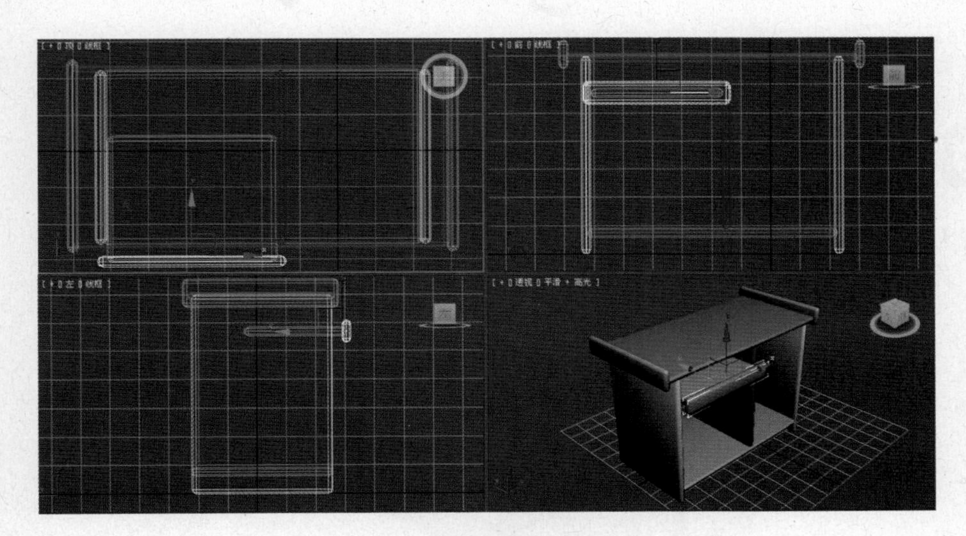

图 2-1-17

(9) 选中全部模型对象，单击命令面板“名称和颜色”中的色块图标，设置为橘黄木色。

(10) 单击主工具栏中“渲染产品”工具，渲染的场景效果如图 2-1-13 所示，单击渲染窗口中“保存”命令，确定保存位置，输入文件名，选取文件类型为“.jpg”，单击“保存”按钮，保存渲染的场景效果。

4. 知识链接

扩展基本体的创建是在“创建命令”面板中通过选择 标准基本体 ▼ 下拉列表 扩展基本体 ▼ 选项来实现的，如图 2-1-18 所示。

5. 案例小结

本案例重点是掌握建立扩展几何模型，通过建立扩展几何模型来构造复杂模型方法，同时了解模型材质设置及场景渲染方法。

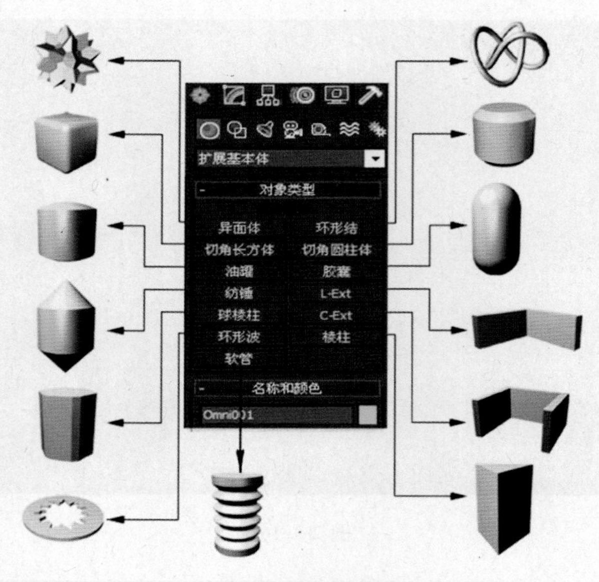

图 2-1-18

巩固与提高

1. 案例效果

案例效果如图 2-1-19 所示。

图 2-1-19

2. 制作流程

(1)在顶视图分别建立两个切角长方体作为茶几的面→(2)在顶视图建立一个圆柱体作为茶几的腿→(3)复制产生另三个茶几的腿→(4)在顶视图建立一个圆柱体作为茶几面支架→(5)复制产生另七个茶几面支架→(6)赋材质→(7)加灯光→(8)保存渲染。

3. 自我创意

利用扩展基本体的创建方法,结合生活实际,自我创意各种办公家具模型。

2.1.3 案例三:制作“沙发”

1. 案例效果

案例效果如图 2-1-20 所示。

图 2-1-20

2. 制作流程

(1)在顶视图建立两个切角长方体作为沙发底板和坐垫→(2)在前视图建立一个切角长方体作为沙发靠背,并在左视图旋转角度→(3)在顶视图建立一个切角圆柱体,在沙发底板左、右侧各阵列复制 5 个作为沙发扶手杆,复制圆柱体,修改高度并阵列复制 5 个作为沙发底板后扶手杆→(4)在前视图建立两个切角长方体作为沙发扶手,在左视图建立一个切角长方体作为沙发后扶手→(5)在前视图建立切角长方体作为沙发靠背,选择“选择与旋转”工具,调整沙发靠背角度,在左视图建立一个切角圆柱体→(6)在顶视图建立一个圆锥体并复制 4 个作为沙发腿座,再建立一个平面作为地毯→(7)赋材质→(8)加灯光→(9)保存渲染。

3. 步骤解析

(1) 单击“创建”命令面板中的“几何体”,选取“扩展基本体”项,单击“切角长方体”。

(2) 在顶视图拖动,建立长度、宽度、高度、圆角、圆角分段分别为 100、100、3、0.75、2 的切角长方体作为沙发底板。

(3) 在顶视图拖动,建立长度、宽度、高度、圆角、圆角分段分别为 95、85、15、2、2 的切角长方体作为沙发坐垫,并与沙发底板对齐,如图 2-1-21 所示。

(4) 在顶视图拖动,建立半径、高度分别为 2、30 的圆柱体,选取“工具”菜单中的“阵列”,按图 2-1-22 所示设置参数,阵列复制 5 个作为沙发扶右手杆。如图 2-1-23 所示。

(5) 在前视图选中全部沙发扶右手杆,按住 Shift 键,向左拖动产生沙发扶左手杆,调整位置如图 2-1-24 所示。

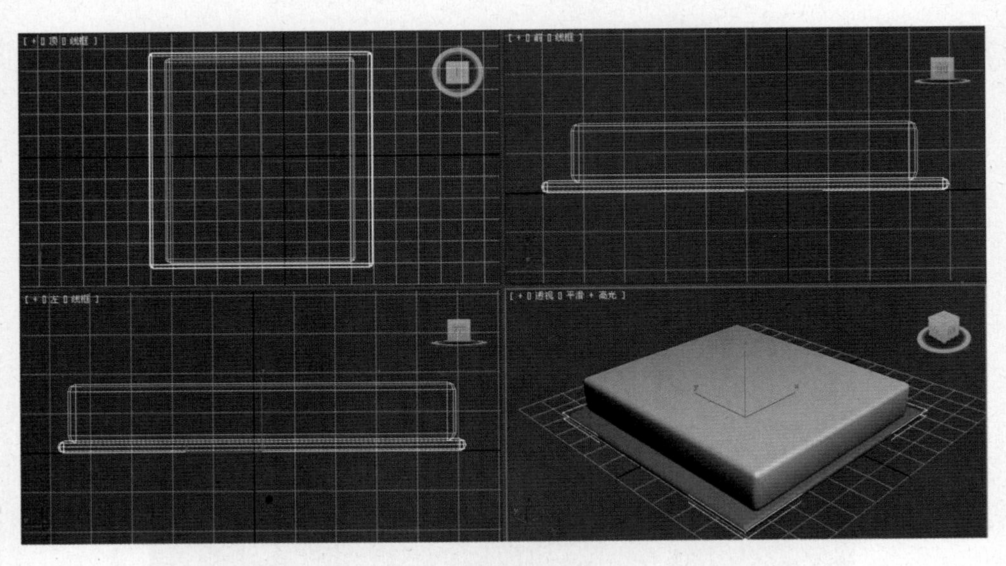

图 2-1-21

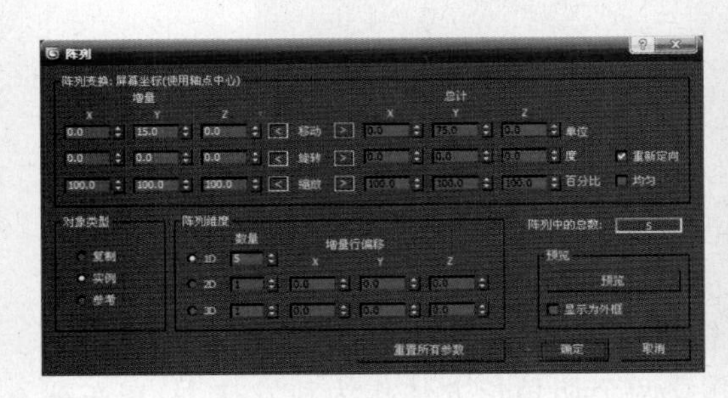

图 2-1-22

图 2-1-23

(6) 选中一个圆柱体，单击“修改”命令面板，将高度改为 45，选取“工具”菜单中“阵列”，按图 2-1-22 设置参数，X 移动为 15，Y 移动为 0，阵列复制 5 个为沙发扶后手杆，如图 2-1-25 所示。

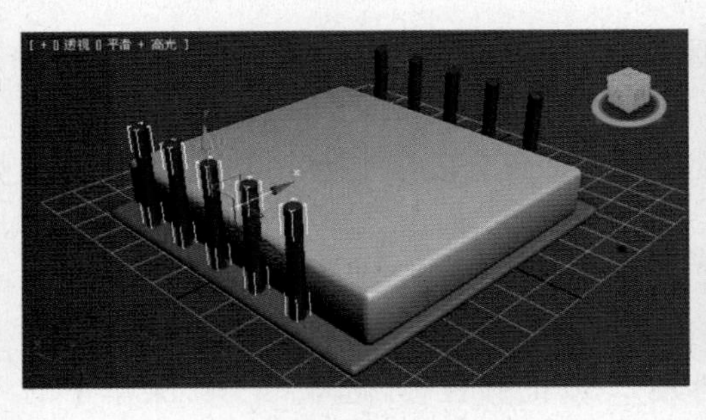

图 2-1-24

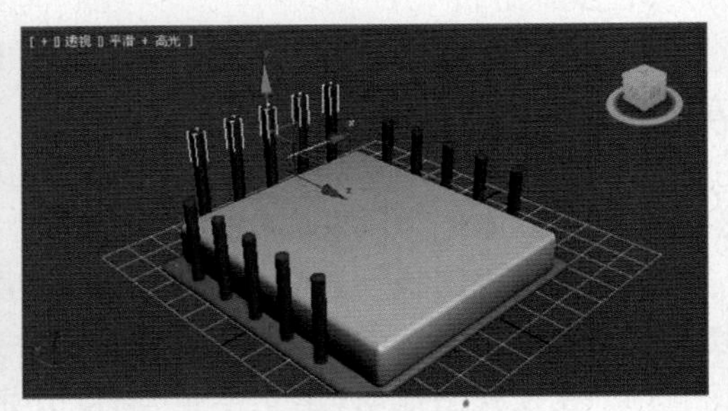

图 2-1-25

(7) 单击“创建”命令面板中的“几何体”，选取“扩展基本体”项，单击“切角长方体”。在前视图拖动，建立长度、宽度、高度、圆角、圆角分段分别为 7、7、80、0.75、2 的切角长方体作为左沙发扶手，按住 Shift 键，拖动左沙发扶手复制产生右沙发扶手。

(8) 在左视图建立一个长度、宽度、高度、圆角、圆角分段分别为 7、7、90、0.75、2 的切角长方体作为沙发后扶手，调整位置如图 2-1-26 所示。

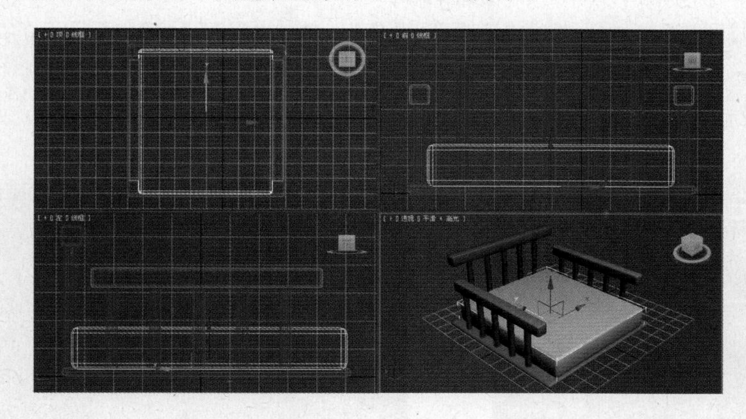

图 2-1-26

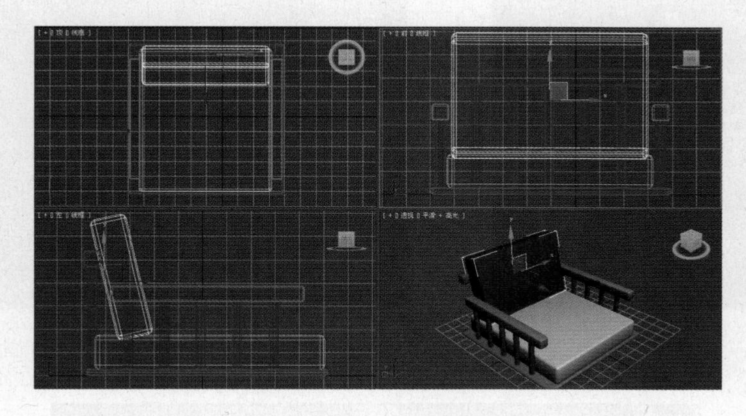

图 2-1-27

（9）在前视图建立一个长度、宽度、高度、圆角、圆角分段分别为 53、83、15、2、2 的切角长方体作沙发靠背，选择“选择与旋转”工具，调整沙发靠背角度，如图 2-1-27 所示。

（10）在左视图建立一个半径、高度、圆角、圆角分段分别为 8、82、1、2 的切角圆柱体，调整位置如图 2-1-28 所示。

（11）在顶视图建立一个半径 1、半径 2、高度分别为 5、2、13 的圆锥体，并复制 4 个作为沙发腿座。

（12）在顶视图建立一个长度、宽度分别为 200、200 的平面作为地毯。如图2-1-29 所示。

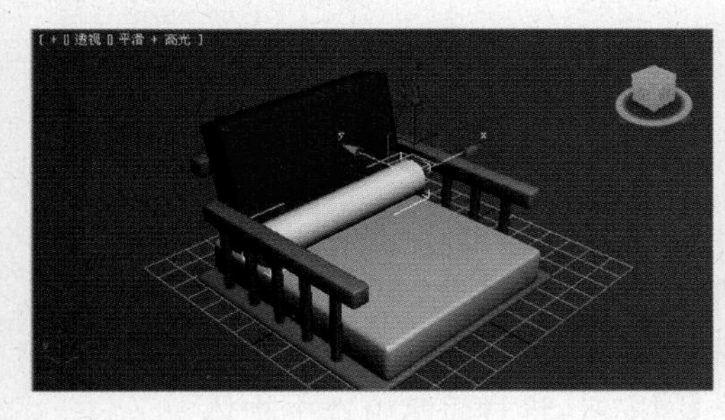

图 2-1-28

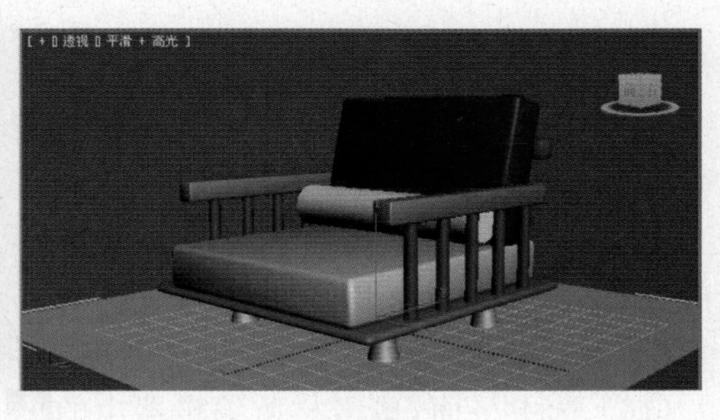

图 2-1-29

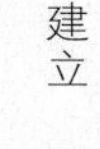

(13) 单击“材质编辑器”工具，打开“材质编辑器”，如图 2-1-30 所示。选取第一个球，展开“贴图”卷展栏。选中“漫反射颜色”，单击“漫反射颜色”后面的“None”长按钮，打开如图 2-1-31 所示菜单。双击“位图”，打开素材文件“花布 . jpg”。设置“坐标”参数如图 2-1-32 所示。

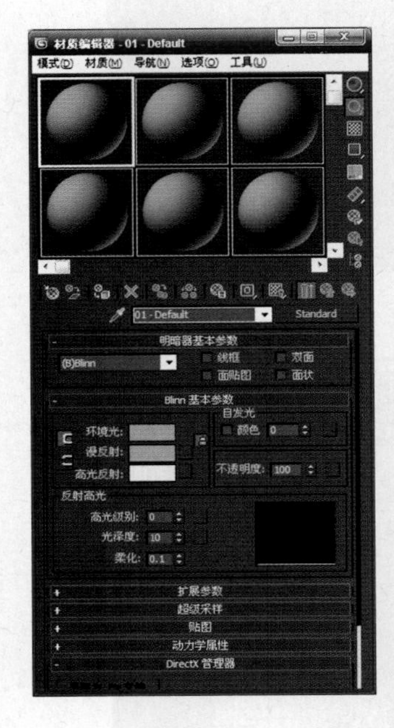

图 2-1-30

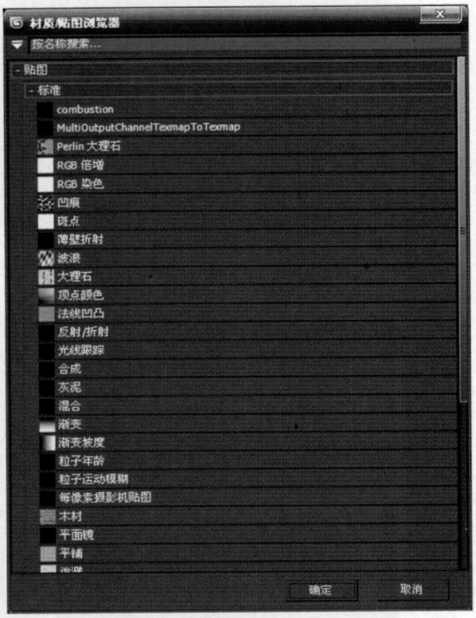

图 2-1-31

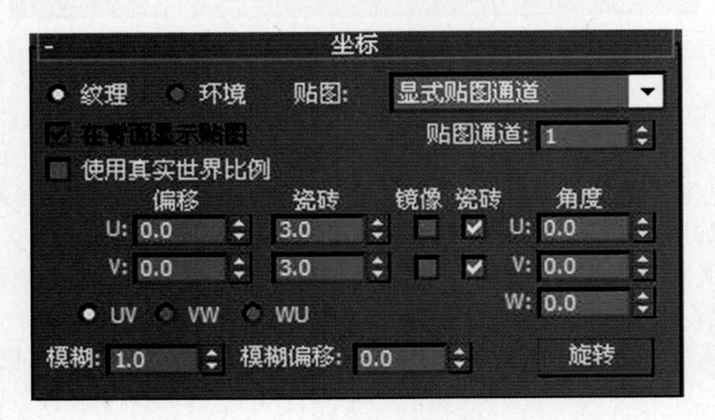

图 2-1-32

(14) 选中沙发靠背、圆柱体与沙发坐垫，单击材质编辑器中的与按钮，将材质赋给选中物体。

(15) 在“材质编辑器”中选取第二个球，展开“贴图”卷展栏。选中“漫反射颜色”，单击“漫反射颜色”后面的“None”长按钮，打开如图 2-1-31 所示菜单。双击“位图”，打开素材文件“地毯 . tif”。设置“坐标”参数如图 2-1-32 所示。

(16) 选中平面，单击材质编辑器中的与按钮，将材质赋给选中物体。

(17) 在“材质编辑器”中选取第三个球，展开“贴图”卷展栏。选中“漫反射颜色”，单击“漫反射颜色”后面的“None”长按钮，打开如图 2-1-31 所示菜单。双击“位图”，打开素材文件“本雕_06. jpg”。设置“坐标”参数如图 2-1-32 所示。

(18) 选中沙发底板、扶手及底座圆锥，单击材质编辑器中的与按钮，将材质赋给选中物体。

(19) 在材质编辑器中选取第四个球，“漫反射”颜色设为“白色”，基本参数如图 2-1-33所示。

(20) 选中所有扶手杆，单击材质编辑器中的与按钮，将材质赋给选中物体。

(21) 单击主工具栏中“渲染产品”工具，渲染的场景效果如图 2-1-20 所示，单击渲染窗口中“保存”命令，确定保存位置，输入文件名，选取文件类型为“. jpg”，单击“保存”按钮，保存渲染的场景效果。

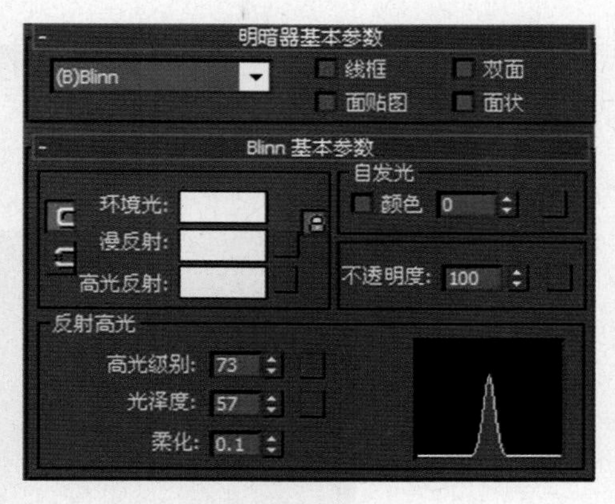

图 2-1-33

4. 案例小结

本案例重点是掌握建立扩展几何模型，通过建立扩展几何模型来构造复杂模型方法，并应用“阵列”实现复制，同时了解模型材质设置及场景渲染方法。

巩固与提高

1. 案例效果

案例效果如图 2-1-34 所示。

图 2-1-34

2. 制作流程

(1)在顶视图建立一个切角长方体，阵列复制 11 个形成坐椅的面→(2)在顶视图建立四个切角长方体作为坐椅的横梁→(3)在顶视图建立一个长方体，旋转长方体角度，镜像复制产生坐椅腿的上半部分→(4)在顶视图建立一个长方体与坐椅腿的上半部分组合形成坐椅腿→(5)将坐椅腿复制四个，再在顶视图建立一个长方体→(6)赋材质→

(7)保存渲染。

3. 自我创意

利用标准基本体的创建方法,结合生活实际,自我创意各种生活家具模型。

2.2 修改器的使用

2.2.1 案例一:制作"公共座椅"

1. 案例效果

案例效果如图 2-2-1 所示。

图 2-2-1

2. 制作流程

(1)在顶视图建立长方体,对其弯曲作为椅面→(2)在顶视图建立两个圆柱体,左视图建立一个圆柱体,前视图建立一个长方体组合成靠背支架→(3)在左视图建立一个长方体,对其进行两次"弯曲",然后阵列复制 13 个形成靠背→(4)在顶视图建立四个圆柱体,并旋转调整,再在左视图建立两个圆柱体组合成座椅的腿→(5)赋材质→(6)保存渲染。

3. 步骤解析

(1) 单击"创建"命令面板中的"几何体",选取"标准基本体"项,单击"长方体"。

(2) 在顶视图拖动,建立长、宽、高、宽度分段分别为 65、160、2、20 的长方体,单击"修改"命令面板"修改器列表"旁 按钮,选取"弯曲"功能,弯曲轴选 X 轴,角度为 -15,如图 2-2-2 所示。

(3) 单击"圆柱体",在顶视图拖动,建立两个半径、高度参数分别为 1、40 的圆柱体,调整位置。在左顶视图拖动,建立半径、高度参数分别为 1、95 的圆柱体,调整位置。单击"长方体",在前视图拖动,建立长、宽、高分别为 10、125、3 的长方体。在左视图选中靠背支架,利用"选择与旋转"工具调整角度,如图 2-2-3 所示。

(4) 单击面板中"长方体",在左视图拖动,建立长、宽、高分别为 50、2、5 的长方体。单击"修改"命令面板"修改器列表"旁 按钮,选取"弯曲"功能,弯曲轴选 Y 轴,角度

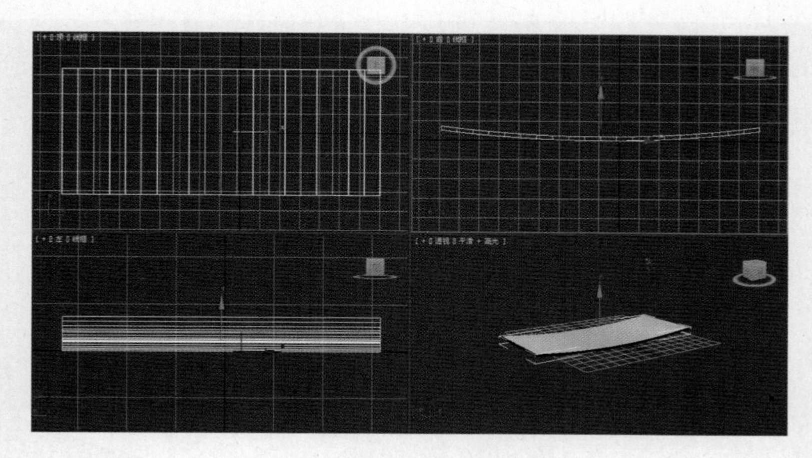

图 2-2-2

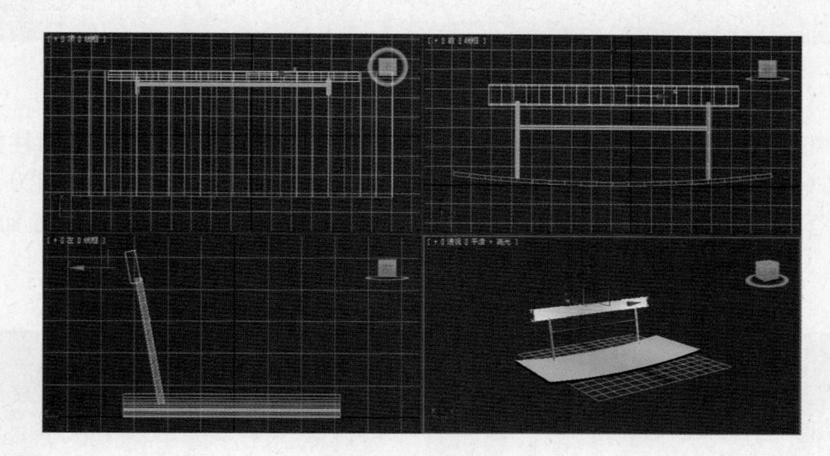

图 2-2-3

为－140。选中“限制效果”，上限为 130，下限为 0。再选取“弯曲”功能，弯曲轴选 Y 轴，角度为 120。选中“限制效果”，上限为 0，下限为－70。调整位置如图 2-2-4 所示。右击前视图，选取“工具”菜单中“阵列”，设置如图 2-2-5 所示参数。单击“确定”按钮，效果如图 2-2-6 所示。

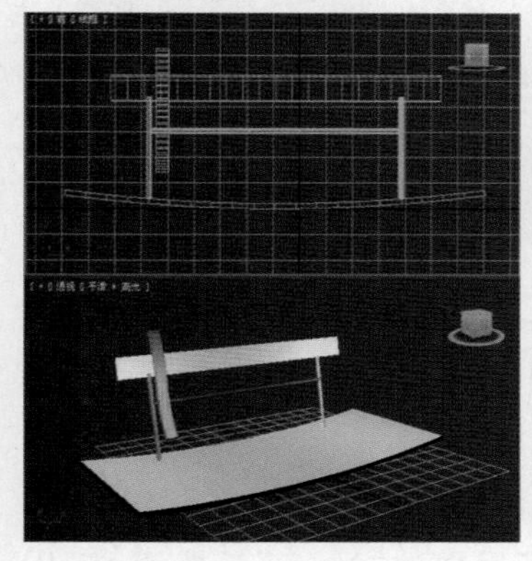

图 2-2-4

图 2-2-5

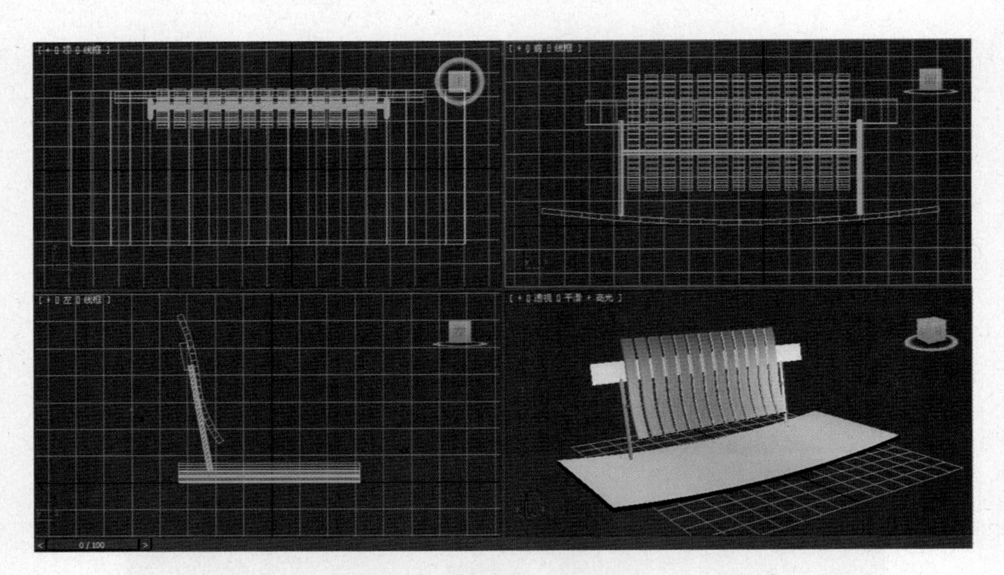

图 2-2-6

（5）单击“圆柱体”，在顶视图拖动建立两个半径为 2、高度为－38 的圆柱体，利用“选择与旋转”工具调整角度。再在左顶视图拖动，建立半径、高度参数分别为 2、36 的圆柱体组合成左椅腿，选取左椅腿，利用“镜像”工具形成右椅腿，调整位置如图2-2-7 所示。

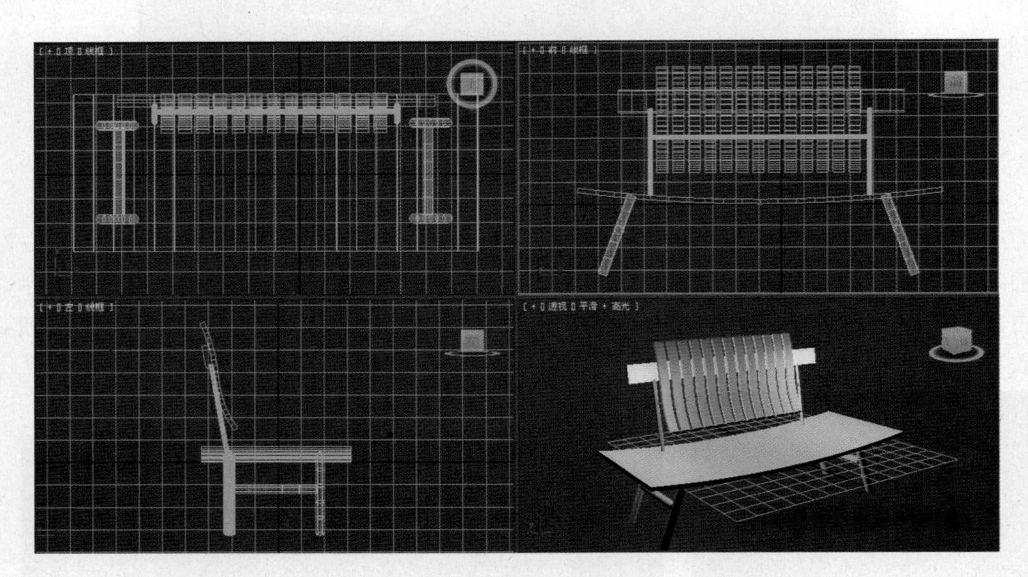

图 2-2-7

（6）单击面板中“平面”，在顶视图拖动，建立长度、宽度参数分别为 300、800 的平面，调整透视图效果如图 2-2-8 所示。

（7）单击“材质编辑器”工具，打开“材质编辑器”如图 2-2-9 所示，选取第一个球，展开“贴图”卷展栏。选中“漫反射颜色”，单击“漫反射颜色”后面的“None”长按钮，打开如图 2-2-10 所示菜单，双击“位图”。

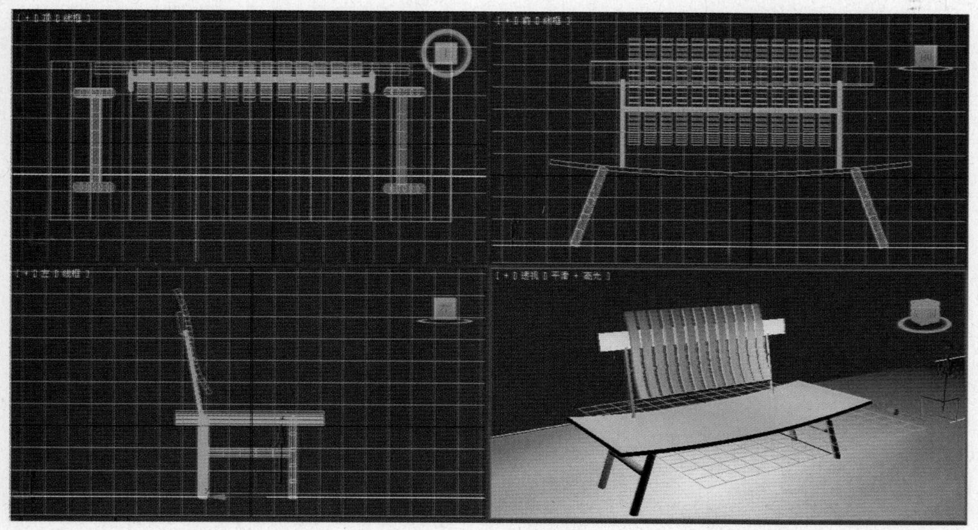

图 2-2-8

(8) 选取指定素材文件(本质地板 1.jpg),设置"坐标"中 U、V 坐标"瓷砖"参数为 3、1。

(9) 选中整个座椅,单击材质编辑器中的按钮,将材质赋给选中物体。

(10) 在材质编辑器中选取第二个球,展开"贴图"卷展栏。选中"漫反射颜色",单击"漫反射颜色"后面的"None"长按钮,打开如图 2-2-10 所示菜单,双击"位图"。

图 2-2-9

图 2-2-10

(11) 选取指定素材文件(石板 1.jpg),设置"坐标"中 U、V 坐标"瓷砖"参数为 5、2。

(12) 选中平面,单击材质编辑器中的按钮,将材质赋给选中物体,如图2-2-11所示。

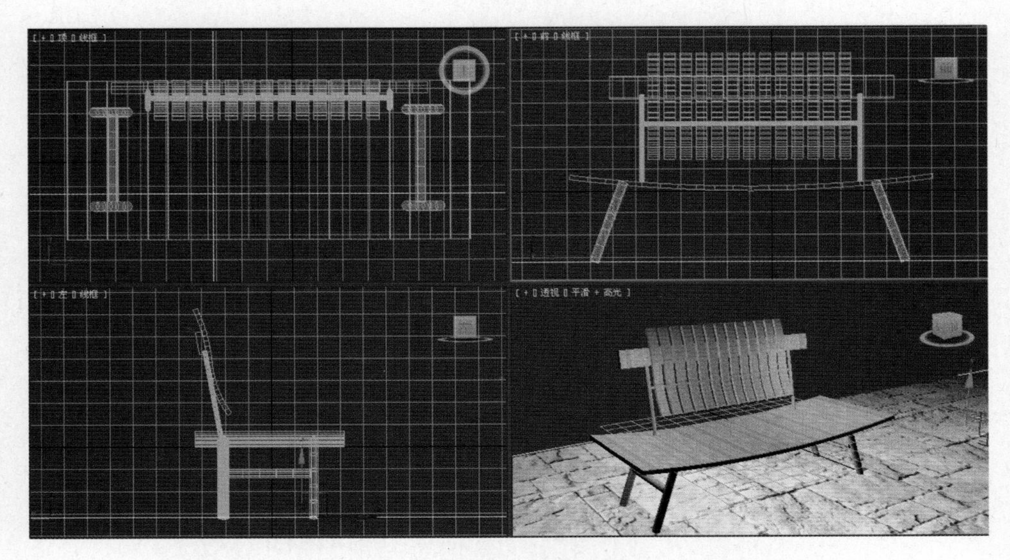

图 2-2-11

(13) 单击“创建”命令面板中的“灯光”，选取“标准”项，单击“泛光灯”。

(14) 在前视图座椅上方左右分别单击，建立两盏灯光，如图 2-2-12 所示，选中左边灯光，单击“修改”命令面板，选取“常规参数”面板中阴影中的“启用”项。

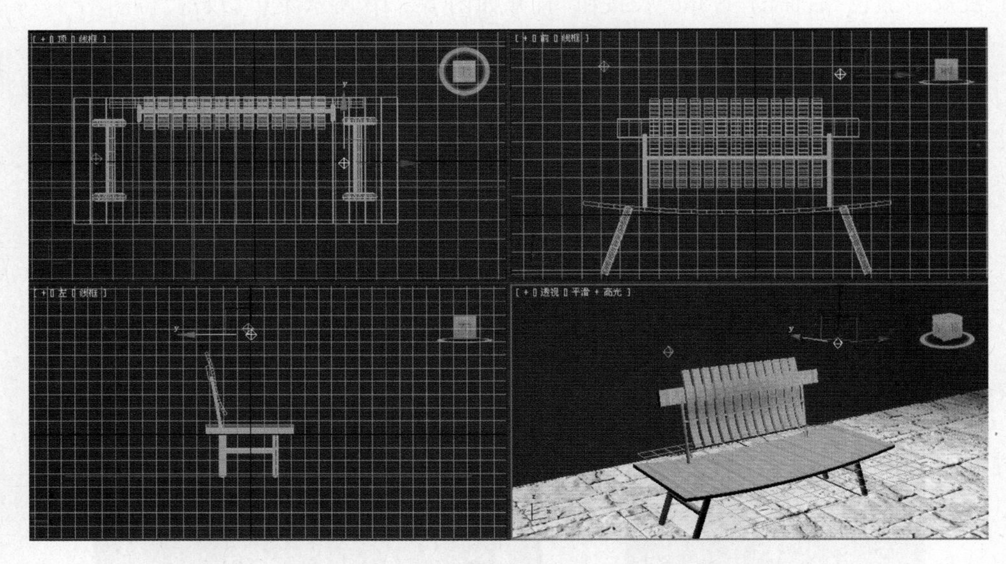

图 2-2-12

(15) 单击主工具栏中“渲染产品”工具，渲染的场景效果如图 2-2-1 所示，单击渲染窗口中“保存”命令，确定保存位置，输入文件名，选取文件类型为“.jpg”，单击“保存”按钮，保存渲染的场景效果。

4. 知识链接

在 3ds Max 2011 软件中，对建立的三维模型可以通过命令面板中相应的修改命令进行各种修改变形设计。本案例是选用“弯曲”功能实现的。

对建立的三维模型进行"弯曲"功能的应用，应注意对三维模型相应弯曲轴向进行分段，并要正确设置"弯曲"参数，如图 2-2-13 所示。

① 弯曲角度：决定弯曲的程度。

② 弯曲轴：决定弯曲方向。

③ 限制效果：决定弯曲位置。

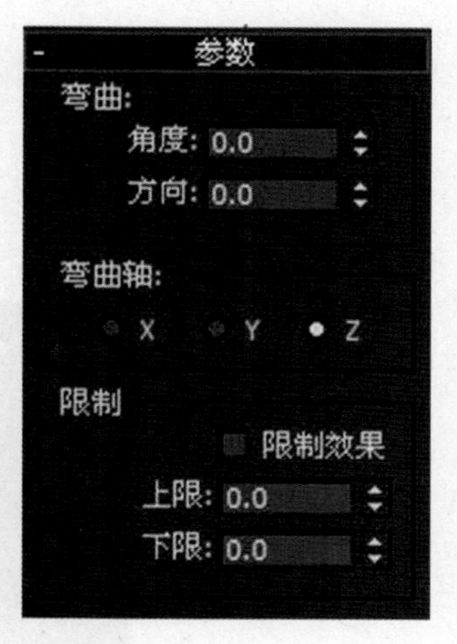

图 2-2-13

5. 案例小结

本案例重点是掌握对三维模型进行"弯曲"修改变形，通过对模型的修改来构造复杂模型方法，同时了解模型材质和贴图设置、灯光设置及场景渲染方法。

巩固与提高

1. 案例效果

案例效果如图 2-2-14 所示。

图 2-2-14

2. 制作流程

(1)在顶视图建立切角长方体，对其进行二次弯曲作为柜面→(2)在顶视图建立一个切角长方体作为柜底面→(3)在前视图建立两个切角长方体作为抽屉→(4)在前视图建立一个环形结与一个切角圆柱体组合成把手，并再复制一个把手→(5)在顶视图建立一个茶壶与一个芳香蒜→(6)赋材质→(7)保存渲染。

3. 自我创意

利用对三维模型进行"弯曲"修改变形方法，结合生活实际，自我创意各种生活用具模型。

2.2.2 案例二:制作“水龙头”

1. 案例效果

案例效果如图 2-2-15 所示。

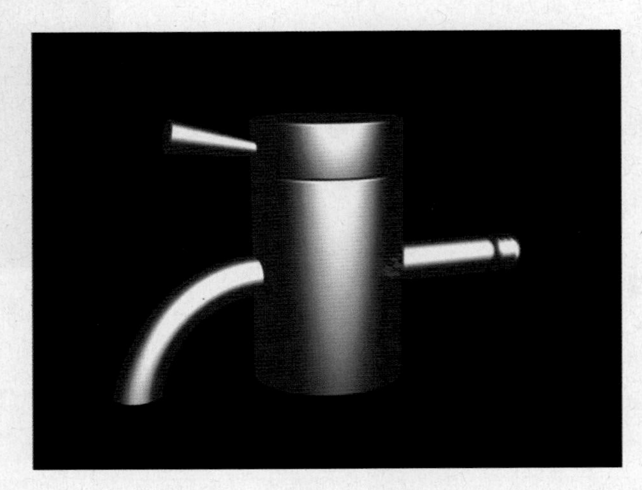

图 2-2-15

2. 制作流程

(1)在顶视图建立两个切角圆柱体作为水龙头主体→(2)在左视图建立一个圆锥体作为水龙头的把手→(3)在左视图建立两个管状体作为水龙的头与接头→(4)将左边管状体弯曲形成弯头,将右边管状体扭曲形成水管接口→(5)赋材质→(6)保存渲染。

3. 步骤解析

(1) 单击“创建”命令面板中的“几何体”,选取“扩展基本体”项;单击“切角圆柱体”。

(2) 在顶视图拖动,建立两个半径、高度、圆角、圆角分段分别为 35、−100、1、4,35、25、1、4 的切角圆体为水龙头主体,对齐调整位置如图 2-2-16 所示。

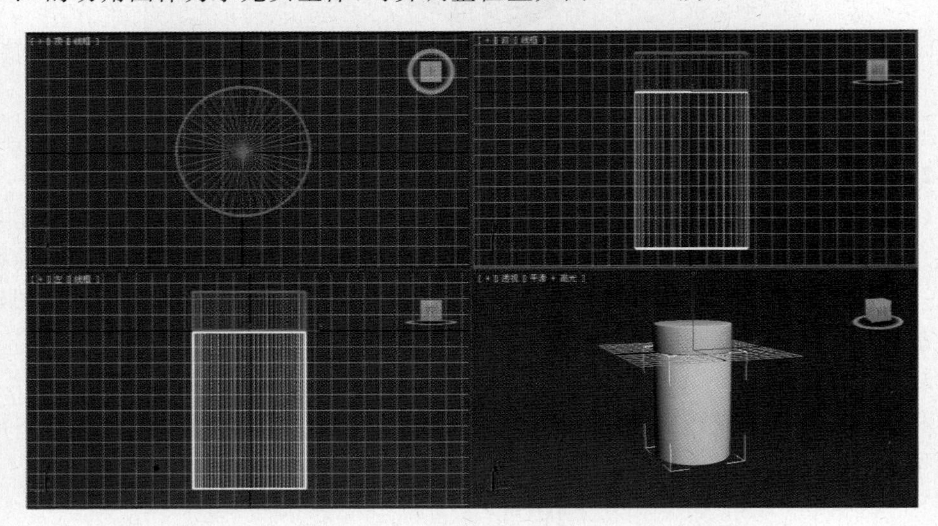

图 2-2-16

（3）单击“创建”命令面板中的“几何体”，选取“标准基本体”项，单击“圆锥体”。

（4）在左视图拖动，建立半径1、半径2、高度分别为4、8、40的圆锥体作为水龙头的把手。利用“选择并旋转”工具调整位置如图2-2-17所示。

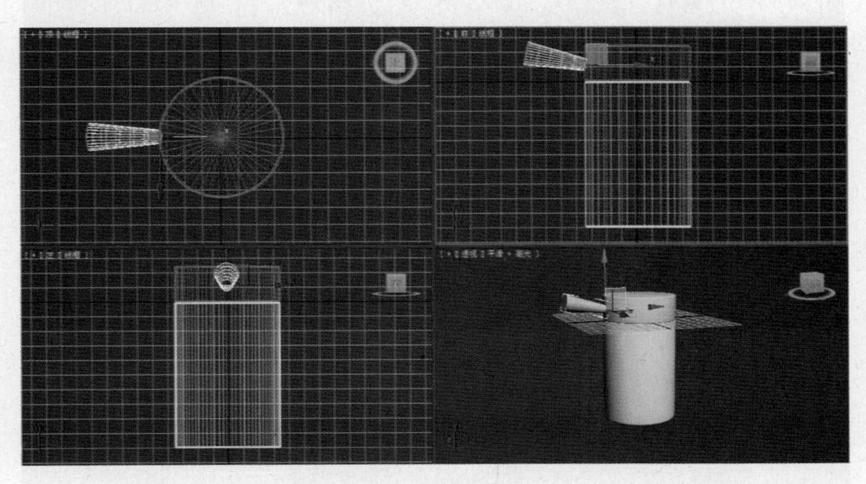

图 2-2-17

（5）单击“管状体”，在左视图拖动，建立两个半径1、半径2、高度分别为8、10、82，8、10、－70的管状体，调整位置如图2-2-18所示。

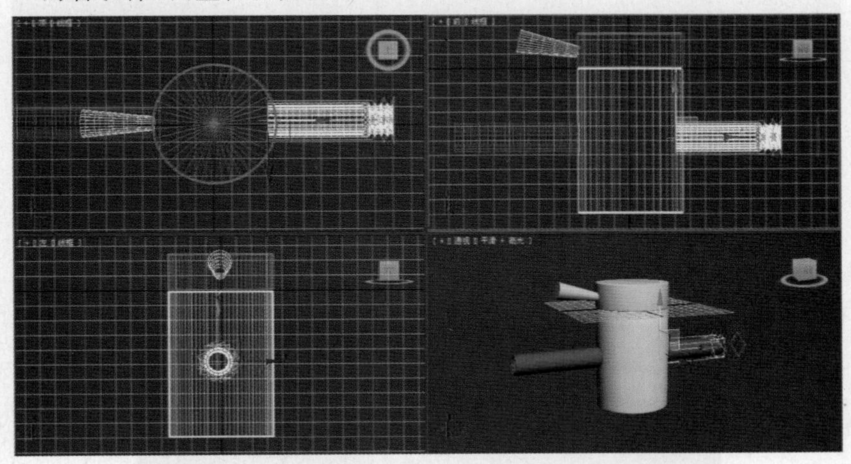

图 2-2-18

（6）选取左边的管状体，单击“修改”命令面板，选择“弯曲”编辑功能对管状体进行弯曲，弯曲角度为－90，弯曲轴选Z轴。再选取“FFD3×3×3”功能，对最左下角控制点进行调整，如图2-2-19所示。

（7）选取右边的管状体，单击“修改”命令面板，选择“扭曲”编辑功能对管状体进行扭曲，扭曲角度为－1500，扭曲轴选Z轴。选中“限制效果”，上限、下限分别为－55、－95，效果如图2-2-20所示。

（8）单击“材质编辑器”工具，打开“材质编辑器”，选取第一个球，参数设置如图2-2-21所示。

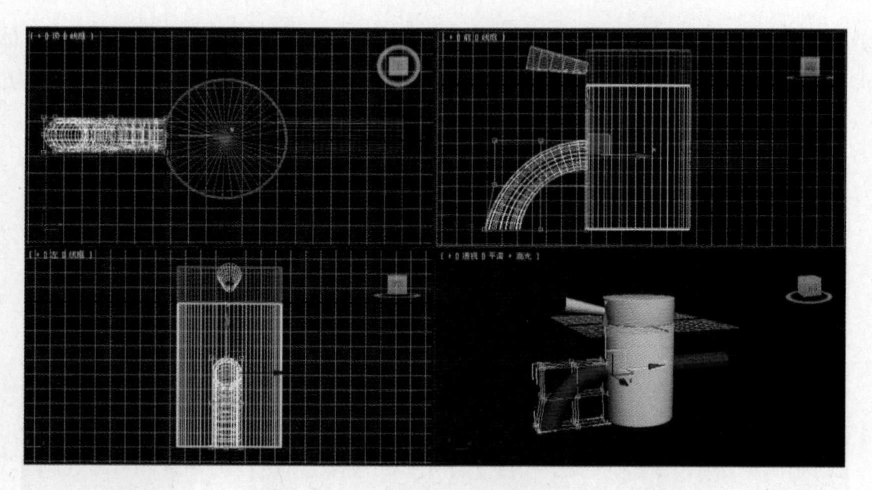

图 2-2-19

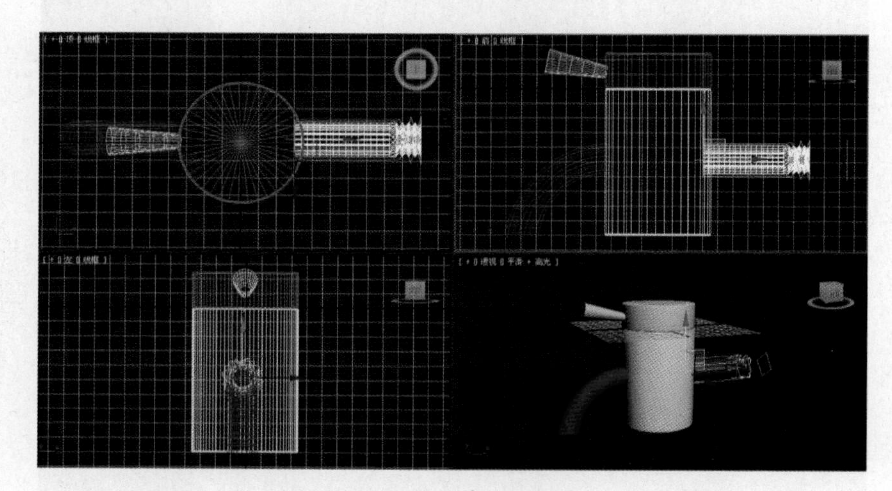

图 2-2-20

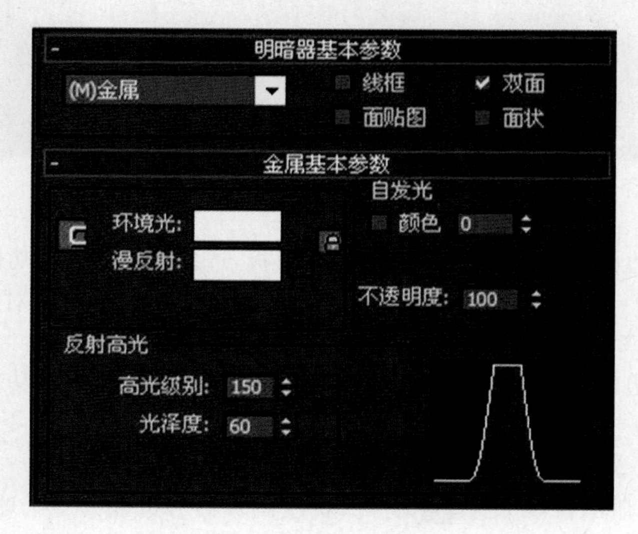

图 2-2-21

(9) 选中全部物体模型，单击材质编辑器中的按钮，将材质赋给选中物体。

(10) 单击主工具栏中"渲染产品"工具，渲染的场景效果如图 2-2-15，单击渲染窗口中"保存"命令，确定保存位置，输入文件名，选取文件类型为".jpg"，单击"保存"按钮，保存渲染的场景效果。

4. 知识链接

在 3ds Max 2011 软件中，对建立的三维模型可以通过命令面板中相应的修改命令进行各种修改变形设计。本案例是选用"弯曲"、"FFD"、"扭曲"功能实现的。

FFD 编辑功能共包括 FFD 2×2×2、FFD 3×3×3、FFD 4×4×4、FFD(长方体)、FFD(圆柱体)等 5 项功能。应用时应通过调整"控制点"来实现改变模型造型效果。

扭曲功能的应用，应注意对三维模型相应扭曲轴向进行分段，并要正确设置"扭曲"参数，如图 2-2-22 所示。

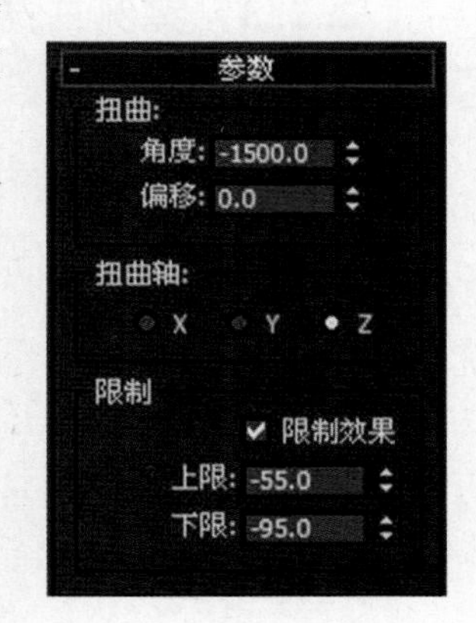

图 2-2-22

① 扭曲角度：决定扭曲的程度。

② 偏移：决定扭曲方向。

③ 扭曲轴：决定扭曲坐标方向。

④ 限制效果：决定扭曲位置。

5. 案例小结

本案例重点是掌握对三维模型进行"弯曲"、"FFD"、"扭曲"修改变形，通过对模型的修改来构造复杂模型方法，同时了解模型材质设置及场景渲染方法。

巩固与提高

1. 案例效果

案例效果如图 2-2-23 所示。

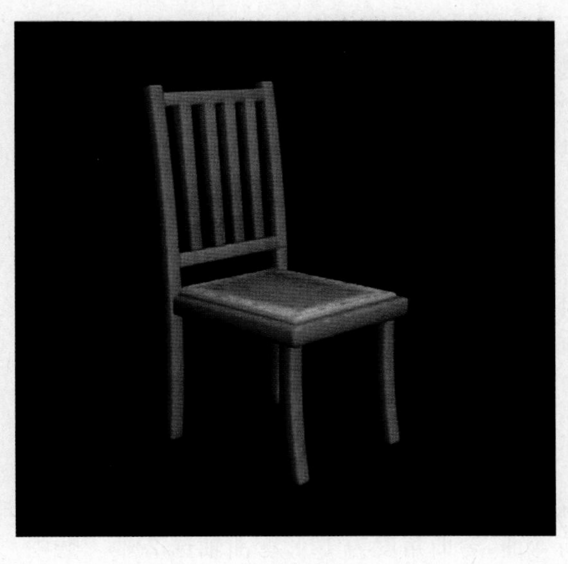

图 2-2-23

2. 制作流程

(1)在顶视图分别建立两个切角长方体作为椅面与坐垫→(2)在顶视图建立四个切角长方体并弯曲作为椅的腿→(3)在左视图建立两个切角长方体作为椅靠背的梁→(4)在顶视图建立四个切角长方体作为椅靠背支架→(5)赋材质→(6)保存渲染。

3. 自我创意

利用对三维模型进行“弯曲”、“FFD”、“扭曲”修改变形方法,结合生活实际,自我创意各种生活用具模型。

2.2.3 案例三:制作“简易台灯”

1. 案例效果

案例效果如图 2-2-24 所示。

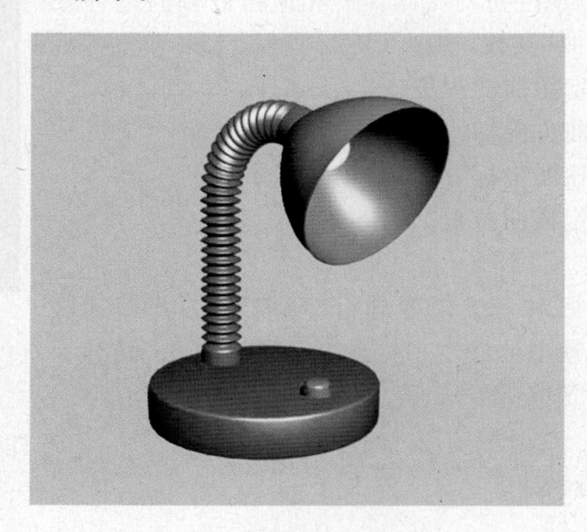

图 2-2-24

2. 制作流程

(1)在顶视图建立一个切角圆柱体作为台灯座→(2)在顶视图建立一个软管并弯曲作为台灯支架→(3)在顶视图建立一个管状并锥化作为灯罩→(4)在顶视图建立一个切角圆柱与一个管状体作为开关→(5)在左视图建立一个球体作为灯泡→(6)赋材质→(7)保存渲染。

3. 步骤解析

(1) 单击“创建”命令面板中的“几何体”,选取“扩展基本体”项,单击“切角圆柱体”。

(2) 在顶视图拖动,建立半径、高度、圆角、圆角分段、边数分别为 110、30、4、2、32 的切角圆柱体作为台灯座。

(3) 单击“软管”,在顶视图拖动,建立一个参数如图 2-2-25 所示的软管。

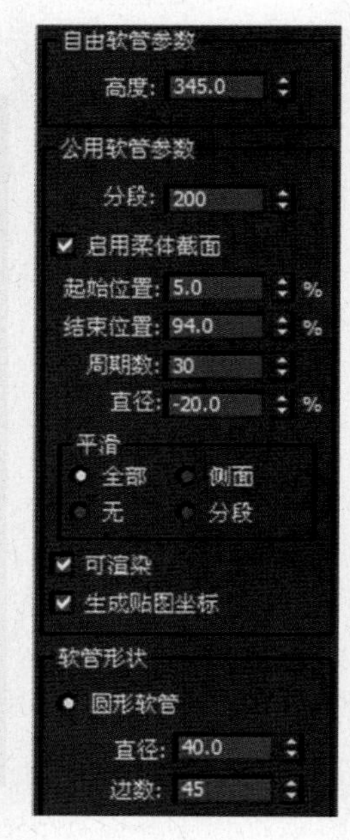

图 2-2-25

(4) 选取软管,在顶视图单击“修改”命令面板,选择“弯曲”编辑功能对管状体进行弯曲,弯曲角度为 120,弯曲轴选 Z 轴。选中“限制效果”上限 170。调整位置如图 2-2-26 所示。

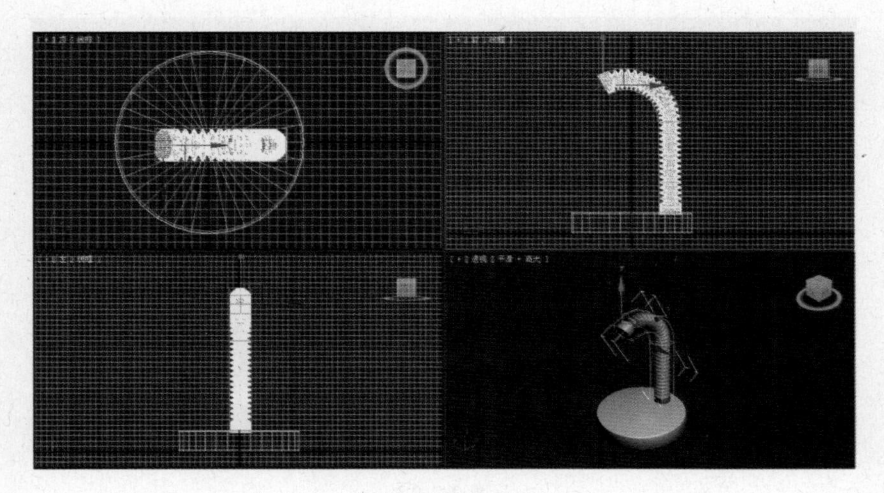

图 2-2-26

（5）选取“创建”命令面板“几何体”中的“标准基本体”项，单击“管状体”。在顶视图拖动，建立半径 1、半径 2、高度、边数分别为 75、76、100、32 的管状体。

（6）单击“修改”命令面板，选择“锥化”编辑功能对管状体进行锥化，弯曲数量、曲线分别为−0.8、0.72，锥化主轴选 Z 轴，效果选 XY，调整位置如图 2-2-27 所示。

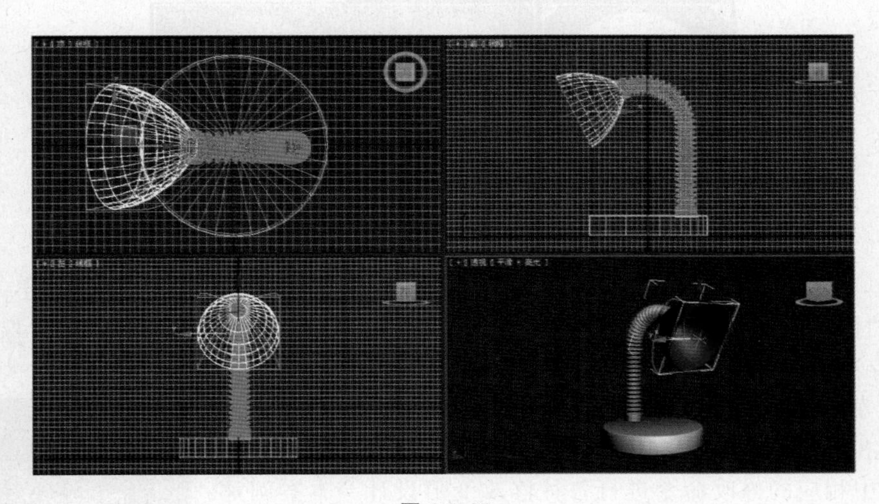

图 2-2-27

（7）选取“创建”命令面板“几何体”中的“标准基本体”项，单击“管状体”。在顶视图拖动，建立半径 1、半径 2、高度分别为 13、14、15 的管状体。

（8）选取“扩展基本体”项，单击“切角圆柱体”。在顶视图拖动，建立半径、高度、圆角、圆角分段分别为 12、15、4、3 的切角长方体作为台灯开关，调整位置如图 2-2-28 所示。

（9）选取“标准基本体”项，单击“球体”，在顶视图拖动，建立半径为 20 的球体。

（10）单击“材质编辑器”工具，打开“材质编辑器”，将前四个球设置为如图 2-2-29所示效果，分别赋给灯座、灯支架、灯罩及开关、灯泡。

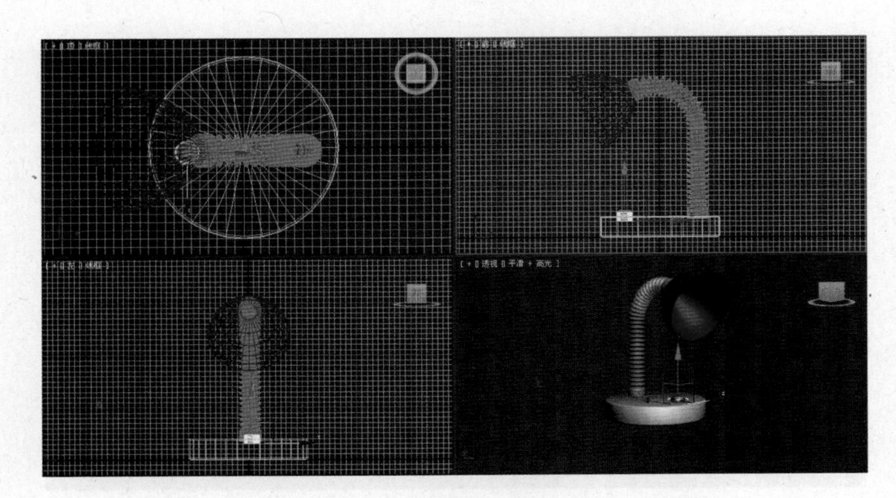

图 2-2-28

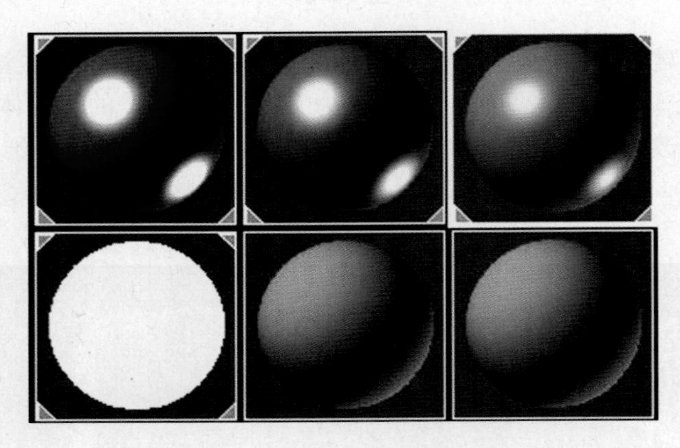

图 2-2-29

(11) 单击主工具栏中“渲染产品”工具，渲染的场景效果如图 2-2-24，单击渲染窗口中“保存”命令，确定保存位置，输入文件名，选取文件类型为“.jpg”，单击“保存”按钮，保存渲染的场景效果。

4. 知识链接

在 3ds Max 2011 软件中，对建立的三维模型可以通过命令面板中相应的修改命令进行各种修改变形设计。本案例是选用“弯曲”和“锥化”功能实现的。

锥化功能是通过缩放物体的两端而产生锥形轮廓，同时还可以生成光滑的曲线轮廓。使用时应设置锥化的“数量”与“曲线”参数，如图 2-2-30 所示。

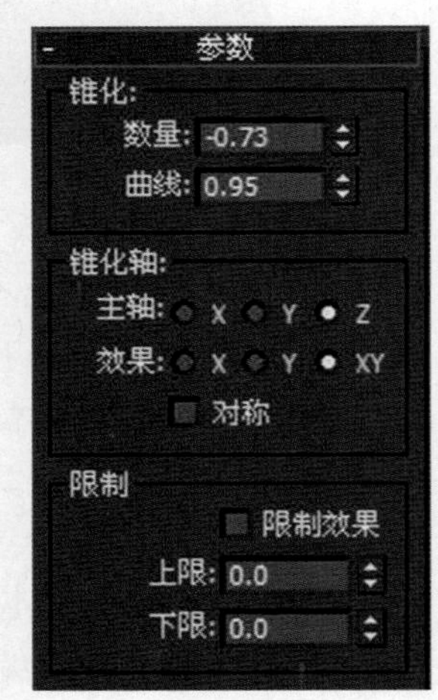

图 2-2-30

① 数量:决定锥化的程度。

② 曲线:决定锥化光滑效果。

③ 锥化轴:决定锥化坐标方向。

④ 限制效果:决定锥化位置区域。

5. 案例小结

本案例重点是掌握对三维模型进行“弯曲” 和“锥化”，修改变形，通过对模型的修改来构造复杂模型方法，同时了解模型材质设置。

巩固与提高

1. 案例效果

案例效果如图 2-2-31 所示。

图 2-2-31

2. 制作流程

(1)在前视图分别建立两个切角长方体作为壁灯与座→(2)在前视图建立一个切角长方体作为壁灯支柱→(3)在顶视图建立一个圆锥体与切角长方体组合作为壁灯支架→(4)在顶视图建立两个切角圆柱体与一个球体作为壁灯→(5)在顶视图建立一个管状体并进行锥化作为壁灯罩→(6)赋材质→(7)保存渲染。

3. 自我创意

利用对三维模型进行“弯曲”、“FFD”、“扭曲”、“锥化”修改变形方法，结合生活实际，自我创意各种生活用具模型。

2.3 二维型建模

2.3.1 案例一：制作“纸杯”

1. 案例效果

案例效果如图 2-3-1 所示。

图 2-3-1

2. 制作流程

(1)在前视图绘制纸杯截面线条，并进行样条线“轮廓”编辑形成纸杯截面→(2)对截面进行“车削”编辑形成纸杯→(3)赋材质→(4)保存渲染。

3. 步骤解析

(1) 单击“创建”命令面板中的“图形”，单击“线”。

(2) 在前视图画出如图 2-3-2 所示线条。

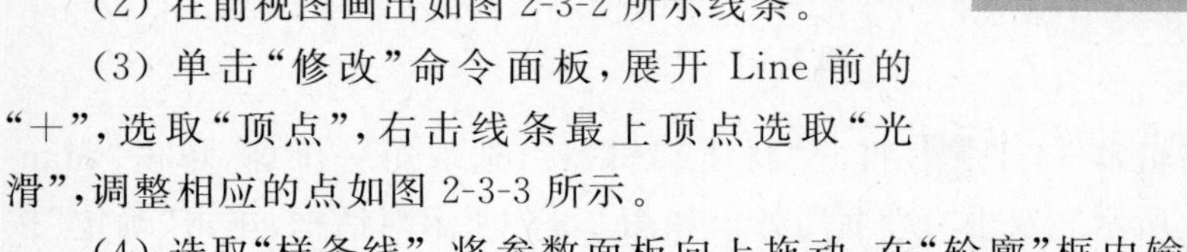

(3) 单击“修改”命令面板，展开 Line 前的“+”，选取“顶点”，右击线条最上顶点选取“光滑”，调整相应的点如图 2-3-3 所示。

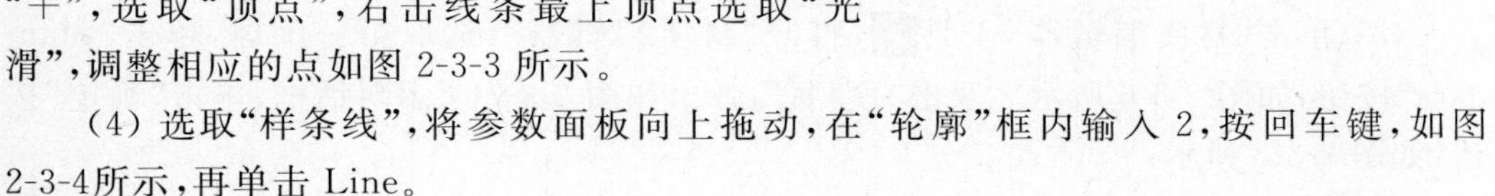

(4) 选取“样条线”，将参数面板向上拖动，在“轮廓”框内输入 2，按回车键，如图 2-3-4所示，再单击 Line。

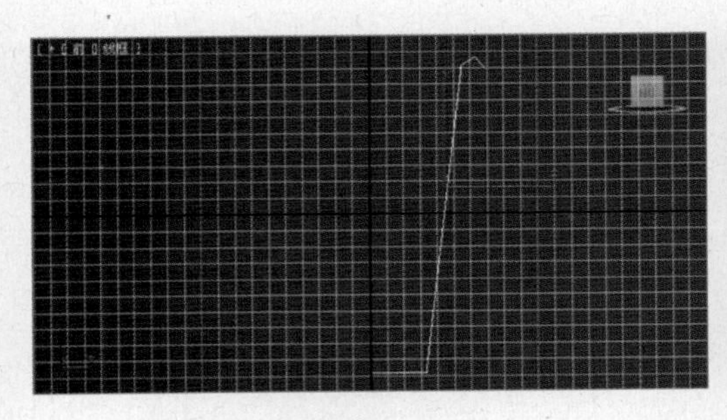

图 2-3-2

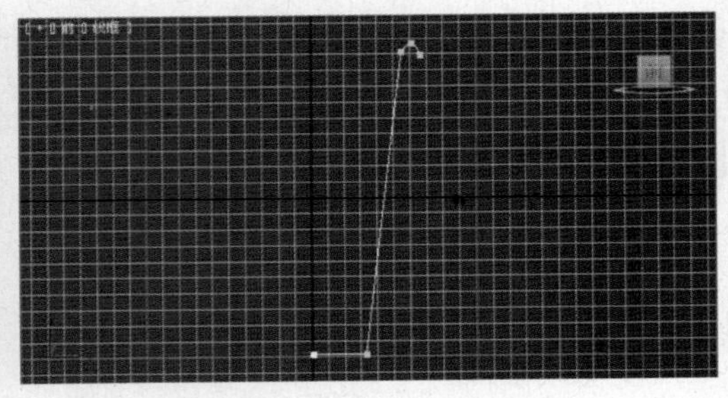

图 2-3-3

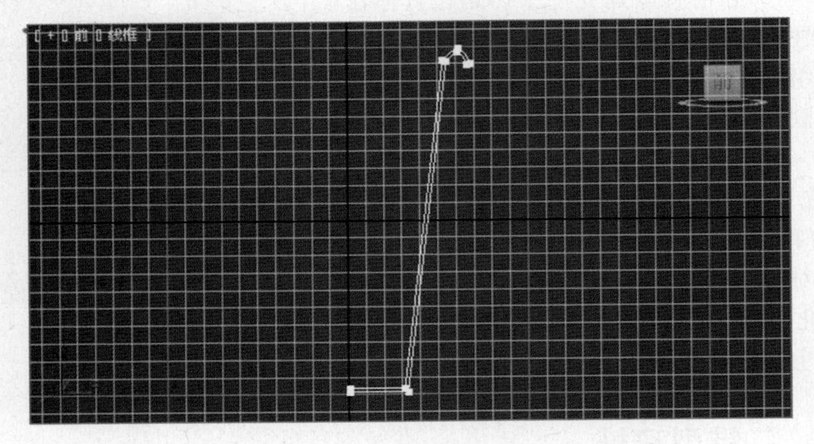

图 2-3-4

(5) 单击“修改器列表”选取“车削”编辑命令。选中参数面板“焊接内核”，分段为32，单击对齐中的“最小化”，效果如图 2-3-5 所示。

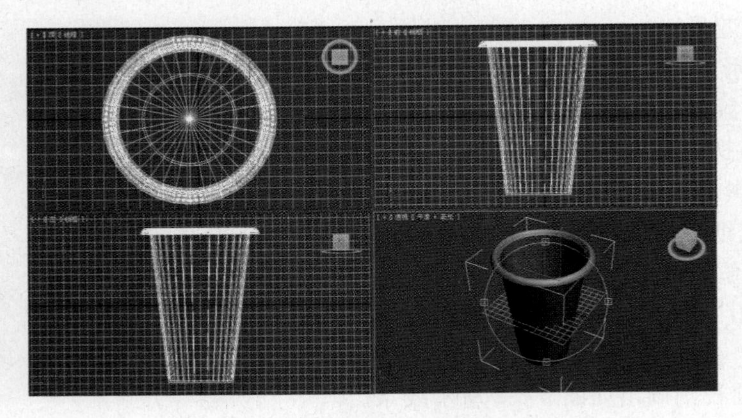

图 2-3-5

(6) 单击“材质编辑器”工具，打开“材质编辑器”，选取第一个球，单击“Standara”按钮，如图 2-3-6 所示。双击“顶/底”，弹出如图 2-3-7 所示对话框，单击“确定”按钮，如图 2-3-8 所示。

(7) 单击底材质后面的长按钮，展开“贴图”卷展栏。选中“漫反射颜色”，单击“漫反射颜色”后面的“None”长按钮，双击“位图”。

（8）选取指定素材文件(小鱼花布 .jpg)，设置“坐标”中 U、V 坐标“瓷砖”参数为 3、3。

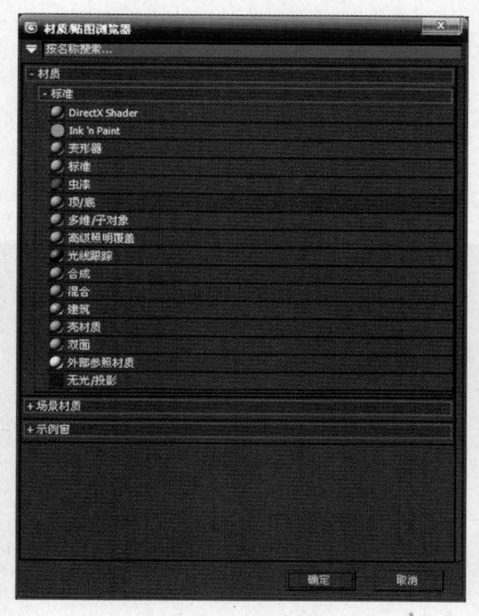

图 2-3-6

（9）单击按钮两次，单击顶材质后面的长按钮，漫反射选“白色”。

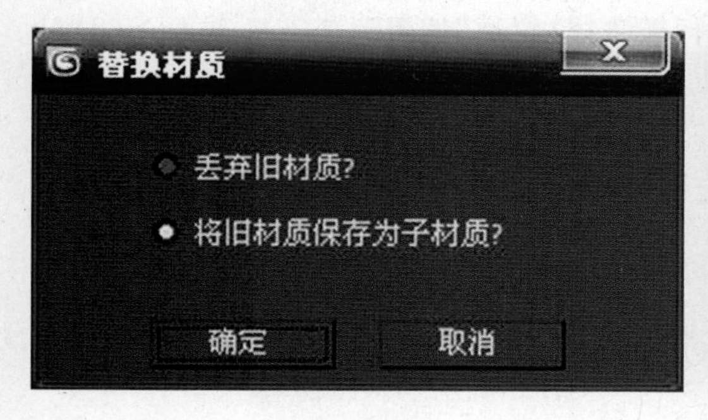

图 2-3-7

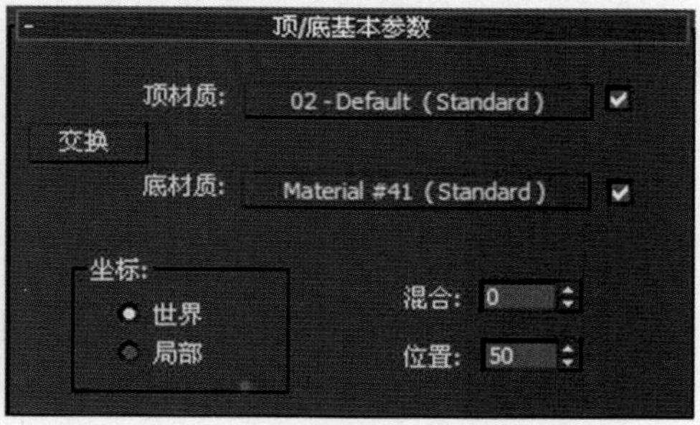

图 2-3-8

（10）选中物体，单击“材质编辑器”中的按钮，将材质赋给物体。

（11）单击主工具栏中“渲染产品”工具，渲染的场景效果如图 2-3-1 所示，单击渲染窗口中“保存”命令，确定保存位置，输入文件名，选取文件类型为“.jpg”，单击“保存”按钮，保存渲染的场景效果。

4. 知识链接

在 3ds Max 2011 软件中，二维图形的创建是通过命令面板“创建”中 “图形”面板相关命令实现的。命令面板可直接创建 11 种图形。可以通过调整与编辑图形的顶点、线段、样条线实现二维图形的设计。顶点类型有 4 种：Bezier 角点、Bezie、角点和平滑。

对二维图形进行相关功能修改，可以形成复杂的三维模型。本案例应用了“车削”命令，它可以实现将截面沿某轴旋转 360°形成一个三维模型的效果。

5. 案例小结

本案例重点是掌握对二维图形进行编辑修改，通过对二维图形进行“车削”命令来构造复杂模型，同时了解模型材质和贴图设置及场景渲染方法。

巩固与提高

1. 案例效果

案例效果如图 2-3-9 所示。

图 2-3-9

2. 制作流程

(1)在前视图绘制花瓶截面线条，并进行样条线“轮廓”编辑形成花瓶截面→(2)对截面进行“车削”编辑形成花瓶→(3)赋材质→(4)保存渲染。

3. 自我创意

绘制与编辑二维图形，对二维图形进行“车削” 形成三维模型，结合生活实际，自我创意各种生活实用模型。

2.3.2 案例二：制作“五角星”

1. 案例效果

案例效果如图 2-3-10 所示。

图 2-3-10

2. 制作流程

(1)在前视图建立一个五角星截面图形→(2)对图形进行“倒角”编辑，形成立体五角星→(3)制作材质→(4)对五角星进行“编辑网格”，赋材质→(5)保存渲染。

3. 步骤解析

(1) 单击“创建”命令面板中的“图形”，单击“星形”。

(2) 在前视图拖动，建立一个半径1、半径2、点、分别为100、50、5的五角星截面图形，如图2-3-11所示。

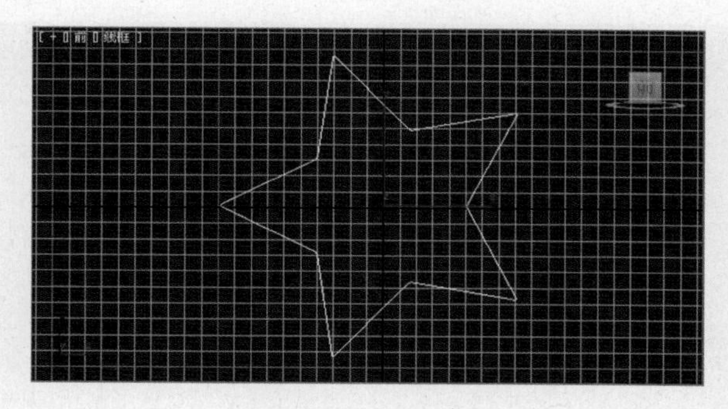

图 2-3-11

(3) 单击“修改”命令面板中的“修改器列表”，选取“倒角”编辑命令。设置倒角值“级别1”中高度、轮廓分别为20、-44，如图2-3-12所示。

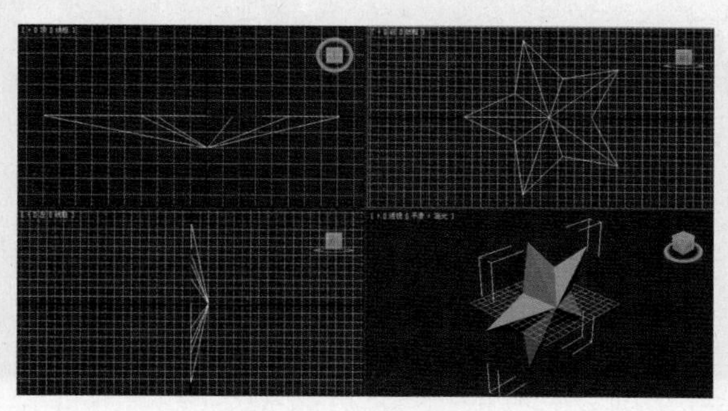

图 2-3-12

(4) 单击“材质编辑器”工具，打开“材质编辑器”，选取第一个球，单击材质编辑器中的按钮。单击“Standara”按钮，如图2-3-6所示。双击“多维/子对象”，弹出如图2-3-7所示对话框，单击“确定”按钮。设置数量为2，单击“确定”按钮，如图2-3-13所示。

图 2-3-13

(5) 单击 ID1 后面长按钮，设置“漫反射”颜色为红色。单击按钮。

(6) 单击 ID2 后面长按钮，设置“漫反射”颜色为黄色。

(7) 单击“修改”命令面板中的“修改器列表”，选取“编辑网格”编辑命令。展开“编辑网格”前面“+”，选取“多边形”。

(8) 按住 Ctrl 键，选取如图 2-3-14 所示多边形。拖动参数面板向上滚动，在“材质：设置 ID”框中输入 2，按回车键并在透视图单击，如图 2-3-15 所示。

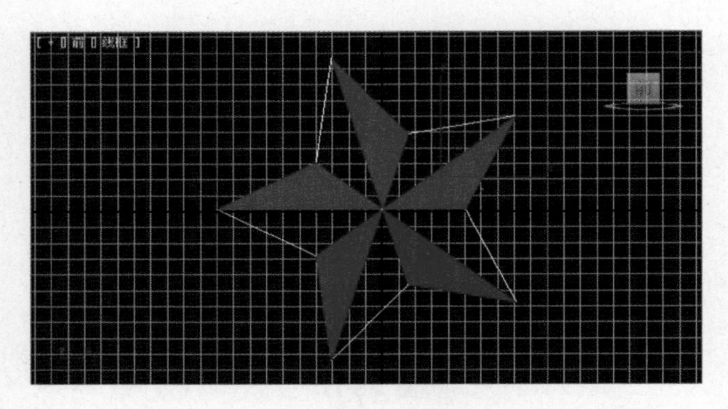

图 2-3-14

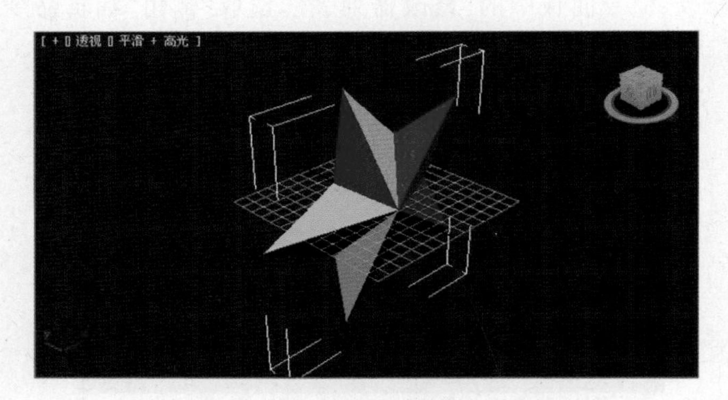

图 2-3-15

(9) 单击主工具栏中“渲染产品”工具，渲染的场景效果如图 2-3-10 所示，单击渲染窗口中“保存”命令，确定保存位置，输入文件名，选取文件类型为“.jpg”，单击“保存”按钮，保存渲染的场景效果。

4. 知识链接

在 3ds Max 2011 软件中，二维图形的创建是通过命令面板“创建”中 “图形”面板相关命令实现的。对二维图形进行相关功能修改，可以形成复杂的三维模型。本案例应用了“倒角”命令，它实现将截面按一定高度倒角轮廓形成一个三维模型。

5. 案例小结

本案例重点是掌握对二维图形进行编辑修改，通过对二维图形进行“倒角”命令来构造复杂模型，同时了解模型材质和贴图设置及场景渲染方法。

巩固与提高

1. 案例效果

案例效果如图 2-3-16 所示。

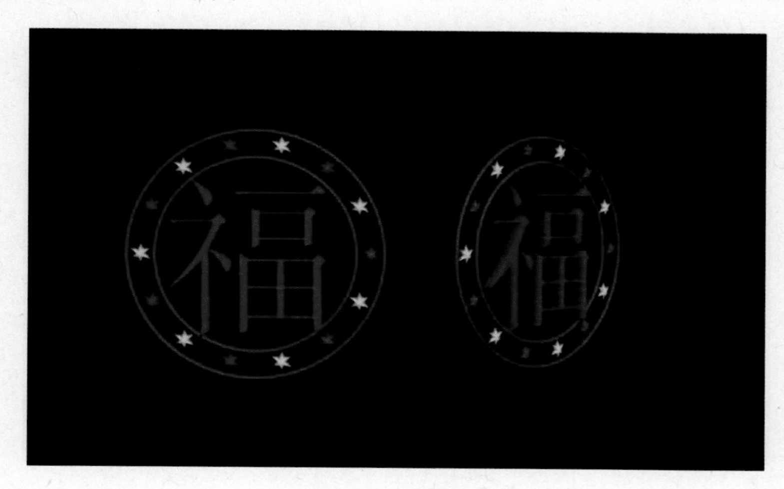

图 2-3-16

2. 制作流程

(1)在前视图建立一个“福”图形并进行“挤出”修改编辑→(2)在前视图建立一个圆环图形,圆环线设置成可渲染→(3)在前视图建立一个五角星并阵列复制产生 14 个→(4)将五角星赋予红黄两种色→(5)将整个模型成组复制产生一个→(6)保存渲染。

3. 自我创意

绘制与编辑二维图形,对二维图形进行“倒角”形成三维模型,结合生活实际,自我创意各种生活实用模型。

2.3.3 案例三:制作“装饰花”

1. 案例效果

案例效果如图 2-3-17 所示。

2. 制作流程

(1)在顶视图绘制一个椭圆图形,并进行“挤出”形成花瓣→(2)在顶视图建立一个切角圆柱体作为花心→(3)在顶视图选取花瓣调整角度,阵列复制 8 个形成花朵→(4)在前视图绘制一条线,将线设置成可渲染作为花枝→(5)在顶视图绘制花叶图形,并进行“挤出”形成花叶→(6)在顶视图选取花叶调整角度,复制 4 个形成一束花,将一束花复制 3 支→(7)在顶视图建立一个茶壶作为花盆→(8)赋材质→(9)保存渲染。

图 2-3-17

3. 步骤解析

（1）单击“创建”命令面板中的“图形”，单击“椭圆”。

（2）在顶视图拖动，建立长度、宽度分别为5、10，插值“步长”为10的椭圆图形。

（3）单击“修改”命令面板中的“修改器列表”，选取“挤出”编辑命令。设置数量为0.1。颜色设置为粉红形成花瓣，选择“选择与旋转”工具，在前视图将图形调整角度，如图2-3-18所示。

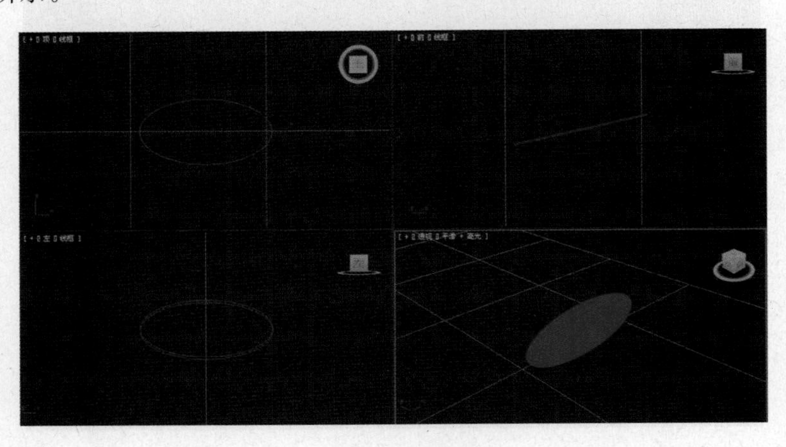

图 2-3-18

（4）选取“创建”命令面板“几何体”中的“扩展基本体”项，单击“切角圆柱体”，在顶视图拖动，建立半径、高度、圆角、圆角分段分别为1.5、0.75、0.1、5的圆柱体，颜色设置为黄色，如图2-3-19所示。

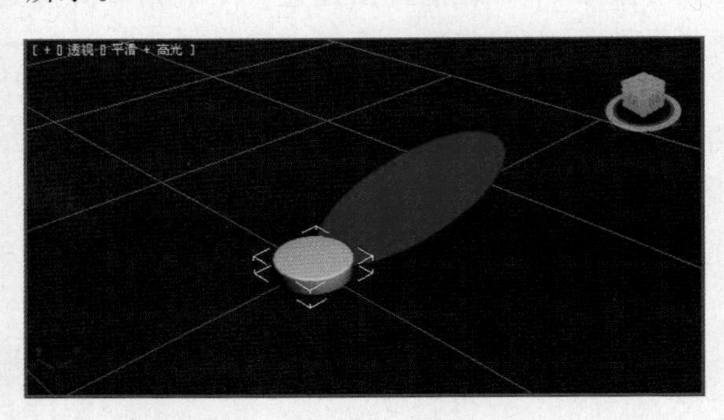

图 2-3-19

（5）选择“选择与移动”工具，在顶视图选中花瓣，单击主工具栏中“视图”工具，选取“拾取”单击圆柱体。再按下主工具栏中“视图”工具旁工具，选中最下边的工具。

（6）选取“工具”菜单中“阵列”，设置如图2-3-20所示参数，单击“确定”按钮，形成花朵。

（7）单击“创建”命令面板中的“图形”，单击“线”。在前视图绘制花枝线条。单击参数面板“渲染”前面的“+”，按如图2-3-21所示设置参数，颜色设置为绿色，效果如图2-3-22所示。

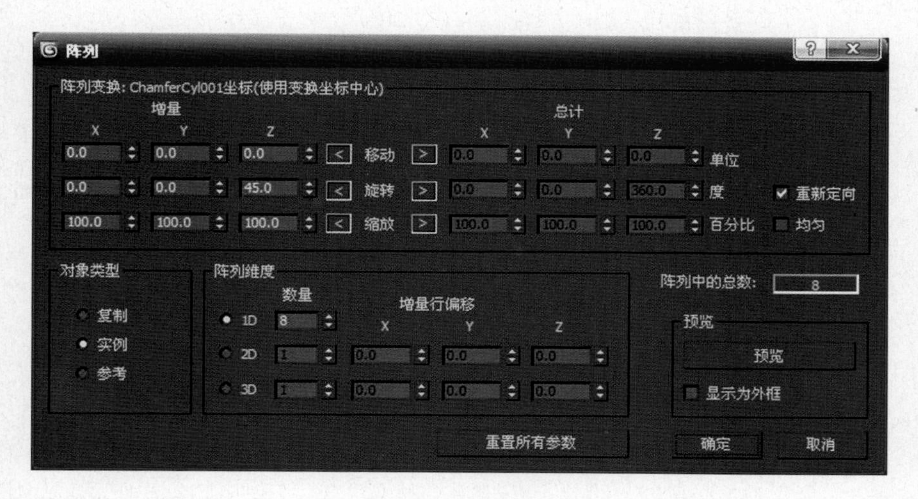

图 2-3-20

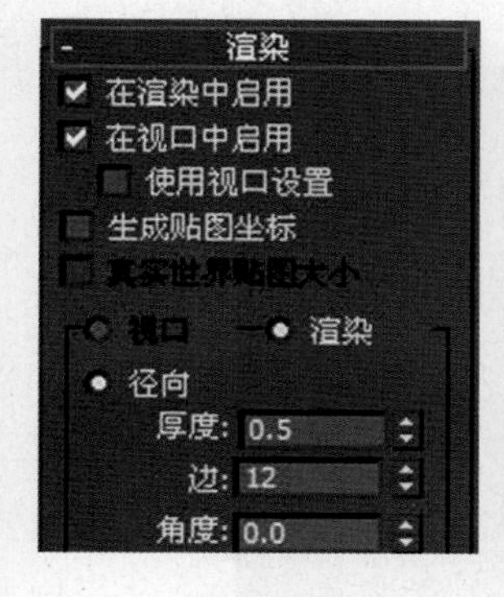

图 2-3-21

图 2-3-22

(8) 单击“创建”命令面板中的“图形”，单击“线”，取消渲染参数面板中“在渲染中启用”与“在视图中启用”选项，在顶视图中绘制如图 2-3-23 所示图形。

(9) 单击“修改”命令面板，展开 Line 前的“+”，选取“顶点”，右击线条最上顶点，选取“光滑”，调整相应的点如图 2-3-24 所示。

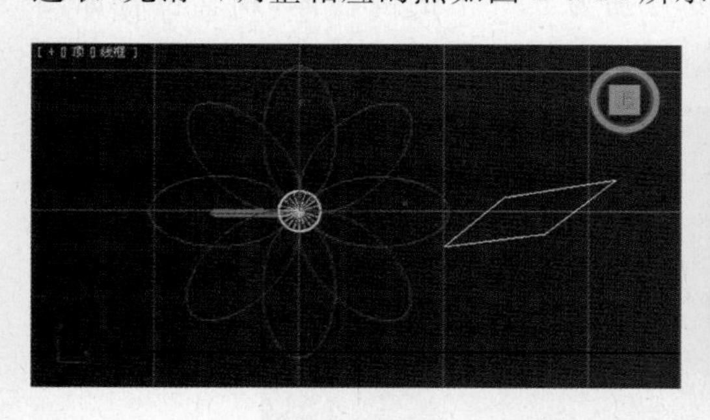

图 2-3-23

图 2-3-24

(10) 单击“修改”命令面板中的“修改器列表”，选取“挤出”编辑命令。设置数量为 0.1，颜色设置为绿色，形成花叶，选择“选择与旋转”工具，在前视图将图形调整角度，再复制 3 个花叶，效果如图 2-3-25 所示。

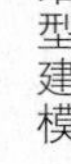

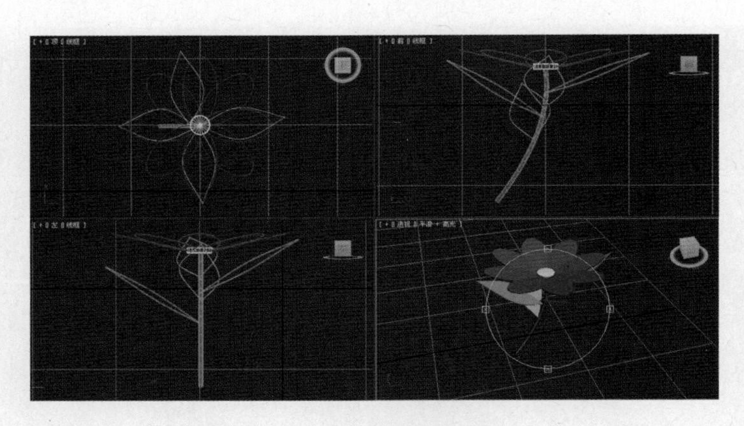

图 2-3-25

（11）选取整枝花，选取“组”菜单中“成组”命令，单击“确定”按钮。将整束花再复制两束，调整位置如图 2-3-26 所示。

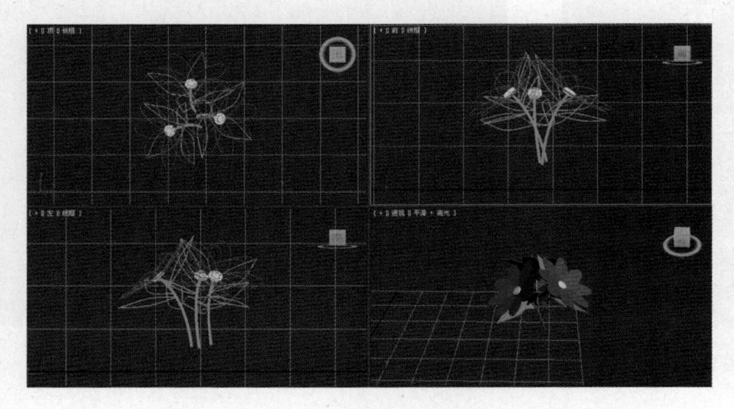

图 2-3-26

（12）单击“创建”命令面板“几何体”，选取“标准基本体”项，单击“茶壶”。在顶视图拖动，建立半径、分段分别为 9、16、4、3 的茶壶，并取消“茶把”、“茶嘴”和“茶盖”。再单击“圆柱”，在顶视图拖动，建立半径、高度分别为 6、－7 的圆柱体，调整位置如图 2-3-27所示。

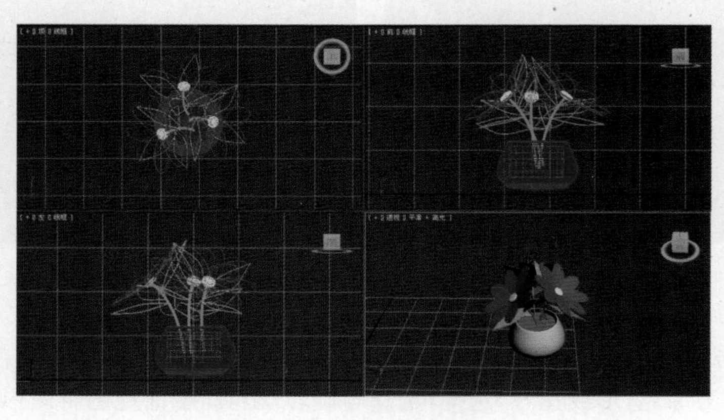

图 2-3-27

(13) 单击“材质编辑器”工具，打开“材质编辑器”，选取第一个球，展开“贴图”卷展栏。选中“漫反射颜色”，单击“漫反射颜色”后面的“None”长按钮，双击“位图”，打开素材文件“瓷花.jpg”。

(14) 单击主工具栏中“渲染产品”工具，渲染的场景效果如图 2-2-17，单击渲染窗口中“保存”命令，确定保存位置，输入文件名，选取文件类型为“.jpg”，单击“保存”按钮，保存渲染的场景效果。

4. 知识链接

在 3ds Max 2011 软件中，二维图形的创建是通过命令面板“创建”中“图形”面板相关命令实现的。对二维图形进行相关功能修改，可以形成复杂的三维模型。本案例应用了“挤出”命令，以及二维图形可渲染等方法形成三维模型。

5. 案例小结

本案例重点是掌握对二维图形进行编辑修改，通过对二维图形进行“挤出”命令及二维图形可渲染来构造复杂模型，同时了解模型材质和贴图设置及场景渲染方法。

巩固与提高

1. 案例效果

案例效果如图 2-3-28 所示。

图 2-3-28

2. 制作流程

(1)在顶视图绘制一个椭圆图形并对其修改，再进行“挤出”形成花瓣→(2)在顶视图建立一个切角圆柱体为花心→(3)在顶视图选取花瓣调整角度，阵列复制 3 个形成花朵→(4)在前视图绘制一条线，将线设置成可渲染为花枝→(5)在顶视图绘制花叶图形，并进行“挤出”形成花叶→(6)在顶视图选取花叶调整角度，复制 5 个形成整棵花→(7)在顶视图建立一个花盆→(8)赋材质→(9)保存渲染。

3. 自我创意

绘制与编辑二维图形，对二维图形进行“倒角”、“挤出”形成三维模型，结合生活实际，自我创意各种生活实用模型。

2.3.4 案例四：制作“香蕉”

1. 案例效果

案例效果如图 2-3-29 所示。

2. 制作流程

(1)在顶视图绘制香蕉曲线路径及截面→(2)对曲线路径进行“放样”，形成香蕉→(3)赋材质→(4)保存渲染。

3. 步骤解析

(1) 单击“创建”命令面板中的“图形”，单击“线”。

(2) 在顶视图画出香蕉曲线路径及截面，三个半径、边数、角半径分别为 8、8、5，20、8、5，7、8、5，如图 2-3-30 所示。

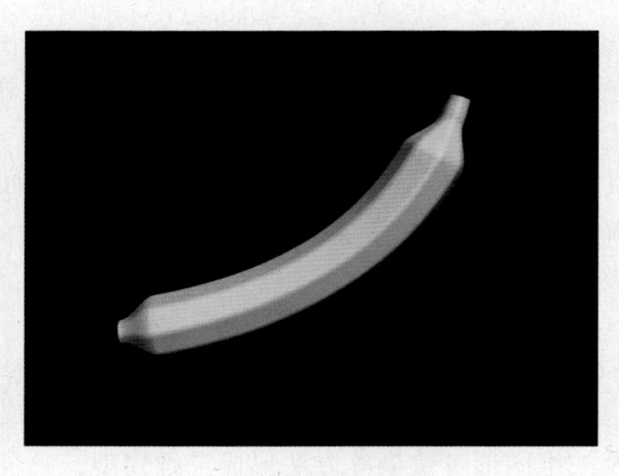

图 2-3-29

（3）选取香蕉曲线路径，单击“创建”命令面板“几何体”，选取“复合对象”项，单击“放样”。

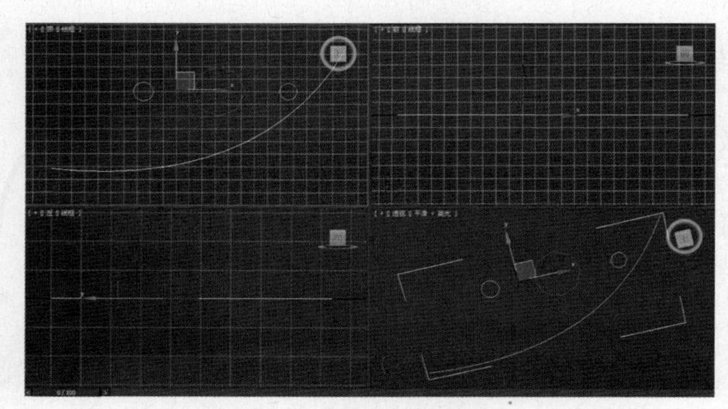

图 2-3-30

（4）单击“获取图形”，在顶视图单击第一个多边形。将“路径参数”面板中“路径”设置为 10，再单击“获取图形”，在顶视图单击第二个多边形。将“路径参数”面板中“路径”设置为 85，再单击“获取图形”，在顶视图单击第二个多边形。将“路径参数”面板中“路径”设置为 95，再单击“获取图形”，在顶视图单击第一个多边形。将“路径参数”面板中“路径”设置为 100，再单击“获取图形”，在顶视图单击第三个多边形，效果如图2-3-31所示。

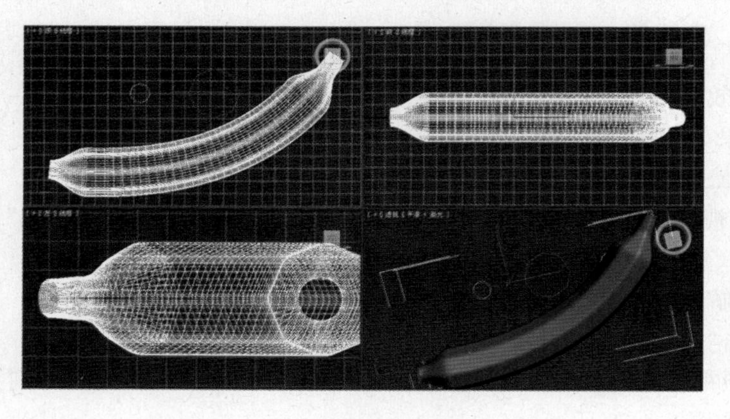

图 2-3-31

（5）单击命令面板“名称和颜色”中的色块图标，设置为黄色。

（6）单击主工具栏中“渲染产品”工具，渲染的场景效果如图 2-3-29 所示，单击渲染窗口中“保存”命令，确定保存位置，输入文件名，选取文件类型为“.jpg”，单击“保存”按钮，保存渲染的场景效果。

4. 知识链接

在 3ds Max 2011 软件中，利用二维图形线条和图形截面通过“放样”可以创建各种复杂三维模型。“放样”的过程是先绘制用于放样的线条路径与放样图形截面，然后改变路径的值，分别获取不同的图形截面，一个复杂的三维模型就形成了。

5. 案例小结

本案例重点是掌握放样建模方法，通过对二维图形进行“放样”命令来构造复杂模型，同时了解模型材质和贴图设置及场景渲染方法。

巩固与提高

1. 案例效果

案例效果如图 2-3-32 所示。

2. 制作流程

（1）在顶视图绘制牙膏截面（三个圆一个椭圆），在前视图绘制牙膏线条（直线）→（2）对牙膏线条路径进行“放样”形成牙膏→（3）赋材质→（4）保存渲染。

3. 自我创意

绘制与编辑二维图形，对二维图形进行“放样” 形成三维模型，结合生活实际，自我创意各种生活实用模型。

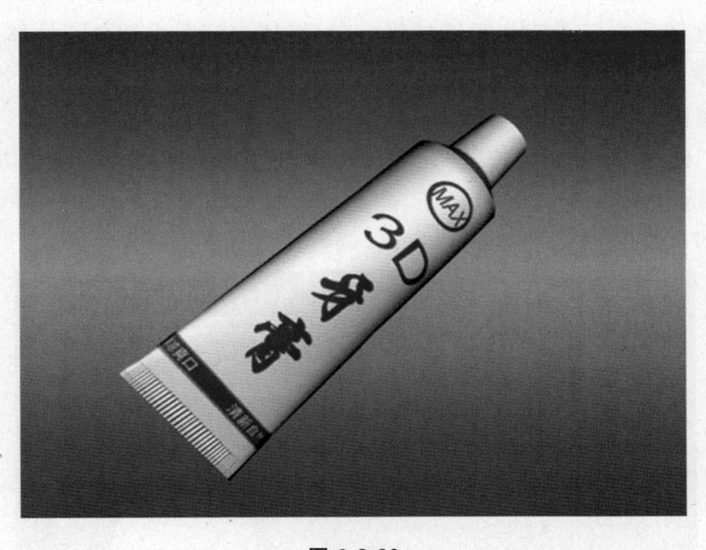

图 2-3-32

2.4 复合对象建模

2.4.1 案例一：制作“烟灰缸”

1. 案例效果

案例效果如图 2-4-1 所示。

图 2-4-1

2. 制作流程

（1）在顶视图建立两个切角圆柱体→（2）两个切角圆柱体进行“布尔”运算，形成缸体→（3）在顶视图建立三个小切角圆柱体→（4）缸体与三个小切角圆柱体进行“布尔”运算→（5）赋材质→（6）保存渲染。

3. 步骤解析

（1）单击“创建”命令面板中的“几何体”，选取“扩展几何体”，单击“切角圆柱体”。

（2）在顶视图拖动，建立两个半径、高度、圆角、圆角分段、边数分别为 150、70、10、10、32 与 130、70、10、10、32 的切角圆柱体，调整位置如图 2-4-2 所示。

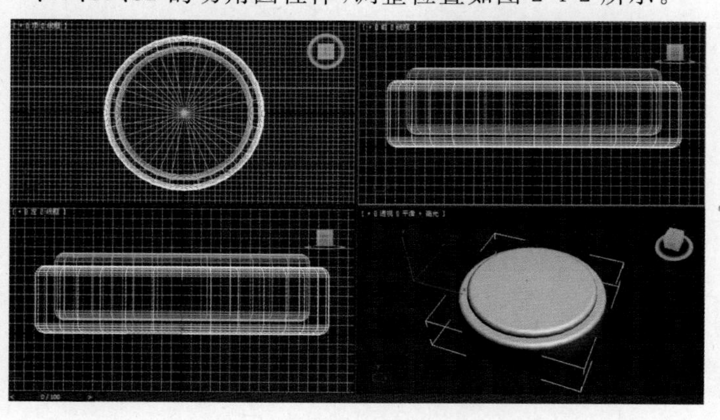

图 2-4-2

（3）选取大切角圆柱体，单击“创建”命令面板中的“几何体”，选取“复合对象”，单击“布尔”。单击“拾取操作对象 B”，在前视图单击小切角圆柱体，并单击“布尔”，形成缸体，如图 2-4-3 所示。

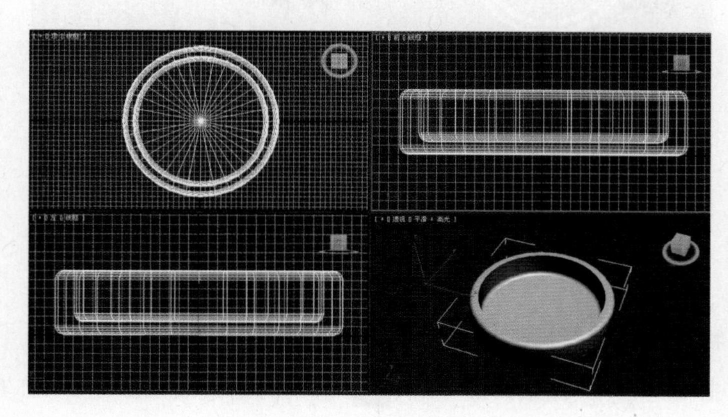

图 2-4-3

（4）单击“创建”命令面板中的“几何体”，选取“扩展几何体”，单击“切角长方体”。在顶视图拖动，建立一个长度、宽度、高度、圆角、圆角分段分别为 30、70、50、30、10 的切角长方体。并在顶视图按角度阵列复制产生 3 个切角长方体，如图 2-4-4 所示。

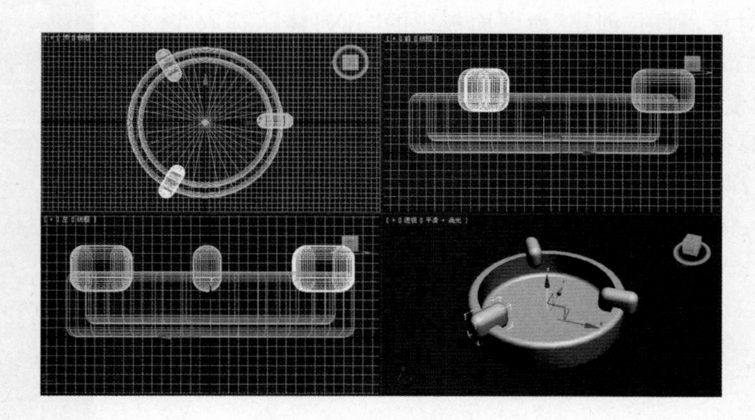

图 2-4-4

（5）选取缸体，单击“创建”命令面板中的“几何体”，选取“复合对象”，单击“布尔”。单击“拾取操作对象 B”，在顶视图单击一个小切角长体，单击“布尔”。再单击“拾取操作对象 B”，在顶视图单击一个小切角长体，单击“布尔”。再单击“拾取操作对象 B”，在顶视图单击一个小切角长体，单击“布尔”。效果如图 2-4-5 所示。

（6）单击“材质编辑器”工具，打开材质编辑器，选取第一个球，单击“贴图”，展开“贴图”卷展栏，单击“漫反射颜色”后面的“None”长按钮，双击“位图”。

（7）选取指定素材文件“玻璃 05.jpg”，设置“坐标”中 U、V 坐标“瓷砖”参数为 3、3。

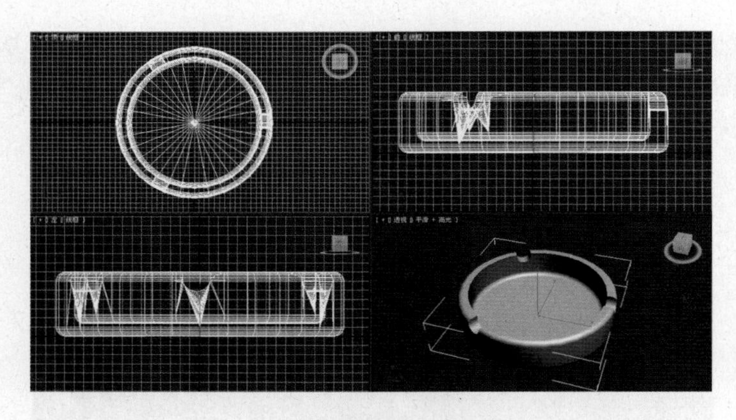

图 2-4-5

（8）选中物体，单击“材质编辑器”中的按钮，将材质赋给物体。

（9）单击主工具栏中“渲染产品”工具，渲染的场景效果如图 2-4-1 所示，单击渲染窗口中“保存”命令，确定保存位置，输入文件名，选取文件类型为“.jpg”，单击“保存”按钮，保存渲染的场景效果。

4. 知识链接

在 3ds Max 2011 软件中，可以通过对两个三维模型的“布尔”运算，实现复合模型的创建。“布尔”运算过程是先选取参与运算的一个对象，利用“创建”命令面板中的“几何体”，选取“复合对象”，单击“布尔”，确定布尔运算操作方式，然后“拾取操作对象”实现创建复合模型。

布尔运算操作方式如图 2-4-6 所示。

① 并集：两个物体结合，移去相互重叠的部分。

② 交集：保留两个物体相互重叠的部分，删除不相交的部分。

③ 差集：A 物体减去与 B 物体相重叠的部分，剩余 A 物体其余部分。

④ 切割：使用 B 物体切割 A 物体，但不给 B 物体的网格添加任何东西。

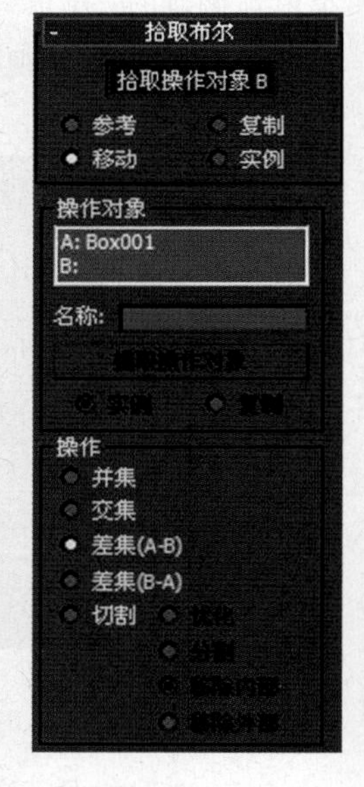

图 2-4-6

5. 案例小结

本案例重点是掌握对三维物体进行布尔运算操作，通过布尔运算操作命令来构造复杂模型，同时了解模型材质和贴图设置及场景渲染方法。

巩固与提高

1. 案例效果

案例效果如图 2-4-7 所示。

2. 制作流程

（1）在顶视图创建一个大切角长方体和一个小切角长方体→（2）将小切角长方体复

图 2-4-7

制成 6 个，均匀分布在大切角长方体上→(3)选中大切角长方体，与小切角长方体进行布尔运算，形成巧克力模型→(4)贴上粗糙材质，漫反射处选咖啡色→(5)再复制一个→(6)再利用布尔制作一个盛放巧克力的盒子→(7)保存渲染。

3. 自我创意

创建三维模型，对三维模型进行“布尔”运算，形成复杂三维模型，结合生活实际，自我创意各种生活实用模型。

2.4.2 案例二：制作“洗手盆”

1. 案例效果

案例效果如图 2-4-8 所示。

2. 制作流程

(1)在顶视图建立一个切角长方体，建立一个切角圆柱体，建立两个一大一小半球体→(2)将切角圆柱体与大半球体进行“布尔”运算，形成盆体→(3)盆体与小半球体缩放旋转，与切角长方体进行“布尔”运算→(4)与小半球体形成整个盆体→(5)在顶、左视图分别建立圆柱与圆环进行“布尔”差运算→(6)在顶视图分别建立管状体与圆环→(7)赋材质→(8)保存渲染。

图 2-4-8

3. 步骤解析

(1) 单击“创建”命令面板中的“几何体”，选取“扩展几何体”，单击“切角长方体”。

(2) 在顶视图拖动，建立一个长度、宽度、高度、圆角、圆角分段分别为 200、200、70、5、3 的切角长方体。

(3) 单击“切角圆柱体”，在顶视图拖动，建立一个半径、高度、圆角、圆角分段、边数分别为 120、22、5、5、48 的切角圆柱体，如图 2-4-9 所示。

(4) 单击“创建”命令面板中的“几何体”，选取“标准几何体”，单击“球体”。

(5) 在顶视图拖动，建立一个半径、半球分别为 105、0.5 的半球体。在顶视图将半球体沿垂直方向旋转 180°，如图 2-4-10 所示。

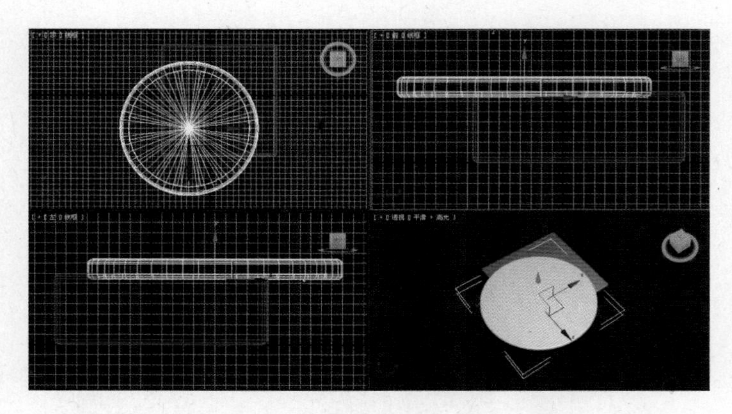

图 2-4-9

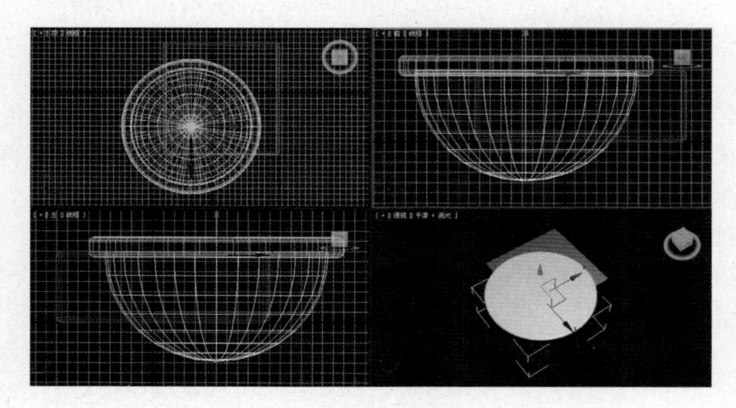

图 2-4-10

（6）选取半球体，复制建立一个半径、半球分别为 100、0.4 的半球体，如图2-4-11所示。

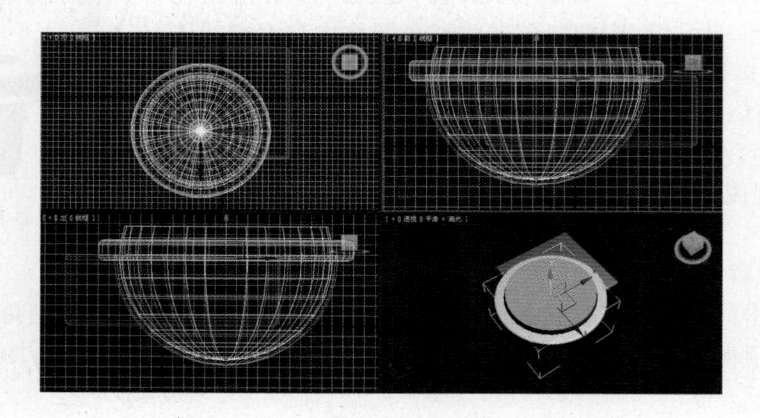

图 2-4-11

（7）选取切角圆柱体，单击“创建”命令面板中的“几何体”，选取“复合对象”，单击“布尔”。选取操作为“并集”，单击“拾取操作对象 B”，在前视图单击大半球体，形成盆体。

（8）选取盆体与小半球体，利用“选择并均匀缩放”工具，在顶视图沿 Y 轴缩放，利用“选择与旋转”工具，沿平面旋转 45°。再利用“选择并均匀缩放”工具等比缩放，调整位置如图 2-4-12 所示。

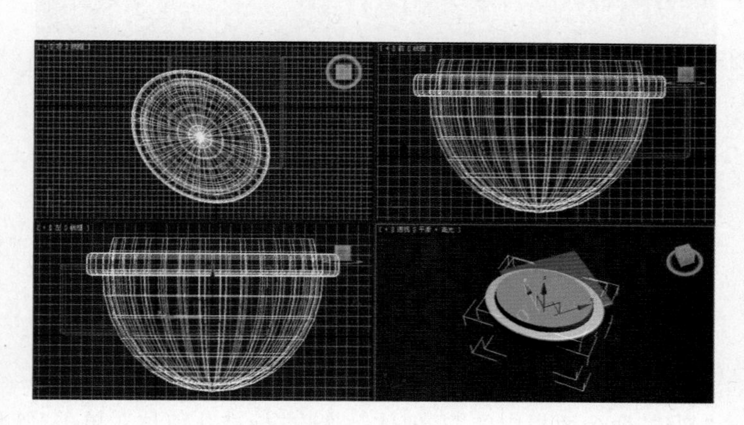

图 2-4-12

（9）选取盆体，单击“创建”命令面板中的“几何体”，选取“复合对象”，单击“布尔”。选取操作为“并集”，单击“拾取操作对象 B”，在前视图单击切角长方体，形成洗手盆整体。

（10）单击“选择与移动”工具，单击“布尔”。选取操作为“差集（A-B）”，单击“拾取操作对象 B”，在前视图单击小半球体形成洗手盆，整体效果如图 2-4-13 所示。

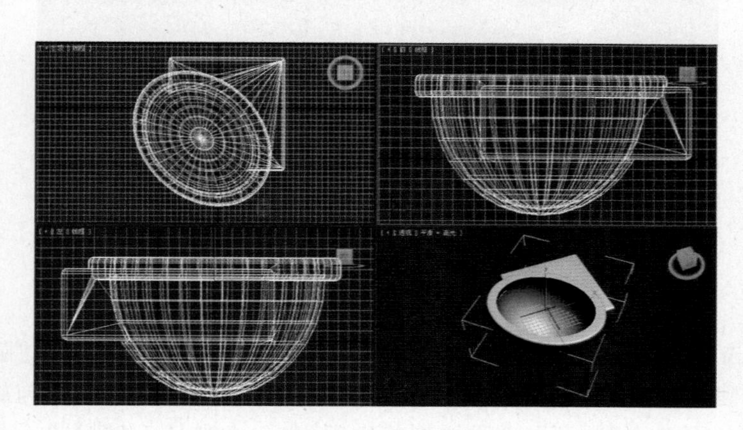

图 2-4-13

（11）单击“选择与移动”工具，单击“修改”命令面板。单击“修改器列表”，选取“网格平滑”命令，参数面板“细分量”中的迭代次数设置为 2。

（12）单击“创建”命令面板中的“几何体”，选取“标准几何体”，单击“圆柱体”。在顶视图拖动，建立一个半径 1、高度分别为 17、100 的圆柱体。

（13）单击“圆环”，在顶视图拖动，建立一个半径 1、半径 2 分别为 18.5、2 的圆环与圆柱体平面对齐。

（14）选取盆体，单击“创建”命令面板中的“几何体”，选取“复合对象”，单击“布尔”。选取操作为“差集（A-B）”，单击“拾取操作对象 B”，在前视图单击圆柱体。选取圆环，调整位置如图 2-4-14 所示。

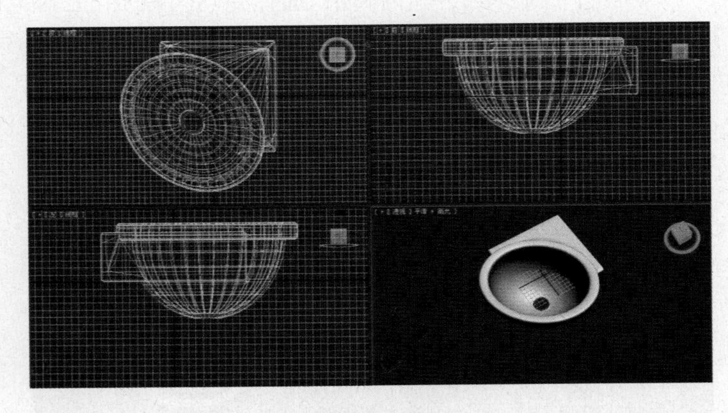

图 2-4-14

（15）单击“创建”命令面板中的“几何体”，选取“标准几何体”，单击“管状体”。在顶视图拖动，建立一个半径 1、半径、高度分别为 20、25、－250 的圆柱体。再单击“圆环”，在顶视图拖动，建立一个半径 1、半径 2 分别为 115、8 的圆环，调整位置如图 2-4-15 所示。

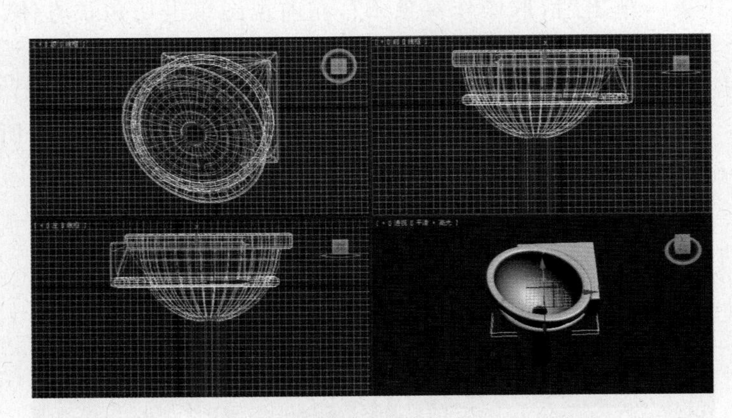

图 2-4-15

（16）单击“创建”命令面板中的“几何体”，选取“标准几何体”，单击“圆柱体”。在左视图拖动，建立一个半径、高度分别为 10、－250 的圆柱体，利用“选择与旋转”工具沿平面旋转 45°。再单击“圆环”，在顶视图拖动，建立一个半径 1、半径 2 分别为 11.5、2 的圆环，利用“选择与旋转”工具沿平面旋转 45°。

（17）选取盆体，单击“创建”命令面板中的“几何体”，选取“复合对象”，单击“布尔”。选取操作为“差集(A-B)”，单击“拾取操作对象 B”，在前视图单击圆柱体。选取圆环，调整位置如图 2-4-16 所示。

（18）选取所有物体，单击“名称与颜色”，设置色块图标为白色。

（19）单击主工具栏中“渲染产品”工具，渲染的场景效果如图 2-4-8 所示，单击渲染窗口中“保存”命令，确定保存位置，输入文件名，选取文件类型为“.jpg”，单击“保存”按钮，保存渲染的场景效果。

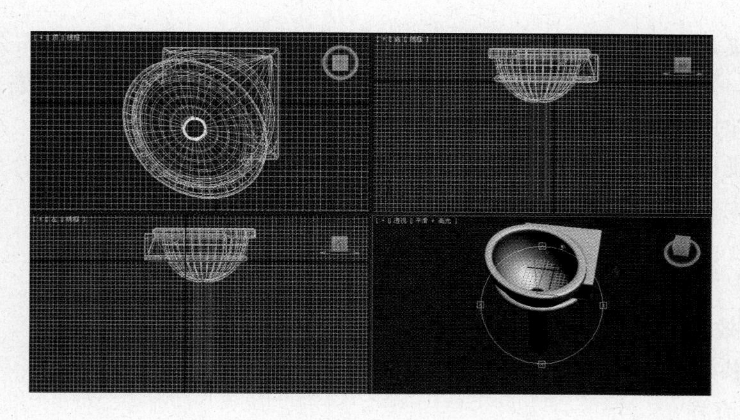

图 2-4-16

4. 知识链接

在 3ds Max 2011 软件中，可以通过对两个三维模型的“布尔”运算，实现复合模型的创建。本案例不仅应用了“布尔”运算，它还应用了“网格平滑”功能。网格平滑主要是实现对模型表面进行平滑处理，“迭代次数”越大，平滑效果越好。通过调整迭代次数达到理想的平滑效果。

5. 案例小结

本案例重点是掌握对三维物体进行“布尔”运算操作，通过“布尔”运算操作命令来构造复杂模型，同时了解网格平滑应用及场景渲染方法。

巩固与提高

1. 案例效果

案例效果如图 2-4-17 所示。

图 2-4-17

2. 制作流程

(1)在前视图建立一个立方体与两个大小相同的球体→(2)将立方体与一个球体进

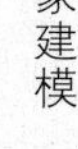

行“布尔”交集运算，形成墩体→(3)将另一个球体缩小半径，与墩进行“布尔”差集运算形成墩椅→(4)在顶视图建立一个切角圆柱体→(5)赋材质→(6)保存渲染。

3. 自我创意

创建三维模型，对三维模型进行“布尔”运算，形成复杂三维模型，结合生活实际，自我创意各种生活实用模型。

2.4.3 案例三：制作“易拉罐”

1. 案例效果

案例效果如图 2-4-18 所示。

2. 制作流程

(1)在顶视图绘制一个易拉罐截面图形，并进行编辑调整→(2)截面图形进行“车削”，形成基本罐体→(3)在顶视图绘制易拉罐罐口图形，并进行编辑调整→(4)罐体与罐口图形进行“图形合并”，制作出完整的易拉罐体→(5)制作贴图赋材质→(6)保存渲染。

图 2-4-18

3. 步骤解析

(1) 单击“创建”命令面板中的“图形”，单击“线”。

(2) 在前视图拖动，绘制如图 2-4-19 所示图形。

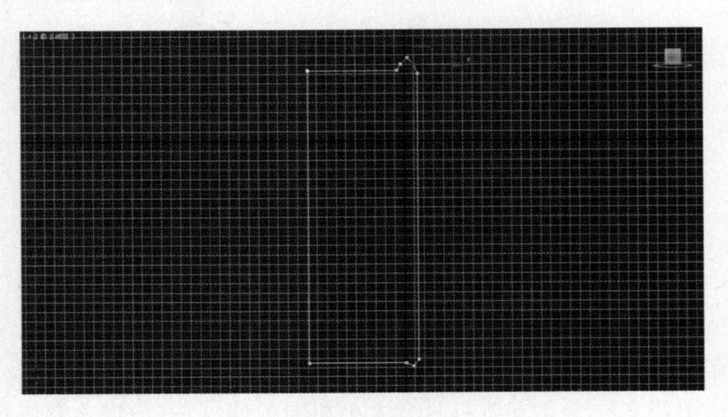

图 2-4-19

(3) 单击“修改”命令面板，展开 Line 前的“+”，选取“顶点”，右击线条最上顶点，选取“光滑”，调整相应的上下点效果如图 2-4-20、图 2-4-21 所示，单击 Line 结束编辑。

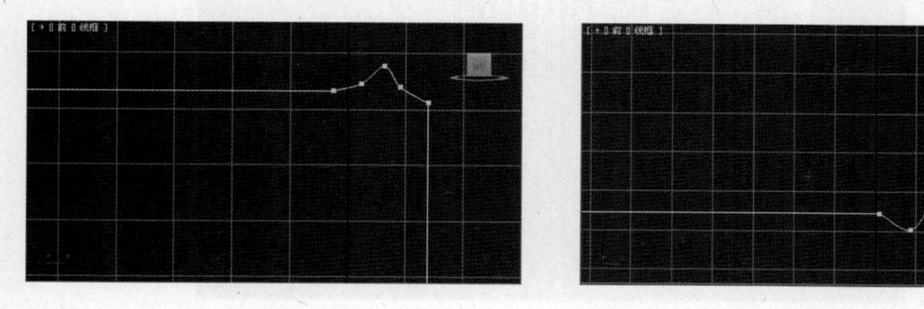

图 2-4-20　　图 2-4-21

(4) 单击“修改”命令面板中的“修改器列表”，选取“车削”。在参数面板中选中“焊接内核”，“分段”设置为 32，单击“最小化”，如图 2-4-22 所示。

图 2-4-22

(5) 单击“创建”命令面板中的“图形”，单击“矩形”，在顶视图拖动，绘制一个矩形图形。

(6) 单击“修改”命令面板中的“修改器列表”，选取“编辑样条线”，展开编辑样条线前的“+”，选取“顶点”，在顶视图拖动，选取所有顶点，右击选取“光滑”，调整相应的上下点形成罐口图形，单击编辑样条线，结束编辑。选取罐口图形，在前视图移动到罐体面上，效果如图 2-4-23 所示。

(7) 选取罐体，单击“创建”命令面板中的“几何体”，选取“复合对象”，单击“图形合并”，参数面板“操作”中选中“饼切”，单击“拾取图形”按钮，在顶视图单击罐口图形，效果如图 2-4-24 所示。

(8) 单击“材质编辑器”工具，打开“材质编辑器”，选取第一个球，“漫反射”选白色，选中“双面”，反射高光中“高光级别”设置为 25，“光泽度” 设置为 80。单击材质编辑器中的按钮，将材质赋给罐体。

(9) 单击材质编辑器“Standara” 按钮，双击“多维/子对象”，单击“确定”按钮。“设置数量”设置为 2，如图 2-4-25 所示。

图 2-4-23

图 2-4-24

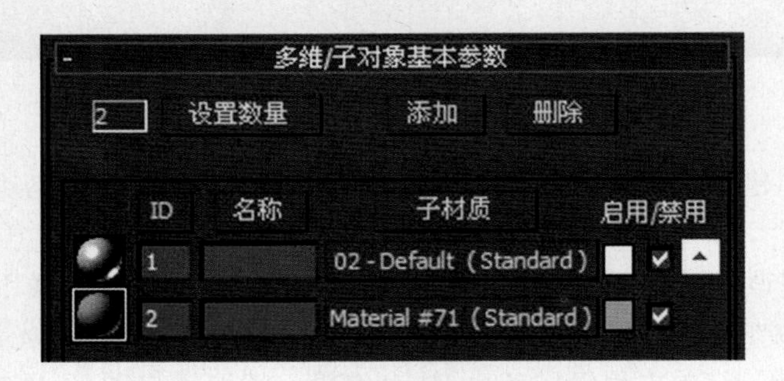

图 2-4-25

（10）单击 ID2 后面长按钮，展开“贴图”卷展栏。选中“漫反射颜色”，单击“漫反射颜色”后面的“None”长按钮，打开“材质/贴图浏览器”，双击“位图”，打开素材文件“Coke.jpg”。

（11）选取罐体，单击“修改”命令面板中的“修改器列表”，选取“编辑网格”命令。单击“编辑网格”前面的“＋”，选取“多边形”。在前视图中框选多边形，如图2-4-26所示。

（12）将参数面板向上拖动，在“材质”选取项参数中，在“设置 ID”框中输入 2，按回车键。

（13）单击“编辑网格”结束编辑。单击“修改”命令面板中的“修改器列表”，选取“UV 贴图”命令。在参数面板选中“柱形”，对齐选 X 轴，单击“适配”按钮。

图 2-4-26

(14) 单击主工具栏中“渲染产品”工具，渲染的场景效果如图 2-4-18 所示，单击渲染窗口中“保存”命令，确定保存位置，输入文件名，选取文件类型为“.jpg”，单击“保存”按钮，保存渲染的场景效果。

4. 知识链接

在 3ds Max 2011 软件中，对二维图形进行相关功能修改，可以形成复杂的三维模型。本案例应用了对二维图形进行“车削”命令，以及二维图形与三维模型复合“图形合并”应用，形成三维模型。

“图形合并” 功能是在三维模型中抠除二维图形形成新的三维模型效果。操作过程：先选取三维模型，单击“创建”命令面板中的“几何体”，选取“复合对象”，单击“图形合并”，选取操作图形合并方式，单击“拾取图形”按钮，在视图单击二维图形。

5. 案例小结

本案例重点是掌握对二维图形进行编辑修改，二维图形与三维模型进行“图形合并”形成三维模型的方法，同时了解模型材质和贴图设置及场景渲染。

巩固与提高

1. 案例效果

案例效果如图 2-4-27 所示。

图 2-4-27

2. 制作流程

(1)在顶视图绘制一个罐头截面图形,并进行编辑调整→(2)截面图形进行“车削”,形成基本罐体→(3)在顶视图绘制罐头罐口圆图形,调整位置→(4)罐体与罐口图形进行“图形合并”,制作出完整的罐头体→(5)在顶视图建立切角圆柱体,并进行噪波处理→(6)制作贴图赋材质→(7)保存渲染。

3. 自我创意

应用绘制与编辑二维图形,对二维图形进行“车削”,以及二维图形与三维模型进行“图形合并”,形成三维模型,结合生活实际,自我创意各种生活实用模型。

2.5 可编辑网格及多边形建模

2.5.1 案例一:制作“红灯笼”

1. 案例效果

案例效果如图 2-5-1 所示。

图 2-5-1

2. 制作流程

(1)在顶视图建立一个球体→(2)在前视图对球体挤压,并转换为可编辑多边形→(3)进入“边”编辑,删除一些扇形网格,保留两组扇形网格→(4)进入“点”编辑,调整扇形网格中间的点→(5)对扇形网格进行阵列复制 16 个→(6)在顶视图建立一个管状体,并复制一个→(7)在顶视图中建立一个小球体,再复制 9 个并成组→(8)将成组的 10 个小球阵列复制 20 个→(9)赋材质→(10)保存渲染。

3. 步骤解析

(1) 单击“创建”→“几何体”→“标准基本体”→“球体”按钮,在透视图中绘制一个球体,参数如图 2-5-2 所示。

(2) 单击“选择并挤压”按钮,在前视图沿着 Y 轴压缩成一个椭球体,如图 2-5-3 所示。

（3）在球体上右击，在弹出的快捷菜单中选择“转换为→转换为可编辑多边形”命令。在修改命令面板下的卷展栏中选择“边”次物体，选择如图 2-5-4 所示的边。

图 2-5-2

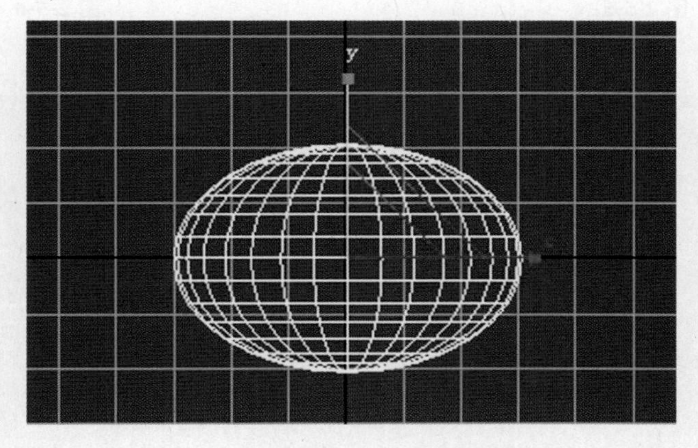

图 2-5-3

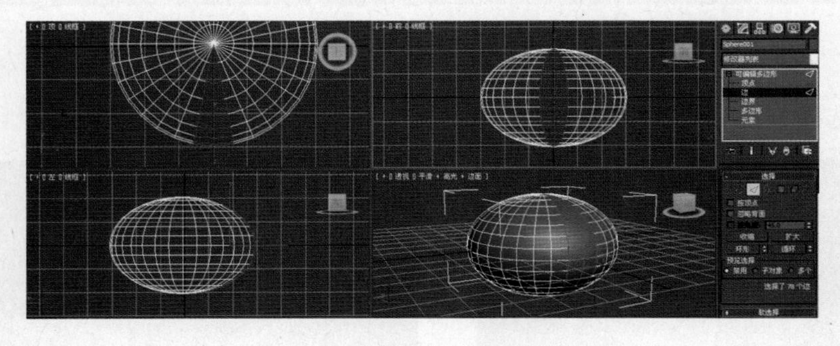

图 2-5-4

（4）单击菜单“编辑”→“反选”命令，按 Delete 键删除选择部分。这样球体就只剩下了刚才选择的两组扇形网格，如图 2-5-5 所示。

（5）在修改命令面板下的卷展栏中选择“顶点”次物体，在顶视图中调整中间一排点的位置，如图 2-5-6 所示。

（6）关闭顶点次物体。选择“工具”→“阵列”命令，在“阵列”对话框中，设置旋转 360°，阵列维度 1D 数量 16，如图 2-5-7 所示，单击“确定”按钮，形成如图 2-5-8 所示效果。

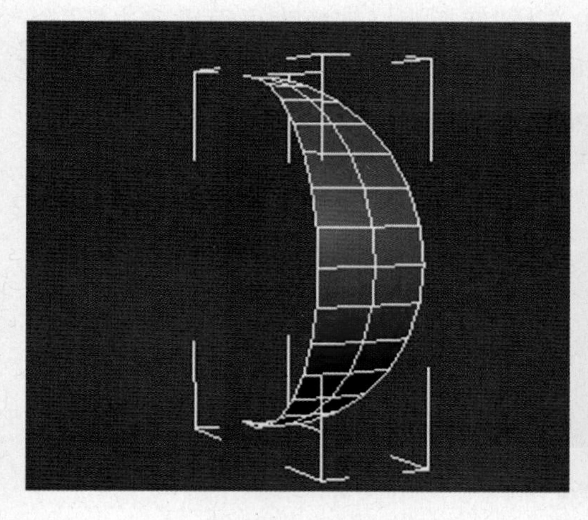

图 2-5-5

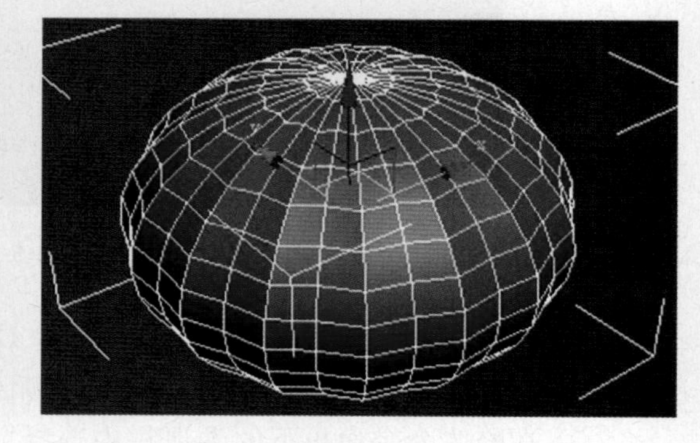

图 2-5-6

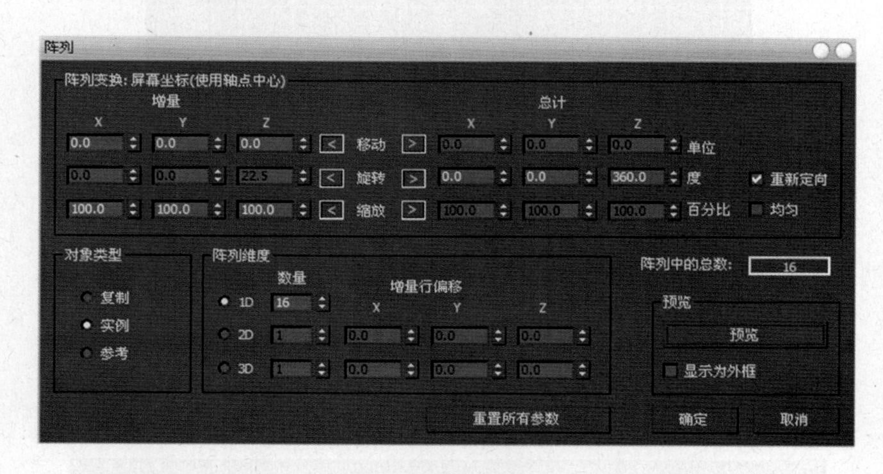

图 2-5-7

（7）选择整个灯笼，单击“组”→“成组”命令，进行成组操作，如图 2-5-9 所示。

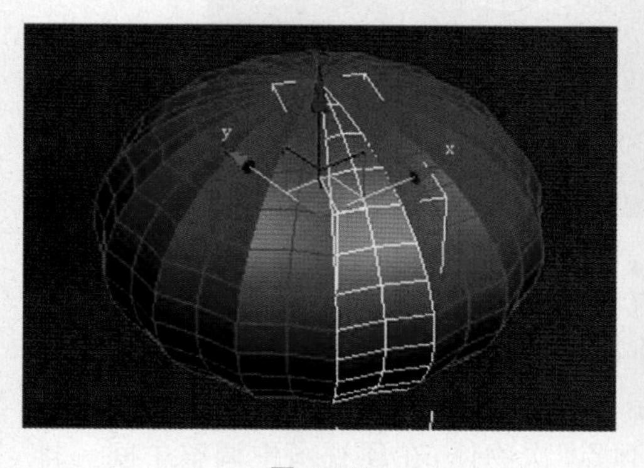

图 2-5-8

图 2-5-9

（8）单击“创建”→“几何体”→“标准基本体”→“管状体”按钮，顶视图中绘制一个管状体，在各视图中调整到合适的位置，如图 2-5-10 所示。

（9）将管状体沿 Z 轴向下复制一个，如图 2-5-11 所示。

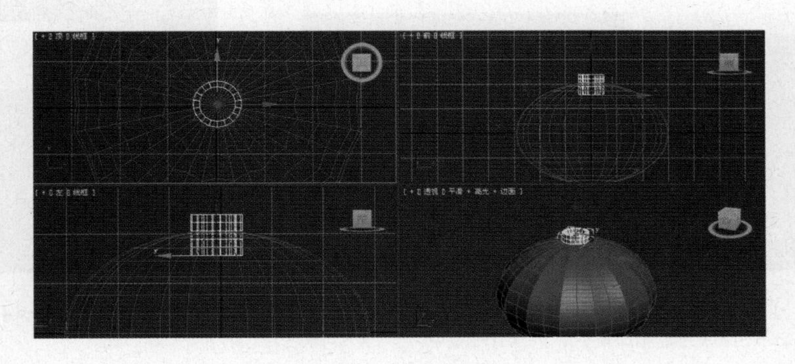

图 2-5-10

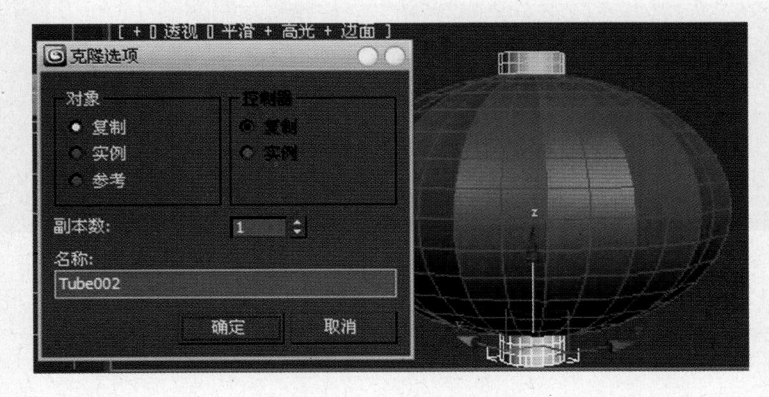

图 2-5-11

（10）单击“创建”→“几何体”→“标准基本体”→“球体”按钮，在顶视图中绘制一个球体，在各视图中调整到合适的位置，如图 2-5-12 所示。

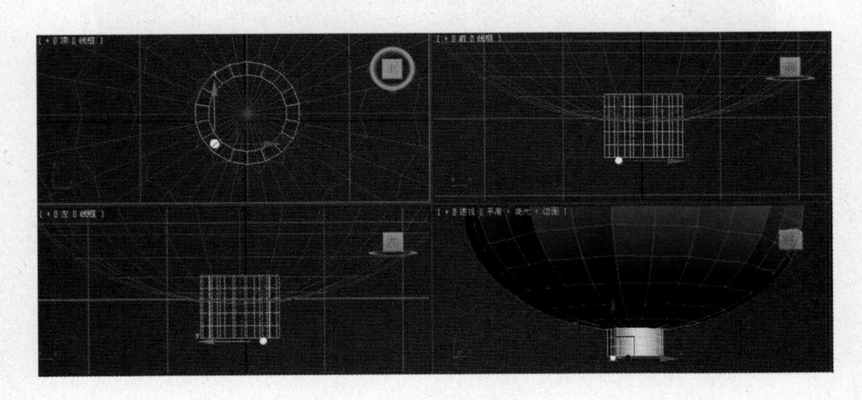

图 2-5-12

（11）将球体沿 Z 轴向下复制，如图 2-5-13 所示，单击“确定”按钮，形成如图2-5-14 所示效果。

（12）将所有的球体全部选中，单击“组”→“成组”命令，进行成组操作，如图2-5-15 所示。

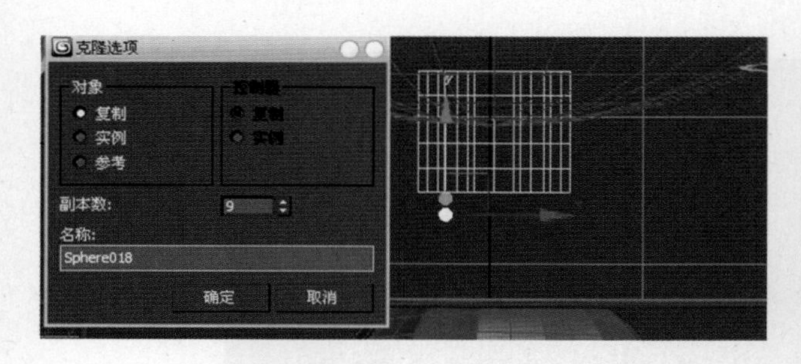

图 2-5-13　　　　图 2-5-14

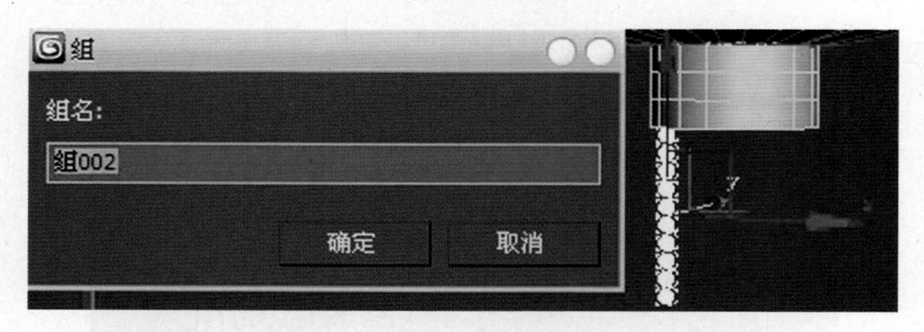

图 2-5-15

(13) 选中球体组合，调整坐标轴的位置，如图 2-5-16 所示。

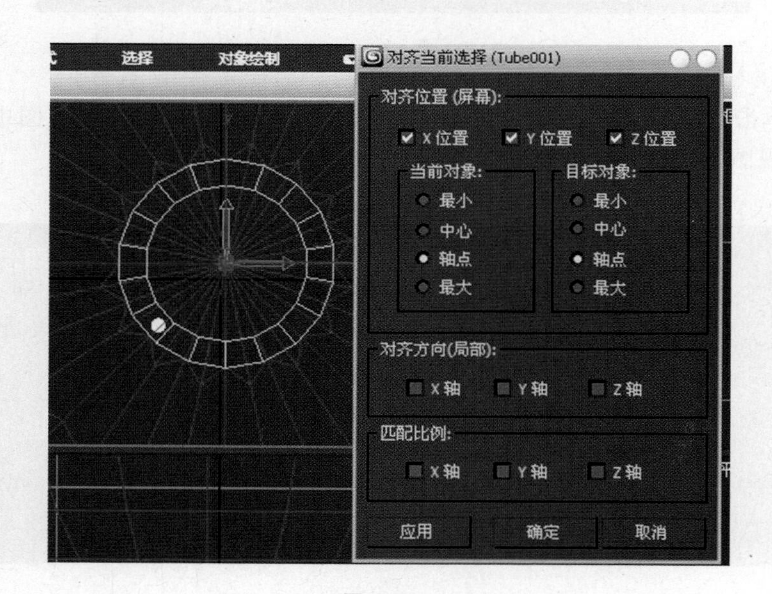

图 2-5-16

(14) 单击“工具”→“阵列”命令，在“阵列”对话框中，设置旋转 360°，阵列维度 1D 数量 20，如图 2-5-17 所示。

(15) 打开“材质编辑器”，选择材质球为制作的显示器设置材质，如图 2-5-18 所示。

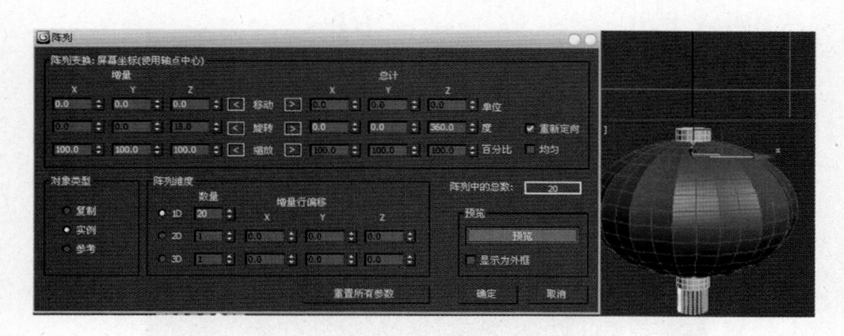

图 2-5-17

图 2-5-18

（16）渲染输出，单击主工具栏中“渲染产品”工具，渲染的场景效果如图2-5-1所示。单击渲染窗口中“保存”命令，确定保存位置，输入文件名，选取文件类型为“.jpg”，单击“保存”按钮，保存渲染的场景效果。

4. 知识链接

可编辑多边形：是一种将三维模型变成由不同子对象构成，通过移动、缩放、编辑子对象等操作形成新模型的建模方法。

将模型转换为可编辑多边形对象的方法有两种。一种是在视图中或修改命令面板的编辑修改器堆栈中右击，在弹出的快捷菜单中选择“转换为→转换为可编辑多边形”命令进行转换，如图 2-5-19 所示。二是在编辑修改器列表中添加“可编辑多边形”修改器，图 2-5-20 所示。

可编辑多边形对象有 5 个子对象级别。在编辑修改器堆栈中单击“可编辑多边形”前面的“+”按钮，就可以进行不同子对象级别之间的切换，如图 2-5-21 所示。也可以在“选择”卷展栏中通过按钮进行切换。

① 顶点：顶点是空间中的点，它们定义组成多边形的其他子对象的结构。当移动或编辑顶点时，它们形成的几何体也会受影响。

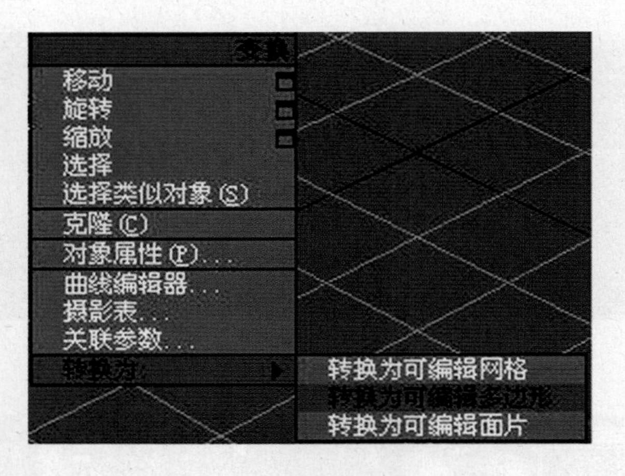

图 2-5-19

图 2-5-20

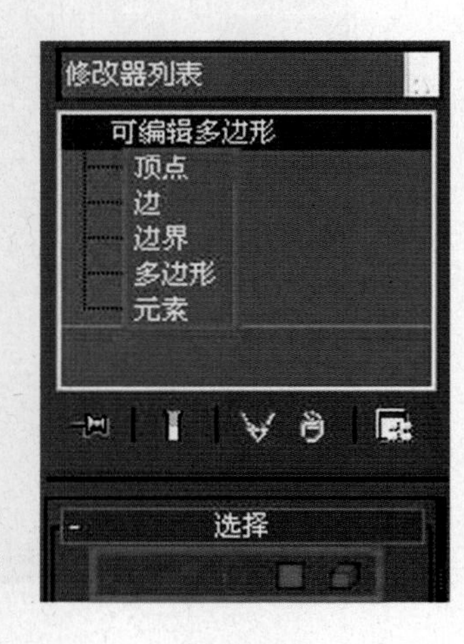

图 2-5-21

② 边:多边形的边用于组成面并且连接两个顶点,两个面可以共享一条边。

③ 边界:边界可以理解为孔洞的边缘,它通常是多边形仅位于一面时的边序列。

④ 多边形:多边形是通过曲面连接的 3 条或多条边得到的。

⑤ 元素:元素是由两个或两个以上的单个多边形对象组合成的更大的对象。

5. 案例小结

本案例重点是掌握可编辑多边形建立模型方法,通过移动、缩放、编辑子对象形成复杂模型,同时了解模型材质和贴图设置、灯光设置及场景渲染方法。

巩固与提高

1. 案例效果

案例效果如图 2-5-22 所示。

图 2-5-22

2. 制作流程

(1)在顶视图建立一个球体→(2)在前视图对球体挤压,并转换为可编辑多边形→(3)进入"边"编辑,删除一些扇形网格,保留两组半扇形网格→(4)进入"点"编辑,调整扇形网格中间的点→(5)对扇形网格进行阵列复制 16 个→(6)在顶视图建立一个圆柱体并进行"弯曲",形成伞把→(7)赋材质→(8)保存渲染。

3. 自我创意

利用可编辑多边形的编辑设计方法,结合生活实际,自我创意各种三维模型。

2.5.2 案例二:制作"液晶显示器"

1. 案例效果

案例效果如图 2-5-23 所示。

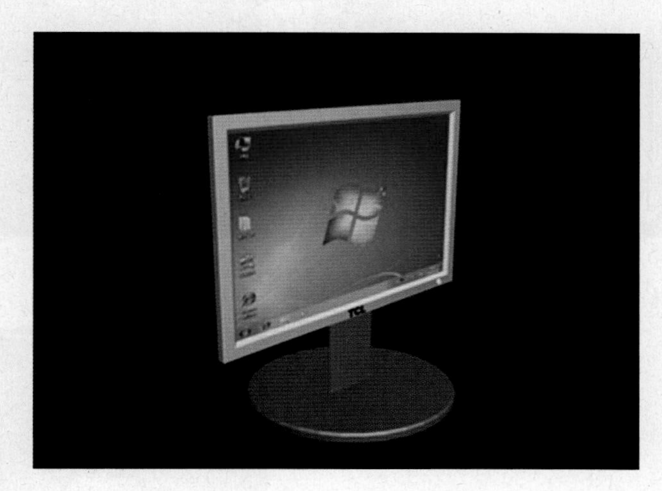

图 2-5-23

2. 制作流程

(1)在透视视图建立一个长方体,并转换为可编辑多边形→(2)进入"多边形"编辑,对相关多边形进行"挤出"与"缩放"处理→(3)进入"边"编辑,选中边进行"缩放"与"倒角"处理→(4)对背面进行处理,进入"多边形"编辑,对边进行"倒边"处理→(5)进入"边"编辑,进行"倒角"与"FFD"编辑,再进行"镜像"处理→(6)在顶视图建立一个圆柱体,并转换为可编辑多边形→(7)进入"边"编辑,进行"倒角"处理→(8)选中显示器背面的面,进行"分离"→(9)在前视图建立一个切角圆柱体与文字→(10)赋材质→(11)保存渲染。

3. 步骤解析

(1) 单击"创建"→"几何体"→"标准基本体"→"长方体"按钮,在透视图中绘制一个长方体,参数如图 2-5-24 所示。

(2) 在长方体上右击,选择"转换为→转换为可编辑多边形"命令。在修改命令面板下的卷展栏中选择"多边形"次物体,如图 2-5-25 所示。

(3) 单击卷展栏中的"挤出"按钮,设置挤出数值为 0,如图 2-5-26、图 2-5-27 所示。

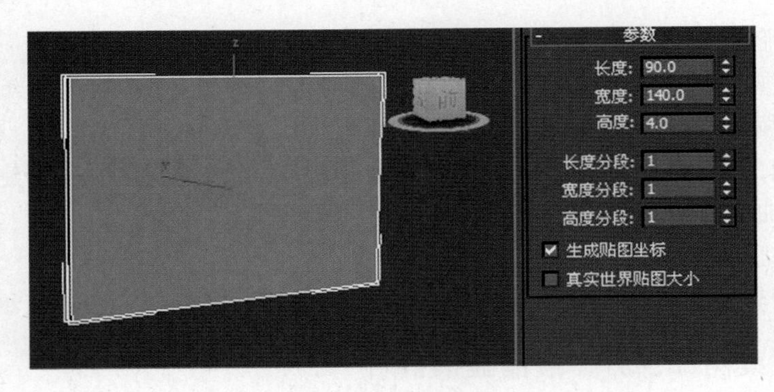

图 2-5-24

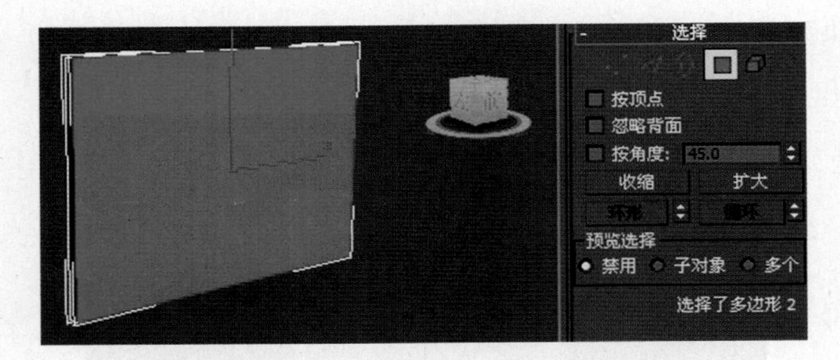

图 2-5-25

图 2-5-26　　图 2-5-27

（4）使用“选择并均匀缩放”工具对所选面进行缩放，如图 2-5-28、图 2-5-29 所示。

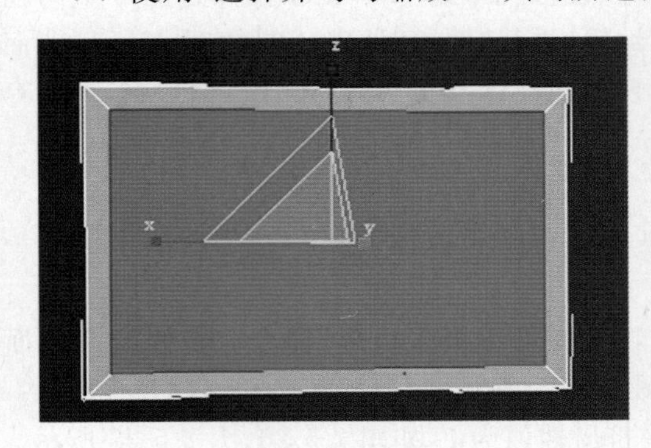

图 2-5-28

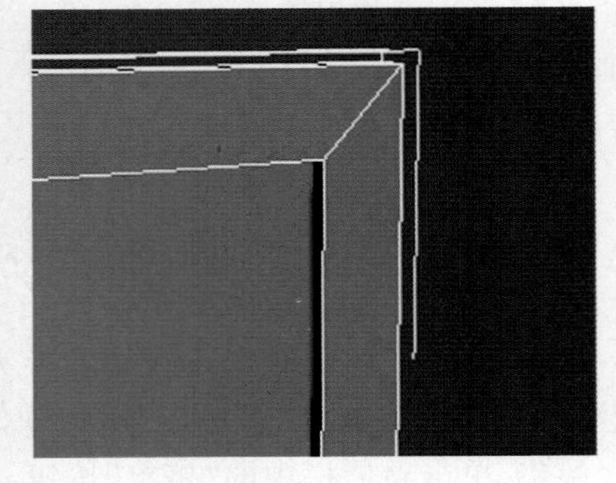

图 2-5-29

（5）继续使用“挤出”工具，将所选面沿 Y 轴向内挤出，如图 2-5-30 所示。

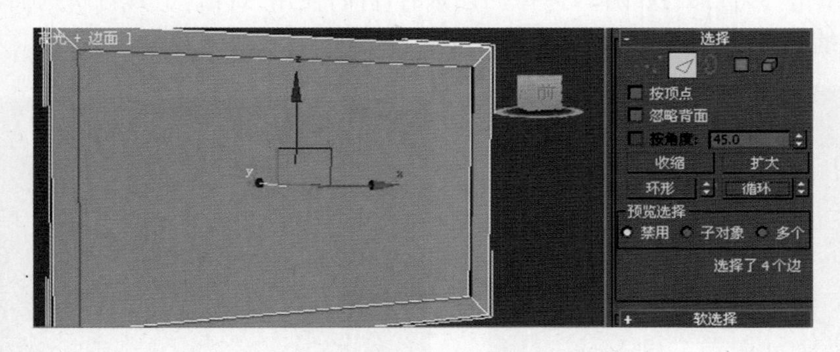

图 2-5-30

（6）单击“边”次物体，选择长方体中间的一条线，单击卷展栏中“循环”按钮将整圈线选中，使用“选择并均匀缩放”工具适当调整边线。如图 2-5-31、图 2-5-32 所示。

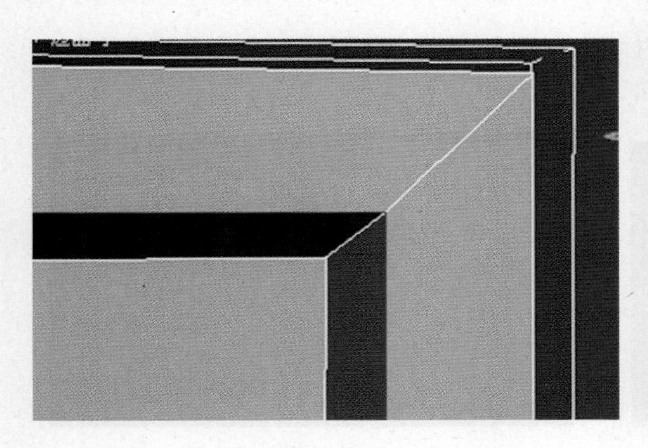

图 2-5-31

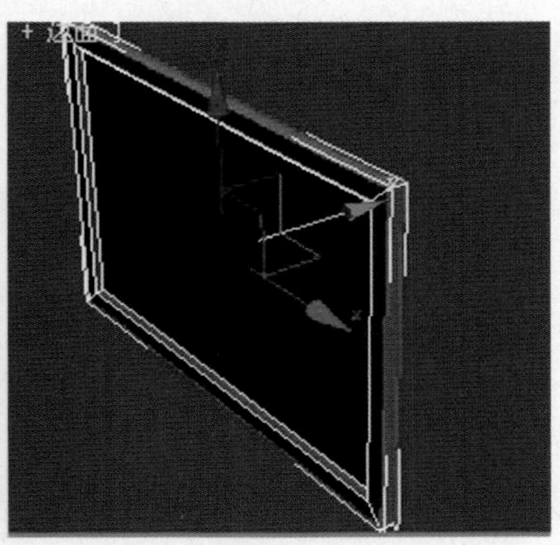

图 2-5-32

（7）选中长方体外框的两圈边，单击卷展栏中“切角”，进行“倒边”制作。如图 2-5-33、图 2-5-34 所示。

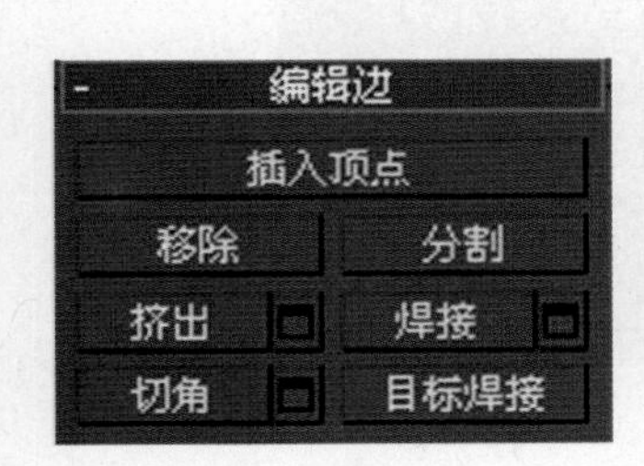

图 2-5-33

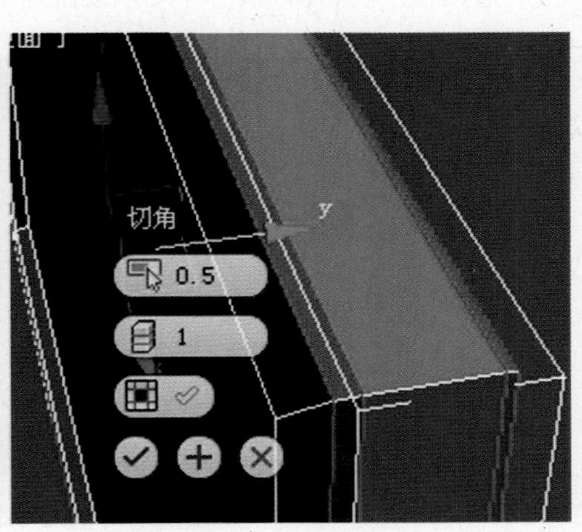

图 2-5-34

(8) 对长方体的四角也进行“切角”处理，如图 2-5-35 所示。

(9) 单击“多边形”次物体，选择长方体的背面，使用“挤出”工具对所选面做挤出并适当调整缩小，如图 2-5-36、图 2-5-37 所示。

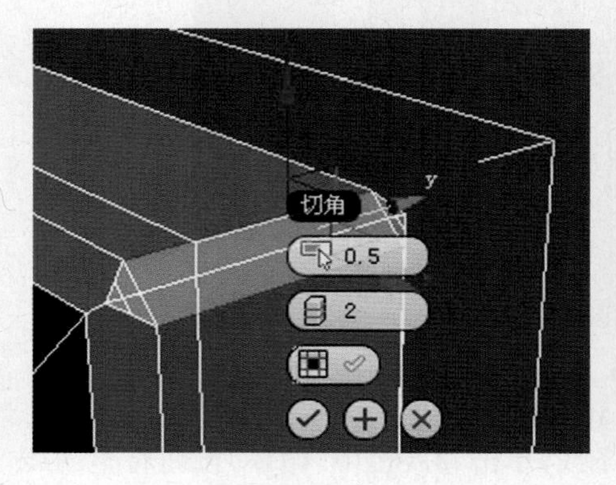

图 2-5-35

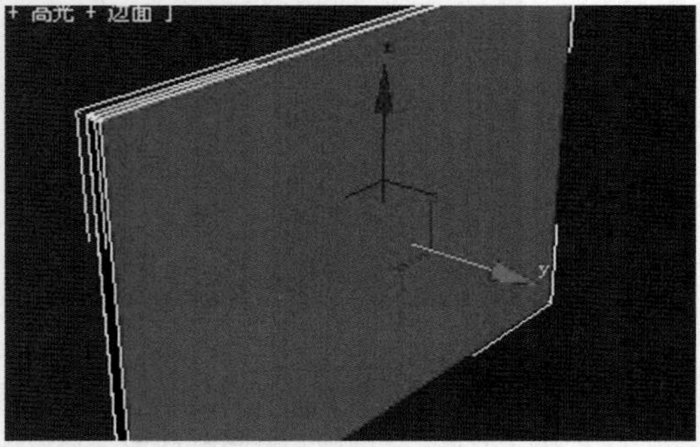

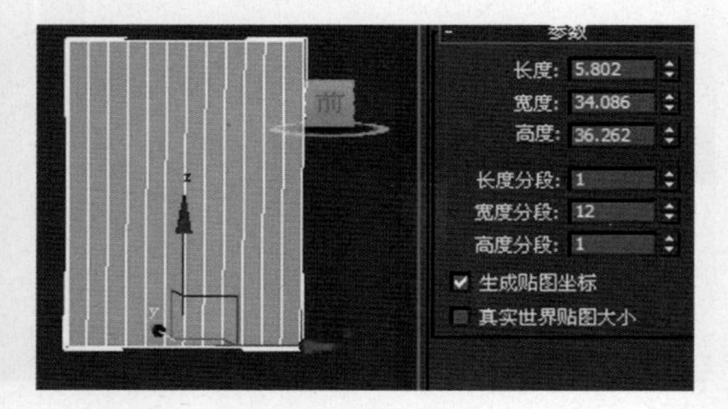

图 2-5-36

(10) 单击“创建”→“几何体”→“标准基本体”→“长方体”按钮，在透视图中绘制一个长方体，参数如图 2-5-38 所示。

图 2-5-37

图 2-5-38

(11) 在长方体上右击，选择“转换为→转换为可编辑多边形”。在修改命令面板下的卷展栏中选择“边”次物体，单击“环形”按钮选中长方体一周的边，如图 2-5-39 所示。

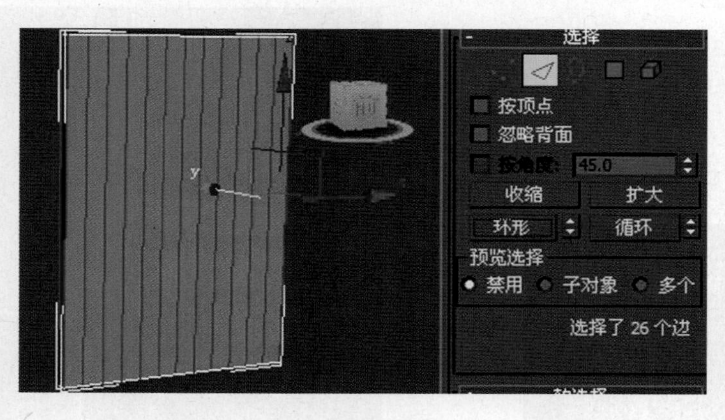

图 2-5-39

（12）单击卷展栏中“切角”，进行“倒边”制作，如图 2-5-40 所示。

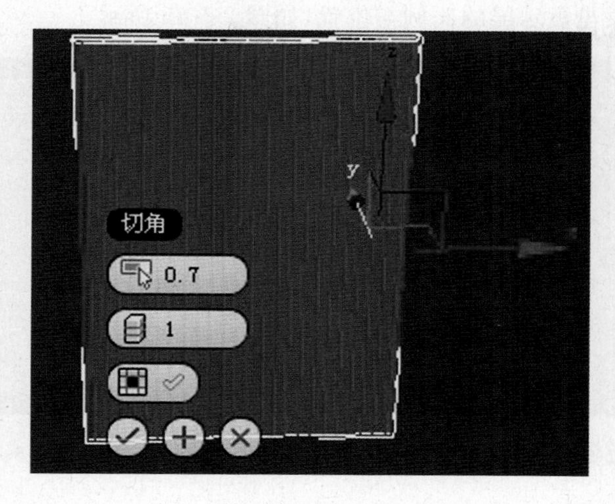

图 2-5-40

（13）选择“多边形”次物体，选中如图 2-5-41 所示的面，单击卷展栏中的“倒角”，设置倒角值，如图 2-5-42 所示。

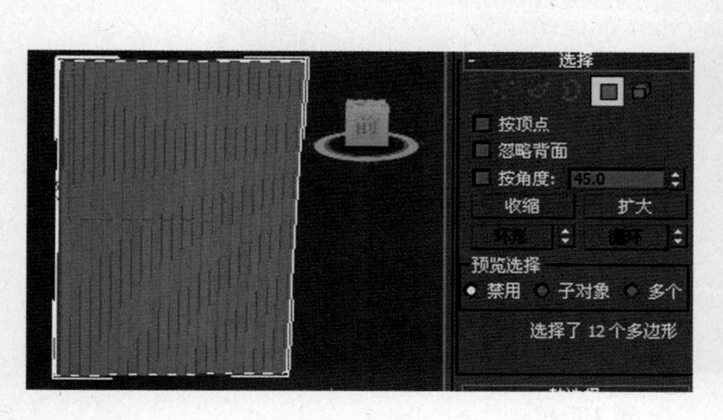

图 2-5-41

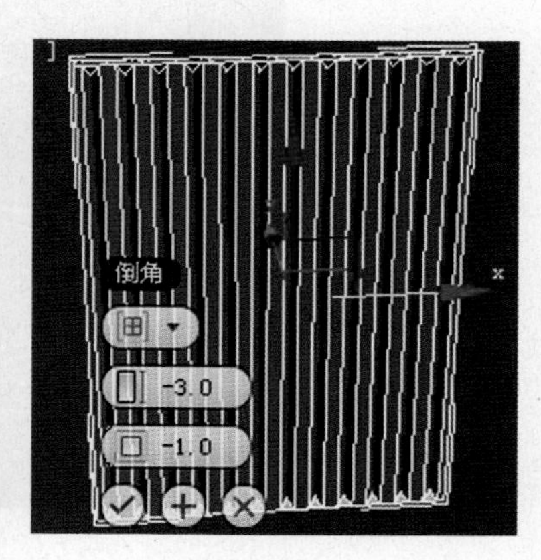

图 2-5-42

（14）选择“修改器列表”→“FFD4×4×4”→“控制点”，调整中间部分的控制点。如图 2-5-43 所示。

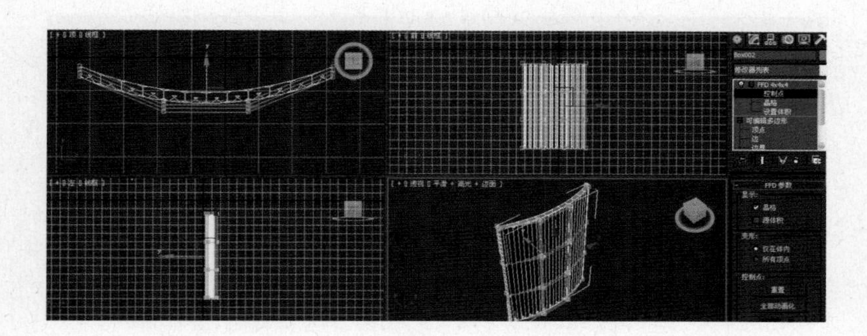

图 2-5-43

（15）关闭“控制点”，使用“镜像”工具复制对象，如图 2-5-44 所示。

（16）调整对象与显示屏的比例与位置，如图 2-5-45 所示。

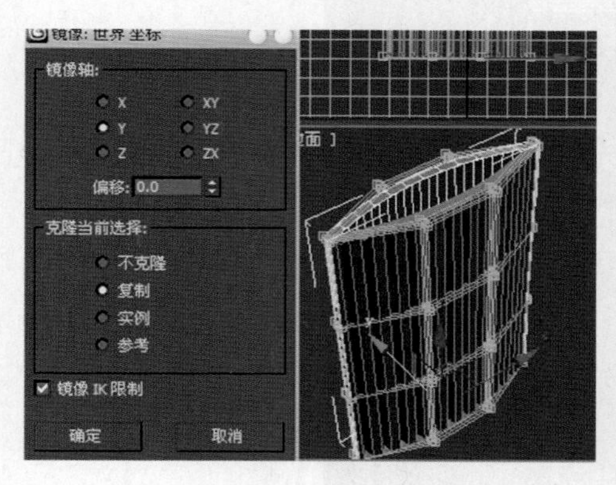

图 2-5-44

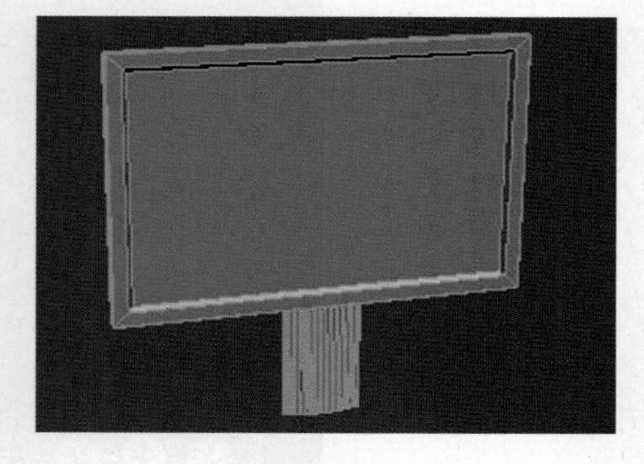

图 2-5-45

（17）单击“创建”→“几何体”→“标准基本体”→“圆柱体”按钮，在顶视图创建显示器底盘，在圆柱体上右击，选择“转换为:转换为可编辑多边形”，如图 2-5-46 所示。

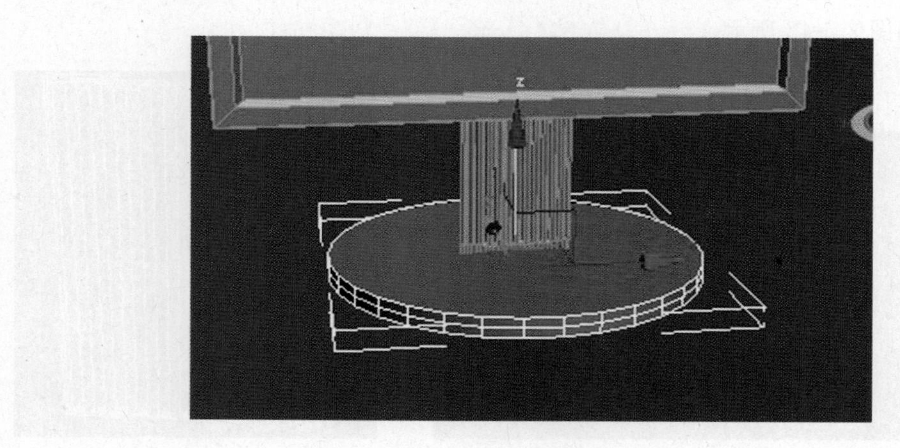

图 2-5-46

（18）在修改命令面板下的卷展栏中选择“边”次物体，选中如图 2-5-47 所示的边，设置切角值，如图 2-5-48 所示。

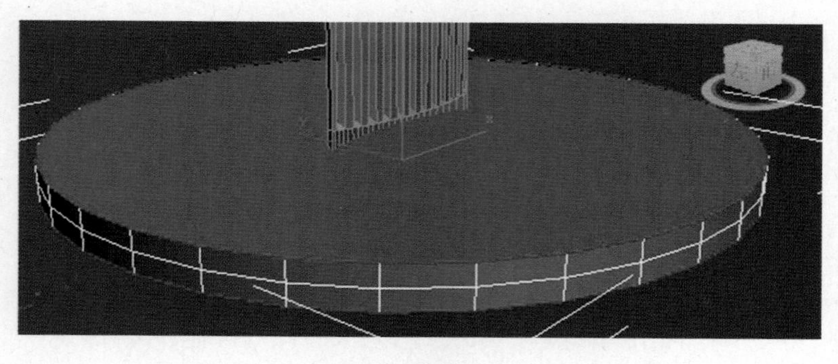

图 2-5-47

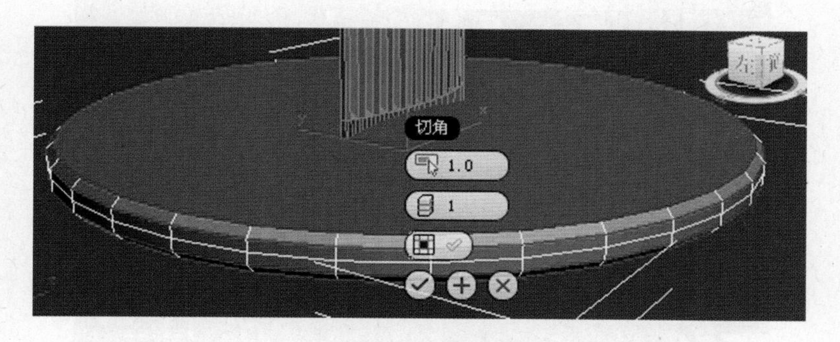

图 2-5-48

（19）单击“多边形”次物体，选择显示器背面的面，选择卷展栏中的“分离”命令，将所选面与显示器分离出来，如图 2-5-49、图 2-5-50 所示。

图 2-5-49

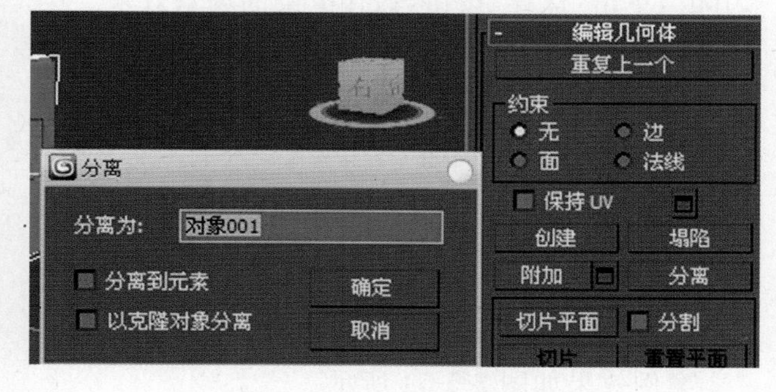

图 2-5-50

（20）创建圆柱体作为显示器的开关，并创建文字作为显示器的标志，如图2-5-51、图 2-5-52 所示。

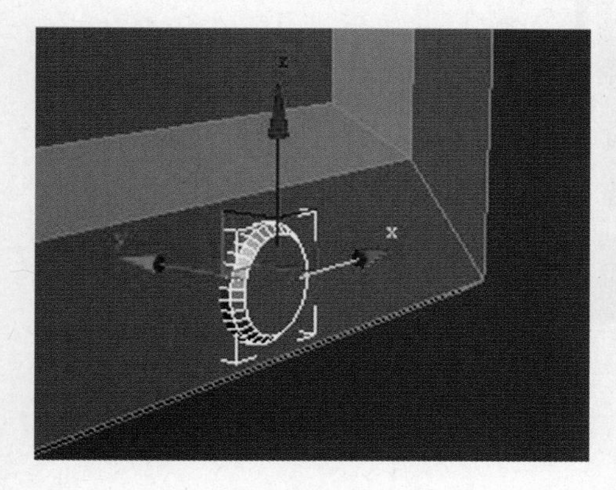

图 2-5-51

图 2-5-52

（21）打开“材质编辑器”，选择材质球为制作的显示器设置材质，如图 2-5-53 所示。

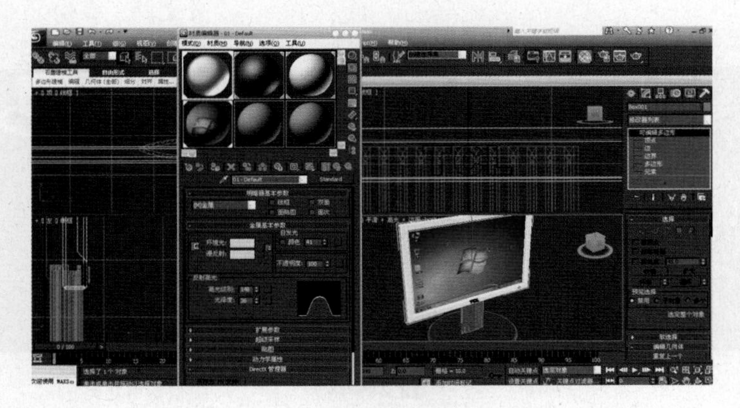

图 2-5-53

(22) 渲染输出,单击主工具栏中"渲染产品"工具,渲染的场景效果如图 2-5-23 所示,单击渲染窗口中"保存"命令,确定保存位置,输入文件名,选取文件类型为".jpg",单击"保存"按钮,保存渲染的场景效果。

4. 案例小结

本案例重点是掌握可编辑多边形建立模型方法,通过移动、缩放、编辑子对象形成复杂模型,同时了解模型材质和贴图设置、灯光设置及场景渲染方法。

巩固与提高

1. 案例效果

案例效果如图 2-5-54 所示。

图 2-5-54

2. 制作流程

(1)在前视图建立长方体,并转换为可编辑多边形→(2)进入"多边形"编辑,对相关多边形进行"挤出"与"缩放"处理→(3)进入"顶点"编辑,调整电视机正面的点→(4)在前视图建立文字"TCL"→(5)赋材质→(6)加灯光→(7)保存渲染。

3. 自我创意

利用可编辑多边形的编辑设计方法，结合生活实际，自我创意各种三维模型。

2.5.3 案例三：制作“MP4”

1. 案例效果

案例效果如图 2-5-55 所示。

图 2-5-55

2. 制作流程

（1）在透视视图建立一个长方体，进行涡轮平滑，并转换为可编辑多边形→（2）进入“多边形”编辑，选择屏幕多边形进行“挤出”→（3）进入“点”编辑，调整出底部形状→（4）在“点”编辑下，调整出播放按钮→（5）在“点”编辑下，调整出制作耳机的插孔部分，进入“多边形”编辑，选中插孔部分的面进行挤出并缩小形成耳机插孔。→（6）在“点”编辑下，调整出制作 USB 接口的插孔部分，进入“多边形”编辑，选中插孔部分的面进行挤出并缩小形成 USB 接口→（7）在“点”编辑下，调整出制作开关的部分，进入“多边形”编辑，选中开关部分的面进行挤出并缩小形成开关→（8）展开 UVW，将所有平展好的 UVW 线合理地放置在安全框内→（9）进入 Photoshop 软件设计贴图→（10）赋材质贴图→（11）保存渲染。

3. 步骤解析

（1）单击“几何体→长方体”命令，在透视图中绘制一个长方体，参数如图2-5-56、图 2-5-57 所示。

图 2-5-56

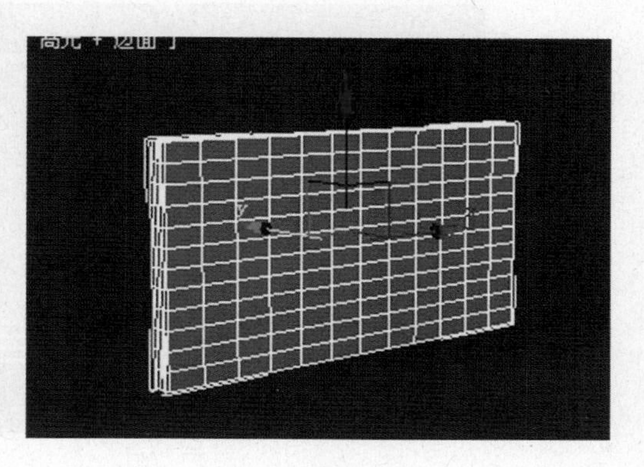

图 2-5-57

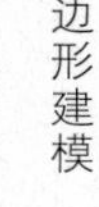

（2）单击“修改→修改器列表→涡轮平滑”命令，迭代次数为 1，如图 2-5-58、图 2-5-59、图 2-5-60 所示。

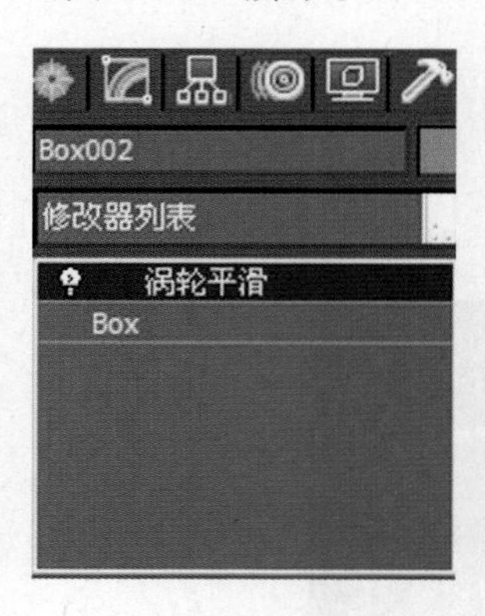

图 2-5-58

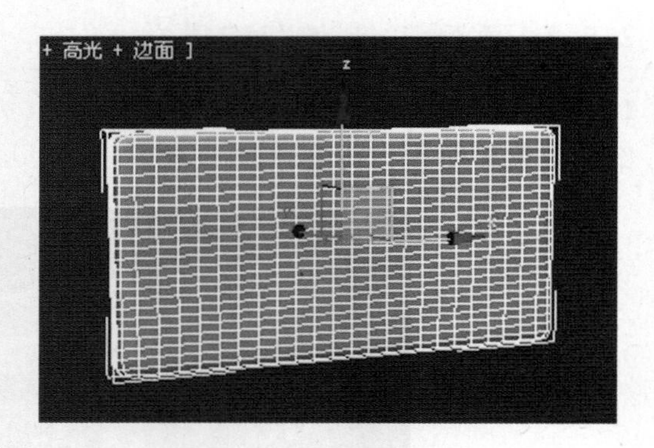

图 2-5-59

（3）制作 MP4 屏幕。在长方体上右击，选择“转换为→转换为可编辑多边形”命令。在修改命令面板下的卷展栏中选择“多边形”次物体，勾选“忽略背面”，如图 2-5-61 所示。

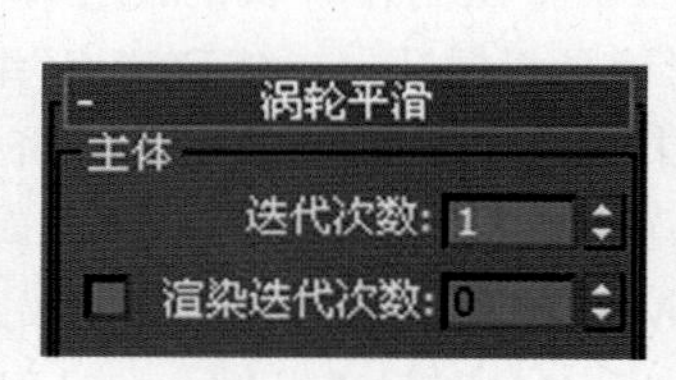

图 2-5-60

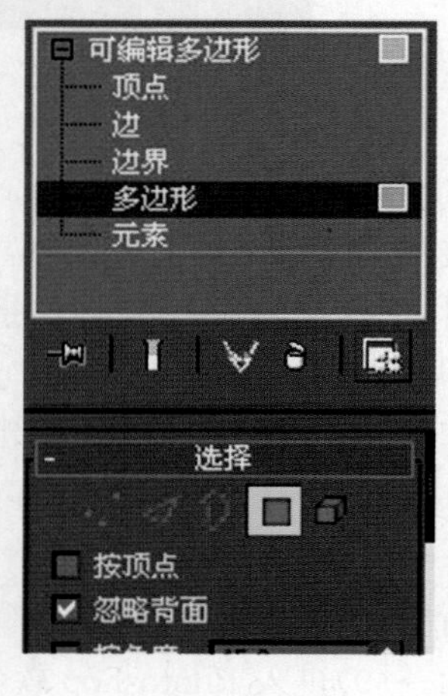

图 2-5-61

（4）使用“选择对象”工具，选取 MP4 屏幕部分，如图 2-5-62 所示。

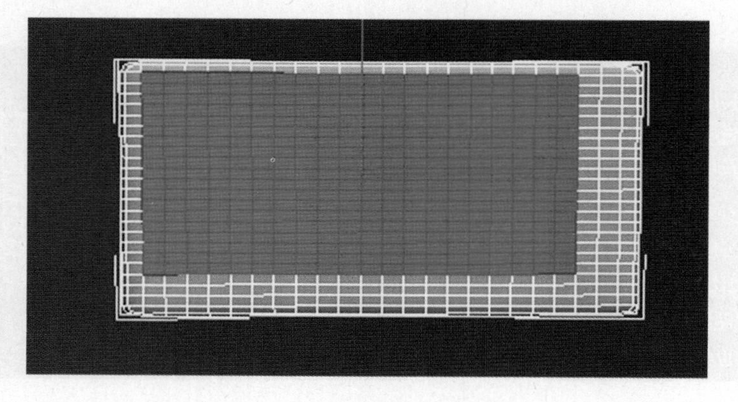

图 2-5-62

（5）单击卷展栏中的“挤出”按钮，在透视图中沿 Y 轴向内轻轻挤压，如图2-5-63、图 2-5-64 所示。

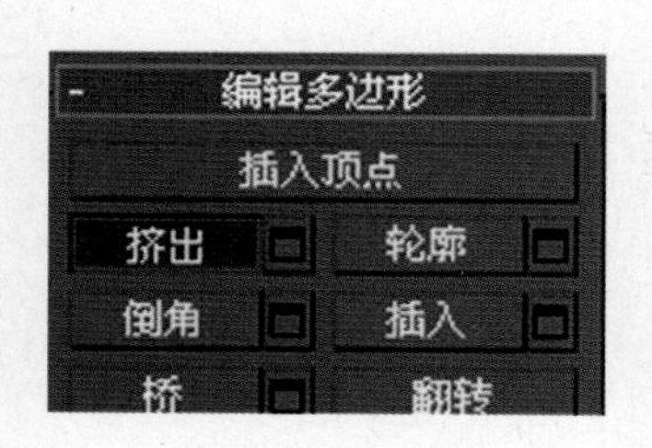

图 2-5-63

图 2-5-64

（6）在修改命令面板下的卷展栏中选择“顶点”次物体，取消“忽略背面”选项。使用“选择对象”工具，选取中间底部的点，如图 2-5-65、图 2-5-66 所示。

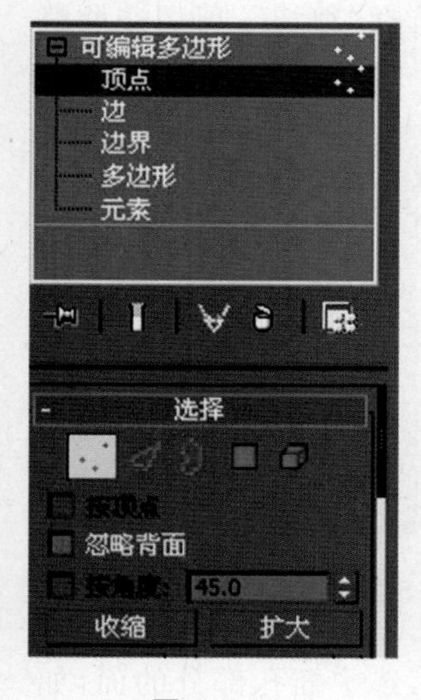

图 2-5-65

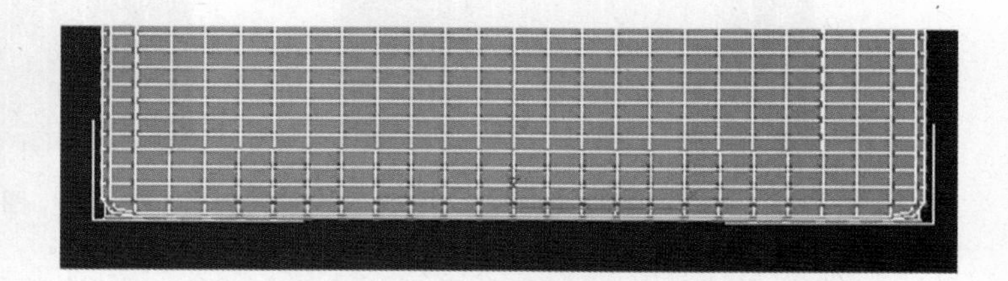

图 2-5-66

（7）在前视图中沿 Z 轴向上移动，调整出底部形状，如图 2-5-67 所示。

图 2-5-67

（8）制作播放按钮。在“顶点”次物体下，右击选择“剪切”，在“屏幕”右侧合适的位置剪切出一个菱形，并调整点的位置作为MP4的按钮部分，如图2-5-68所示。

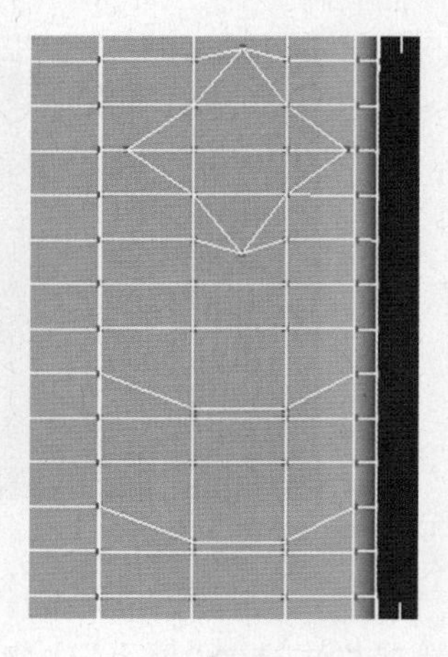

图 2-5-68

（9）制作耳机插孔。激活右视图，在“顶点”次物体下右击选择“剪切”，剪切并调整点，制作出耳机的插孔部分，如图2-5-69、图2-5-70所示。

图 2-5-69

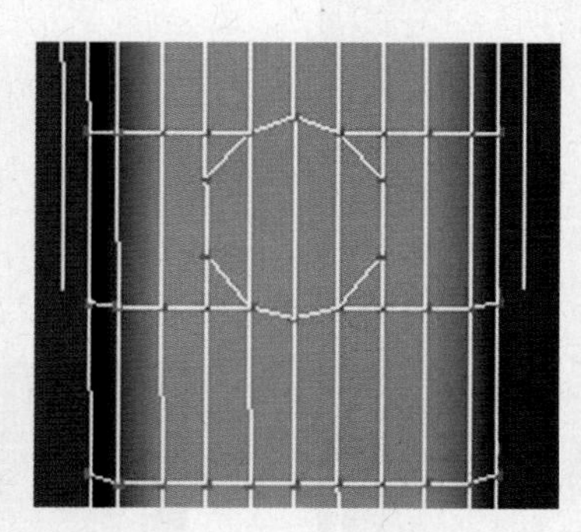

图 2-5-70

（10）在修改命令面板下的卷展栏中选择“多边形”次物体，选中插孔部分的面，如图2-5-71所示。

（11）单击卷展栏中的“挤出”按钮，沿X轴向内轻轻挤压并适当的向内缩小，如图2-5-72所示。

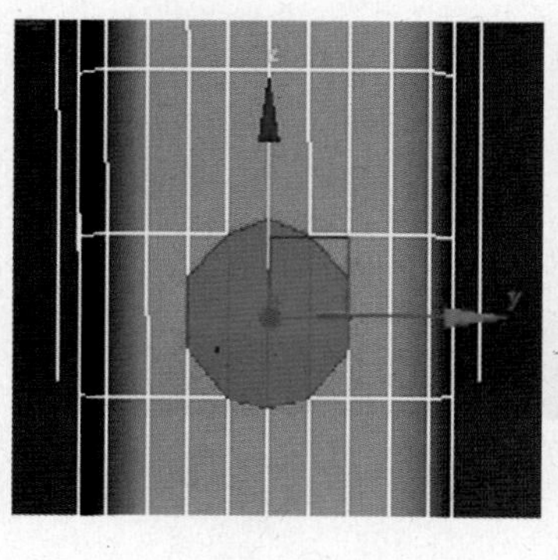

图 2-5-71

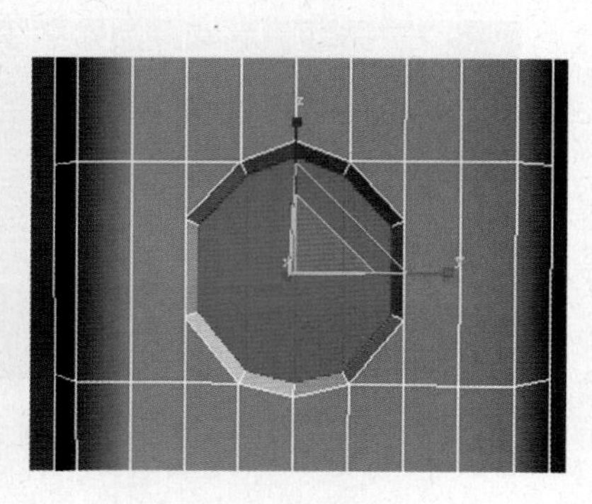

图 2-5-72

（12）再次单击“挤出”按钮，沿 X 轴继续向内挤压，如图 2-5-73 所示。

（13）制作 USB 接口。在插孔的下方选择适当的点调整位置，并选中作为 USB 接口的面，如图 2-5-74、如图 2-5-75 所示。

（14）单击卷展栏中的“挤出”按钮，沿 X 轴向内轻轻挤压并适当的向内缩小，如图 2-5-76所示。

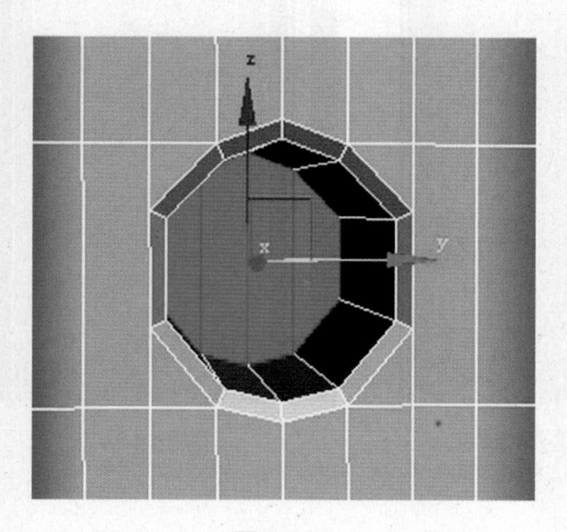

图 2-5-73

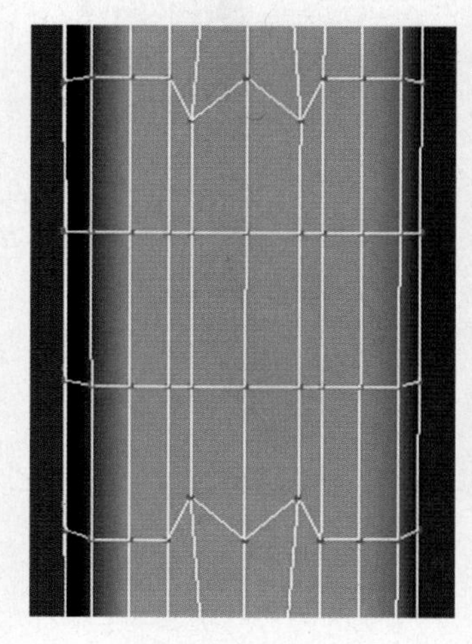

图 2-5-74

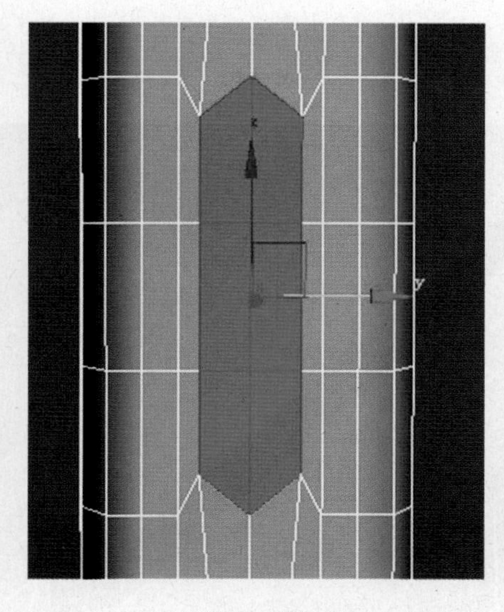

图 2-5-75

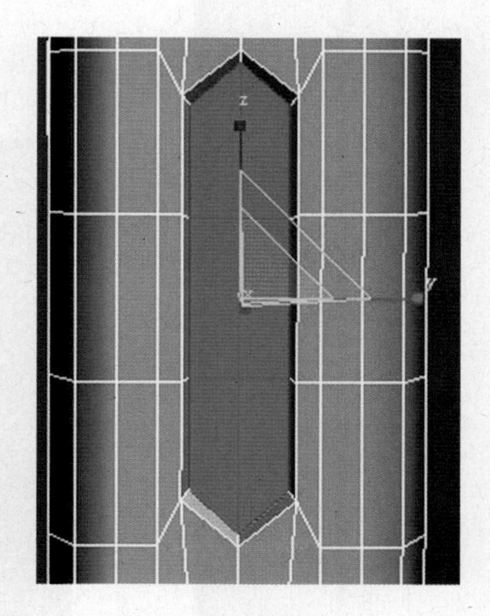

图 2-5-76

（15）再次单击“挤出”按钮，沿 X 轴继续向内挤压，如图 2-5-77 所示。

（16）制作开关按钮。激活顶视图，选择合适的位置调整点以作为开关按钮，并选中对应的面，如图 2-5-78、图 2-5-79 所示。

（17）单击卷展栏中的“挤出”按钮，沿 Z 轴向内轻轻挤压并适当的向内缩小。完成后再次单击“挤出”按钮，沿 Z 轴向上挤出，如图 2-5-80、图 2-5-81 所示。

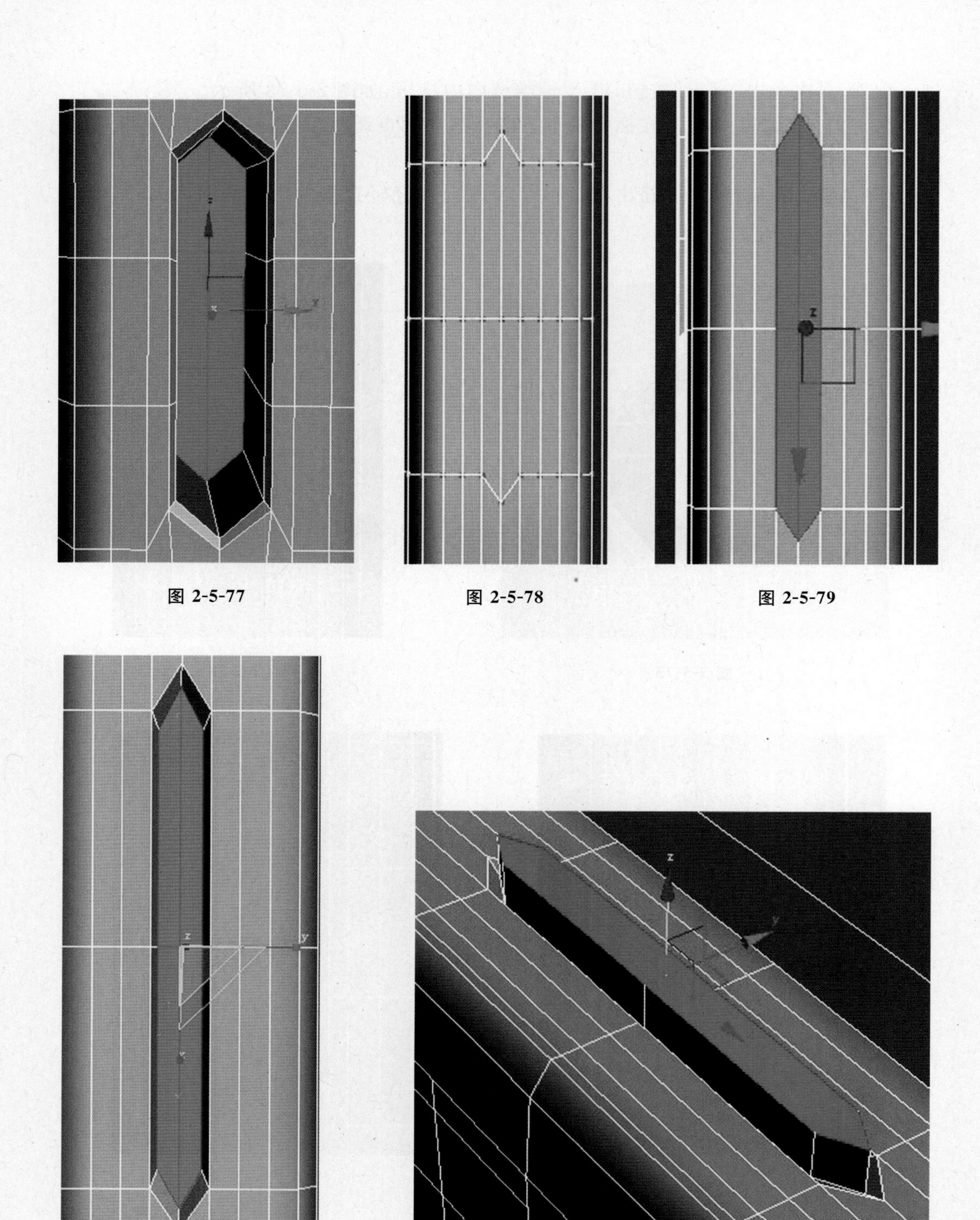

图 2-5-77

图 2-5-78

图 2-5-79

图 2-5-80

图 2-5-81

(18) 平展 UVW。单击“修改→修改器列表→UVW 展开→面”命令，在卷展栏处勾选“忽略背面”，如图 2-5-82 所示。在前视图中使用“选择对象”工具选取 MP4 屏幕部分的所有面，如图 2-5-83 所示。

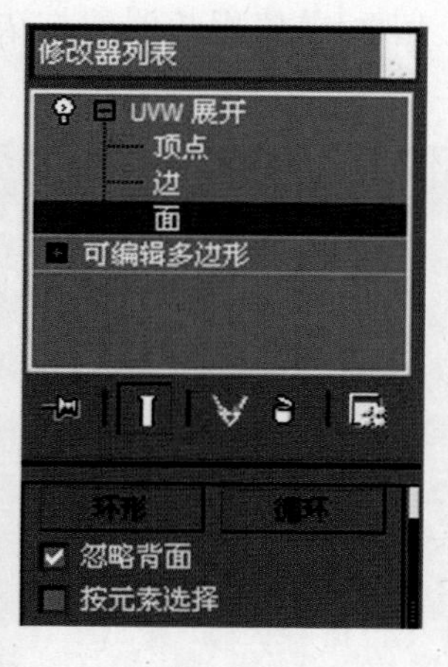

图 2-5-82

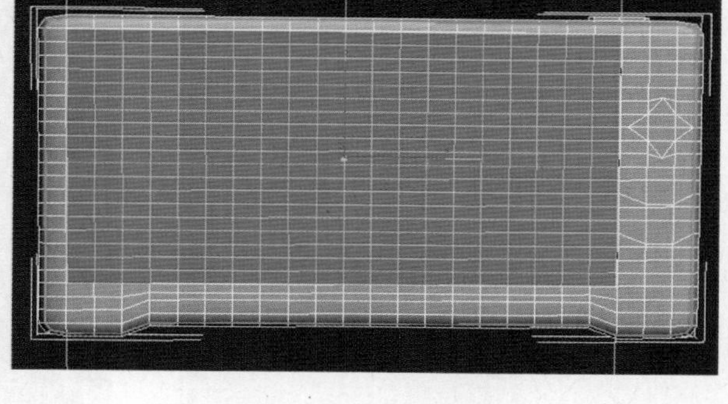

图 2-5-83

（19）在卷展栏中的"贴图参数"里为所选的面选择一个合适的轴向，之后单击"快速平面贴图"按钮，如图 2-5-84 所示。在"参数"选项中单击"编辑"按钮，如图2-5-85所示。

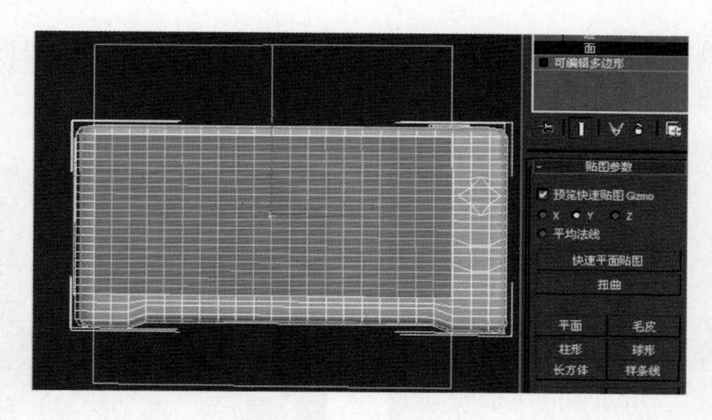

图 2-5-84

（20）平展编辑后，弹出"编辑 UVW"窗口，使用"移动"工具将平展好的 UVW 整体移动放置一边，如图 2-5-86 所示。

图 2-5-85

图 2-5-86

（21）返回到操作视窗，接着选取菱形播放器按钮的所有面，并使用相同的方法选择合适的轴向平展 UVW，如图 2-5-87、图 2-5-88 所示。

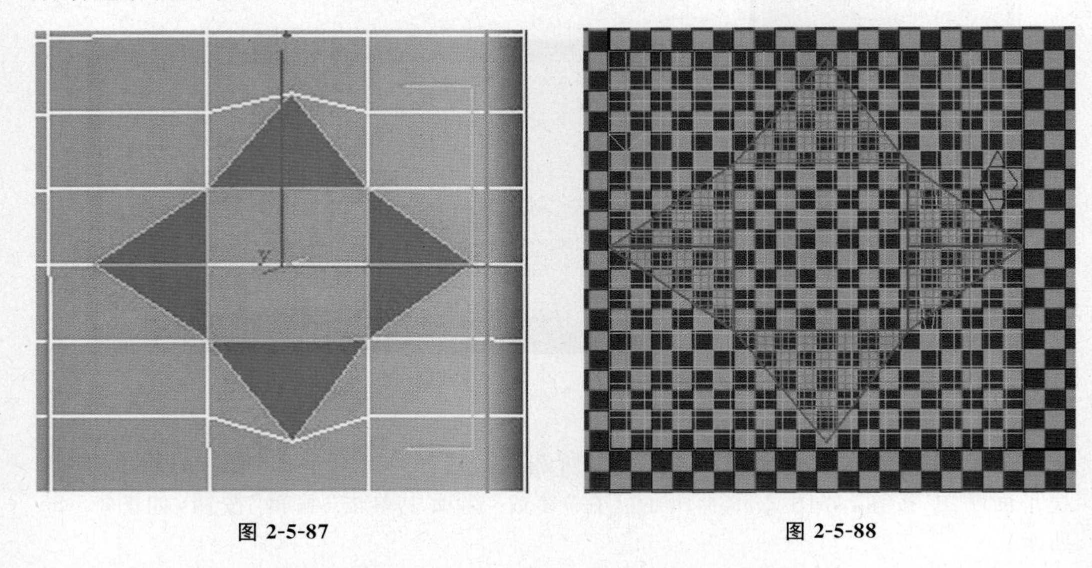

图 2-5-87　　图 2-5-88

（22）返回到操作视窗，用同样的方法分别对方形按钮和开关按钮进行合适的轴向平展 UVW，如图 2-5-89、图 2-5-90、图 2-5-91、图 2-5-92 所示。

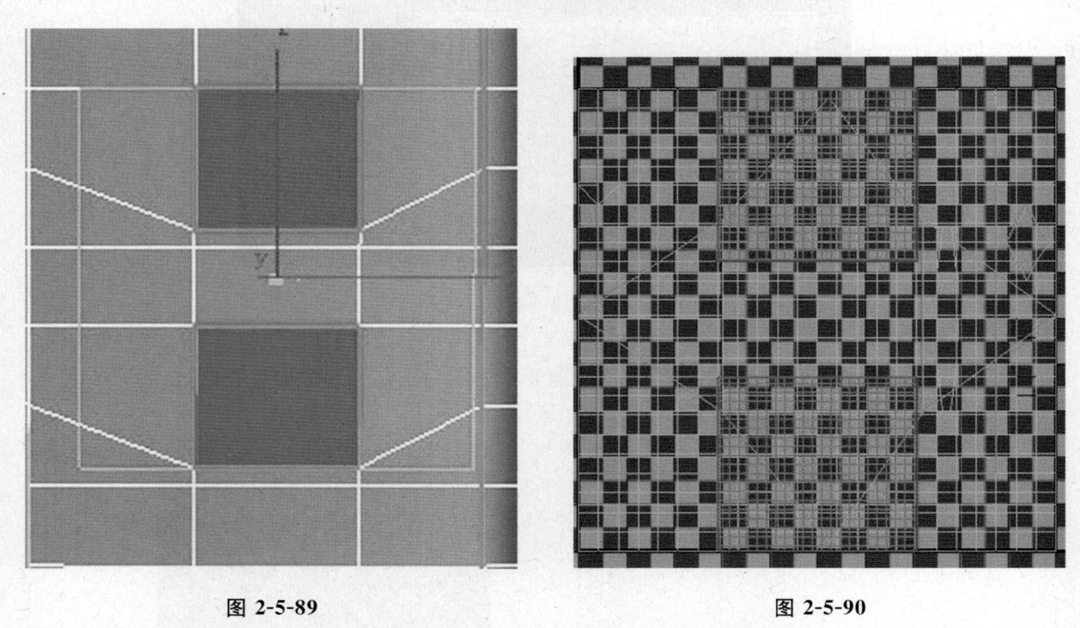

图 2-5-89　　图 2-5-90

（23）在 UVW 编辑器中框选所有未被平展的 UVW 线，返回到操作窗口，可以看到对象中红色的部分都是未被平展的面，这些面就是 MP4 的机身部分。对这部分的面进行整体的轴向选择并平展 UVW。如图 2-5-93、图 2-5-94、图 2-5-95 所示。

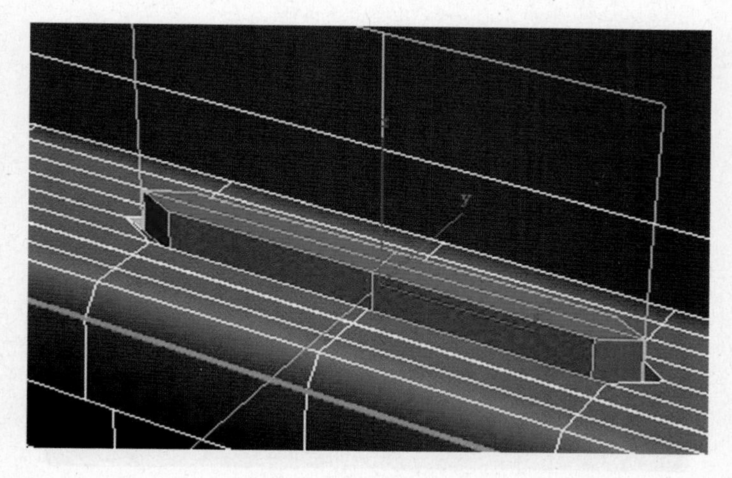

图 2-5-91

图 2-5-92

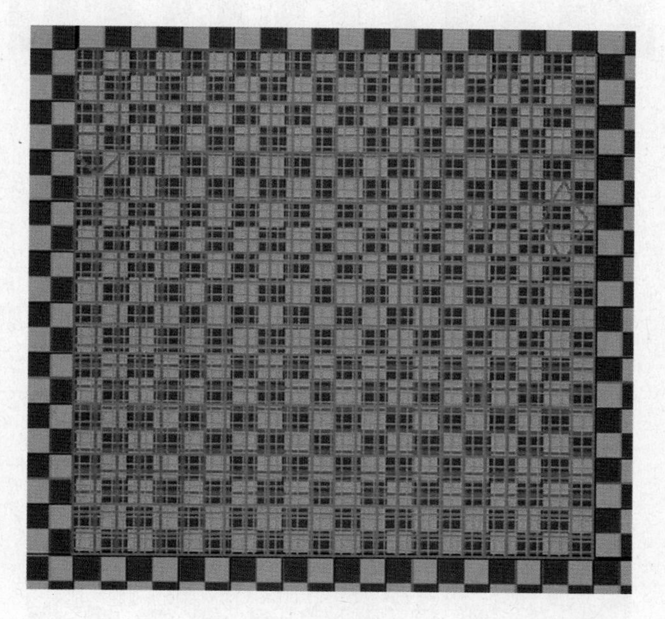

图 2-5-93

(24) 在 UVW 编辑器中，把蓝色的粗线安全框放大到最大的位置，将所有平展好的 UVW 线合理地放置在安全框内，如图 2-5-96 所示。

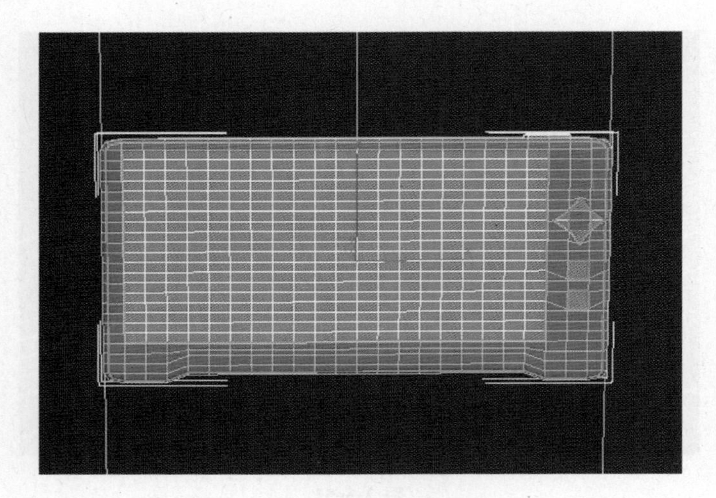
图 2-5-94

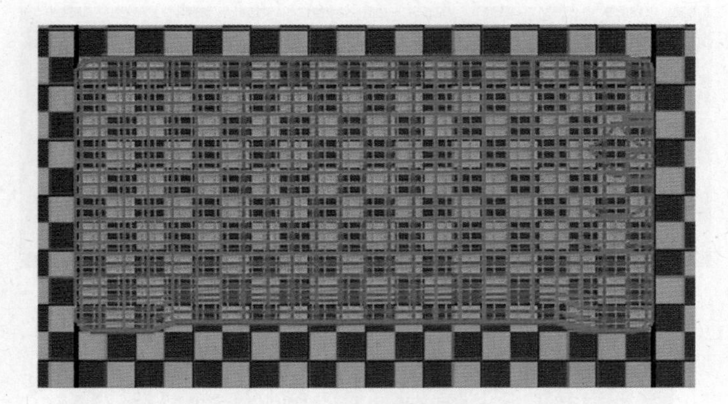
图 2-5-95

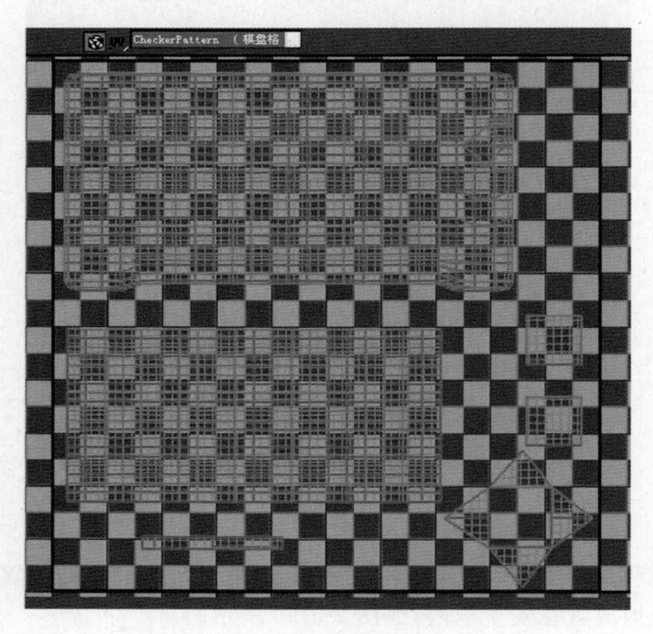

图 2-5-96

（25）在 UVW 编辑器中，单击“选项→首选项”命令，在展开选项中取消勾选“显示栅格”，勾选“显示图像 Alpha”，隐藏黑白格，如图 2-5-97、图 2-5-98 所示。

图 2-5-97

图 2-5-98

（26）按 PrintScreen 键对整个屏幕进行抓屏，然后在 Photoshop 软件中新建文件，将抓屏的图像粘贴到新文件中，如图 2-5-99 所示。

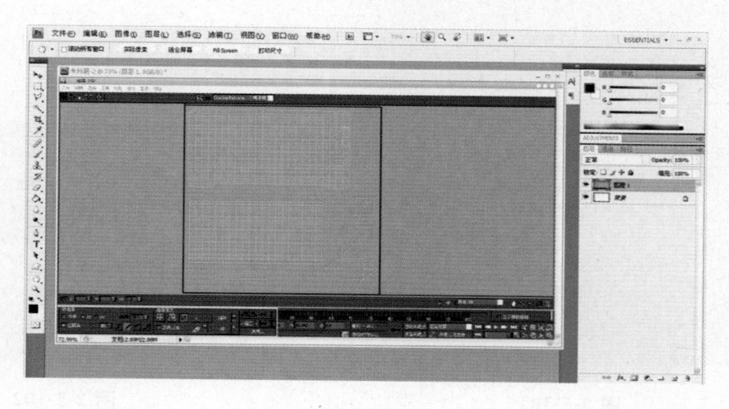

图 2-5-99

（27）在 Photoshop 软件中，使用“矩形选框工具”，按住 Shift 键框选蓝色线框，单击“图像→裁剪”命令，裁切出选框内的部分，如图 2-5-100 所示。

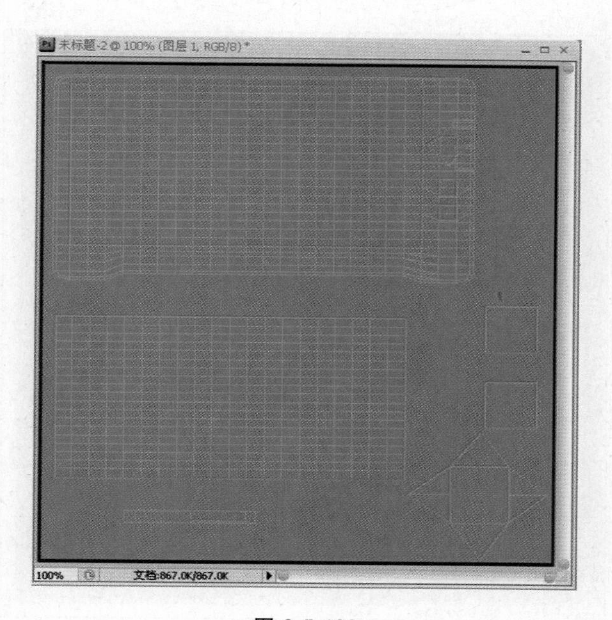

图 2-5-100

(28) 单击“图像→调整→亮度对比度”命令，适当调整亮度对比度的值。使用Ctrl＋A快捷键选中整个画面，接着使用Ctrl＋C快捷键对整个画面进行复制，单击工具条中的“蒙版”按钮，再使用Ctrl＋V快捷键粘贴，整个画面变为红色，如图2-5-101所示。

(29) 在图层面板中新建图层2，再次单击工具条中的“蒙板”按钮，退出蒙版模式。并在图层2中填充黑色，取消选框，如图2-5-102所示。

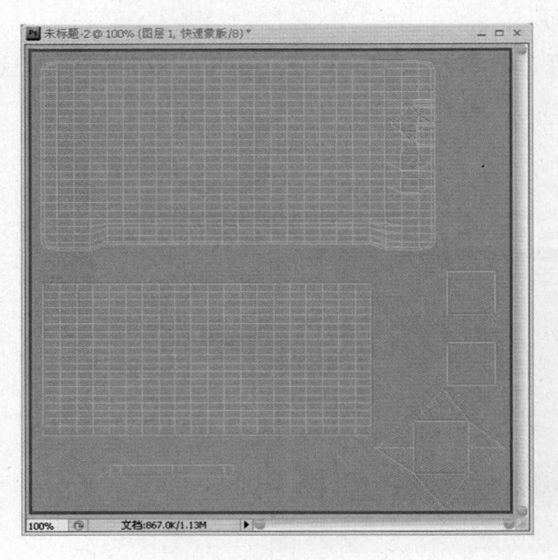

图 2-5-101

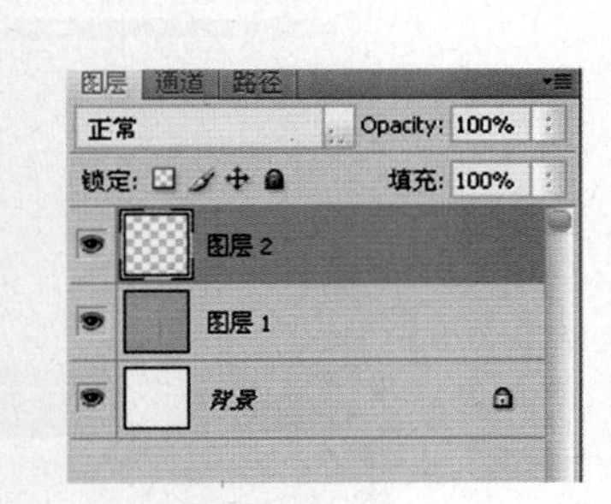

图 2-5-102

(30) 删除图层1，在图层2的下面新建图层3。在图层3中根据UVW线的位置制作贴图，如图2-5-103所示。

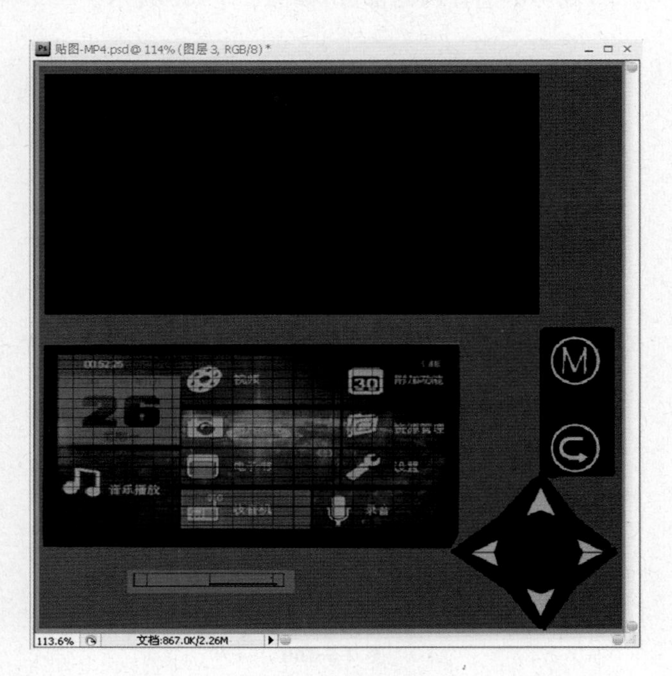

图 2-5-103

(31) 贴图制作完成后隐藏图层2,将文件保存为“. psd”格式和“. jpg”格式。其中“. psd”格式文件用于贴图的修改,“. jpg”格式文件是应用在3ds Max中的贴图文件。

(32) 返回到3ds Max中,打开“材质编辑器”,选中其中一个材质球,单击“贴图→漫反射颜色的贴图类型(None)→位图”命令,找到制作的贴图文件并打开,将材质赋给选定对象,如图2-5-104所示。

图 2-5-104

(33) 渲染输出,单击主工具栏中“渲染产品”工具,渲染的场景效果如图2-5-55所示,单击渲染窗口中“保存”命令,确定保存位置,输入文件名,选取文件类型为“. jpg”,单击“保存”按钮,保存渲染的场景效果,如图2-5-105所示。

图 2-5-105

4. 知识链接

UVW通常是指物体的贴图坐标,为了区别已经存在的XYZ,3ds Max用了UVW这三个字母来表示它。其中U可以理解为X,V可以理解为Y,W可以理解为Z,因为贴图一般是平面的,所以贴图坐标一般只用到UV两项,W项很少用到。

UVW平展是为了让贴图准确地贴在复杂的模型上,用UVW展开这一项可以把模型平摊展开,或者分块,可以配合棋盘格贴图赋予模型并进行调整,直到达到满意效果。

UVW展开是一个比较复杂的工具,也是在做任何高质量贴图必须用到的一个工具,如图2-5-106所示。它可以配合Photoshop软件绘制贴图,输出比较高质量的贴图。

图 2-5-106

5. 案例小结

本案例重点是掌握可编辑多边形建立模型与UVW平展贴图方法，通过可编辑多边形与UVW展开形成复杂模型，同时了解模型材质和贴图设置、灯光设置及场景渲染方法。

巩固与提高

1. 案例效果

案例效果如图2-5-107所示。

图 2-5-107

2. 制作流程

(1)在透视视图建立一个长方体，进行涡轮平滑，并转换为可编辑多边形→(2)使用"挤出"与"缩放"工具调整电池的两端→(3)建立两个圆柱体，并调整位置→(4)赋材质→(5)加灯光→(6)保存渲染。

3. 自我创意

利用可编辑多边形建立模型与UVW平展贴图方法，结合生活实际，自我创意各种三维模型。

建模综合实训

3.1 案例一：制作“地球仪”

1. 案例效果

案例效果如图 3-1-1 所示。

图 3-1-1

2. 制作流程

(1)在前视图分别绘制底座截面图形并编辑→(2)对底座截面图形进行“车削”，形成底座→(3)在顶视图建立一个切角长方体并进行“弯曲”，形成支架→(4)在顶视图建立一个球体，再建立两个小圆柱体→(5)赋材质→(6)保存渲染。

3. 步骤解析

(1) 单击“创建”命令面板中的“图形”，单击“线”。

(2) 在前视图拖动绘制底座截面图形，如图 3-1-2 所示。

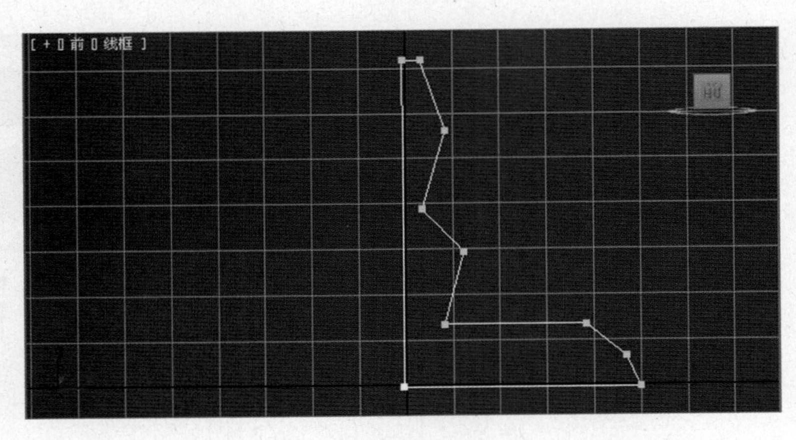

图 3-1-2

（3）单击“修改”命令面板，展开 Line 前的“＋”，选取“顶点”，右击线条最上相应顶点，选取“光滑”，调整相应的点，如图 3-1-3 所示。

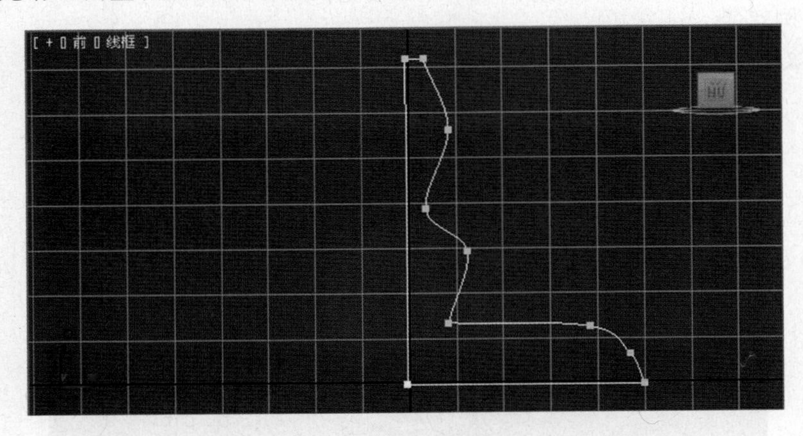

图 3-1-3

（4）单击“修改器列表”，选取“车削”命令。选中参数面板“焊接内核”，分段为 32，单击对齐中的“最小化”，底座效果如图 3-1-4 所示。

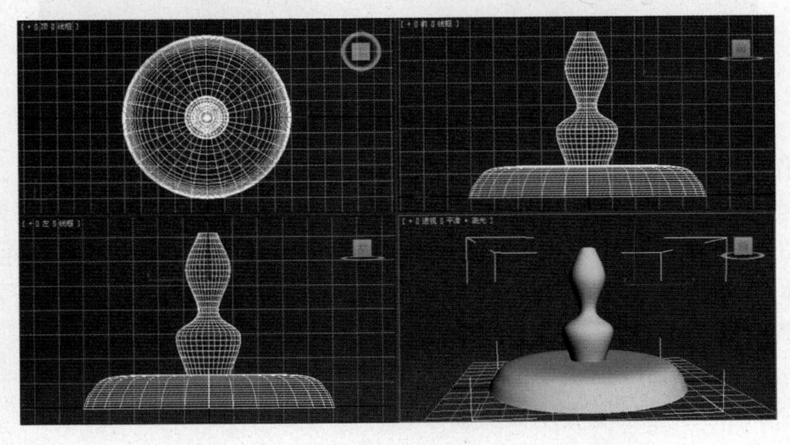

图 3-1-4

(5) 右击底座，选取“隐藏选定对象”命令。

(6) 单击“创建”命令面板中的“几何体”，选取“扩展基本体”项，单击“切角长方体”。

(7) 在顶视图拖动，建立长度、宽度、高度、圆角、高度分段、圆角分段分别为 8、4、190、0.5、48、2 的切角长方体。

(8) 单击“修改”命令面板，单击“修改器列表”，选取“弯曲”命令。在参数面板中设置角度为“-205°”，弯曲轴为“Z”，形成支架效果如图 3-1-5 所示。

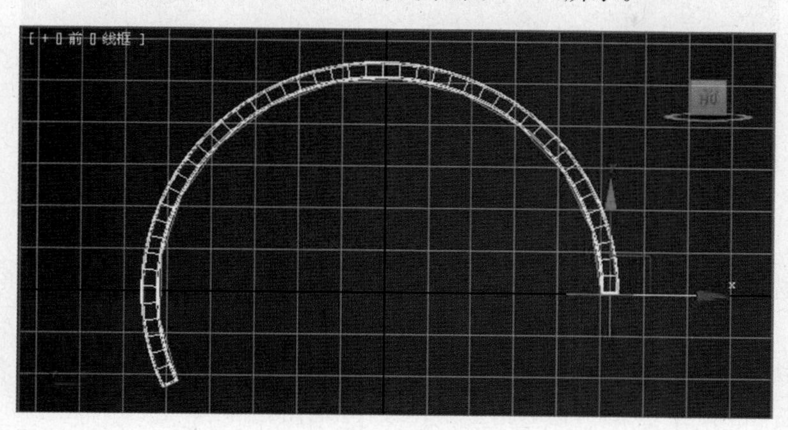

图 3-1-5

(9) 右击视图空白处，选取“全部取消隐藏”命令。在前视图“旋转”与“移动”调整支架位置，如图 3-1-6 所示。

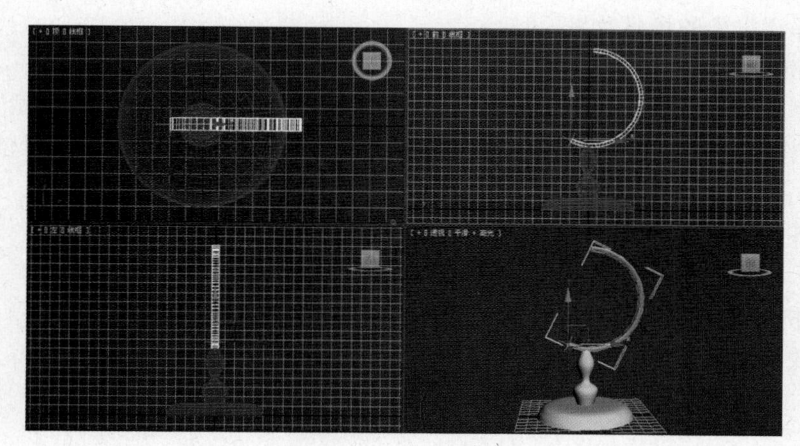

图 3-1-6

(10) 单击“创建”命令面板中的“几何体”，选取“标准基本体”项，单击“球体”。

(11) 在顶视图拖动建立半径为 48 的球体，单击“圆柱体”，在顶前视图拖动，建立半径、高度分别为 3、13 的两个圆柱体，进行“旋转”与“移动”，调整位置如图 3-1-7 所示。

(12) 单击“材质编辑器”工具，打开“材质编辑器”，选取第一个球，单击“贴图”，展开“贴图”卷展栏，单击“漫反射颜色”后面的“None”长按钮，双击“位图”。

(13) 选取指定素材文件“木雕 06.jpg”，设置“坐标”中 U、V 坐标“瓷砖”参数为 5，5。

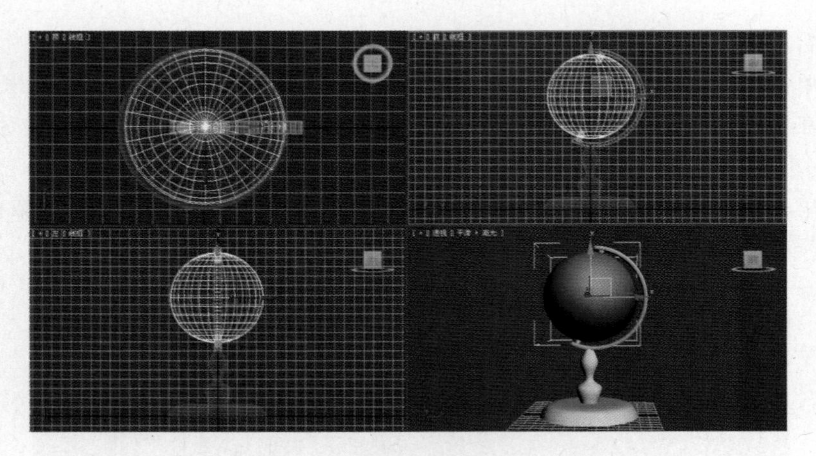

图 3-1-7

(14) 选中底座、支架与两个小圆柱体，单击材质编辑器中的按钮，将材质赋给物体。

(15) 选取第二个球，单击“贴图”，展开“贴图”卷展栏，单击“漫反射颜色”后面的“None”长按钮，双击“位图”，选取指定素材文件“地图.jpg”。

(16) 选中球体，单击材质编辑器中的按钮，将材质赋给物体。

(17) 单击主工具栏中“渲染产品”工具，渲染的场景效果如图 3-1-1 所示，单击渲染窗口中“保存”命令，确定保存位置，输入文件名，选取文件类型为“.jpg”，单击“保存”按钮，保存渲染的场景效果。

4. 案例小结

本案例重点是掌握二维图形编辑设计、对二维图形“车削”及对几何模型“弯曲”方法，学会创作几何模型作品，同时了解模型材质和贴图设置、灯光设置及场景渲染方法。

巩固与提高

1. 案例效果

案例效果如图 3-1-8 所示。

图 3-1-8

2. 制作流程

(1)在前视图分别绘制瓷盘截面线与瓷杯截面线,并进行编辑,与"轮廓"形成截面→(2)对瓷盘截面线与瓷杯截面图形进行"车削",形成瓷盘与瓷杯→(3)在顶视图建立一个切角圆柱体,并进行"弯曲",形成瓷杯把手→(4)赋材质→(5)加灯光→(6)保存渲染。

3. 自我创意

运用二维图形相应编辑功能及对几何模型相应编辑功能,结合生活实际,自我创意各种生活用具模型。

3.2 案例二:制作"圆座椅"

1. 案例效果

案例效果如图 3-2-1 所示。

图 3-2-1

2. 制作流程

(1)在顶视图建立一个切角圆柱体与一个管状体→(2)将切角圆柱体与管状体进行布尔差运算,并进行"网格平滑",形成椅面→(3)在左视图建立一个球体,在椅面四周阵列,形成完整椅面→(4)将完整椅面复制一个,在顶视图建立一个圆体与完整椅面进行布尔差运算,作为椅底座→(5)在顶视图建立一个管状体,在前视图建立一个切角长方体,在管状体四周阵列,并将阵列的切角长方体附加在一起→(6)将管状体与附加在一起的切角长方体进行布尔差运算,形成椅架→(7)对椅架进行"FFD3×3×3"编辑→(8)赋材质→(9)保存渲染。

3. 步骤解析

(1) 单击"创建"命令面板中的"几何体",选取"扩展基本体"项,单击"切角圆柱体"。

(2) 在顶视图拖动,建立半径、高度、圆角、圆角分段、边数分别为 100、25、5、5、32 的切角圆柱体。

（3）单击“创建”命令面板中的“几何体”，选取“标准基本体”项，单击“管状体”。

（4）在顶视图拖动，建立半径 1、半径 2、高度、边数分别为 75、60、30、32 的管状体，与切角圆柱体对齐，调整位置如图 3-2-2 所示。

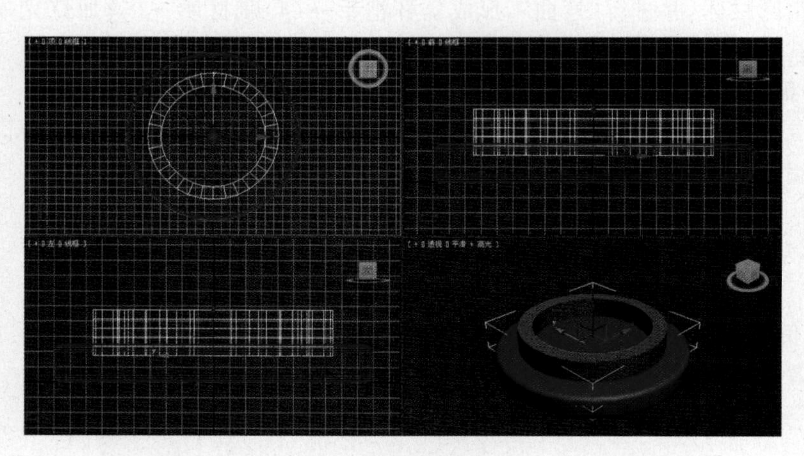

图 3-2-2

（5）选取切角圆柱体，单击“创建”命令面板中的“几何体”，选取“复合对象”项，单击“布尔”。选中“差集（A-B）”，单击“拾取操作对象 B”，在视图中单击管状体。

（6）单击“修改”命令面板，再单击“修改器列表”，选取“网格平滑”命令，形成椅面效果，如图 3-2-3 所示。

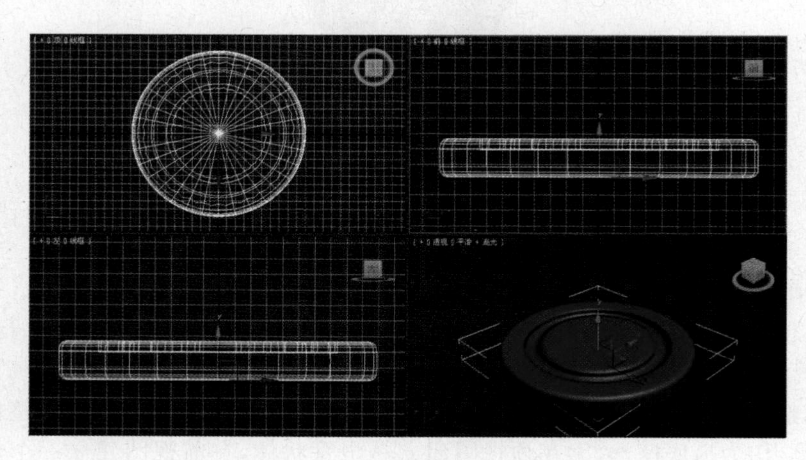

图 3-2-3

（7）单击“创建”命令面板中的“几何体”，选取“标准基本体”项，单击“球体”，在顶视图拖动，建立半径为 7 的球体。

（8）在顶视图选取球体，单击主工具栏中“视图”工具，选取“拾取”，单击椅面体。再按下主工具栏中“视图”工具旁工具，选取最下方的工具。

（9）选取“工具”菜单中“阵列”，设置如图 3-2-4 所示参数，单击“确定”按钮，形成完整椅面，如图 3-2-5 所示。

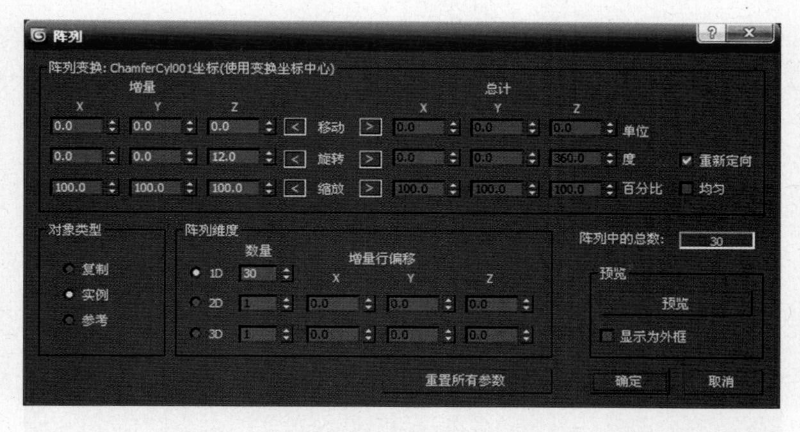

图 3-2-4

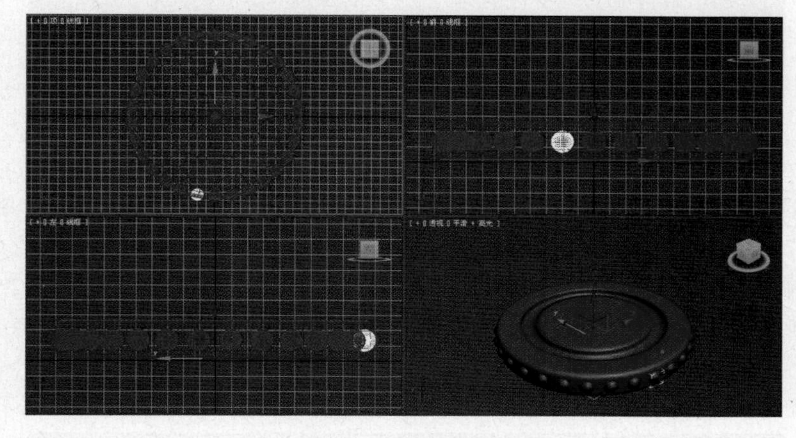

图 3-2-5

(10) 选取“选择并移动”工具，在前视图拖动框选，按 Shift 键拖动鼠标，复制形成两个椅面。

(11) 单击“创建”命令面板中的“几何体”，选取“标准基本体”项，单击“圆柱体”。在顶视图拖动建立半径、高度分别为 70、70 的圆柱体，调整位置如图 3-2-6 所示。

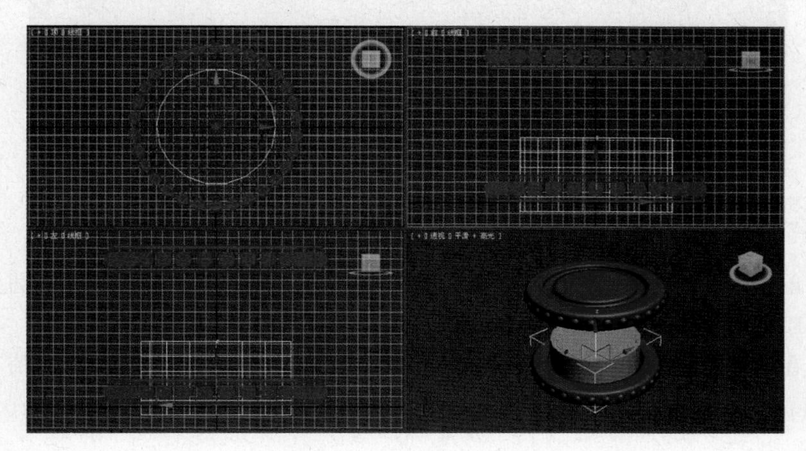

图 3-2-6

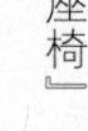

(12) 取切底层椅面，单击“创建”命令面板中的“几何体”，选取“复合对象”项，单击“布尔”。选中“差集(A-B)”，单击“拾取操作对象 B”，在视图中单击圆体，效果如图3-2-7所示。

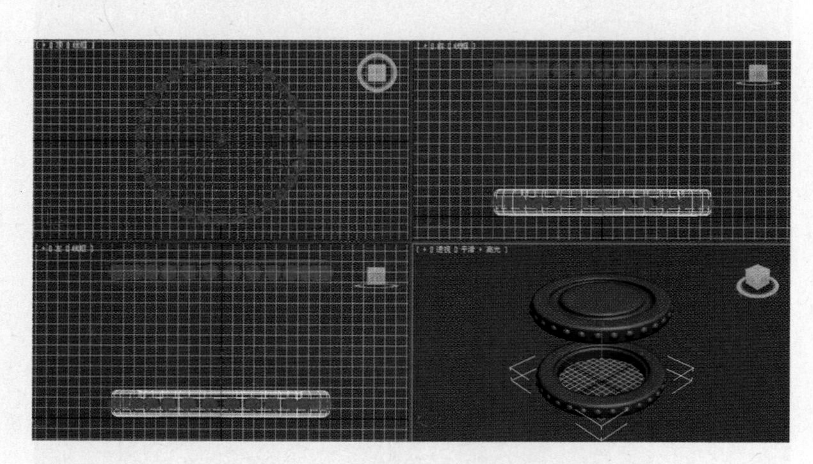

图 3-2-7

(13) 选取“选择并移动”工具，在前视图拖动，分别框选上下椅面，选取“组→成组”命令，单击“确定”按钮，形成椅面与椅底座组。

(14) 单击“创建”命令面板中的“几何体”，选取“标准基本体”项，单击“管状体”。在顶视图拖动建立半径 1、半径 2、高度分别为 95、80、160 的管状体，调整位置如图3-2-8所示。

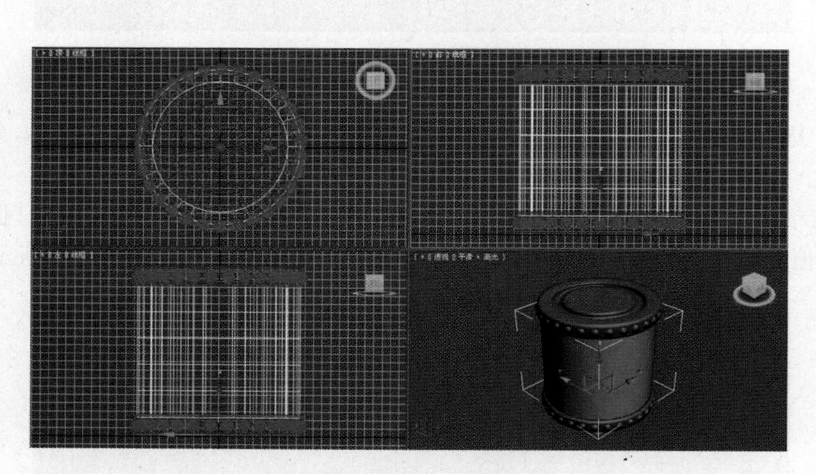

图 3-2-8

(15) 单击“切角长方体”。在左视图拖动建立长度、宽度、高度、圆角、圆角分段分别为 140、15、70、5，3 的长方体，如图 3-2-9 所示。

(16) 在顶视图选取长方体，单击主工具栏中“视图→拾取”命令，单击椅面体。再按下主工具栏中“视图”工具旁工具，选取最下方的工具。

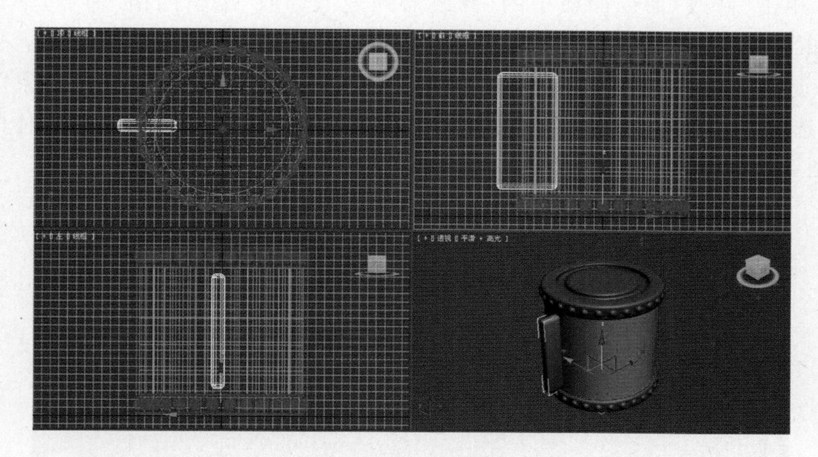

图 3-2-9

(17) 选取“工具”菜单中“阵列”,设置如图 3-2-10 所示参数。单击“确定”按钮,形成完整椅面,如图 3-2-11 所示。

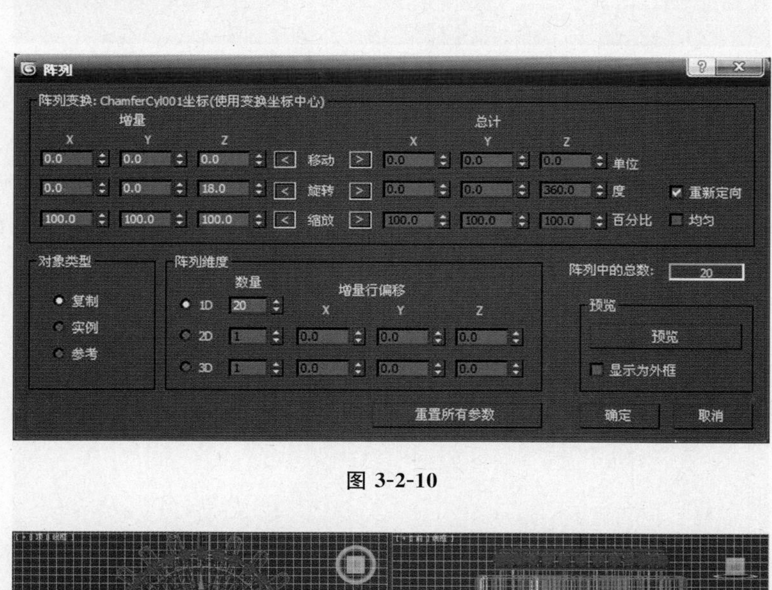

图 3-2-10

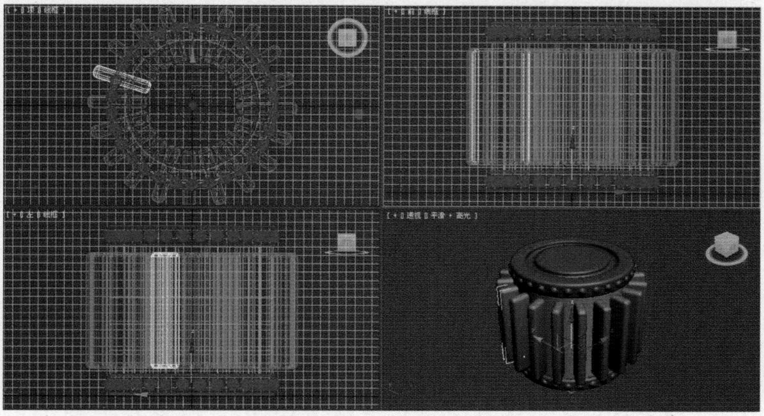

图 3-2-11

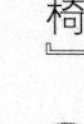

(18) 单击“修改”命令面板中的“修改器列表”，选取“编辑网格”命令，单击参数面板中“附加”，分别单击视图中所有切角长方体，形成一体。

(19) 选取管状体，单击“创建”命令面板中的“几何体”，选取“复合对象”项，单击“布尔”。选中“差集(A-B)”，单击“拾取操作对象 B”，在视图中单击形成一体的切角长方体，如图 3-2-12 所示。

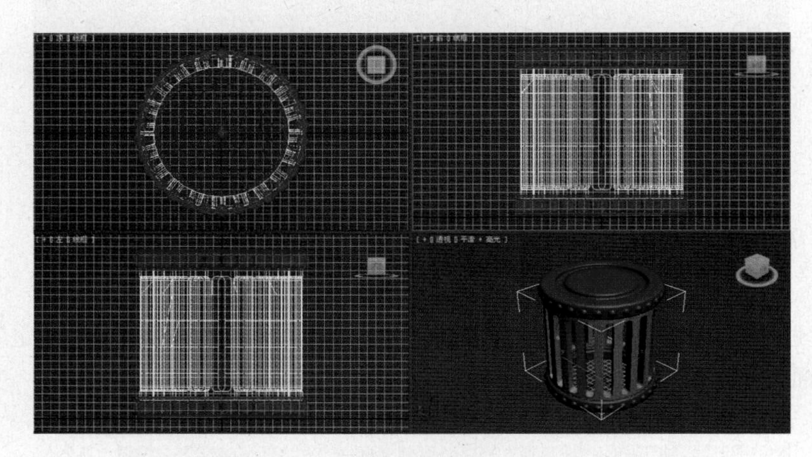

图 3-2-12

(20) 单击“修改”命令面板中的“修改器列表”，选取“FFD3×3×3”命令，单击面板中“FFD3×3×3”前面的“+”，选取“控制点”，在左视图拖动框选中间一行所有点。选取“选择并均匀缩放”工具，在顶视图均匀缩放中间一行所有点，形成效果如图3-2-13所示。

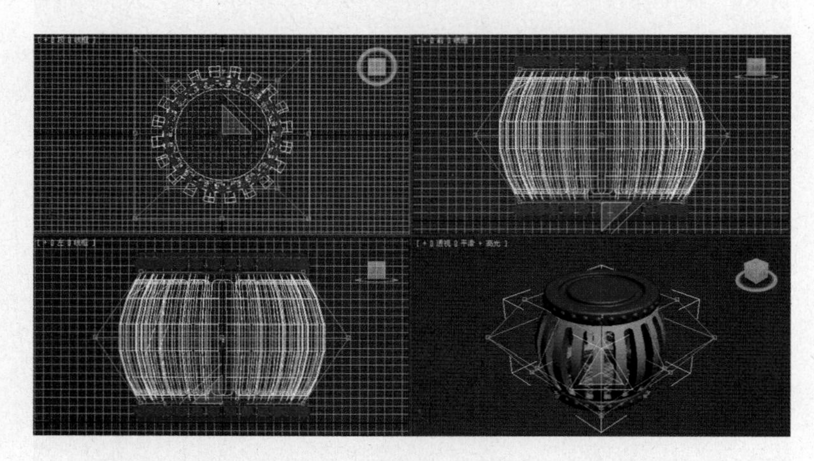

图 3-2-13

(21) 单击“材质编辑器”工具，打开“材质编辑器”，选取第一个球，展开“贴图”卷展栏。选中“漫反射颜色”，单击“漫反射颜色”后面的“None”长按钮，双击“位图”，打开素材文件“本地板+1.jpg”。设置“坐标”参数 U、V 的瓷砖数分别都为 3。

(22) 选中全部模型对象，单击材质编辑器中的与按钮，将材质赋给选中物体。

(23) 单击主工具栏中“渲染产品”工具，渲染的场景效果如图 3-2-1 所示，单击渲染窗口中“保存”命令，确定保存位置，输入文件名，选取文件类型为“.jpg”，单击“保存”按钮，保存渲染的场景效果。

4. 案例小结

本案例重点是掌握对象的阵列方法、三维模型间的布尔运算方法、几何模型的“网格平滑”与“FFD3×3×3”等编辑功能，学会通过相关功能的应用来建造复杂模型方法，同时了解模型材质设置及场景渲染方法。

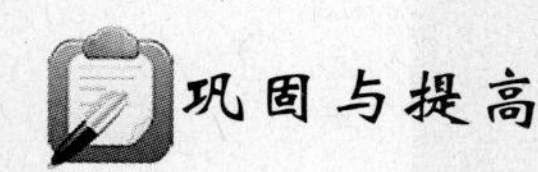

巩固与提高

1. 案例效果

案例效果如图 3-2-14 所示。

图 3-2-14

2. 制作流程

(1)在前视图绘制椅座面截面线，并对截面线进行“挤出”，形成椅座面→(2)将椅座面进行“FFD(长方体)”编辑，弯成椅座→(3)在前视图建立 9 个圆柱体，并进行布尔运算→(4)在顶视图建立三个圆柱体，作为支架→(5)在顶视图建立一个切角圆柱体，建立一个长方体并“弯曲”，在左视图建立一个切角圆柱体组合成一支架椅腿→(6)阵列产生五支架椅腿→(7)赋材质→(8)保存渲染。

3. 自我创意

利用对象的阵列方法、三维模型间的布尔运算方法、几何模型的“网格平滑”与“FFD3×3×3”等编辑功能，结合生活实际，自我创意各种生活模型。

3.3 案例三:制作“海豚”

1. 案例效果

案例效果如图 3-3-1 所示。

图 3-3-1

2. 制作流程

(1)将设计参照图在视图中显示→(2)在左视图建立一个长方体,并转换为可编辑多边形→(3)通过编辑调整“顶点”、“多边形”,完成海豚的基本形态的制作→(4)参考参照图对鳍的部位做挤出和点的调整,完成海豚整体的一半模型效果→(5)利用“镜像”完成模型另一半的制作,将两部分进行“附加”,并对节点进行“焊接”,形成完整模型→(6)将模型“网格平滑”与“涡轮平滑”→(7)进行“UVW”展开,在 Photoshop 中编辑贴图,并赋给模型→(8)保存渲染。

3. 步骤解析

(1) 分别选取顶、左视图,单击“视图→视图背景→视图背景”命令,在弹出的“视图背景”对话框中单击“文件”按钮,选取参照图文件“参照顶 .jpg”、“参照左 .jpg”,选中“匹配位图”、“显示背景”和“锁定缩放/平移”,如图 3-3-2 所示。将准备好的两张参照图分别放置在顶视图和左视图,如图 3-3-3 所示。

(2) 单击“创建”命令面板中的“几何体”,选取“标准基本体”项,单击“长方体”,在左视图拖动建立一个长方体,参数如图 3-3-4 所示。

(3) 在长方体上右击,选择“转换为→转换为可编辑多边形”命令。单击“修改”命令面板,展开可编辑多边形前面的“+”,选择“顶点”次物体,如图 3-3-5 所示。

(4) 使用“选择并移动”工具,按照顶视图和左视图中参照图的形态调整点的位置,如图 3-3-6 所示。

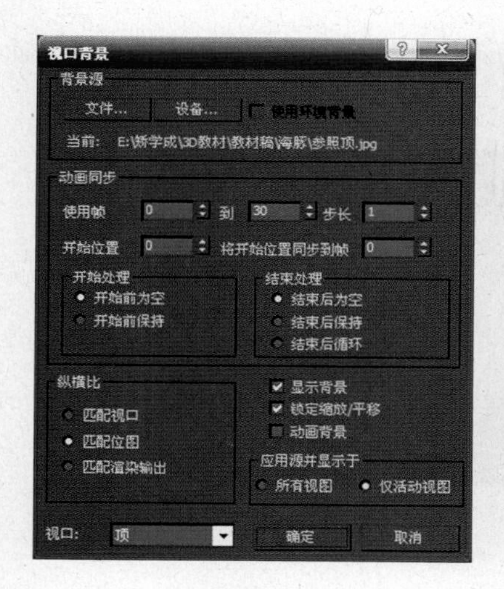

图 3-3-2

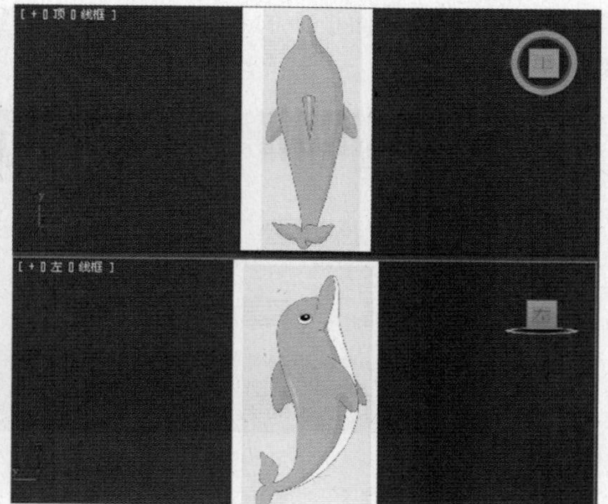

图 3-3-3

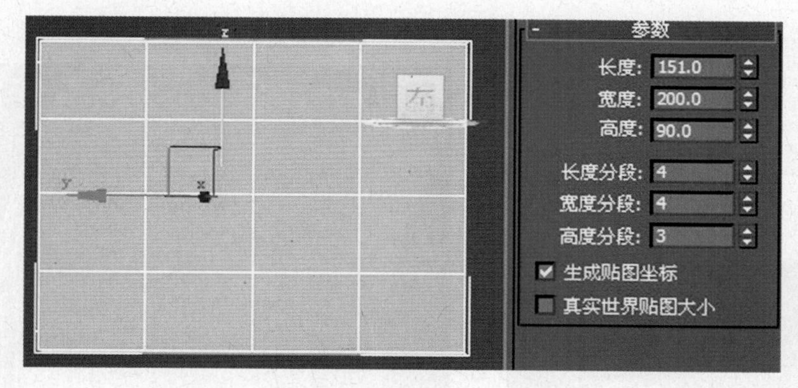

图 3-3-4

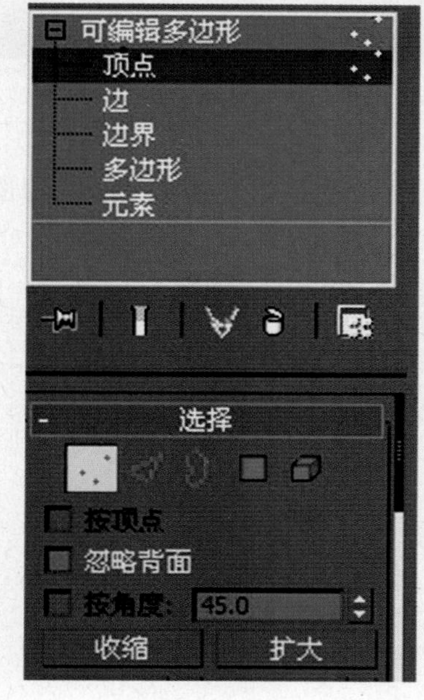

图 3-3-5

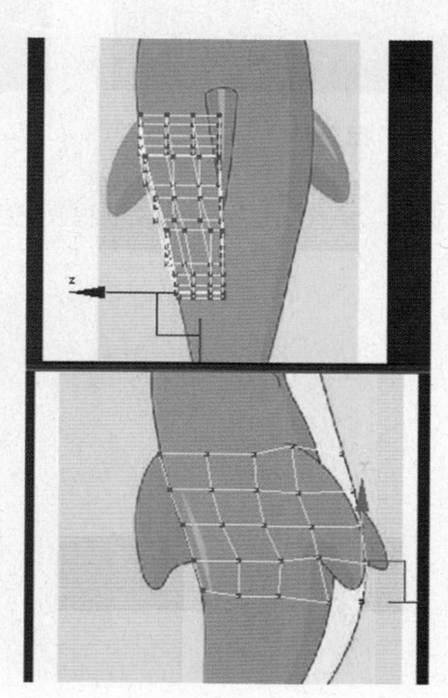

图 3-3-6

（5）在修改命令面板下的卷展栏中选择“多边形”次物体，选取模型底侧的所有面，如图 3-3-7 所示。

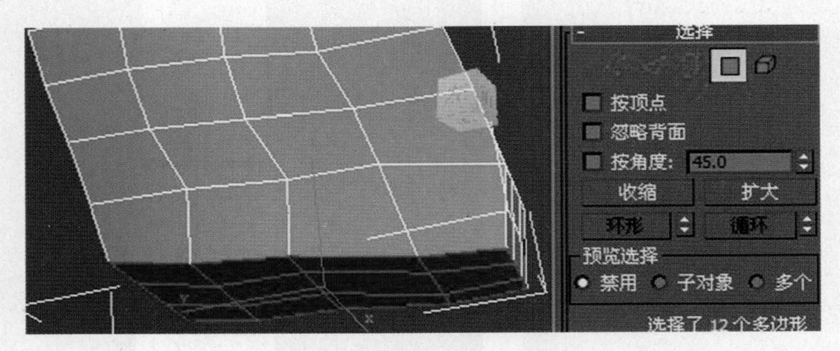

图 3-3-7

（6）单击卷展栏中的“挤出”按钮，在透视图中沿 Z 轴向下挤出，如图 3-3-8、图3-3-9 所示。

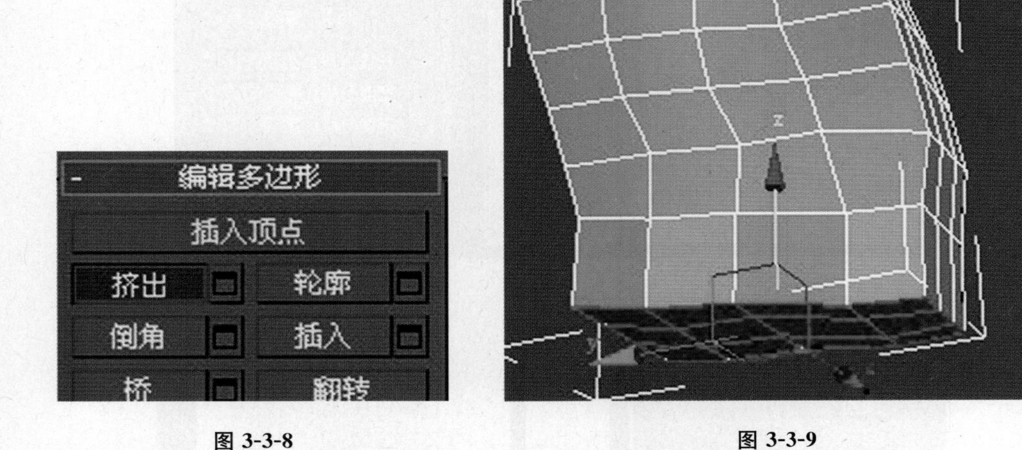

图 3-3-8　　图 3-3-9

（7）选择“顶点”次物体，在左视图按参照图调整点的位置及角度，如图 3-3-10 所示。

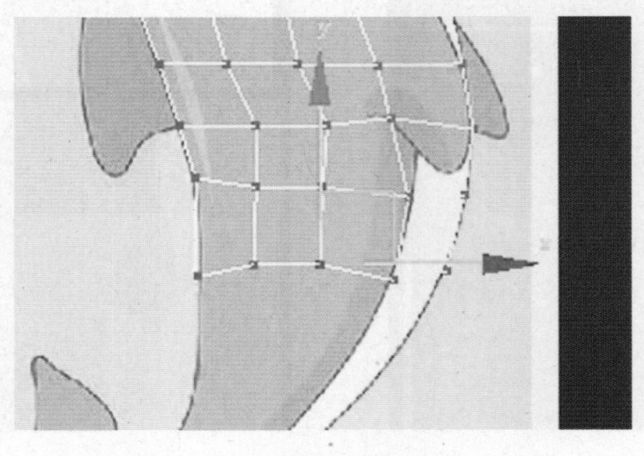

图 3-3-10

(8) 重复选择“多边形”次物体，单击“挤出”按钮，继续沿 Z 轴向下挤出，并按参照图逐步地调整点的位置及角度，直至制作完成海豚尾部，如图 3-3-11 所示。

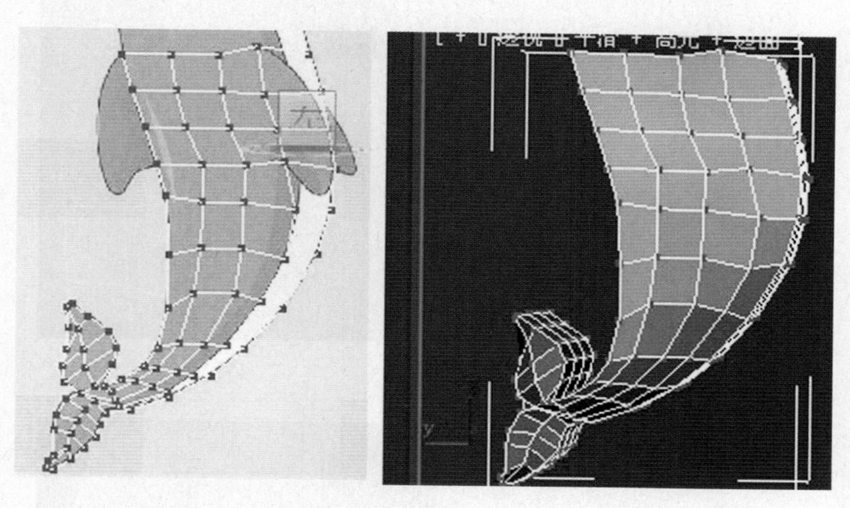

图 3-3-11

(9) 沿模型的上端继续做挤出和调点的步骤，直至制作完成海豚的基本形态，如图 3-3-12 所示。

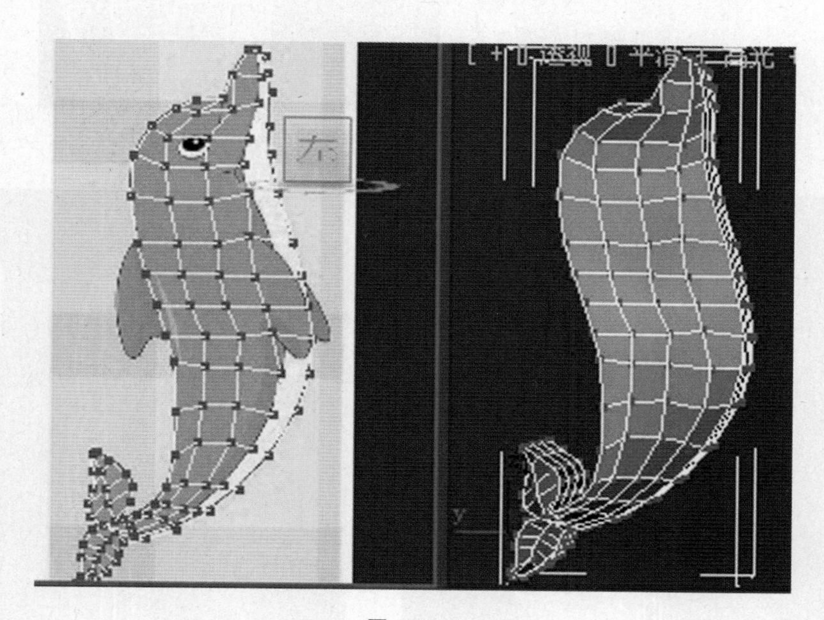

图 3-3-12

(10) 参照图鳍的部位做挤出和点的调整，如图 3-3-13、图 3-3-14 所示。

(11) 使用“选择并移动”工具，调整模型的点，使模型整体圆润些，如图 3-3-15 所示。

(12) 使用“选择对象”选中模型另一侧所有的面，然后按 Delete 键删除，如图 3-3-16、图 3-3-17 所示。

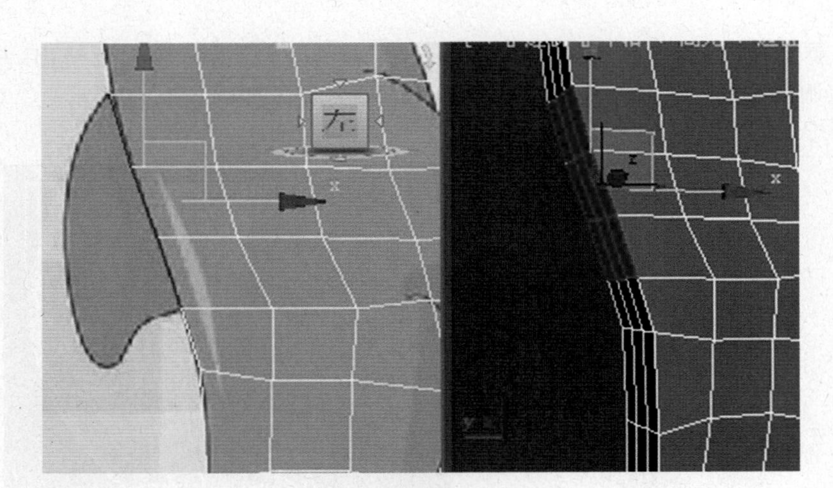

图 3-3-13

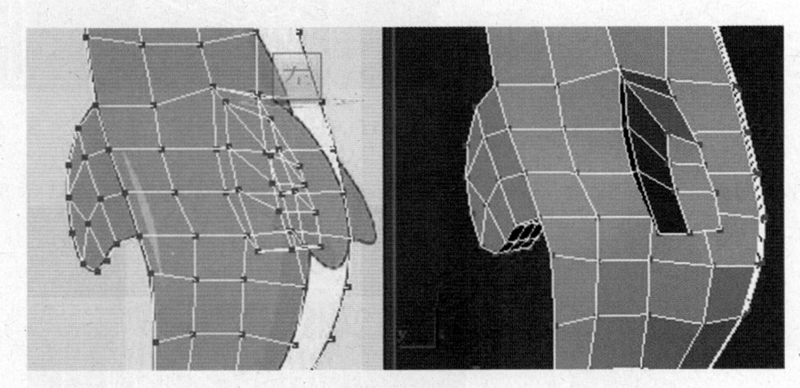

图 3-3-14

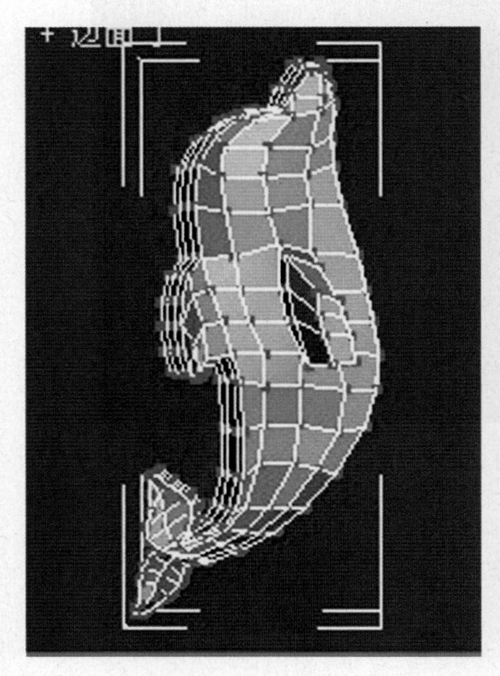

图 3-3-15

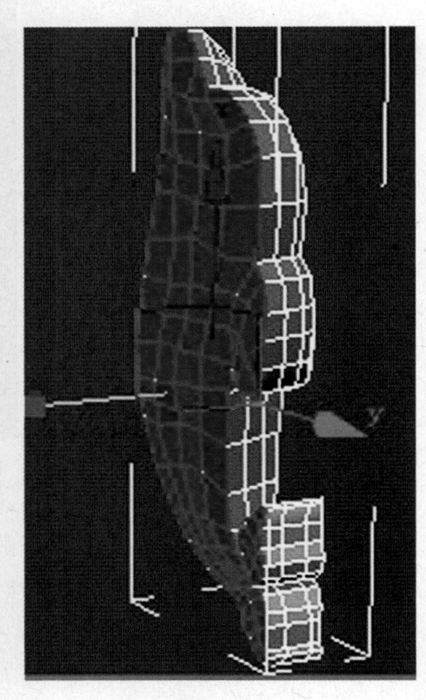

图 3-3-16

（13）关闭“多边形”次物体，单击“镜像”按钮，选择“复制”，如图 3-3-18 所示。

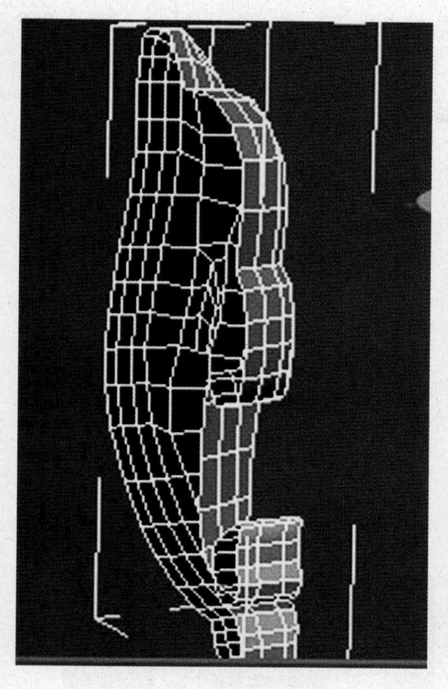
图 3-3-17

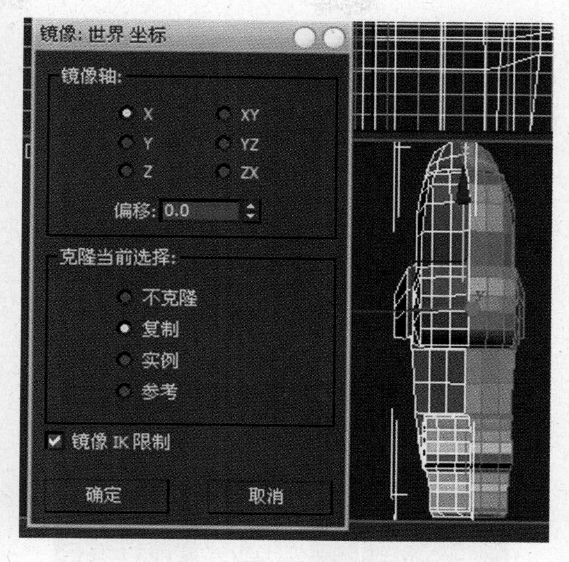

图 3-3-18

（14）选择卷展栏中的“附加”按钮，再单击模型的另一半将两部分模型附加为一个整体，如图 3-3-19、图 3-3-20 所示。

图 3-3-19

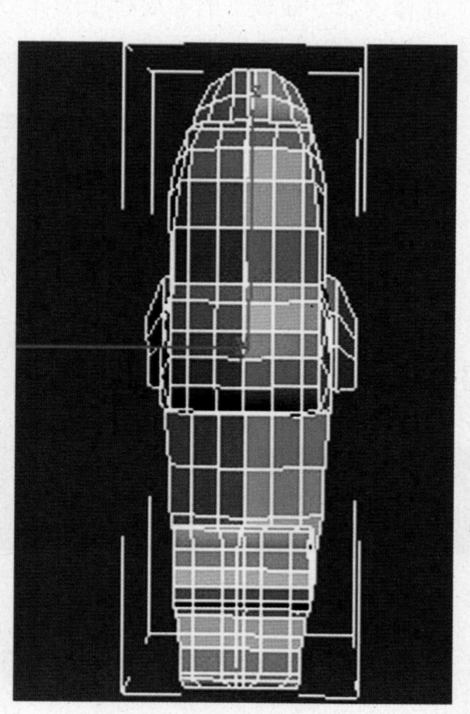
图 3-3-20

（15）激活“顶点”次物体，选中模型中间两排所有的点，使用“选择并均匀缩放”工具沿 X 轴向内推，再单击卷展栏中的“焊接”按钮，如图 3-3-21、图 3-3-22 所示。

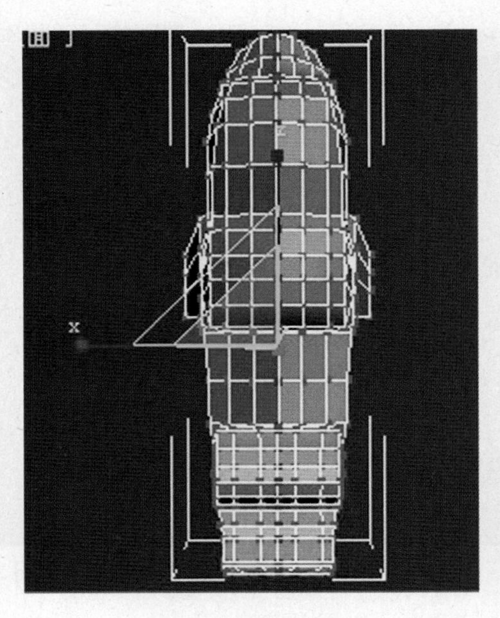

图 3-3-21

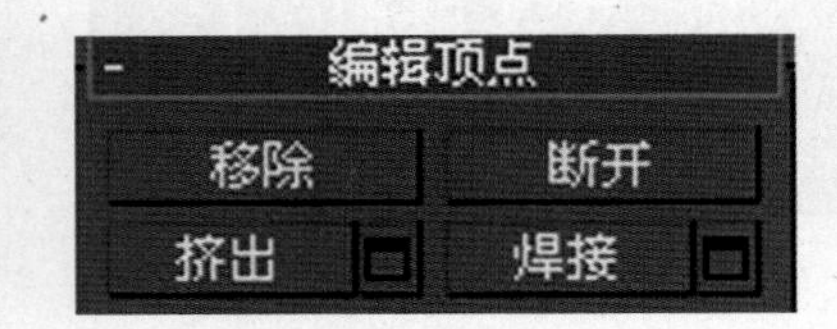

图 3-3-22

（16）在修改命令面板下的卷展栏中选择“元素”次物体，选取整个模型，单击“网格平滑”按钮，使模型整体圆滑，如图 3-3-23、图 3-3-24 所示。

网格平滑

图 3-3-23

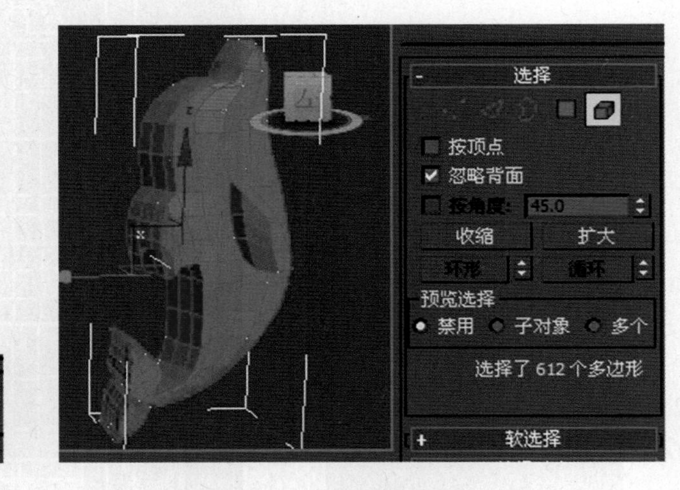

图 3-3-24

（17）单击“修改→修改器列表→涡轮平滑”命令，迭代次数为 1。如图 3-3-25、图 3-3-26所示。

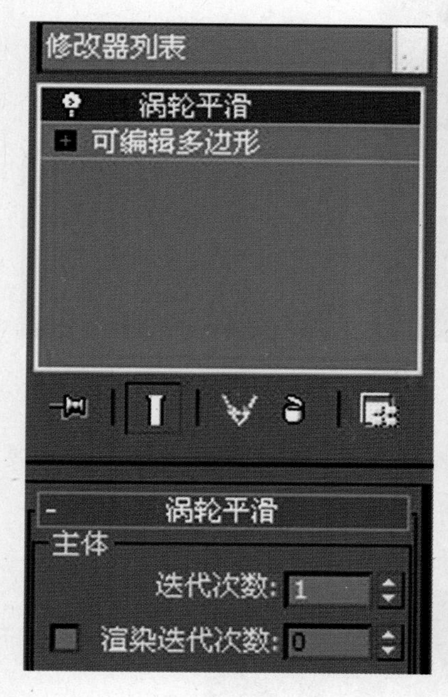

图 3-3-25

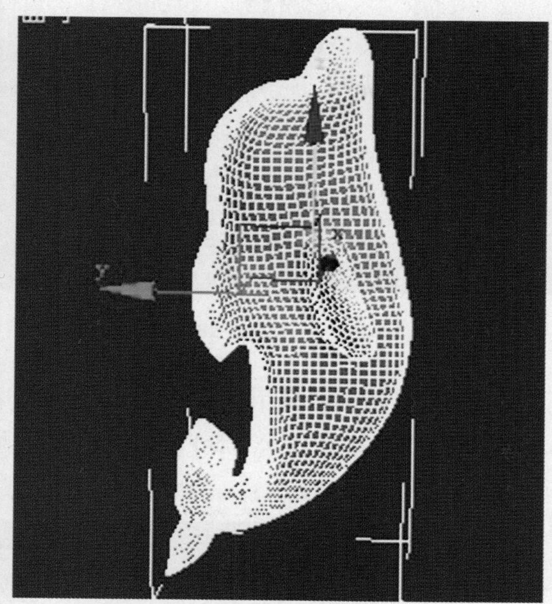

图 3-3-26

（18）平展 UVW。单击“修改→修改器列表→UVW 展开→面”命令，在卷展栏处勾取“忽略背面”，在前视图中选取海豚，如图 3-3-27 所示。

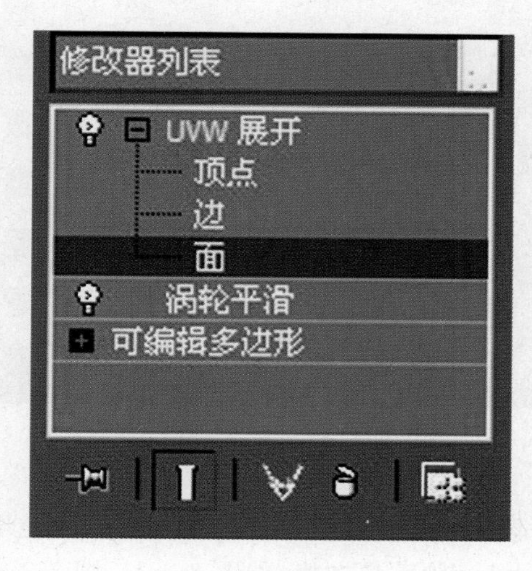

图 3-3-27

（19）在卷展栏中的“贴图参数”里为所选的面选择一个合适的轴向，之后单击“快速平面贴图”按钮。在“参数”选项中单击“编辑”按钮，如图 3-3-28、图 3-3-29 所示。

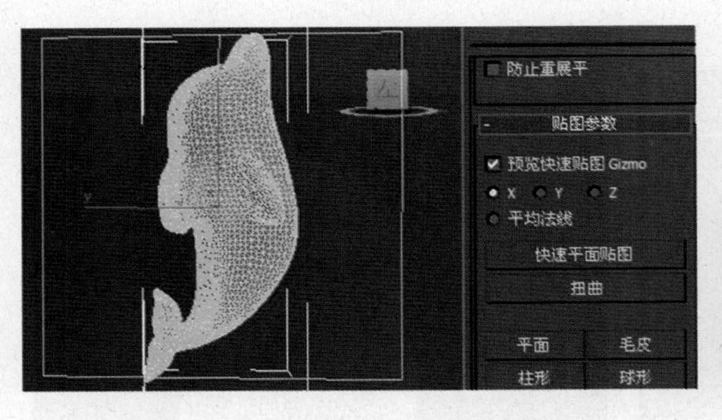

图 3-3-28

图 3-3-29

(20) 在 UVW 编辑器中,把蓝色的粗线安全框放大到最大的位置,将所有平展好的 UVW 线合理地放置在安全框内,如图 3-3-30 所示。

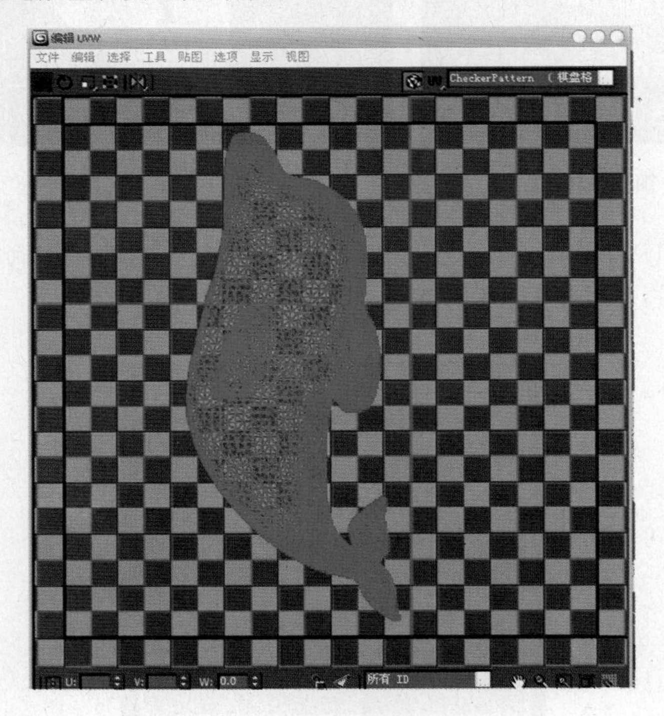

图 3-3-30

(21) 在 UVW 编辑器中,单击"选项→首选项"命令,在展开选项中取消勾选"显示栅格",勾取"显示图像 Alpha"隐藏黑白格,如图 3-3-31、图 3-3-32 所示。

图 3-3-31

图 3-3-32

(22) 按键盘上的 PrintScreen 对整个屏幕进行抓屏，然后在 Photoshop 软件中新建文件，将抓屏的图像粘贴到新文件中，如图 3-3-33 所示。

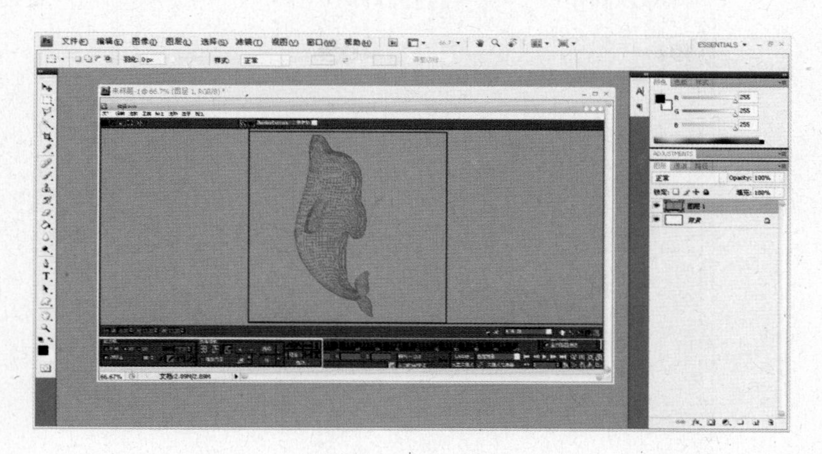

图 3-3-33

(23) 在 Photoshop 软件中，使用“矩形选框工具”，按住 Shift 键框选蓝色线框。单击“图像→裁剪”命令，裁切出选框内的部分，如图 3-3-34 所示。

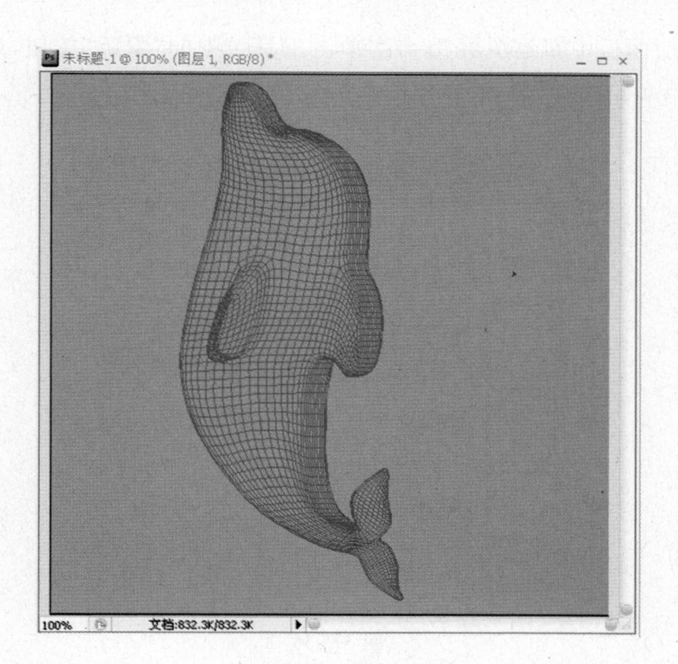

图 3-3-34

(24) 单击“图像→调整→亮度对比度”命令，适当调整亮度和对比度的值。使用快捷键 Ctrl+A 选中整个画面，接着使用快捷键 Ctrl+C 对整个画面复制，单击工具条中的“蒙版”按钮，再使用快捷键 Ctrl+V 粘贴，整个画面变为红色，如图 3-3-35 所示。

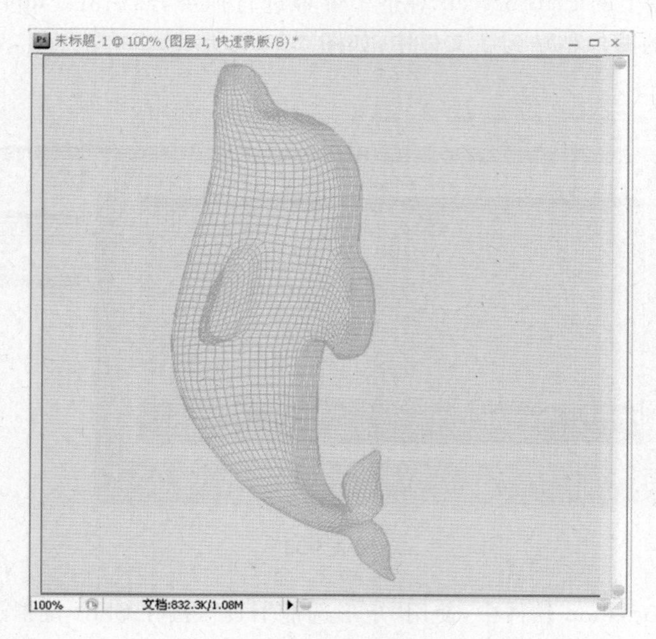

图 3-3-35

(25) 在图层面板中新建图层 2,再次单击工具条中的“蒙版”按钮,退出蒙版模式。并在图层 2 中填充黑色,取消选框,如图 3-3-36 所示。

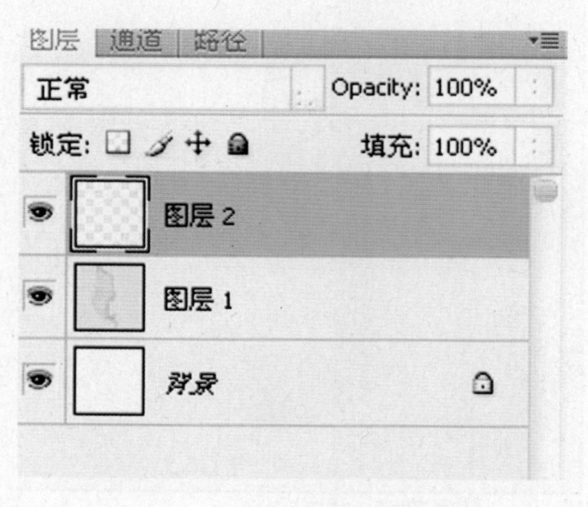

图 3-3-36

(26) 删除图层 1,在图层 2 的下面新建图层 3。在图层 3 中根据 UVW 线的位置对应地制作贴图,如图 3-3-37 所示。

(27) 贴图制作完成后隐藏图层 2,将文件保存为“. psd”格式和“. jpg”格式。其中“. psd”格式文件用于贴图的修改,“. jpg”格式文件是应用在 3ds Max 中的贴图文件。

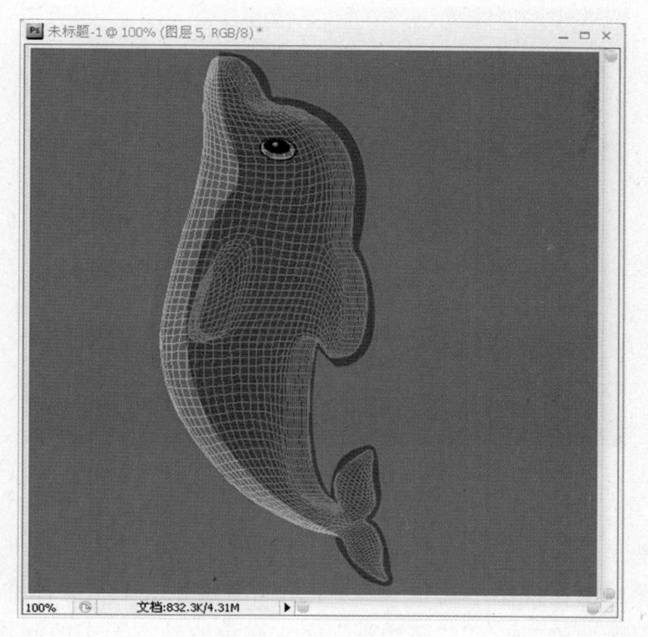

图 3-3-37

(28) 返回到 3ds Max 中，打开“材质编辑器”，选中其中一个材质球，展开贴图卷展栏。选中“漫反射颜色”，单击后面的“None”长按钮，双击“位图”，找到制作的贴图文件并打开，将材质赋给选定对象，如图 3-3-38 所示。

图 3-3-38

(29) 单击主工具栏中 “渲染产品”工具，渲染的场景效果如图 3-3-1 所示，单击渲染窗口中“保存”命令，确定保存位置，输入文件名，选取文件类型为“. jpg”，单击“保存”按钮，保存渲染的场景效果，渲染输出。

4. 案例小结

本案例重点是掌握“可编辑多边形”建模方法，通过编辑调整可编辑多边形的“顶点”、“多边形”，完成模型的基本形态的制作。再通过进行“UVW”展开，在 Photoshop 中编辑贴图，实现模型的贴图效果，完成实际模型作品的设计。

巩固与提高

1. 案例效果

案例效果如图 3-3-39 所示。

图 3-3-39

2. 制作流程

(1)将设计参考图在视图中显示→(2)在左视图建立一个长方体并转换为可编辑多边形→(3)通过编辑调整"顶点"、"多边形" 完成鲨鱼的基本形态的制作→(4)参考参照图通过挤出和点的调整制作出鲨鱼的鳍部位,完成鲨鱼整体的一半模型效果→(5)利用"镜像"完成模型另一半的制作,将两部分进行"附加",并对节点进行"焊接",形成完整模型→(6)将模型"网格平滑"与"涡轮平滑"→(7)对鲨鱼整体进行"FFD(长方体)"处理,将尾部弯曲→(8)进行"UVW"展开,在 Photoshop 中编辑贴图,并赋给模型→(9)保存渲染。

3. 自我创意

利用可编辑多边形建模方法,结合生活实际,自我创意各种现实模型。

3.4 案例四:制作"沙发椅子"

1. 案例效果

案例效果如图 3-4-1 所示。

图 3-4-1

2. 制作流程

(1)在左视图分别绘制两个支架截面图形，并做渲染→(2)在顶视图绘制一个矩形图形、两条直线，并做渲染，组合成椅子底座架→(3)在顶视图建立两个大切角长方体和两个小切角长方体→(4)在前视图建立一个切角长方体→(5)在左视图绘制靠背截面图形，并做"挤出"，组合成椅子→(6)赋材质与灯光→(7)保存渲染。

3. 步骤解析

(1) 单击"创建"命令面板中的"图形"，再单击"线"。

(2) 在左视图拖动绘制支架截面图形，如图 3-4-2 所示。

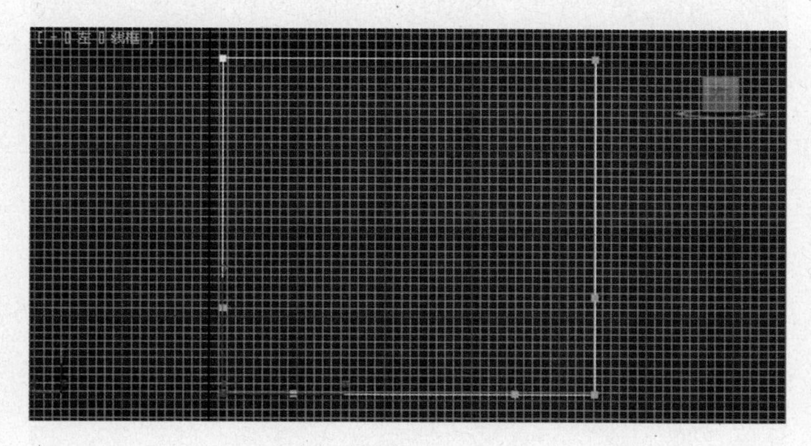

图 3-4-2

(3) 单击"修改"命令面板，展开 Line 前的"+"，选取"顶点"，右击线条最上相应顶点，在弹出菜单中选取"光滑"命令，调整相应的点，如图 3-4-3 所示。单击"Line"。

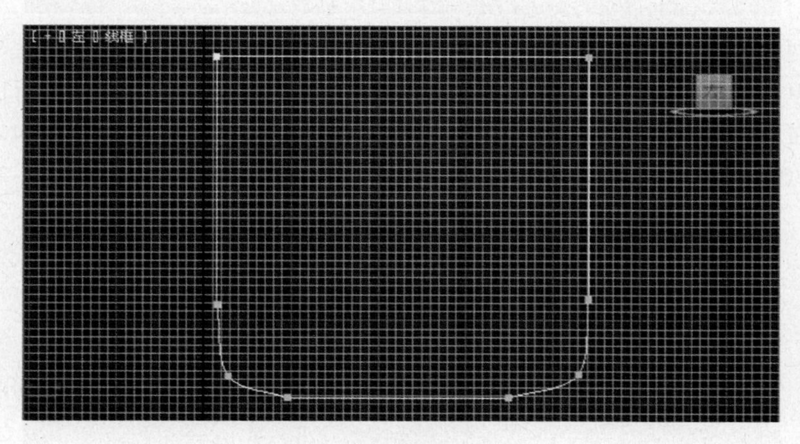

图 3-4-3

(4) 单击"渲染"参数面板，选中"在渲染中启用"与"在视图中启用"，"厚度"设置为 18。按住 Shift 键，拖动复制一个，效果如图 3-4-4 所示。

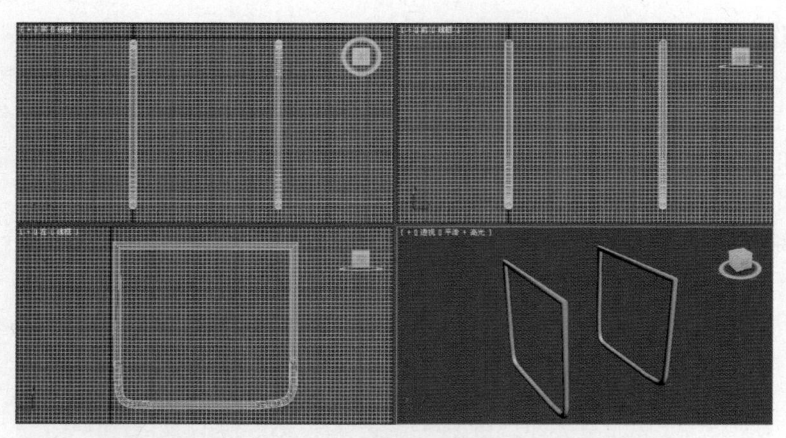

图 3-4-4

(5) 单击“创建”命令面板中的“图形”,再单击”矩形”,在顶视图拖动,建立长度、宽度分别为 430、475 的矩形,调整位置,效果如图 3-4-5 所示。

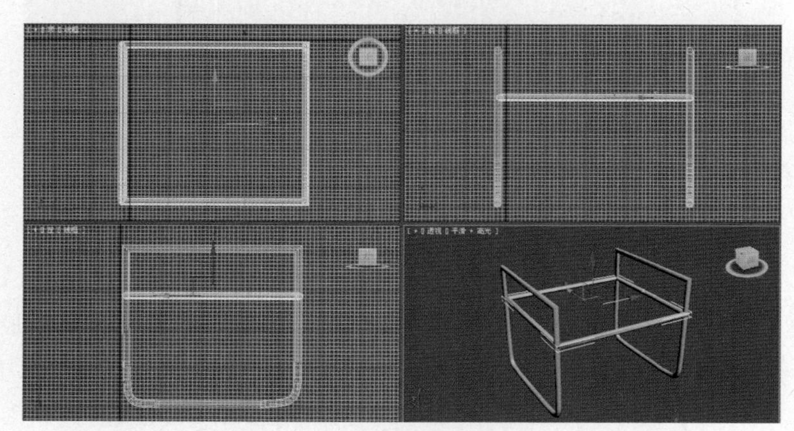

图 3-4-5

(6) 单击“创建”命令面板中的“几何体”,选取“扩展基本体”项,单击“切角长方体”。

(7) 在顶视图拖动,建立两个长度、宽度、高度、圆角、圆角分段分别为 440、485、65、10、2 与 420、480、95、30、5 的切角长方体,调整位置,效果如图 3-4-6 所示。

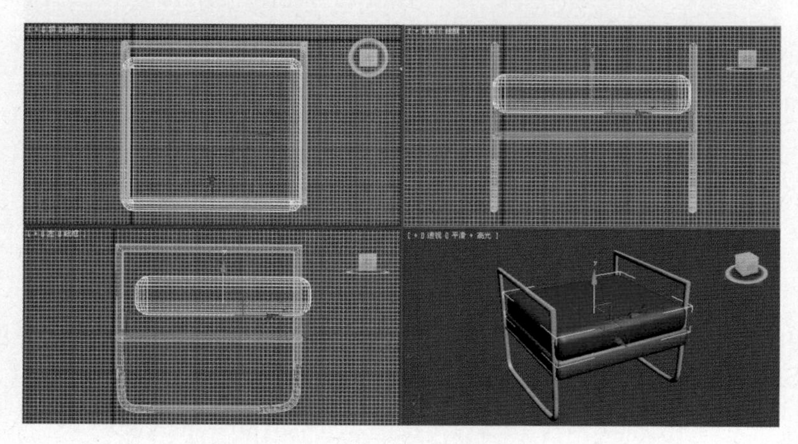

图 3-4-6

(8) 在顶视图拖动，建立两个长度、宽度、高度、圆角、圆角分段分别为 465、37、50、10、5 的切角长方体，调整位置，效果如图 3-4-7 所示。

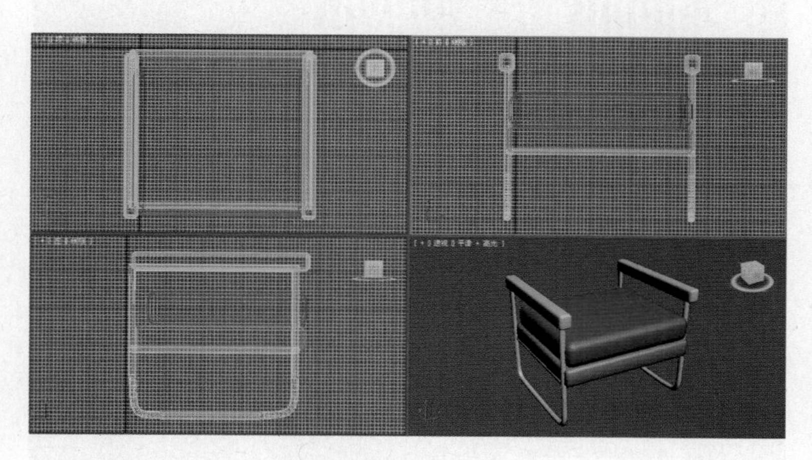

图 3-4-7

(9) 单击“创建”命令面板中的“几何体”，选取“扩展基本体”项，单击“切角长方体”。

(10) 在前视图拖动，建立一个长度、宽度、高度、圆角、圆角分段分别为 530、445、52、10、5 的切角长方体，调整位置，效果如图 3-4-8 所示。

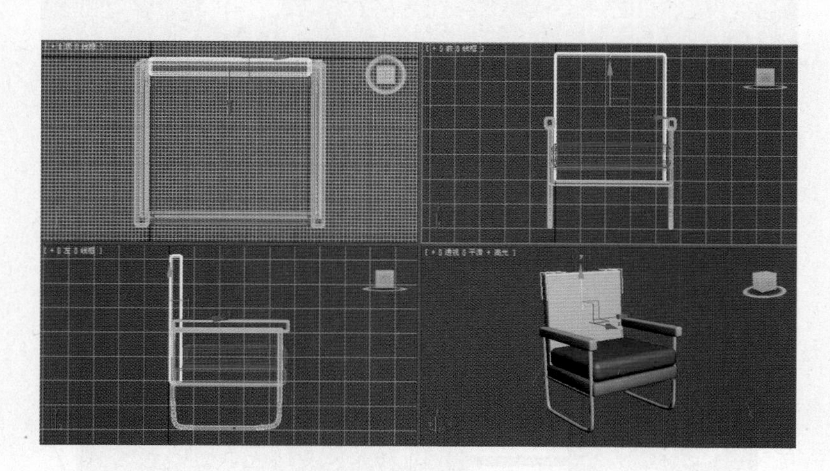

图 3-4-8

(11) 单击“创建”命令面板中的“图形”，再单击“线”，在左视图绘制一个效果如图 3-4-9所示的图形。

(12) 单击“修改”命令面板，单击“修改器列表”，选取“挤出”命令。参数面板“数量”设置为 420，调整位置，效果如图 3-4-10 所示。

(13) 单击“材质编辑器”工具，打开“材质编辑器”，分别将第一、二、三个球按如图 3-4-11、图 3-4-12、图 3-4-13 所示设置。

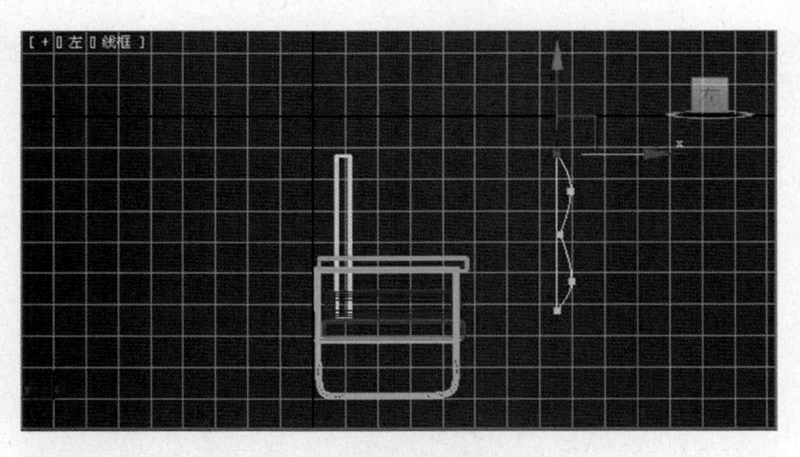

图 3-4-9

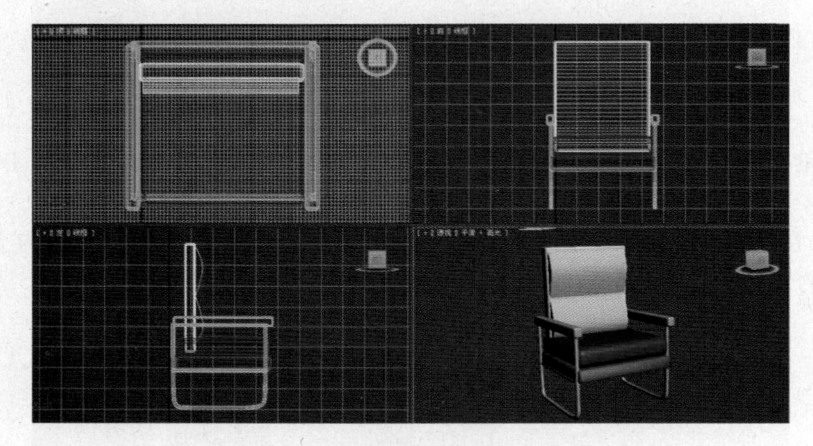

图 3-4-10

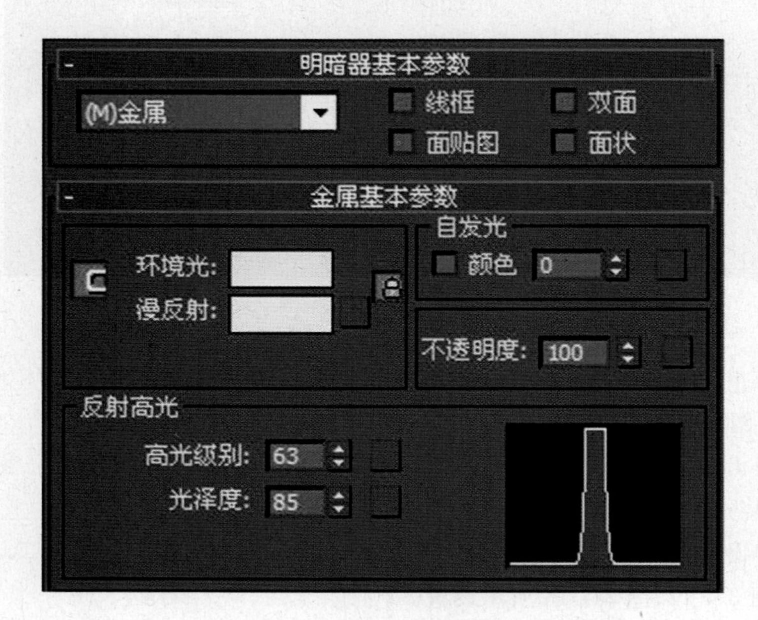

图 3-4-11

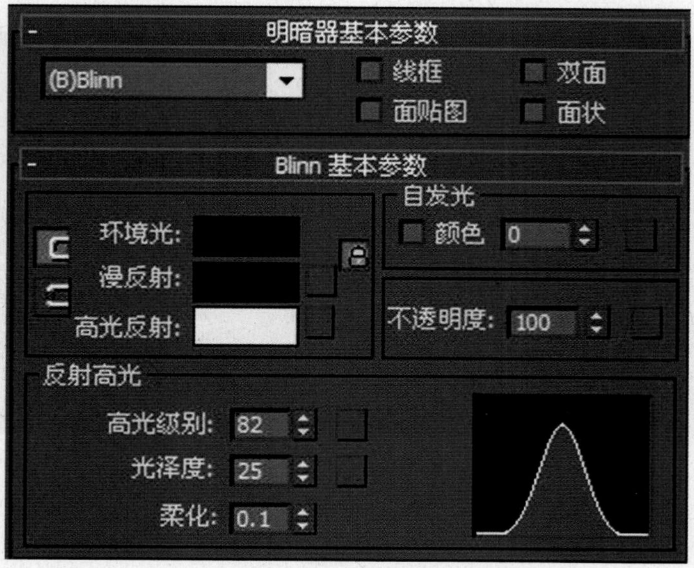

图 3-4-12

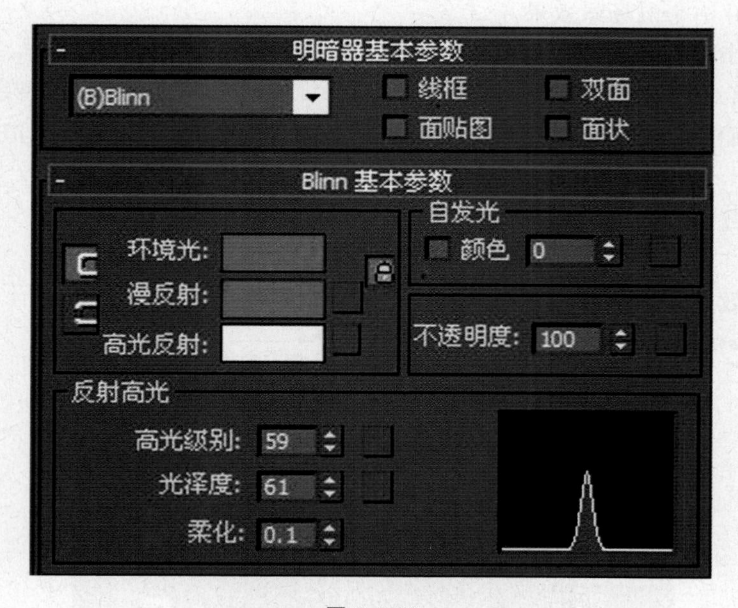

图 3-4-13

（14）选中底座支架，单击材质编辑器中的按钮，将第一个球材质赋给底座支架。选中椅靠背、扶手和椅座，单击材质编辑器中的按钮，将第二个球材质赋给椅靠背、扶手和椅座。选中椅垫，单击材质编辑器中的按钮，将第三个球材质赋给椅垫。

（15）单击“创建”命令面板中的“灯光”，选取“标准”，单击“泛光灯”，在顶视图建立一盏灯，如图 3-4-14 所示。

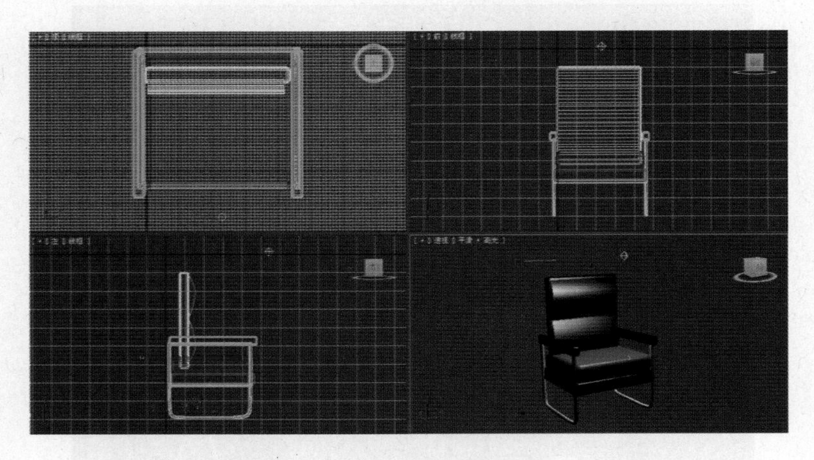

图 3-4-14

（16）单击主工具栏中“渲染产品”工具，渲染的场景效果如图 3-4-1 所示，单击渲染窗口中“保存”命令，确定保存位置，输入文件名，选取文件类型为“.jpg”，单击“保存”按钮，保存渲染的场景效果。

4. 案例小结

本案例重点是掌握二维图形编辑设计、对二维图形“渲染”及几何模型组合的方法，学会创作几何模型作品，同时了解模型材质和贴图设置、灯光设置及场景渲染方法。

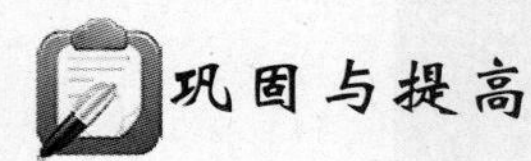

巩固与提高

1. 案例效果

案例效果如图 3-4-15 所示。

图 3-4-15

2. 制作流程

(1)在顶视图分别绘制两个支架截面图形与矩形,并做渲染→(2)在前视图绘制两个直线,并做渲染,组合成椅子沙发架→(3)在顶视图建立两个大切角长方体和两个小切角长方体→(4)在前视图建立一个切角长方体→(5)赋材质与灯光→(6)保存渲染。

3. 自我创意

运用二维图形相应编辑功能及对几何模型组合编辑功能,结合生活实际,自我创意各种生活用具模型。

材质与贴图

4.1 材质设计

4.1.1 案例一：制作“心连心玉镯”

1. 案例效果

案例效果如图 4-1-1 所示。

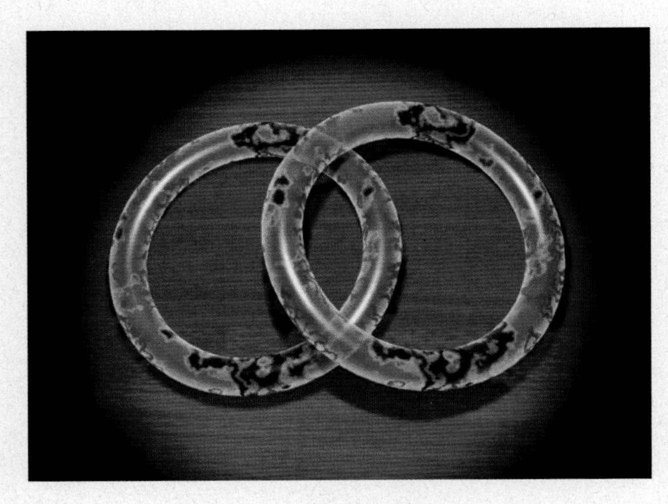

图 4-1-1

2. 制作流程

(1)在顶视图建立一个圆环体→(2)打开材质编辑器设置材质效果并赋给圆环→(3)复制一个圆环→(4)建立一个长方体并赋材质→(5)加灯光→(6)保存渲染。

3. 步骤解析

(1) 单击“创建”命令面板中的“几何体”，选取“标准基本体”项，单击“圆环”，在顶视图拖动创建一个半径 1、半径 2、分段、边数分别为 70、10、48、20 的圆环。

(2) 单击“材质编辑器”工具，打开“材质编辑器”，如图 4-1-2 所示。选取第一个样板球，设置高光级别和光泽度分别为 115 和 40。单击“材质编辑器”中的按钮，将材质赋给圆环。

(3) 单击如图 4-1-3 所示“明暗器基本参数”中的 “(B) Bilnn”，在“(T)半透明基本参数”面板中，设置“漫反射”为浅绿色(红：150，绿：240，蓝：75)，半透明颜色为浅绿色(红：0，绿：195，蓝：85)，不透明度为 70%，如图 4-1-4。

(4) 单击漫反射色块后的小方框，双击“Perlin 大理石”。在 Perlin 大理石参数下，设置颜色 1 为浅绿色(红：150，绿：240，蓝：75)，颜色 2 为深绿色(红：10，绿：40，蓝：10)，大小为 20，如图 4-1-5 所示。

(5) 单击“转到父对象”按钮，再单击图 4-1-4 所示半透明颜色色块后的小方框，双击“Perlin 大理石”。在 Perlin大理石参数下，设置颜色 1 为浅绿色(红：150，绿：240，蓝：75)，颜色 2 为深绿色(红：10，绿：40，蓝：10)，大小改为 10。

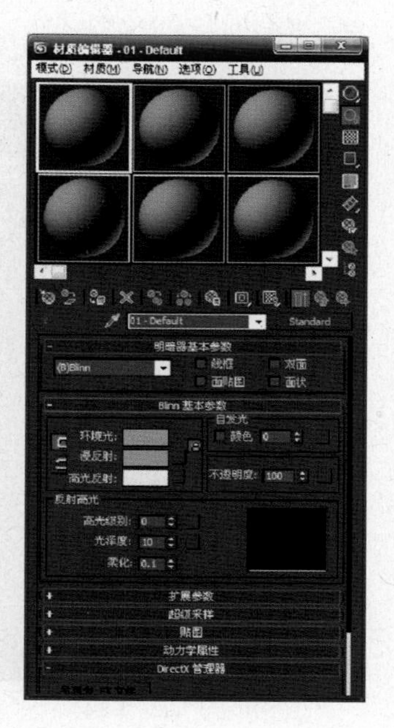

图 4-1-2

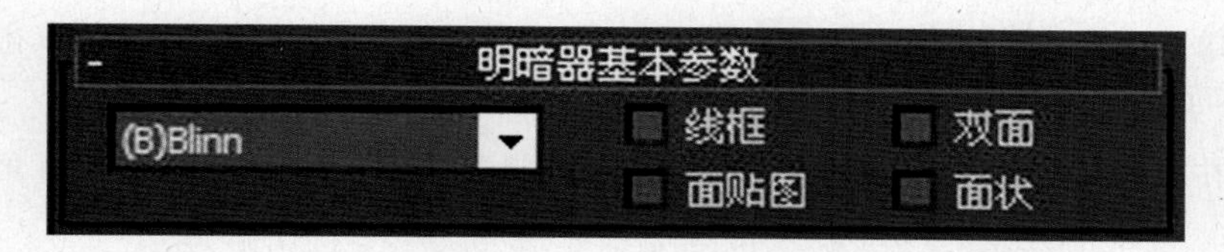

图 4-1-3

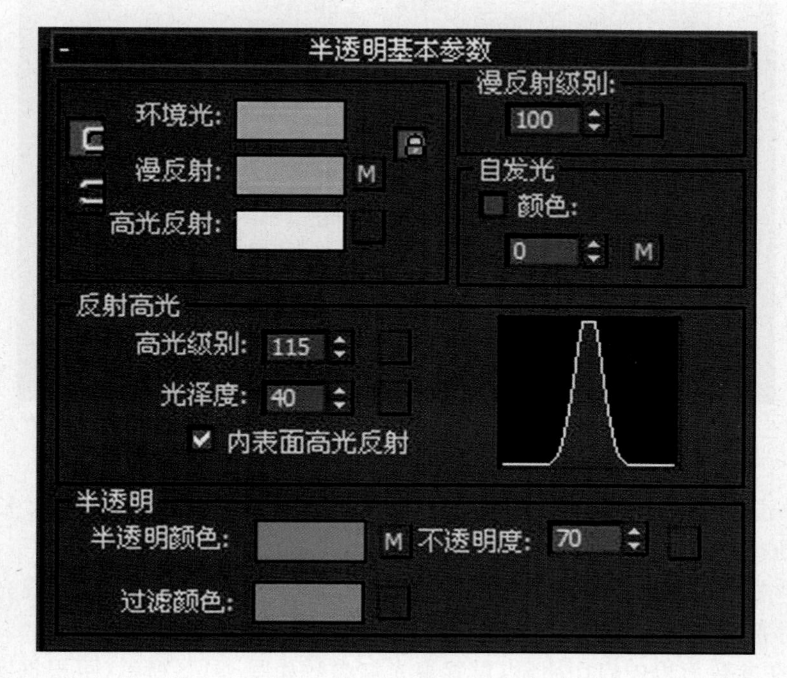

图 4-1-4

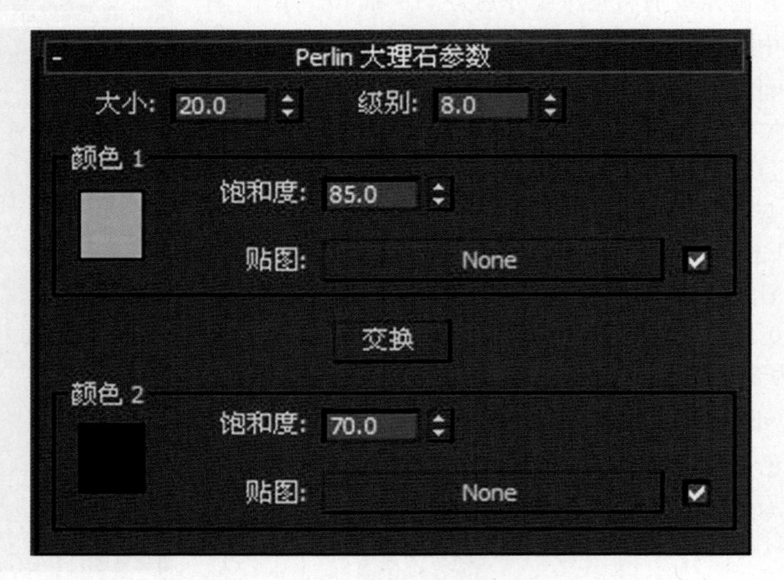

图 4-1-5

(6) 单击“转到父对象”按钮，再单击“自发光”栏参数后的小方框，双击“衰减”，然后关闭“材质编辑器”。

(7) 在顶视图选取圆环，按住 Shift 键拖动复制一个圆环，调整下倾斜角度，如图 4-1-6所示。

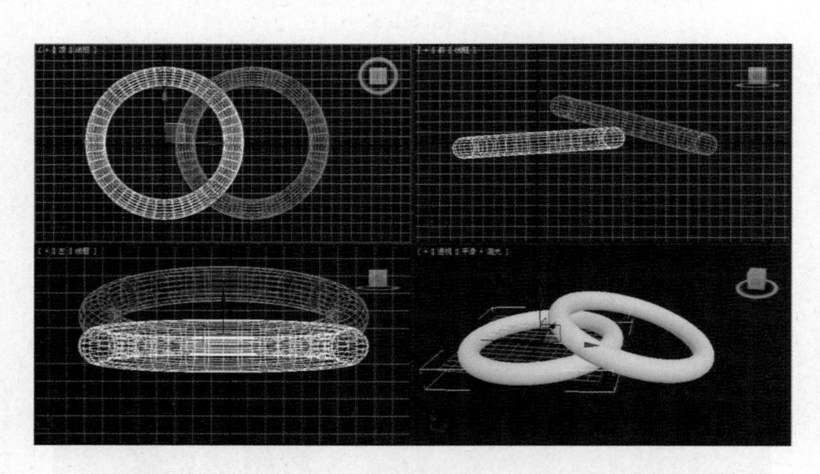

图 4-1-6

(8) 单击“创建”命令面板中的“几何体”，选取“标准基本体”项，单击“长方体”，在顶视图拖动建立一个长度、宽度、高度分别为 400、500、10 的长方体。

(9) 单击“创建”命令面板中的“灯光”，选取“标准体”项，单击“目标聚光灯”，在前视图单击并拖拽创建一个目标聚光灯，照向玉镯子，如图 4-1-7 所示。

(10) 在参数面板中启用阴影，设置聚光灯参数如图 4-1-8 所示(可根据实际情况自定义)，阴影参数栏下勾选“贴图”项，单击“无”按钮，双击“Perlin 大理石”。

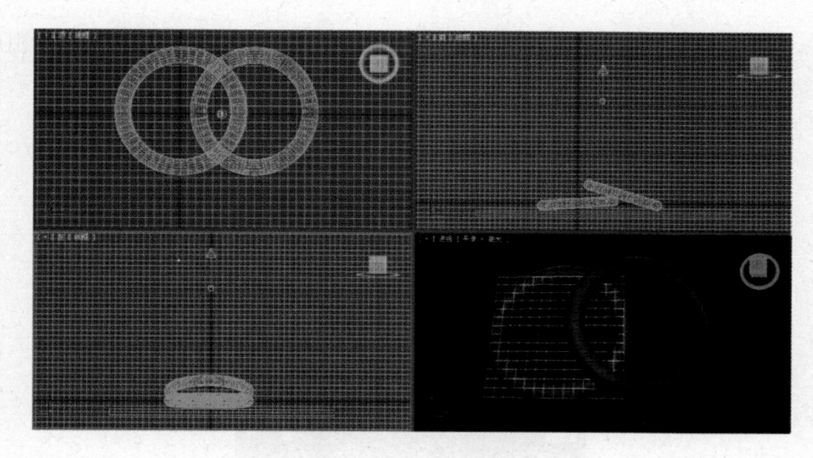

图 4-1-7

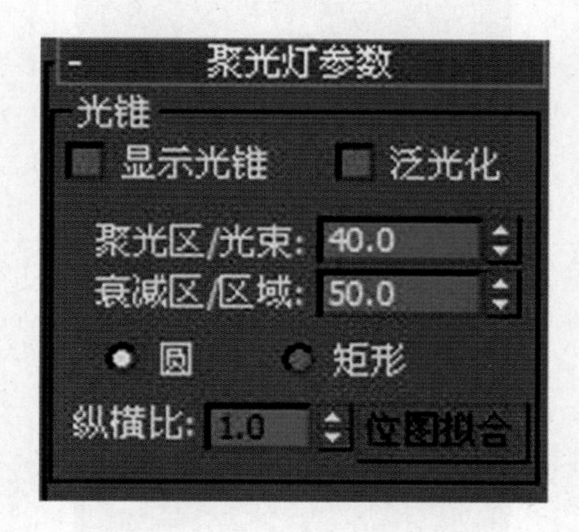

图 4-1-8

(11) 打开“材质编辑器”,选取第二个球,展开“贴图”卷展栏。选中“漫反射颜色”,单击“漫反射颜色”后面的“None”长按钮,打开素材文件“木纹 015.jpg”。单击材质编辑器中的按钮,将材质赋给长方体。

(12) 单击主工具栏中 “渲染产品”工具,渲染的场景效果如图 4-1-1 所示,单击渲染窗口中“保存”命令,确定保存位置,输入文件名,选取文件类型为“.jpg”,单击“保存”按钮, 保存渲染的场景效果。

4. 知识链接

材质是指对真实材料视觉效果的模拟,它在整个场景气氛渲染中非常重要,一个有足够吸引力的物体,它的材质必定真实可信。然而材质的制作是一个相对复杂的过程,不仅要了解物体本身的物质属性,还要了解它的受光特性,这就要求制作者有敏锐的观察力。

在 3ds Max 2011 中,单击主工具栏中的按钮(快捷键为 M 键)可开或关“材质编辑器”面板,所有材质的设计调节工作都在此面板中完成,如图 4-1-9 所示。“材质编辑器”面板由菜单栏、示例窗(样板)、工具栏(水平与垂直)、参数控制区四部分组成。

在 3ds Max 2011 中，不同的材质效果设计主要通过设置参数控制区中相应参数来实现的。参数控制区分明暗器基本参数（渲染方式）、方式的基本参数（色彩）、反射高光（光照效果）三部分。

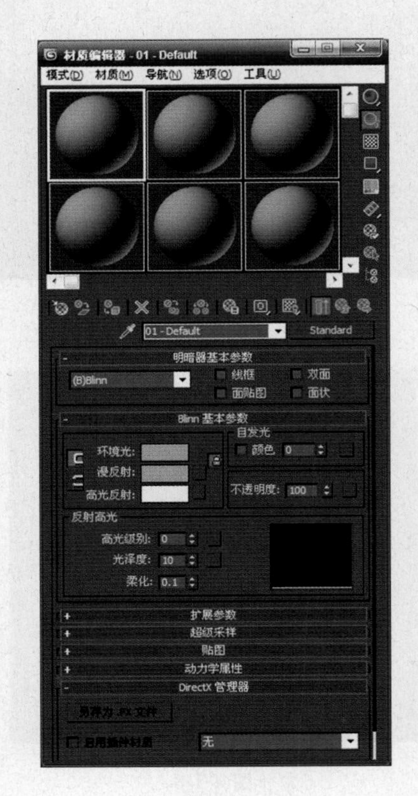

图 4-1-9

5. 案例小结

本案例重点是掌握材质编辑器基本使用与基本材质设计方法，通过设计材质来达到使模型具有真实材料视觉效果，从而使 3ds Max 2011 做出逼真的三维场景。

巩固与提高

1. 案例效果

案例效果如图 4-1-10 所示。

2. 制作流程

（1）在顶视图分别建立一个球棱柱、一个环形结、一个圆柱体→（2）将圆柱体进行“网格编辑”，形成灯罩→（3）设计吸顶灯灯座的金属材质→（4）设计吸顶灯材质→（5）赋材质→（6）保存渲染。

3. 自我创意

利用材质编辑器设计不同的材质效果，结合生活实际，自我创意各种实际模型作品。

图 4-1-10

4.1.2 案例二：制作“玻璃圆桌”

1. 案例效果

案例效果如图 4-1-11 所示。

图 4-1-11

2. 制作流程

(1)在顶视图建立两个切角圆柱体→(2)在前视图绘制一个支架线条，并进行可渲染设置，形成一个支架，将支架阵列复制四个→(3)在顶视图建立三个圆环体，在前视图绘制一个底座支架线条，并阵列复制四个，形成圆桌完整支架→(4)在顶视图建立一个切角圆柱体与一个茶壶→(5)合并“装饰花”与“纸环”→(6)赋材质→(7)保存渲染。

3. 步骤解析

(1) 单击“创建”命令面板中的“几何体”，选取“扩展基本体”项，单击“切角圆柱体”。

(2) 在顶视图拖动，建立半径、高度、圆角、圆角分段、边数分别为 12、4、1、3、24 的切角圆柱体，并复制一个。

（3）单击“创建”命令面板中的“图形”，再单击“线”，在前视图绘制如图 4-1-12 所示的线条，编辑修改线条并设置为可渲染，厚度为 3，效果如图 4-1-13 所示。

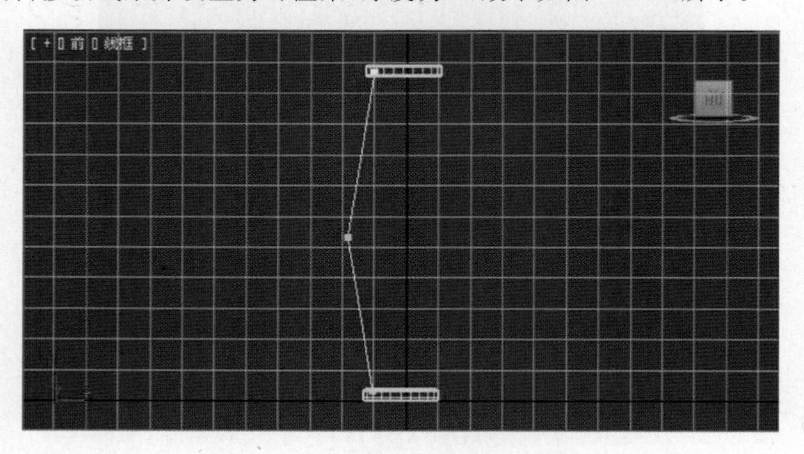

图 4-1-12

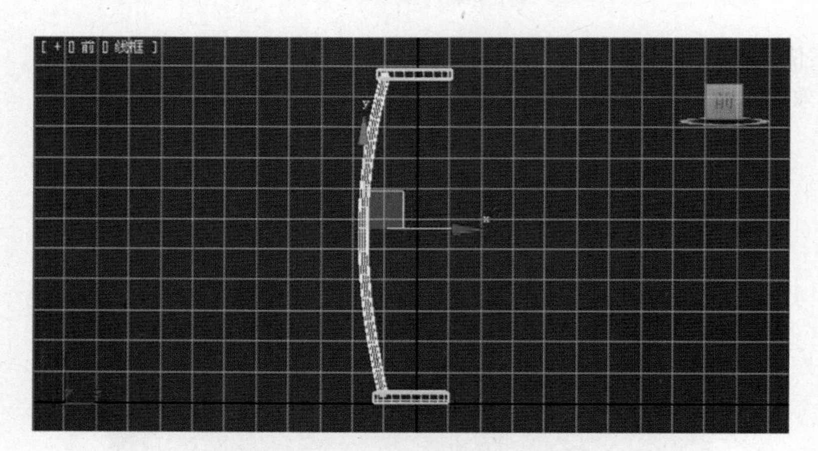

图 4-1-13

（4）将线条按角度阵列复制 4 个，形成如图 4-1-14 所示效果。

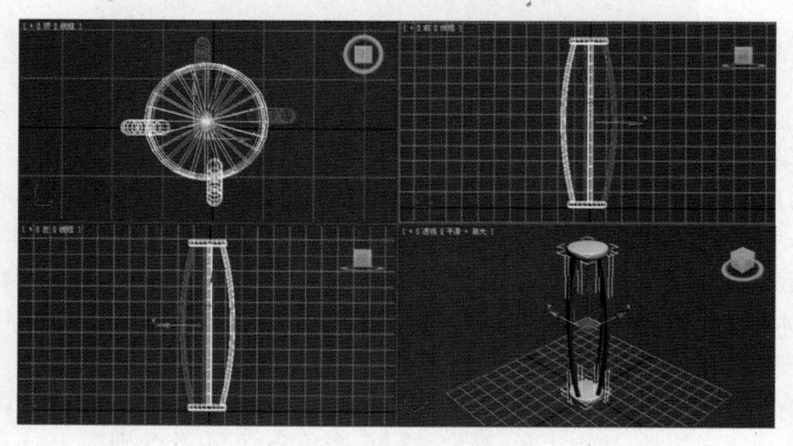

图 4-1-14

（5）单击“创建”命令面板中的“几何体”，选取“标准基本体”项，单击“圆环体”。在顶视图拖动建立三个半径1、半径2、分段分别为10、1、32，15、1、32，25、3、32的圆环体，调整位置如图4-1-15所示。

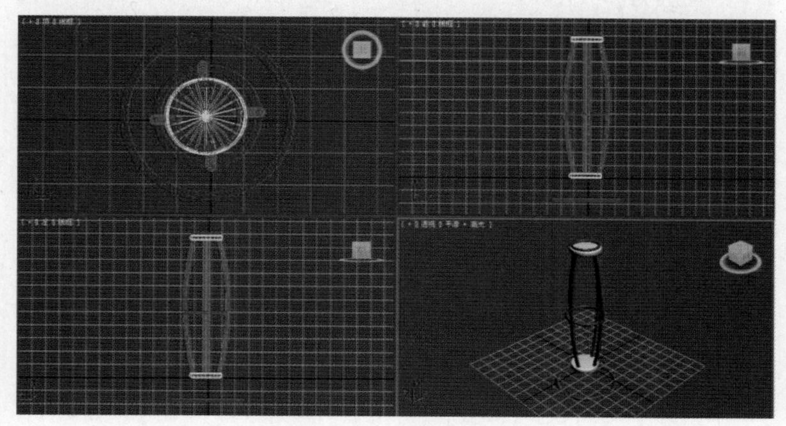

图 4-1-15

（6）单击“创建”命令面板中的“图形”，再单击“线”，在前视图绘制如图4-1-16所示线条，编辑修改线条并设置为可渲染，厚度为3，效果如图4-1-17所示。

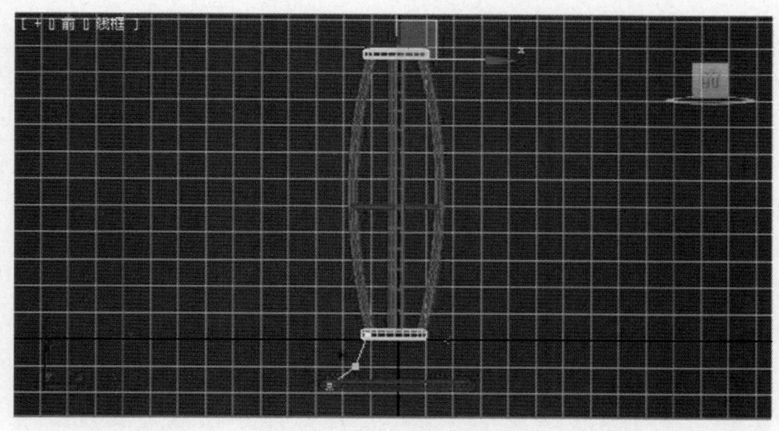

图 4-1-16

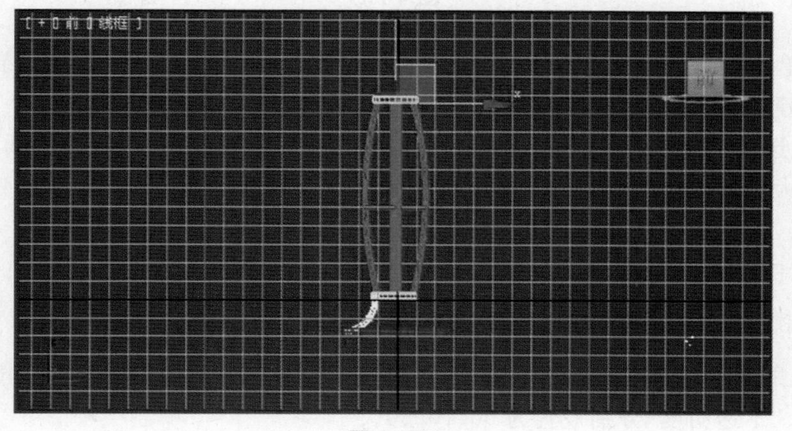

图 4-1-17

（7）将线条按角度阵列复制 4 个，形成如图 4-1-18 所示效果。

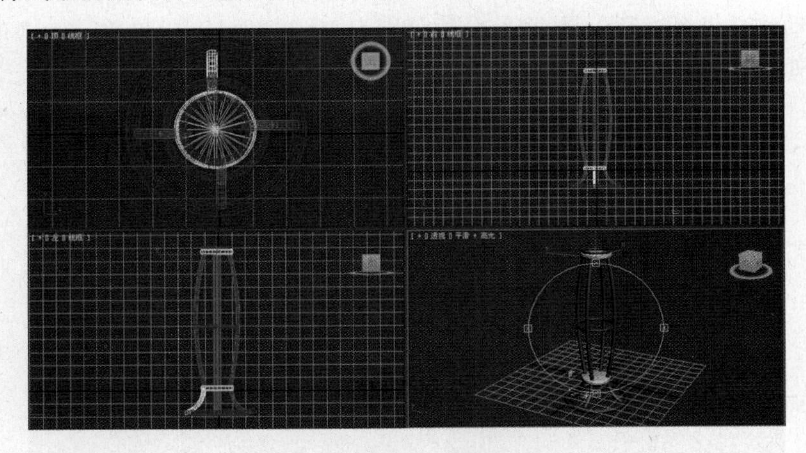

图 4-1-18

（8）单击“创建”命令面板中的“几何体”，选取“扩展基本体”项，单击“切角圆柱体”，在顶视图拖动建立一个半径、高度、圆角、圆角分段、边数分别为 70、3、1、2、48 的圆柱体，作为桌面，调整位置如图 4-1-19 所示。

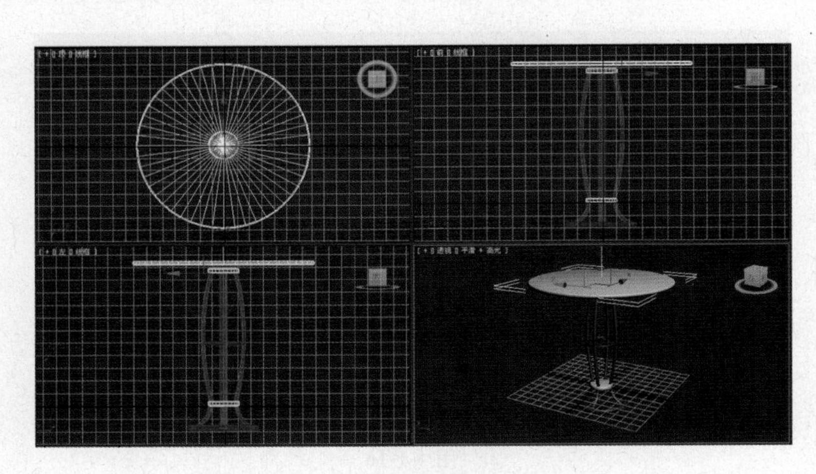

图 4-1-19

（9）单击“创建”命令面板中的“几何体”，选取“标准基本体”项，单击“茶壶”，在顶视图拖动建立一个半径、分段分别为 10、8 的茶壶。

（10）选取“文件→导入”命令，导入，选取“合并”，分别将“装饰花”与“纸环”两场景合并调整大小，再建立一个长度、宽度分别为 300、600 的平面，调整至如图 4-1-20 所示效果。

（11）选取桌面，单击“材质编辑器”工具，打开“材质编辑器”，选取第一个球，单击“材质编辑器”中的按钮，将材质赋给桌面。

（12）单击“材质编辑器”中垂直工具栏中的按钮。选中“双面”，“高光级别”、“光泽度”、“不透明度”分别设置为 90、70、50。

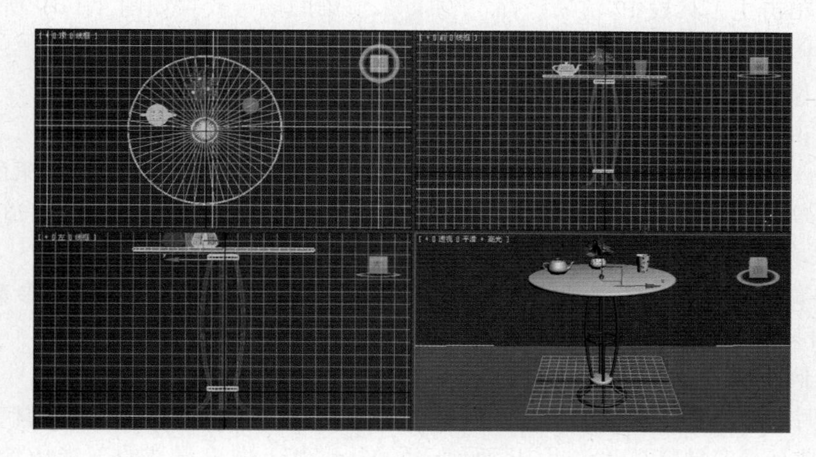

图 4-1-20

(13) 展开“贴图”卷展栏。选中“反射”，“数量”设置为 20，单击“反射”后面的“None”长按钮，双击“光线跟踪”。

(14) 选取圆桌支架，选取第二个球，单击“材质编辑器”中的按钮，选中“双面”，渲染模式选“金属”，“高光级别”、“光泽度”分别设置为 90、60。

(15) 展开“贴图”卷展栏。选中“反射”，“数量”设置为 80，单击“反射”后面的“None”长按钮，双击“位图”，打开素材文件“金属 003.jpg”。

(16) 选取平面，选取第三个球，单击材质编辑器中的按钮，将材质赋给平面。展开“贴图”卷展栏。选中“漫反射颜色”，单击“漫反射颜色”后面的“None”长按钮，双击“位图”。打开素材文件“地毯.tif”。

(17) 选取茶壶，选取第四个球，单击材质编辑器中的按钮，将材质赋给茶壶。展开“贴图”卷展栏。选中“漫反射颜色”，单击“漫反射颜色”后面的“None”长按钮，双击“位图”，打开素材文件“瓷花边.tif”，效果如图 4-1-21 所示。

图 4-1-21

(18) 单击主工具栏中“渲染产品”工具，渲染的场景效果如图 4-1-10 所示，单击渲染窗口中“保存”命令，确定保存位置，输入文件名，选取文件类型为“.jpg”，单击“保存”按钮，保存渲染的场景效果。

4. 知识链接

在 3ds Max 2011 中，通过设置参数控制区中相应参数可以形成不同效果的材质。

① 玻璃材质一般是通过设置“不透明度”、高光级别、光泽度与“反射”通道加“光线跟踪”值来实现的。

② 金属材质一般是渲染模式选“金属”，再设置“高光级别”、“光泽度”参数值，“反射”通道加某种金属效果图来实现的。

5. 案例小结

本案例重点是掌握玻璃材质与金属材质的设计方法，通过设计形成玻璃与金属材质来达到具有真实材料视觉效果，从而使 3ds Max 2011 做出逼真的三维场景，同时了解模型贴图设置及场景渲染方法。

巩固与提高

1. 案例效果

案例效果如图 4-1-22 所示。

图 4-1-22

2. 制作流程

(1)在前视图绘制一个支架线条，并进行可渲染设置，形成一个支架，将支架镜像调整位置形成一组支架，再复制一组支架→(2)在左视图建立两个圆柱体，建立 8 个切角圆柱体→(3)在顶视图建立二个切角圆柱体→(4)在顶视图建立一个茶壶→(5)赋材质→(6)保存渲染。

3. 自我创意

利用玻璃材质与金属材质设计方法,结合生活实际,自我创意各种生活模型作品。

4.2 贴图设计

4.2.1 案例一:制作"壁画"

1. 案例效果

案例效果如图 4-2-1 所示。

图 4-2-1

2. 制作流程

(1)在顶视图绘制一个框架截面图形,在前视图绘制一个框架矩形线框图形→(2)选取矩形线框与框架截面图形,"放样"形成画框→(3)在前视图建立一个长方体,作为壁画背板→(4)分别为画框、壁画背板赋贴图材质→(5)保存渲染。

3. 步骤解析

(1) 单击"创建"命令面板中的"图形",再单击"线",在顶视图绘制如图 4-2-2 所示截面图形,编辑调整顶点,形成如图 4-2-3 所示效果。

(2) 单击"创建"命令面板中的"图形",再单击"矩形",在前视图拖动创建一个长度、宽度分别为 900、600 的矩形(大小可以根据截面适当调整)。

(3) 选取矩形,单击"创建"命令面板中的"几何体",选取"复合对象"项,单击"获取对象",在顶视图单击截面图形,形成如图 4-2-4 所示效果。

(4) 单击"创建"命令面板中的"几何体",选取"标准基本体"项,单击"长方体",在前视图拖动建立一个长度、宽度、高度分别为 960、670、10 的长方体,调整位置,如图 4-2-5 所示。

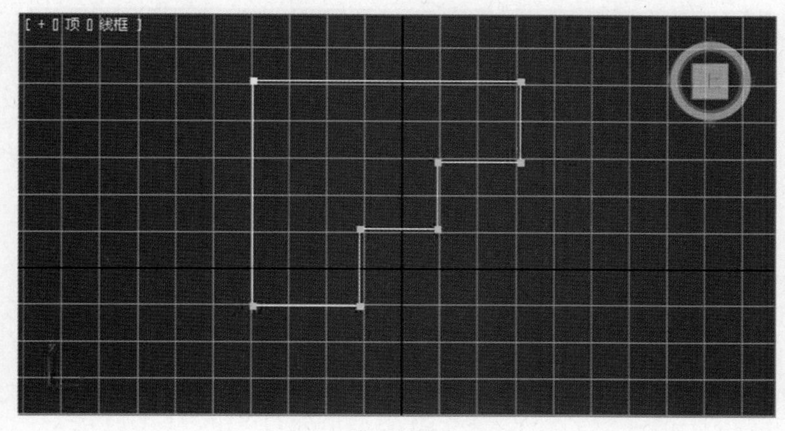

图 4-2-2

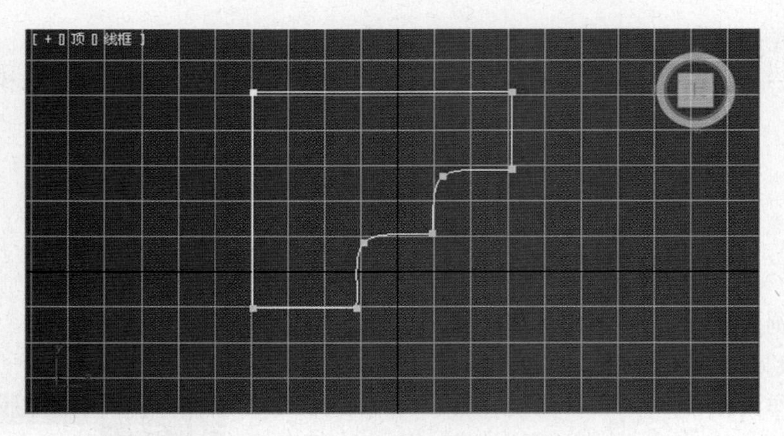

图 4-2-3

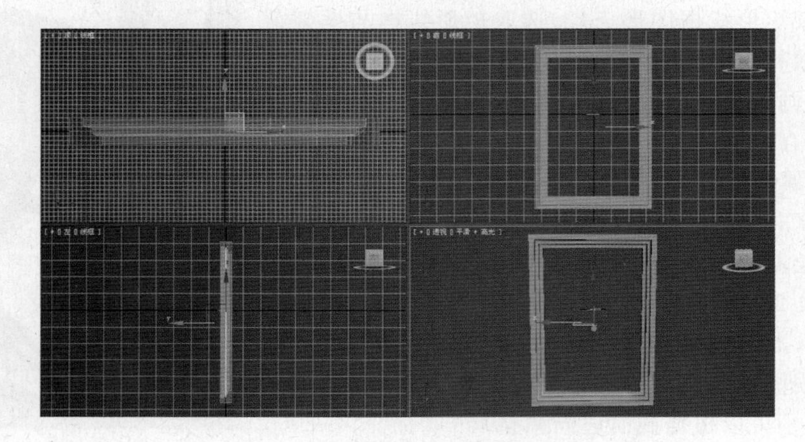

图 4-2-4

（5）选取长方体，单击“材质编辑器”工具，打开“材质编辑器”，如图 4-2-6 所示，选取第一个样板球，单击“材质编辑器”中的按钮，将材质赋给长方体。

（6）展开“贴图”卷展栏，如图 4-2-7 所示，选中“漫反射颜色”，单击“漫反射颜色”后面的“None”长按钮，如图 4-2-8 所示，双击“位图”，弹出如图 4-2-9 所示对话框。

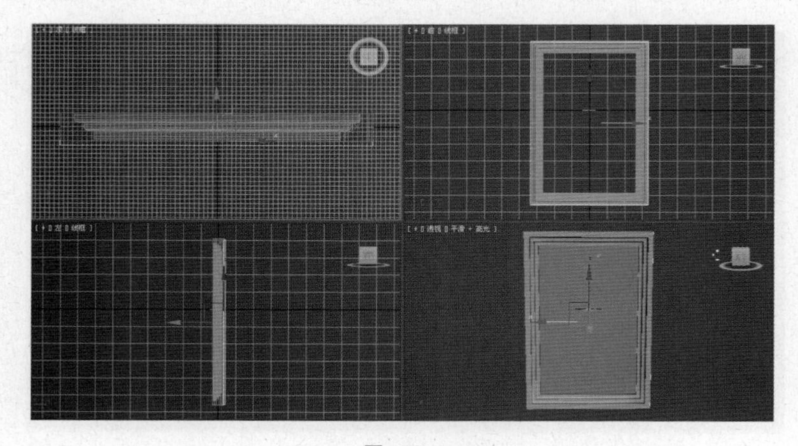

图 4-2-5

图 4-2-6

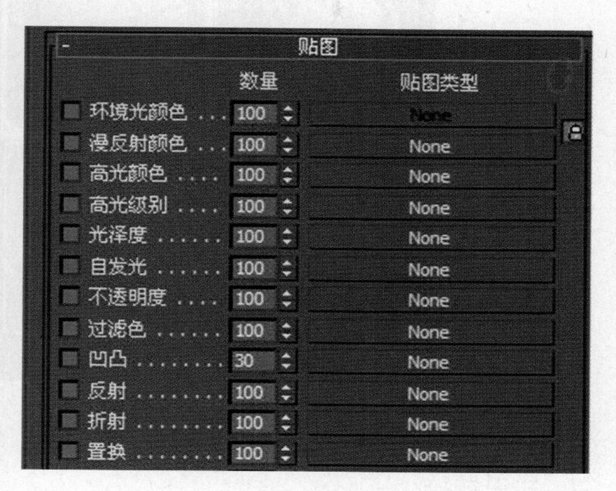

图 4-2-7

（7）选取素材中的“名画 1.jpg”，单击“打开” 按钮，实现效果如图 4-2-10 所示。

（8）选取画框，选取第二个样板球，单击“材质编辑器”中的按钮，将材质赋给画框。

（9）展开“贴图”卷展栏，如图 4-2-7 所示，选中“漫反射颜色”，单击“漫反射颜色”后面的“None”长按钮，如图 4-2-8 所示，双击“位图”，弹出如图 4-2-9 所示对话框。

图 4-2-8

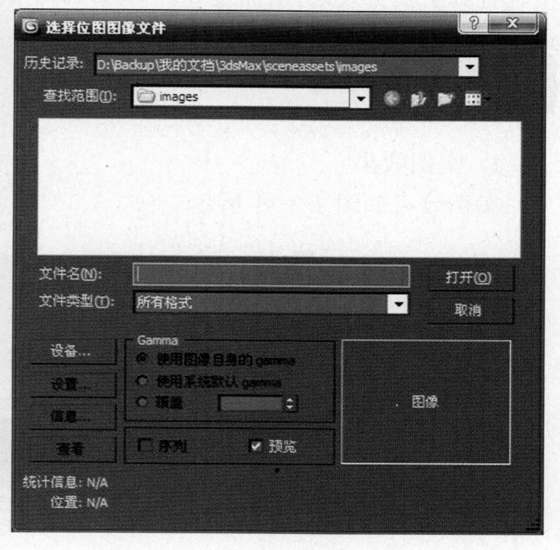

图 4-2-9

(10) 选取素材中的“木纹 0261.jpg”,单击“打开”按钮,实现效果如图 4-2-10 所示。

(11) 单击主工具栏中“渲染产品”工具,渲染的场景效果如图 4-2-1 所示,单击渲染窗口中“保存”命令,确定保存位置,输入文件名,选取文件类型为“.jpg”,单击“保存”按钮,保存渲染的场景效果。

图 4-2-10

4. 知识链接

贴图是指对真实视觉效果的模拟,它在整个场景气氛渲染中非常重要,一个有足够吸引力的物体,它的材质贴图必定真实可信。

在 3ds Max 2011 中,不同的贴图材质效果设计主要通过设置贴图相应通道及控制相应参数来实现的。贴图分系统定义的一些特定贴图与用户准备的一些外部的贴图文件。本案例应用了用户准备的贴图文件。

5. 案例小结

本案例重点是掌握材质编辑器基本使用与基本贴图设计方法,通过设计贴图使模型具有真实视觉效果,从而使 3ds Max 2011 做出逼真的三维场景。

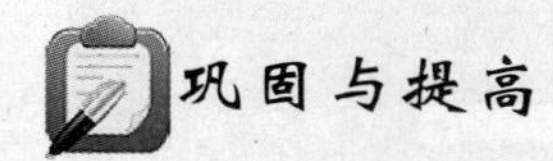

巩固与提高

1. 案例效果

案例效果如图 4-2-11 所示。

图 4-2-11

2. 制作流程

(1)在前视图分别建立两个长方体→(2)在顶视图分别建立两个圆柱体→(3)建立4个切角圆柱体→(4)设计材质与贴图→(5)保存渲染。

3. 自我创意

利用材质编辑器设计不同的材质贴图效果,结合生活实际,自我创意各种实际模型作品。

4.2.2 案例二:制作"电视机"

1. 案例效果

案例效果如图 4-2-12 所示。

2. 制作流程

(1)在前视图绘制电视截面图形与电视轮廓矩形图形→(2)对电视轮廓矩形图形进行"倒角剖面",形成电视机模型→(3)在顶视图建立三个切角圆柱体、一个文字图形并"挤出"、一个切角长方体→(4)制作设计电视机与切角长方体的贴图→(5)赋贴图材质→(6)保存渲染。

图 4-2-12

3. 步骤解析

(1) 单击"创建"命令面板中的"图形",再单击"线"。在前视图绘制电视截面图形,如图 4-2-13 所示,调整顶点。单击"矩形",拖动绘制一个长度、宽度分别为 210、330 的电视轮廓矩形,如图 4-2-14 所示。

(2) 选取电视轮廓矩形,单击"修改"命令面板中的"修改器列表",选取"倒角剖面"项,单击倒角剖面参数面板中"拾取剖面"。在前视图中单击电视截面图形,形成如图 4-2-15所示效果。

(3) 单击"创建"命令面板中的"几何体",选取"扩展基本体"项,单击"切角圆柱体"。在前视图拖动建立三个半径、高度、圆角、圆角分段分别为 10、15、3、3,4、15、3、3,4、15、3、3 的切角圆柱体,调整位置如图 4-2-16 所示。

(4) 单击"创建"命令面板中的"图形",再单击"文字",在前视图绘制"3D Max"图形，单击“修改”命令面板中的“修改器列表”，选取“挤出”项，“数量”设置为 45，调整位置如图 4-2-17 所示。

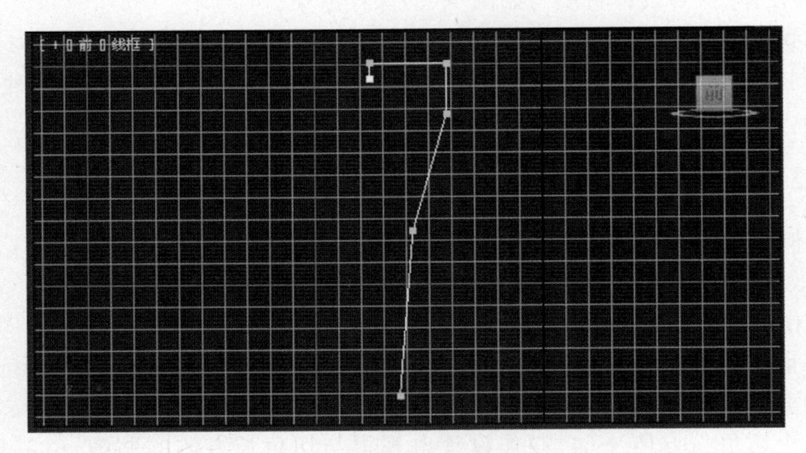

图 4-2-13

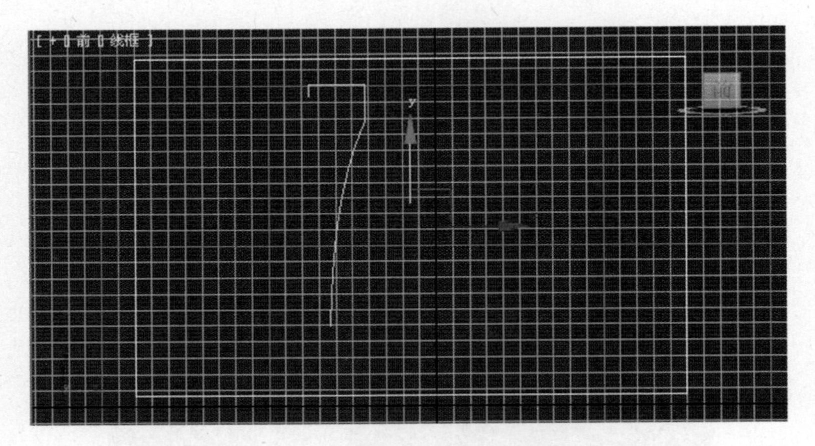

图 4-2-14

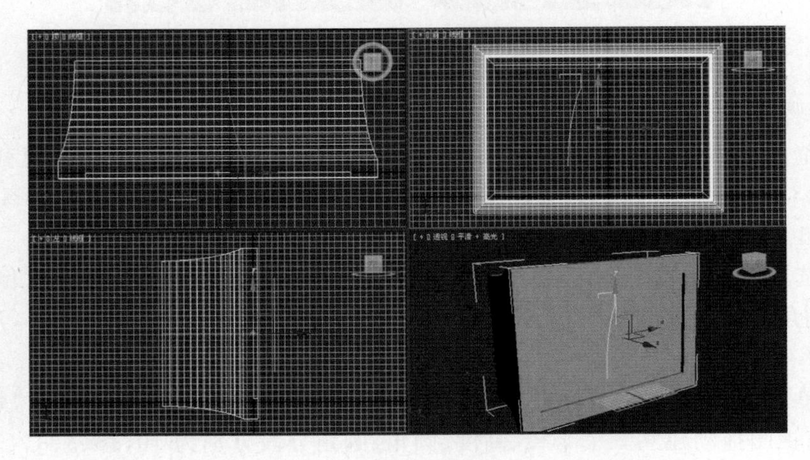

图 4-2-15

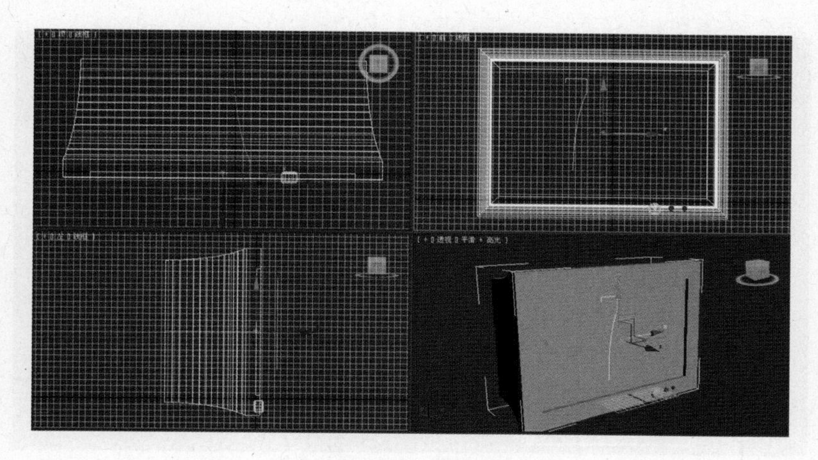

图 4-2-16

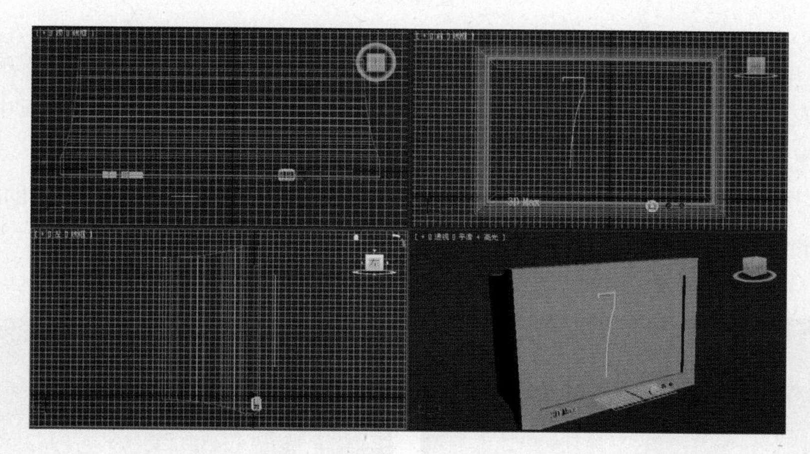

图 4-2-17

(5) 单击“创建”命令面板中的“几何体”,选取“扩展基本体”项,单击“切角圆柱长方体”。在前视图拖动建立三个长度、宽度、高度、圆角、圆角分段分别为 400、700、180、5、5 的切角长方体,形成如图 4-2-18 所示效果。

(6) 选取电视机,单击“材质编辑器”工具,打开“材质编辑器”如图 4-2-6 所示,选取第一个样板球,单击“材质编辑器”中的按钮。

(7) 展开“贴图”卷展栏,如图 4-2-7 所示,选中“漫反射颜色”,单击“漫反射颜色”后面的“None”长按钮,如图 4-2-8 所示,双击“位图”,弹出如图 4-2-9 所示对话框。

(8) 选取素材中的“胡桃花 111. jpg”,单击“打开”按钮。单击“材质编辑器”中的按钮,单击“Standard”,双击“多维/子对象”,单击“确定”按钮,如图 4-2-19 所示。

(9) 单击“设置数量”,“材质数量”设置为 2,单击“确定”如图 4-2-20。

(10) 单击 ID 为 2 的长按钮,展开“贴图”卷展栏,选中“漫反射颜色”,单击“漫反射颜色”后面的“None”长按钮,双击“位图”,打开素材文件“晚间新闻. bmp”。

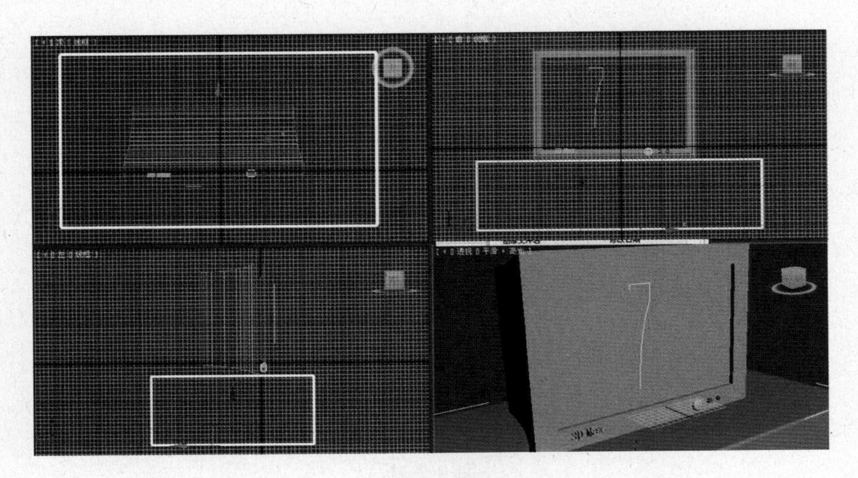

图 4-2-18

(11) 单击“修改”命令面板中的“修改器列表”,选取“编辑网格”项,展开“编辑网格”,选取“多边形”,选中“忽略背面”,在前视图单击电视机屏幕,将参数面板中材质“设置 ID”框输入 2,按回车键。

(12) 选取三个切角圆柱体,选取第二个样板球,单击“材质编辑器”中的按钮,“漫反射”设置为黑色,高光级别、光泽度、自发光分别设置为 100、50、20。

图 4-2-19

图 4-2-20

(13) 选取文字,选取第三个样板球,单击材质编辑器中的按钮,“漫反射”设置为白色,高光级别、光泽度、自发光分别设置为 110、55、20。

(14) 选取切角长方体,选取第四个样板球,单击“材质编辑器”中的按钮,展开

“贴图”卷展栏。选中“漫反射颜色”，单击“漫反射颜色”后面的“None”长按钮，双击“位图”，打开素材文件“布料 012. jpg”，效果如图 4-2-21 所示。

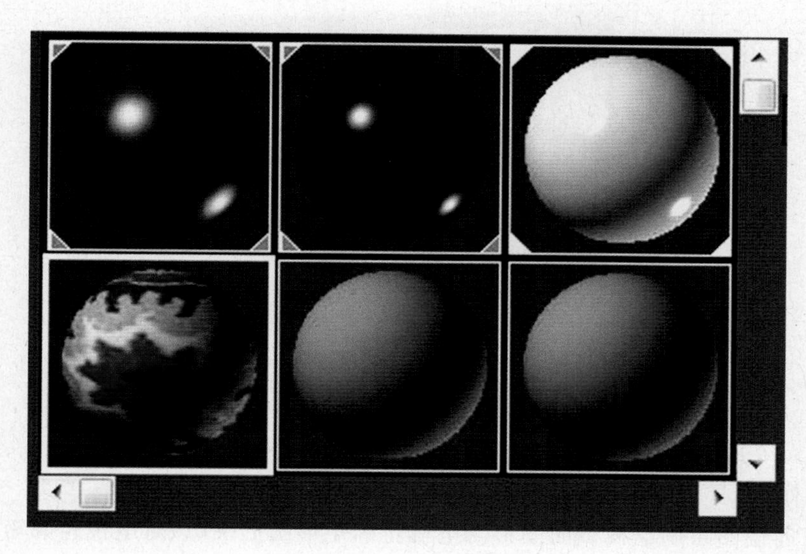

图 4-2-21

（15）单击“修改”命令面板中的“修改器列表”，选取“UVW 贴图”项，在参数面板中选中“长方体”，长度、宽度、高度分别设置为 100、200、100。

（16）单击主工具栏中“渲染产品”工具，渲染的场景效果如图 4-2-12 所示，单击渲染窗口中“保存”命令，确定保存位置，输入文件名，选取文件类型为“. jpg”，单击“保存”按钮，保存渲染的场景效果。

4. 知识链接

贴图是指对真实视觉效果的模拟，它在整个场景气氛渲染中非常重要，一个有足够吸引力的物体，它的材质贴图必定真实可信。

在 3ds Max 2011 中不同的贴图材质效果设计主要通过设置贴图相应通道及控制相应参数来实现的。贴图分系统定义的一些特定贴图与用户准备的一些外部的贴图文件。本案例应用了“多维/子对象” 贴图，“多维/子对象” 贴图可以赋给模型任意表面区域。应用时先设置各子对象要赋的贴图，然后对模型进行“编辑网格”，再按“多边形”分别赋予不同贴图。

5. 案例小结

本案例重点是掌握“材质编辑器”基本使用与基本贴图设计方法，通过设计贴图使模型具有真实视觉效果，从而使 3ds Max 2011 做出逼真的三维场景。

巩固与提高

1. 案例效果

案例效果如图 4-2-22 所示。

图 4-2-22

2. 制作流程

(1)在前视图绘制电视截面图形与电视轮廓矩形图形→(2)对电视轮廓矩形图形进行“倒角剖面”,形成电视机模型→(3)在顶视图建立两个切角长方体、一个文字图形并“挤出”→(4)制作设计电视机与切角长方体的贴图→(5)赋贴图材质→(6)保存渲染。

3. 自我创意

利用“材质编辑器”设计“多维/子对象”的材质贴图效果,结合生活实际,自我创意各种实际模型作品。

4.3 贴图坐标

4.3.1 案例一:制作“布纹沙发”

1. 案例效果

案例效果如图 4-3-1 所示。

图 4-3-1

2. 制作流程

(1)在顶视图建立四个切角长方体，组合成沙发→(2)对靠背切角长方体进行“FFD”编辑→(3)在前视图建立一个切角长方体，进行“FFD”编辑，形成靠背垫，并复制3个→(4)制作布纹贴图，赋给沙发各切角长方体→(5)分别对沙发各切角长方体加“贴图坐标”处理→(6)保存渲染。

3. 步骤解析

(1) 单击“创建”命令面板中的“几何体”，选取“扩展基本体”，单击“切角长方体”，在顶视图拖动建立四个长度、宽度、高度、圆角、圆角分段分别为115、265、40、5、10，25、265、125、5、10，145、30、95、5、10，145、30、95、5、10的切角长方体，如图4-3-2所示效果。

(2) 选取靠背切角长方体，单击“修改”命令面板，将高度分段设置为16，再单击“编辑修改器”，选取“FFD3×3×3”，展开“FFD3×3×3”，选取“控制点”，在左视图调整相应的控制点，形成如图4-3-3所示效果。

(3) 单击“创建”命令面板中的“几何体”，选取“扩展基本体”项，单击“切角长方体”，在前视图拖动建立一个长度、宽度、高度、长度分段、高度分段、圆角、圆角分段分别为70、70、30、10、10、10、10的切角长方体。

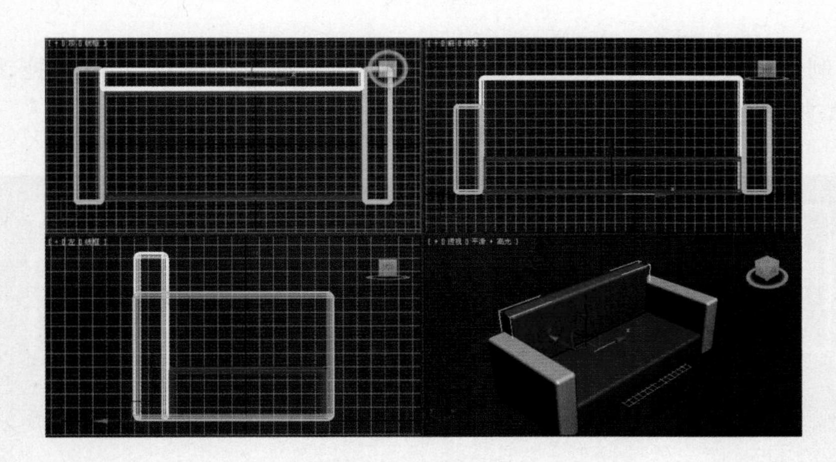

图 4-3-2

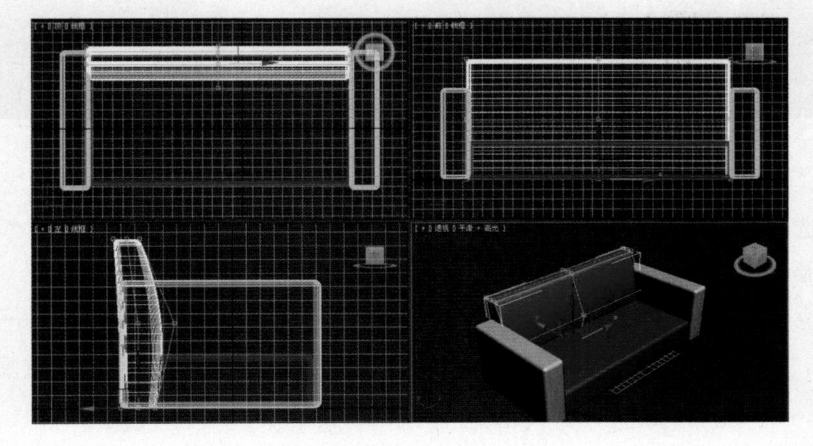

图 4-3-3

（4）单击“修改”命令面板中的“修改编辑器”，选取“FFD3×3×3”，展开“FFD3×3×3”，选取“控制点”，在相应视图调整相应的控制点，形成如图 4-3-4 所示效果。

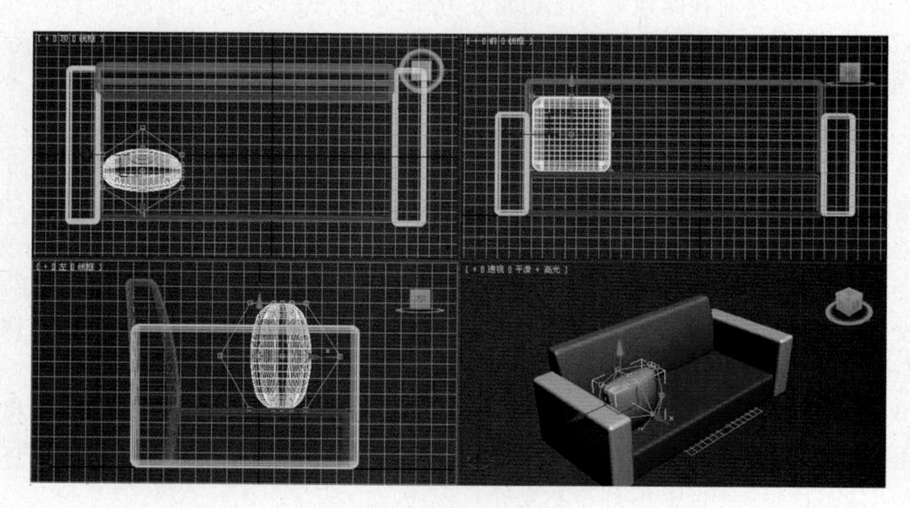

图 4-3-4

（5）利用“选择并旋转”及“选择并移动”工具调整靠背垫，按住 Shift 键拖动复制两个靠背垫，形成如图 4-3-5 所示效果。

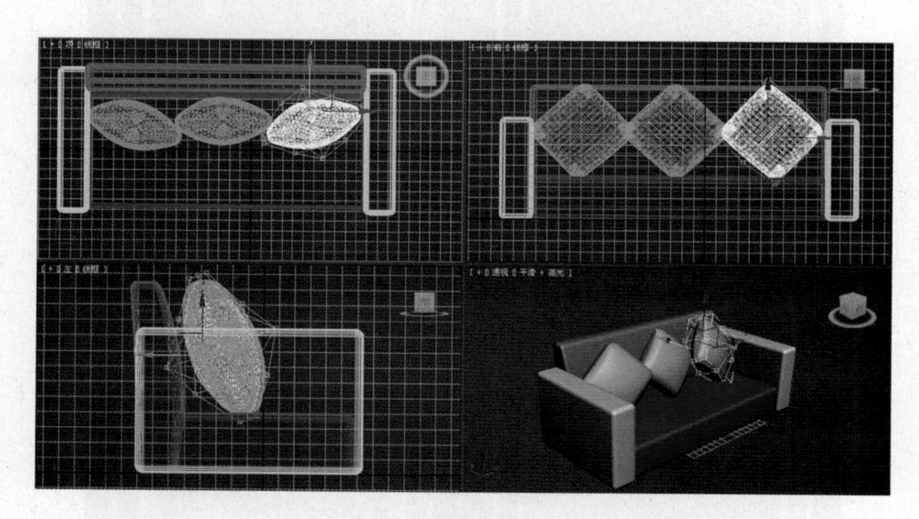

图 4-3-5

（6）选取构成沙发的所有切角长方体，单击“材质编辑器”工具，打开“材质编辑器”，选取第一个样板球，单击材质编辑器中的按钮，将材质赋给沙发。

（7）展开“贴图”卷展栏，选中“漫反射颜色”，单击“漫反射颜色”后面的“None”长按钮，双击“位图”，选取素材中的“格布 1.jpg”，单击“打开”按钮，单击“材质编辑器”中的按钮。

（8）选取沙发座切角长方体，单击“修改”命令面板中的“修改编辑器”，选取“UVW

贴图”，在参数面板选中“长方体”，“长度”、“宽度”、“高度”分别设置为60、80、40，效果如图4-3-6所示。

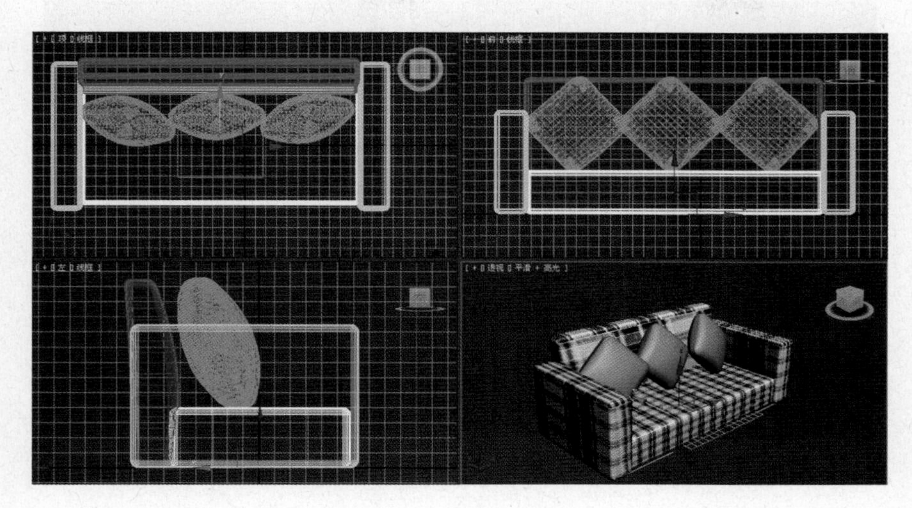

图 4-3-6

(9) 选取沙发靠背切角长方体，单击“修改”命令面板中的“修改编辑器”，选取“UVW贴图”，在参数面板选中“长方体”，长度、宽度、高度分别设置为60、80、40。

(10) 选取两个沙发扶手切角长方体，单击“修改”命令面板中的“修改编辑器”，选取“UVW贴图”，在参数面板选中“长方体”，长度、宽度、高度分别设置为80、50、70，如图4-3-7所示。

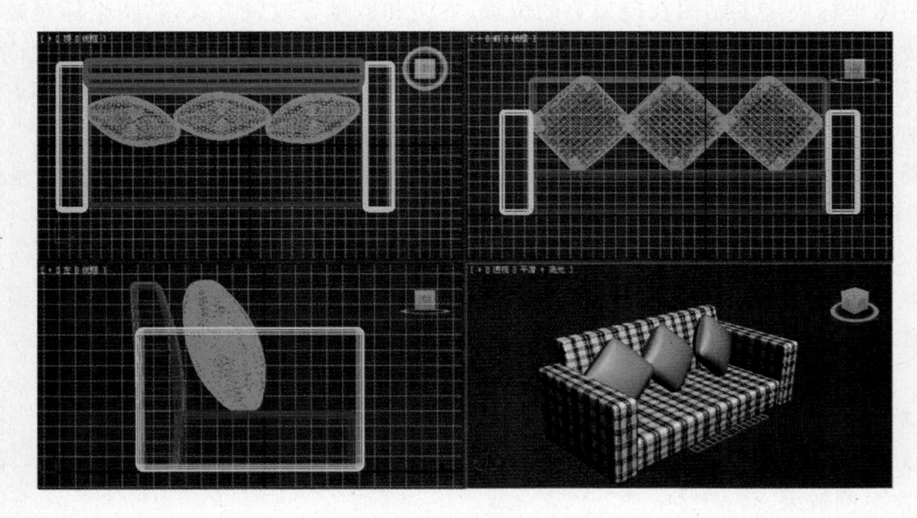

图 4-3-7

(11) 选取三个沙发垫，打开“材质编辑器”。选取第二个样板球，单击“材质编辑器”中的按钮，展开“贴图”卷展栏，选中“漫反射颜色”，单击“漫反射颜色”后面的“None”长按钮，双击“位图”，选取素材中的“格布2.jpg”，单击“打开”按钮，单击“材质编辑器"中的按钮，如图 4-3-8 所示。

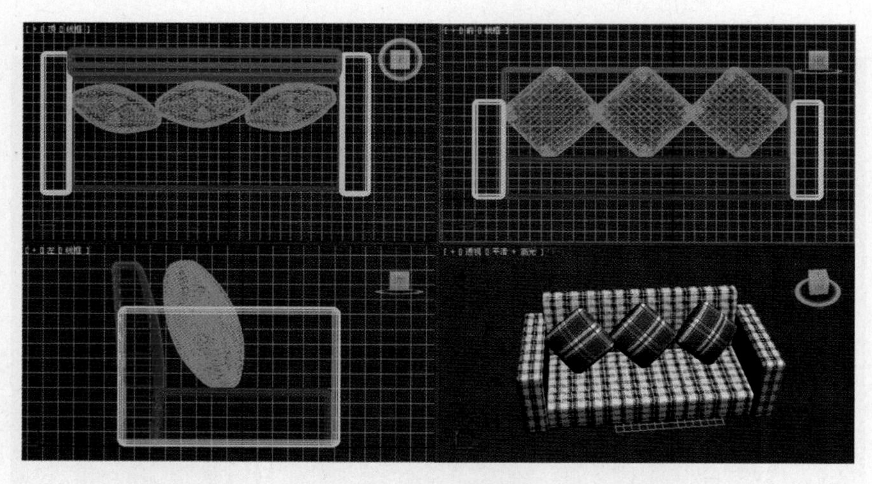

图 4-3-8

(12) 分别选取沙发垫切角长方体，单击"修改"命令面板中的"修改编辑器"，选取"UVW 贴图"，在参数面板选中"长方体"，长度、宽度、高度分别设置为 20、20、15。

(13) 单击主工具栏中"渲染产品"工具，渲染的场景效果如图 4-3-1 所示，单击渲染窗口中"保存"命令，确定保存位置，输入文件名，选取文件类型为".jpg"，单击"保存"按钮，保存渲染的场景效果。

4. 知识链接

贴图坐标决定了贴图在模型上的位置、方向和数量等放置方式，贴图坐标对最后的贴图效果有着较大的影响。在 3ds Max 2011 中，贴图坐标采用的是 UVW 坐标系，其中 U、V 坐标轴分别代表了贴图的宽和高两个方向，它们的交点是旋转贴图的基点。W 坐标轴与 U、V 坐标平面垂直，并穿过 U、V 坐标轴的交点。

调整贴图坐标的常用方法有两种，一是使用材质编辑器的坐标卷展栏，二是使用 UVW 贴图修改器。

5. 案例小结

本案例重点是掌握贴图与贴图坐标设计方法，通过设计贴图与贴图坐标使模型具有真实视觉效果，从而使 3ds Max 2011 做出逼真的三维场景。

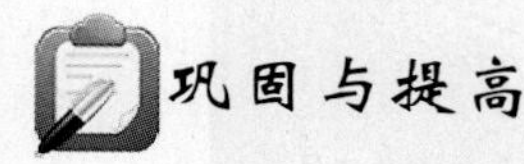

巩固与提高

1. 案例效果

案例效果如图 4-3-9 所示。

2. 制作流程

(1)在顶视图分别建立两个切角长方体与四个圆柱体→(2)在前视图建立一个切角长方体并进行"FFD"编辑，形成靠背→(3)将大的切角长方体复制，与靠背进行布尔运算→(4)设计贴图与贴图坐标→(5)保存渲染。

图 4-3-9

3. 自我创意

利用贴图与贴图坐标的不同设计效果,结合生活实际,自我创意各种实际模型作品。

4.3.2 案例二:制作“花瓶”

1. 案例效果

案例效果如图 4-3-10 所示。

图 4-3-10

2. 制作流程

(1)在前视图绘制花瓶截面图形→(2)对花瓶截面图形进行“轮廓”处理,并实施“车削”,形成花瓶模型→(3)制作设计花瓶的贴图→(4)进行贴图坐标控制→(5)保存渲染。

3. 步骤解析

（1）单击“创建”命令面板中的“图形”，再单击“线”。在前视图绘制花瓶截面图形并调整顶点，形成如图 4-3-11 所示效果。

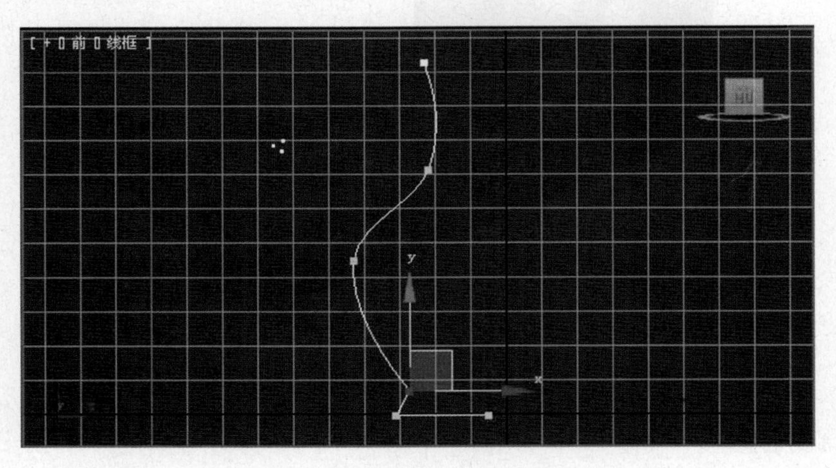

图 4-3-11

（2）选取花瓶截面图形，单击“修改”命令面板，展开“Line”，选取“样条线”，在参数面板“轮廓”框中输入 1，按回车键，形成如图 4-3-12 所示效果。单击“Line”结束。

（3）单击“修改器列表”，选取“车削”，在参数面板中选中“焊接内核”，“分段”设置为 48，单击“对齐”中的“最大”。

（4）选取花瓶模型，单击“材质编辑器”工具，打开材质编辑器，选取第一个样板球，单击材质编辑器中的按钮，将材质赋给花瓶，形成如图 4-3-13 所示效果。

（5）展开“贴图”卷展栏。选中“漫反射颜色”，单击“漫反射颜色”后面的“None”长按钮，双击“位图”，选取素材中的“瓷花.jpg”，单击“打开”按钮，单击材质编辑器中的按钮。形成如图 4-3-14 所示效果。

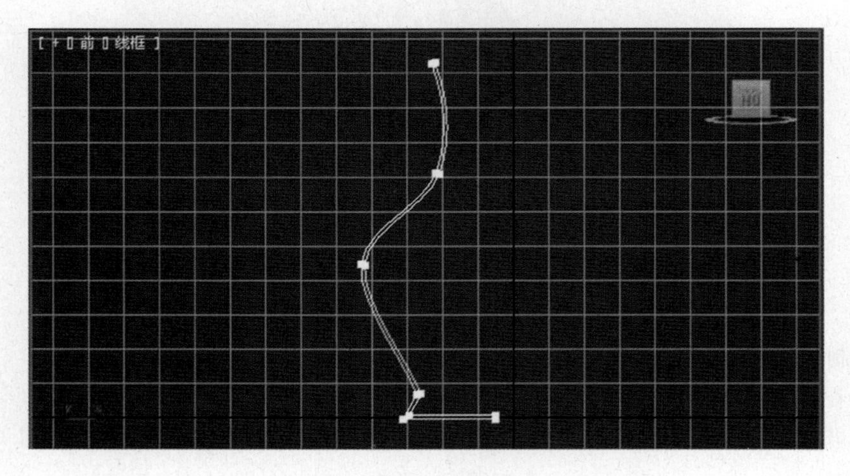

图 4-3-12

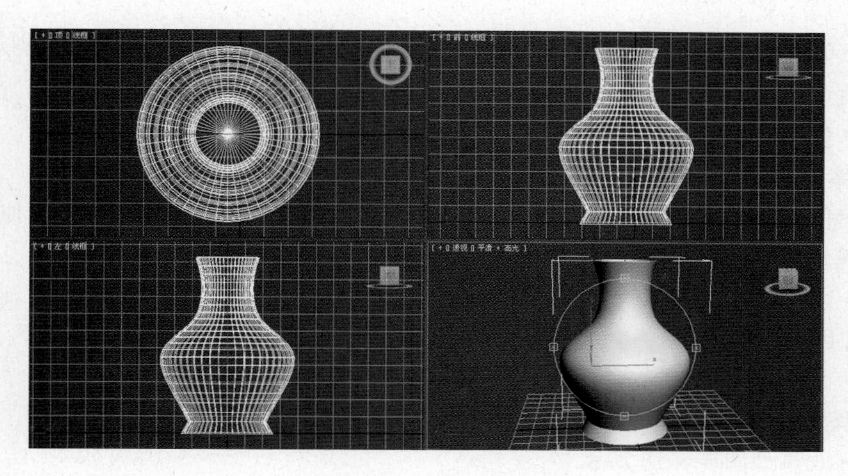

图 4-3-13

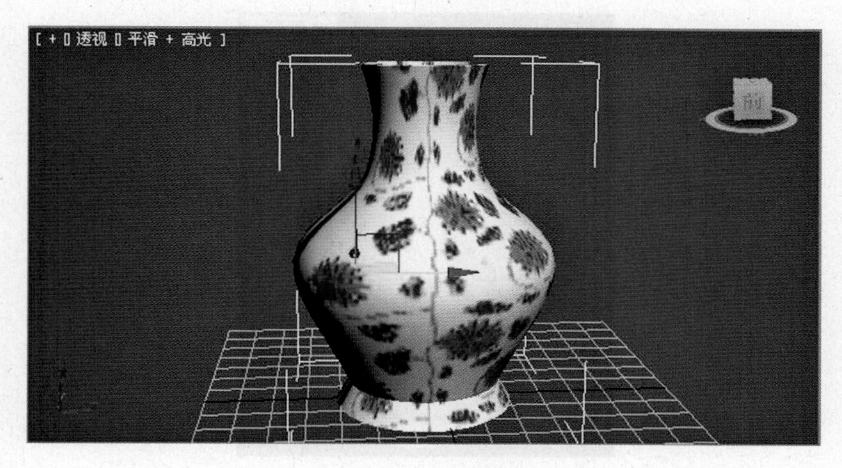

图 4-3-14

(6) 单击“修改器列表”,选取“UVW 贴图”,选中参数面板中的“柱形”,“对齐”中的“X”,并单击“适配”命令,形成如图 4-3-15 所示效果。

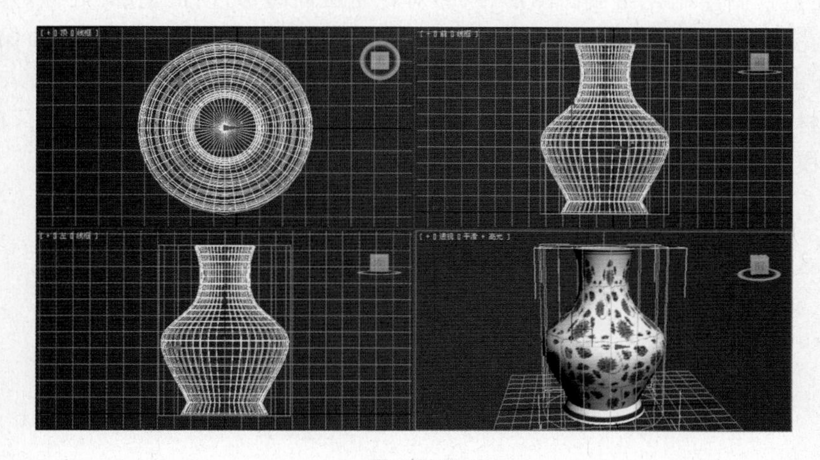

图 4-3-15

(7) 单击主工具栏中"渲染产品"工具，渲染的场景效果如图 4-3-10 所示，单击渲染窗口中"保存"命令，确定保存位置，输入文件名，选取文件类型为". jpg"，单击"保存"按钮，保存渲染的场景效果。

4. 案例小结

本案例重点是掌握贴图与贴图坐标设计方法，通过设计贴图与贴图坐标使模型具有真实视觉效果，从而使 3ds Max 2011 做出逼真的三维场景。

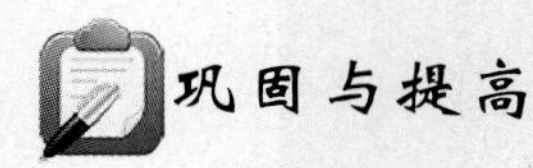

巩固与提高

1. 案例效果

案例效果如图 4-3-16 所示。

图 4-3-16

2. 制作流程

(1)在前视图绘制花瓶截面图形→(2)对花瓶截面图形进行"轮廓"处理，并实施"车削"，形成花瓶模型→(3)制作设计花瓶的贴图→(4)进行贴图坐标控制→(5)保存渲染。

3. 自我创意

利用材质贴图设计与"UVW 贴图"实现真实模型的建立，结合生活实际，自我创意各种实际模型作品。

灯光、摄像机和渲染

5.1 灯光的设置

5.1.1 案例一:制作“房体”

1. 案例效果

案例效果如图 5-1-1 所示。

图 5-1-1

2. 制作流程

(1)在顶视图分别建立两个长方体,作为房体的房顶与地面→(2)在左视图建立两个长方体,作为房体侧墙→(3)在前视图建立一个长方体,作为房体后墙→(4)在顶视图建立一个切角圆柱体,与房顶进行布尔差运算→(5)加灯光→(6)在前视图建立一个长方体,作为拉门→(7)建立一个切角圆柱体作为灯座,在前视图绘制吊灯截面进行“车削”,形成吊灯→(8)赋材质→(9)保存渲染。

3. 步骤解析

(1) 单击“创建”命令面板中的“几何体”,选取“标准基本体”项,单击“长方体”,在顶视图拖动创建两个长度、宽度、高度分别为 170、250、3,170、250、10 的长方体。

(2) 在左视图拖动创建两个长度、宽度、高度为 170、170、3 的长方体。并调整位置,效果如图 5-1-2 所示。

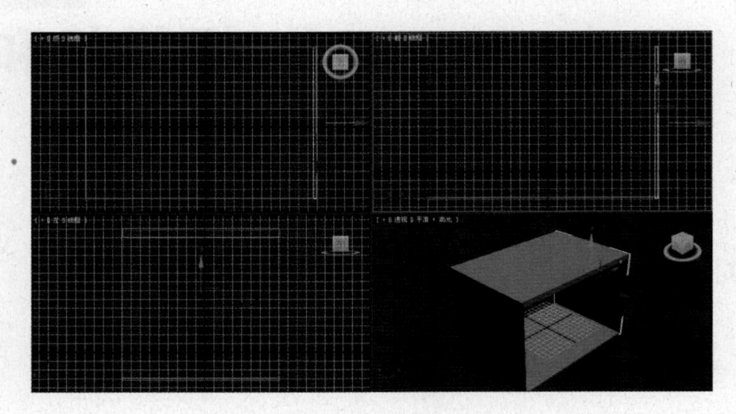

图 5-1-2

(3) 在前视图拖动创建两个长度、宽度、高度为 170、250、3 的长方体。并调整位置,效果如图 5-1-3 所示。

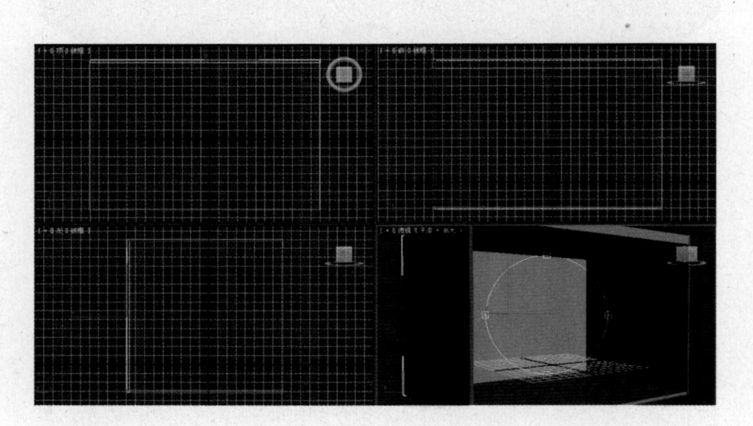

图 5-1-3

(4) 单击“创建”命令面板中的“几何体”,选取“扩展基本体”项,单击“切角圆柱体”,在顶视图拖动创建一个半径、高度、圆角、圆角分段、边数分别为 65、25、12、16、32 的切角圆柱体,并调整位置,效果如图 5-1-4 所示。

(5) 选取房顶长方体,单击“创建”命令面板中的“几何体”,选取“复合对象”,单击“布尔”。单击“拾取操作对象 B”,在前视图单击切角圆柱体,调整透视图,形成如图 5-1-5所示效果。

(6) 单击“创建”命令面板中的“灯光”,选取“标准”,单击“泛光灯”。在前视图单击,建立如图 5-1-6 所示的灯光。

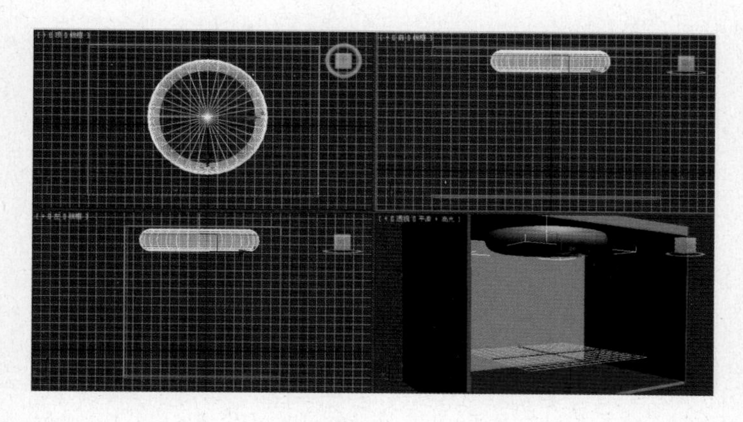

图 5-1-4

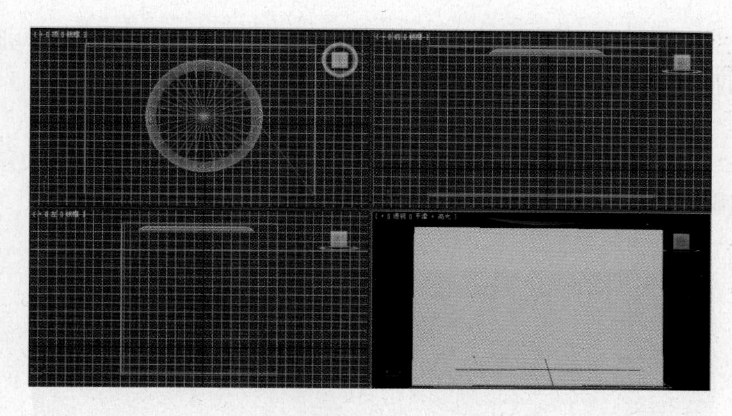

图 5-1-5

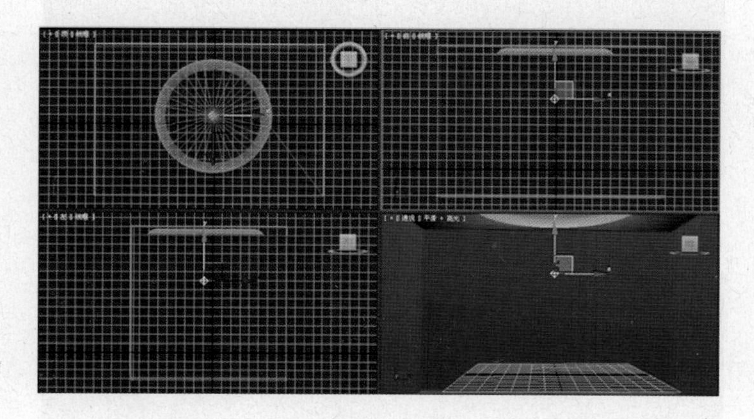

图 5-1-6

（7）单击“创建”命令面板中的“几何体”，选取“标准基本体”，单击“长方体”。在前视图拖动建立一个长度、宽度、高度分别为 135、180、4 的长方体，调整位置，效果如图 5-1-7所示。

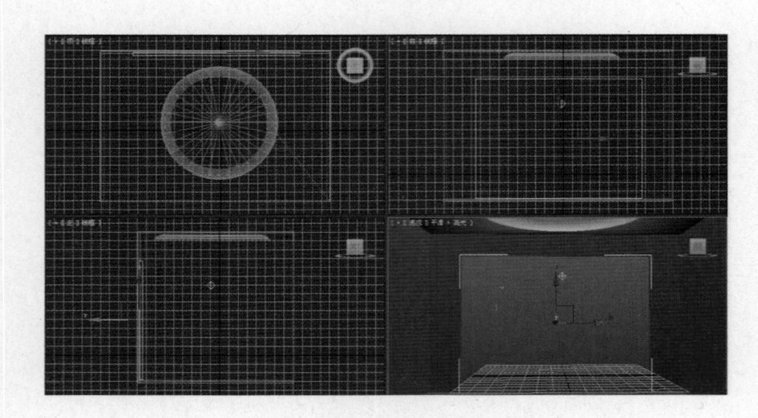

图 5-1-7

(8) 单击“创建”命令面板中的“几何体”,选取“扩展基本体”项,单击“切角圆柱体”,在顶视图拖动创建一个半径、高度、圆角、圆角分段、边数分别为 11、5、2、16、32 的切角圆柱体。

(9) 单击“创建”命令面板中的“图形”,再单击“线”,在前视图绘制如图 5-1-8 所示的截面,编辑调整顶点,形成如图 5-1-9 所示的截面。

图 5-1-8

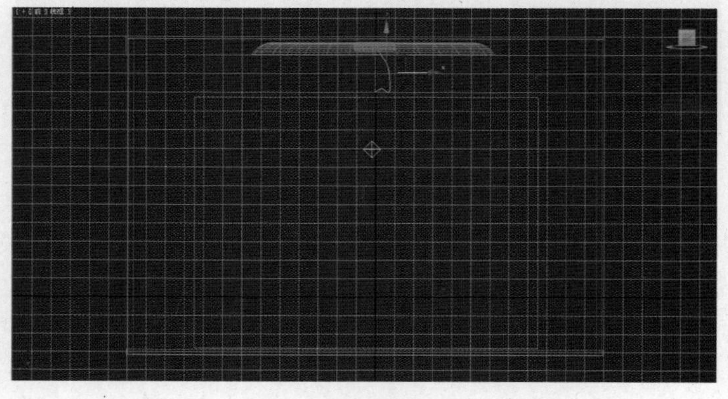

图 5-1-9

（10）单击“修改”命令面板中的“修改器列表”，选取“车削”，在参数面板中选中“焊接内核”，“分段”设置为16，单击“最小化”，如图5-1-10所示。

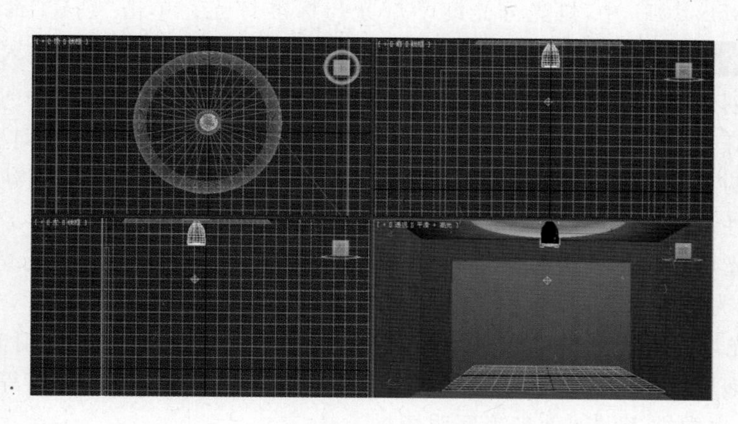

图 5-1-10

（11）单击“材质编辑器”工具，打开“材质编辑器”，选取第一个样板球，展开“贴图”卷展栏，选中“漫反射颜色”，单击“漫反射颜色”后面的“None”长按钮，双击“位图”，打开素材文件“b－c－014.jpg”，选取拉门长方体，单击“材质编辑器”中的按钮。

（12）选取第二个样板球，展开“贴图”卷展栏。选中“漫反射颜色”，单击“漫反射颜色”后面的“None”长按钮，双击“位图”，打开素材文件“本地板＋1.jpg”，选取吊灯与地面，单击“材质编辑器”中的按钮。

（13）将房顶、墙体设置相应的颜色，再在前视图建立如图5-1-11所示两盏泛光灯效果。

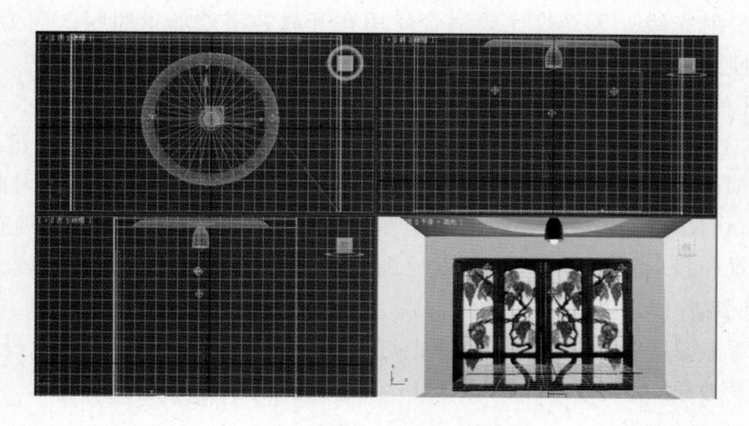

图 5-1-11

（14）单击主工具栏中“渲染产品”工具，渲染的场景效果如图5-1-1所示，单击渲染窗口中“保存”命令，确定保存位置，输入文件名，选取文件类型为“.jpg”，单击“保存”按钮，保存渲染的场景效果。

4. 知识链接

灯光的主要目的是对场景产生照明、烘托场景气氛和产生视觉冲击。产生照明是由灯光的亮度决定的，烘托气氛是由灯光的颜色、衰减和阴影决定的，产生视觉冲击是结合建模和材质并配合灯光摄影机的运用来实现的。

在 3ds Max 2011 中，灯光分光度学灯光与标准灯光。单击“创建”命令面板中的“灯光”按钮，在面板的下拉列表栏中选择“光度学”或“标准”选项，进入光度学灯光或标准灯光创建面板，建立相应的灯光。

光度学灯光是一种较为特殊的灯光类型，它能根据设置光能值定义灯光，常用于模拟自然界中的各种类型的照明效果，就像在真实世界一样。并且可以创建具有各种分布和颜色特性灯光，或导入照明制造商提供的特定光度学文件。

标准灯光属于传统的模拟类灯光，标准灯光共有 5 种类型，分别是泛光灯、聚光灯、平行光灯、天光灯和 MR 灯光。

(1) 泛光灯。泛光灯可以从一个无限小的点均匀地向所有方向发射光，就像是一个裸露的灯泡所放出的光线。泛光灯的主要作用是用于模拟灯泡、台灯等点光源物体的发光效果，也常被当做辅助光来照明场景。

(2) 聚光灯。聚光灯是一种具有方向性和范围性的灯光，聚光灯可以产生圆锥形和矩形两种照射区域，照射区域以外的范围不会受到灯光的影响。聚光灯又分为目标聚光灯和自由聚光灯两种类型。目标聚光灯拥有一个起始点和一个目标点，起始点表明灯光在场景中所处的位置，而目标点则指向希望得到照明的物体。

(3) 平行光灯。平行光灯与聚光灯一样具有方向性和范围性，不同的是平行光灯会始终沿着一个方向投射平行的光线，因此它的照射区域是呈圆形，而不是锥形。平行光灯的原理就像太阳光，会从相同的角度照射范围以内的所有物体，而不受物体位置的影响。当光线投射阴影时，投影的方向都是相同的，而且都是该物体形状的正交投影。

(4) 天光灯。天光灯是一种用于模拟太阳光照射效果的灯光，它可以从四面八方同时对物体投射光线。天光灯比较适合使用在开放的室外场景照明。因为天光灯没有基于物理属性的参数设置，所以可以用在所有不基于物理数值的场景中。需要说明的是，天光灯只有与光能传递渲染器配合才能得到理想的照明效果。

(5) MR 灯光。MR 灯光可以模拟各种面积光源的照明效果，默认渲染器不支持 MR 灯光的 Mental Ray 阴影贴图，而且也无法渲染出面积光的效果。因此，MR 灯光需要同 Mental Ray 渲染器配合使用才能发挥它的所有功能。MR 灯光具有双重作用，除了照明场景和投射阴影外，它还可以控制全局光和焦散的光子贴图强度。

5. 案例小结

本案例重点是掌握标准灯光中“泛光灯”的设置方法，通过在场景中设置泛光灯来模拟真实场景效果，从而使 3ds Max 2011 做出逼真的三维场景。

巩固与提高

1. 案例效果

案例效果如图 5-1-12 所示。

图 5-1-12

2. 制作流程

(1)在顶视图分别建立两个长方体,作为房体的房顶与地面→(2)在左视图建立两个长方体,作为房体侧墙→(3)在前视图建立一个长方体,作为房体后墙→(4)在顶视图建立一个切角长方体,与房顶进行布尔差运算→(5)加灯光→(6)在前视图建立一个长方体,作为拉门→(7)在前视图绘制一个与拉门大小相同的矩形图形,进行样条线轮廓处理并加以“挤出”→(8)建立一个切角圆柱体,作为灯座,在前视图绘制吊灯截面,进行“车削”,形成吊灯→(9)赋材质→(10)保存渲染。

3. 自我创意

利用设置灯光效果,结合生活实际,自我创意各种实际模型作品。

5.1.2 案例二:制作“吸顶灯”

1. 案例效果

案例效果如图 5-1-13 所示。

图 5-1-13

2. 制作流程

(1)在顶视图建立两个长方体→(2)对一个长方体进行“晶格”与“FFD(长方体)”编辑修改,形成灯架→(3)对另一个长方体进行“FFD(长方体)”编辑修改,形成灯罩→(4)在顶视图建立一个长方体,作为天棚,再建立6个圆珠柱体,形成完整的灯→(5)在顶视图建立6盏目标聚光灯→(6)赋材质→(7)保存渲染。

3. 步骤解析

(1) 单击“创建”命令面板中的“几何体”,选取“标准基本体”项,单击“长方体”。

(2) 在顶视图拖动,建立长度、宽度、高度、宽度分段分别为175、305、0.5、32的长方体。按住Shift键,拖动长方体复制产生一个长方体。修改高度、长度分段、宽度分段分别为2、3、3。

(3) 选取第一个长方体,单击“修改”命令面板中的“修改器列表”,选取“FFD(长方体)”,单击参数面板中“设置点数”,设置如图5-1-14所示参数,单击“确定”按钮。

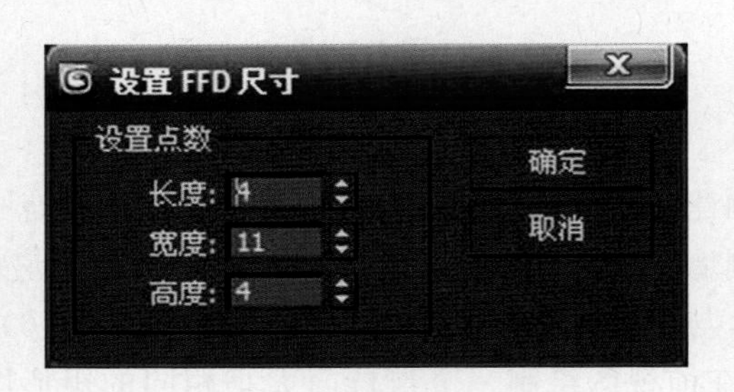

图 5-1-14

(4) 展开“FFD(长方体)4×11×4”,选取“控制点”,调整相应控制点,形成如图5-1-15所示效果。

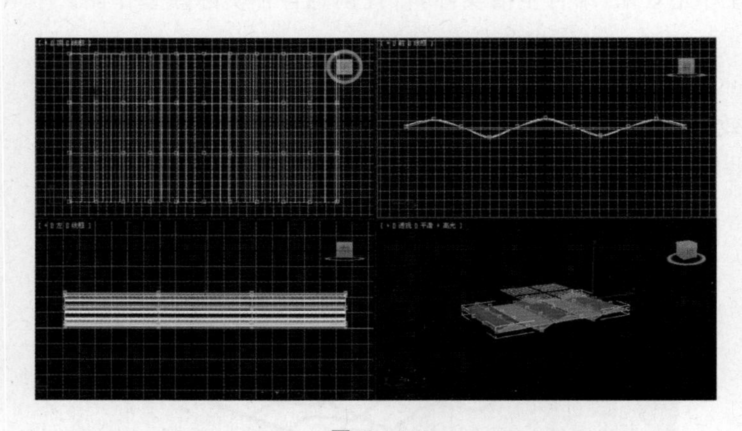

图 5-1-15

(5) 选取另一个长方体,单击“修改”命令面板中的“修改器列表”,选取“晶格”。在参数面板中选中“仅来自边的支柱”,支柱的半径、分段、边数分别为2、32、16,效果如图5-1-16所示。

(6) 单击“修改”命令面板中的“修改器列表”,选取“FFD(长方体)”,单击参数面板中“设置点数”,设置如图5-1-14所示参数,单击“确定”按钮。

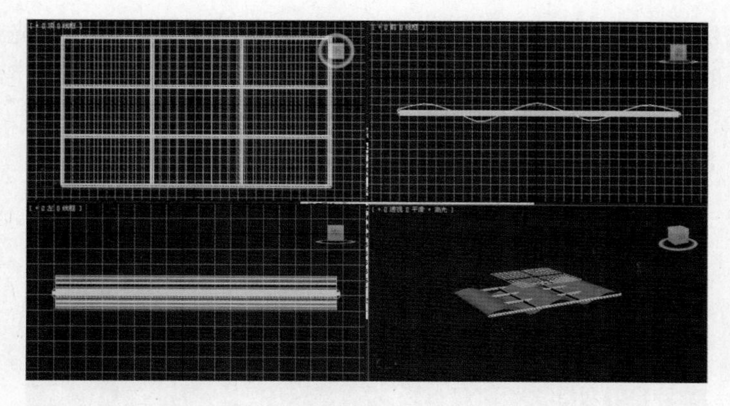

图 5-1-16

(7) 展开“FFD(长方体)4×11×4”,选取“控制点”,调整相应控制点,形成如图5-1-17所示效果。

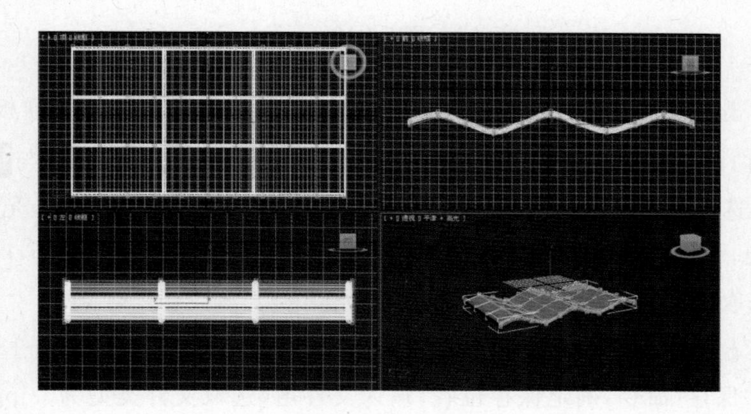

图 5-1-17

(8) 单击“创建”命令面板中的“几何体”,选取“标准基本体”项,单击“长方体”。在顶视图拖动,建立长度、宽度、高度分别为10 000、10 000、10 的长方体。单击“圆柱体”,在顶视图拖动建立半径、高度分别为 3、50 的圆柱体,按住 Shift 键,拖动圆柱体复制产生 6 个,调整位置如图 5-1-18 所示。

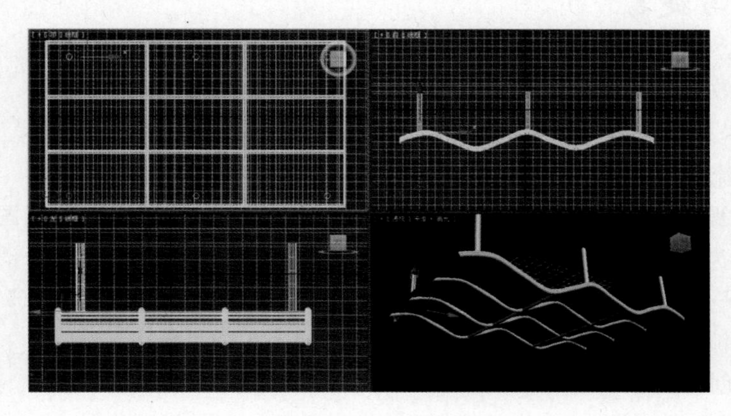

图 5-1-18

（9）单击“创建”命令面板中的“灯光”，选取“标准”项，单击“目标聚光灯”。在前视图拖动，建立6盏目标聚光灯，聚光灯参数中“聚光区/光束”设置为0.5，“衰减区/区域”设置为15，调整位置如图5-1-19所示。

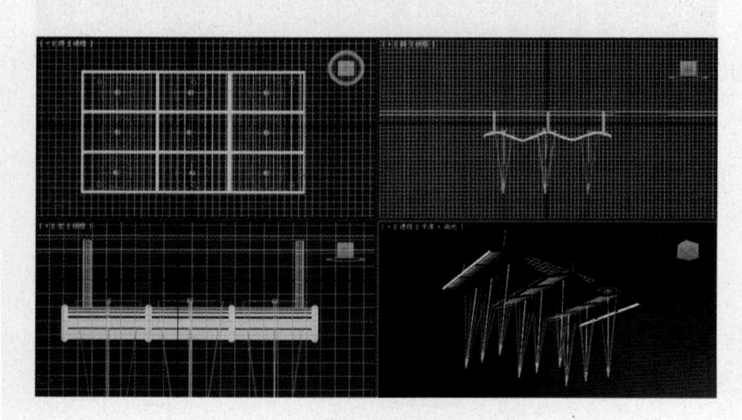

图 5-1-19

（10）单击“材质编辑器”工具，打开“材质编辑器”，选取第一个样板球，设置漫反射颜色为白色，自发光颜色为50。选取灯罩，单击材质编辑器中的与按钮。

（11）再选第二样板球，设置漫反射颜色为黑色，高光级别设置为95，光泽度设置为45，选取灯架，单击材质编辑器中的与按钮。

（12）选取天棚长方体，将其设置为灰白色。

（13）单击主工具栏中“渲染产品”工具，渲染的场景效果如图5-1-13所示，单击渲染窗口中“保存”命令，确定保存位置，输入文件名，选取文件类型为“.jpg”，单击“保存”按钮，保存渲染的场景效果。

4. 案例小结

本案例重点是掌握标准灯光中“目标聚光灯”的设置方法，通过在场景中设置聚光灯来模拟真实场景效果，从而使3ds Max 2011做出逼真的三维场景。

巩固与提高

1. 案例效果

案例效果如图5-1-20所示。

2. 制作流程

（1）在顶视图分别建立5个切角长方体，作为沙发架→（2）再在顶视图建立4个切角长方体，作为沙发垫→（3）在前视图绘制2个相同的截面图形分别进行“挤出”，再在左视图绘制一个相同的截面图形，进行“挤出”，形成靠背→（4）赋材质→（5）加目标聚光灯→（6）保存渲染。

3. 自我创意

利用设置灯光效果，结合生活实际，自我创意各种实际模型作品。

图 5-1-20

5.2 摄像机的设置

5.2.1 案例一:制作“餐厅”

1. 案例效果

案例效果如图 5-2-1 所示。

图 5-2-1

2. 制作流程

(1)在顶视图分别建立两个长方体,作为房体的房顶与地面→(2)在左视图建立两

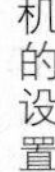

个长方体，作为房体侧墙→(3)在前视图建立一个长方体，作为房体后墙→(4)加摄像机与灯光→(5)在左视图建立一个长方体，与房顶进行布尔差运算→(6)在左视图建立二个方框体作为窗框→(7)在顶视图建立两个切角圆柱体、一个管状体，并进行“锥化”，建立一个球体形成吊灯→(8)将“餐桌”合并到场景中→(9)赋材质→(10)保存渲染。

3. 步骤解析

(1) 单击“创建”命令面板中的“几何体”，选取“标准基本体”项，单击“长方体”，在顶视图拖动创建两个长度、宽度、高度分别为 230、250、3 的长方体。

(2) 在左视图拖动创建两个长度、宽度、高度为 170、230、3 的长方体，并调整位置。

(3) 在前视图拖动创建两个长度、宽度、高度为 170、250、3 的长方体，并调整位置。

(4) 单击“创建”命令面板中的“摄像机”，单击“目标”。在顶视图拖动，调整摄像机位置，形成如图 5-2-2 所示效果。

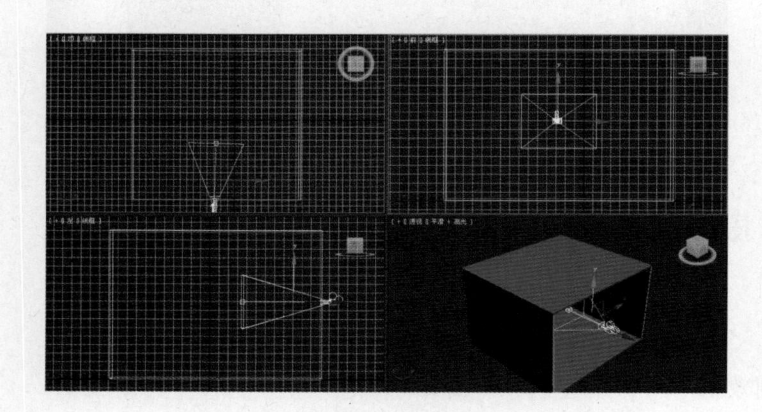

图 5-2-2

(5) 右击透视图，按 C 键，切换为摄像机视图。选取摄像机，单击“修改”命令面板，将参数面板的“镜头”设置为 20(取决透视视图效果)。

(6) 单击“创建”命令面板中的“灯光”，选取“标准”，单击“泛光灯”。在前视图单击，建立如图 5-2-3 所示的灯光。

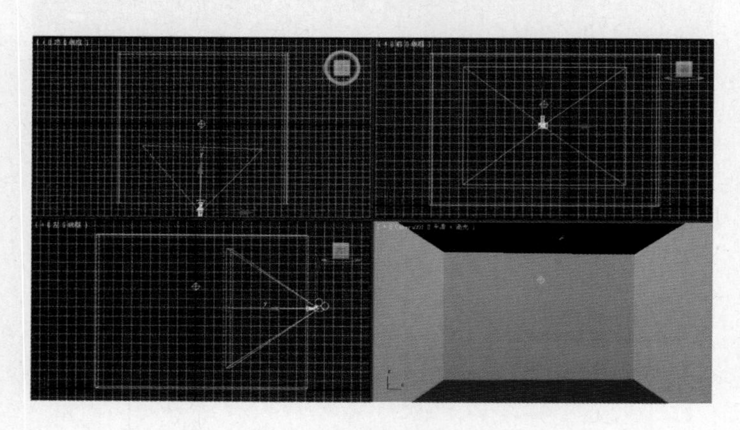

图 5-2-3

（7）单击“创建”命令面板中的“几何体”，选取“标准基本体”项，单击“长方体”，在左视图拖动创建一个长度、宽度、高度分别为85、110、20的长方体，并调整位置，效果如图5-2-4所示。

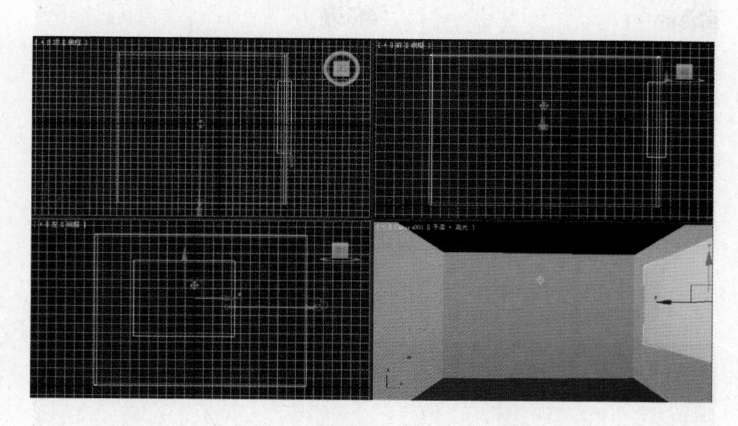

图 5-2-4

（8）选取左墙长方体，单击“创建”命令面板中的“几何体”，选取“复合对象”，单击“布尔”。单击“拾取操作对象B”，在前视图单击长方体，调整透视图，形成如图5-2-5所示效果。

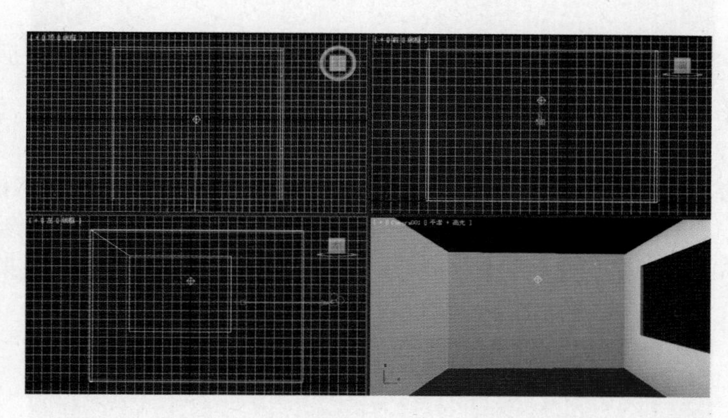

图 5-2-5

（9）单击“创建”命令面板中的“图形”，再单击“矩形”。在左视图拖动，建立一个长度、宽度分别为85、110的矩形图形，单击“修改”命令面板中的“编辑修改器”，选取“编辑样条线”，展开“编辑样条线”，单击“样条线”，在参数面板设置轮廓为3，按回车键，调整位置，效果如图5-2-6所示。

（10）利用步骤(6)同样方法，再建立两个方框体，调整位置，效果如图5-2-7所示。

（11）单击“创建”命令面板中的“几何体”，选取“扩展基本体”项，单击“切角圆柱体”，在顶视图拖动创建两个半径、高度、圆角、圆角分段、边数分别为8、5、1、2、16，1、20、0、0、16的切角圆柱体。

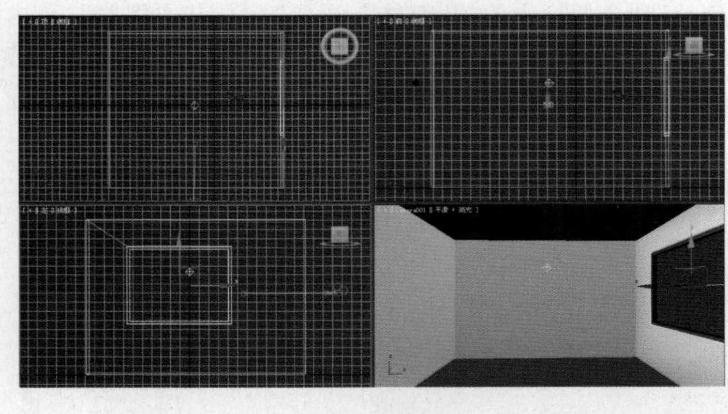

图 5-2-6

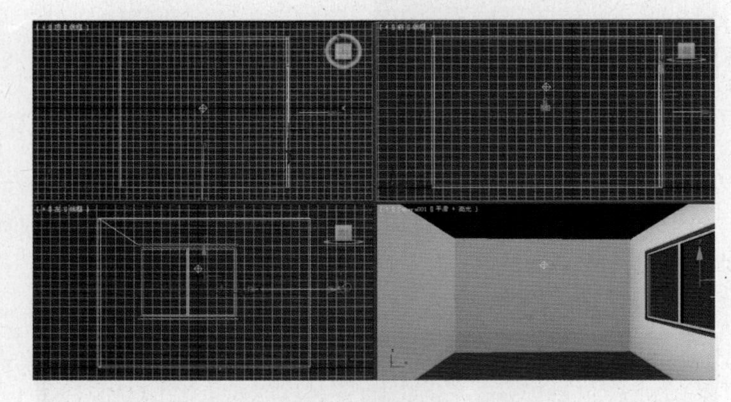

图 5-2-7

(12) 单击“创建”命令面板中的“几何体”，选取“标准基本体”，单击“管状体”，在顶视图建立一个半径 1、半径 2、高度分别为 9、10、12 的管状体，再进行“锥化”，锥化参数的数量、曲线分别为－0.61、0.61，最后建立一个半径为 5 的球体，形成如图 5-2-8 所示效果。

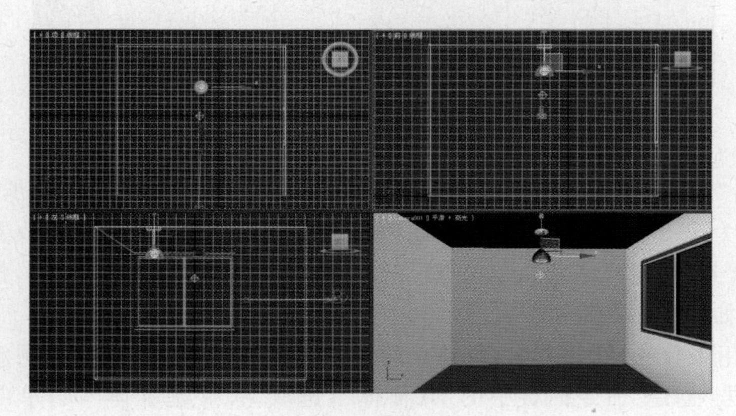

图 5-2-8

(13) 单击“文件→导入→合并”命令，将“餐桌”场景合并到该场景中，将餐桌缩小，调整位置，效果如图 5-2-9 所示。

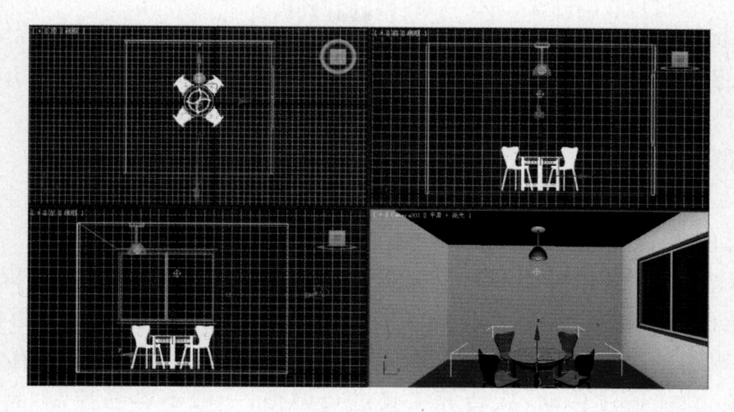

图 5-2-9

(14) 单击“材质编辑器”工具，制作设计如图 5-2-10 所示材质。

图 5-2-10

(15) 将材质分别赋给墙体、地板、灯罩、窗、房顶、灯泡。

(16) 单击“创建”命令面板中的“灯光”，选取“标准”，单击“目标聚光灯”。在前视图拖动建立一盏聚光灯，设置倍增为 0.8，聚光灯的“聚光区/光束”为 35，“衰减区/区域”为 65，效果如图 5-2-11 所示。

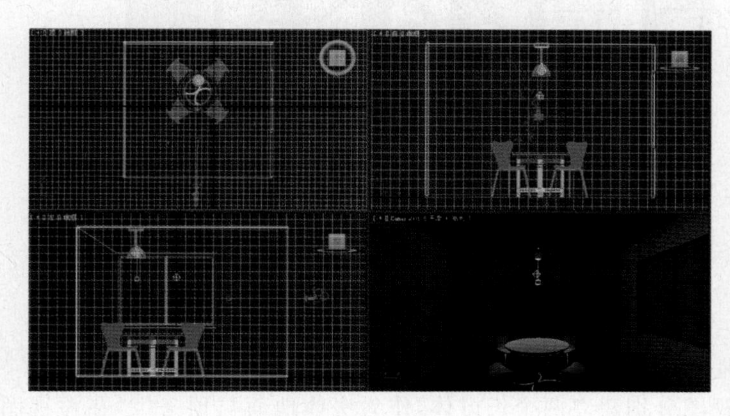

图 5-2-11

（17）单击主工具栏中“渲染产品”工具，渲染的场景效果如图 5-2-1 所示，单击渲染窗口中“保存”命令，确定保存位置，输入文件名，选取文件类型为“.jpg”，单击“保存”按钮，保存渲染的场景效果。

4. 知识链接

在 3ds Max 2011 软件中，提供了一个无穷大的虚拟空间，要在这个空间中从不同角度观察自己的作品，就需要创建摄像机。

3ds Max 2011 中摄像机类型有目标摄像机与自由摄像机两种。目标摄像机是从摄像点向指定的目标对象拍摄，产生场景的渲染效果。它具有摄像点与目标点，容易控制，能够实现跟踪拍摄，是最常用的摄像机。自由摄像机只有摄像点，没有目标点，要对准拍摄的对象，只能通过移动、旋转等工具进行调整，一般不容易控制，常用于动画的浏览。

摄像机建立方法：单击“创建”命令面板中“摄像机”，再单击“目标”或“自由”，然后在视图中拖动或单击。摄像机建立后在相应视图，按 C 键，将视图（一般为透视视图）切换为“摄像机”视图，摄像机效果才能体现。

5. 案例小结

本案例重点是掌握摄像机建立方法与相关参数设置方法，通过在场景中设置摄像机来模拟真实场景效果，从而使 3ds Max 2011 做出逼真的三维场景。

巩固与提高

1. 案例效果

案例效果如图 5-2-12 所示。

图 5-2-12

2. 制作流程

（1）在顶视图分别建立两个长方体，作为房体地面与顶→（2）在左视图建立两个长

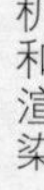

方体，作为房体墙→(3)在前视图建立一个长方体，作为房体后墙→(4)在左视图建立两个窗形体，与左墙进行布尔差运算→(5)在左视图建立可渲染的二维图形，形成窗→(6)在左视图建立一个长方体，与可渲染的二维图形形成门→(7)加摄像机与灯光→(8)导入吊灯与餐桌→(9)赋材质→(10)保存渲染。

3. 自我创意

利用摄像机与灯光设置效果，结合生活实际，自我创意各种实际模型作品。

5.2.2 案例二：制作“山村小屋”

1. 案例效果

案例效果如图 5-2-13 所示。

图 5-2-13

2. 制作流程

(1)在顶视图建立小屋的四周墙体→(2)在前墙上分别建立一个“平开窗”与“枢轴门”→(3)对墙体进行编辑，创建两侧山墙→(4)在顶视图建立两个长方体，作为小屋的天棚，→(5)在顶视图建立一个平面，作为地面，制作两棵植物→(6)赋材质→(7)加摄像机、灯光、场景背景→(8)保存渲染。

3. 步骤解析

(1) 单击“创建”命令面板中的“几何体”，选取“AEC 扩展”项，单击“墙”。

(2) 在顶视图拖动，建立一个封闭墙体，设置墙体参数中宽度为 5，高度为 100，形态如图 5-2-14 所示。

(3) 选取“窗”项，单击“平开窗”。在顶视图沿前墙里边按住鼠标左键沿水平拖动，松开鼠标左键再向下拖拉到前外沿单击，再向上拖动鼠标到一定高度单击形成窗户，调整位置大小，效果如图 5-2-15 所示。

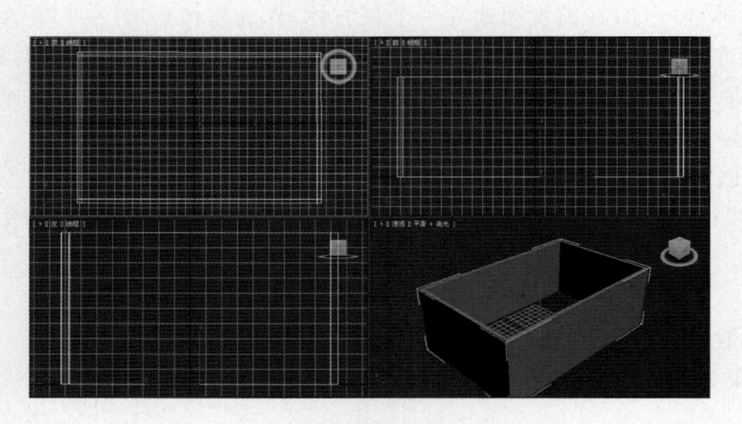

图 5-2-14

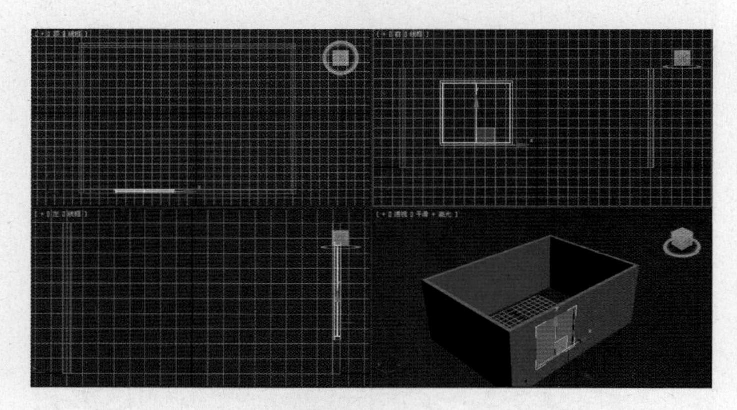

图 5-2-15

(4) 在参数面板中,选中"窗扉"中的"二",设置"打开窗"中"打开"为 80。选中"翻转转动方向",效果如图 5-2-16 所示。

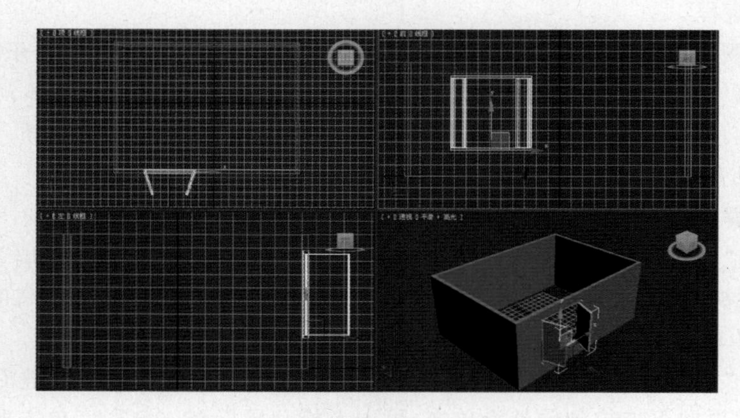

图 5-2-16

(5) 单击"创建"命令面板中的"几何体",选取"门"项,单击"枢轴门",按步骤(3)方法建立一个枢轴门,在参数面板中,选中"双门",效果如图 5-2-17 所示。

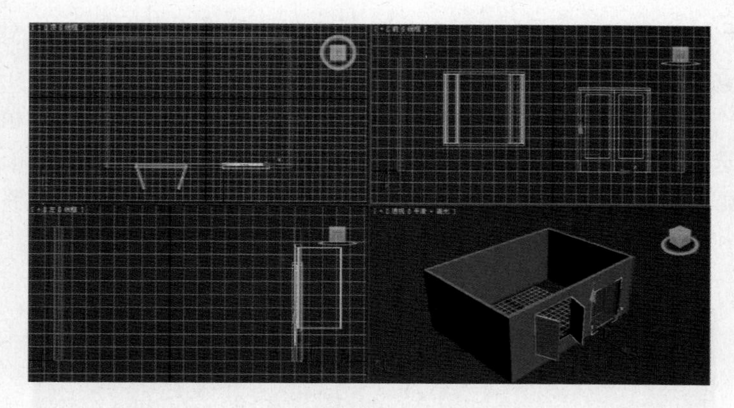

图 5-2-17

(6) 选取墙体,单击“修改”命令面板,在修改器堆栈窗口中选取“Wall”中的“剖面”项,设置参数面板中高度为 80,在顶视图分别单击左右墙,再单击“创建山墙”按钮,分别创建墙体的山墙,最后单击“Wall”,效果如图 5-2-18 所示。

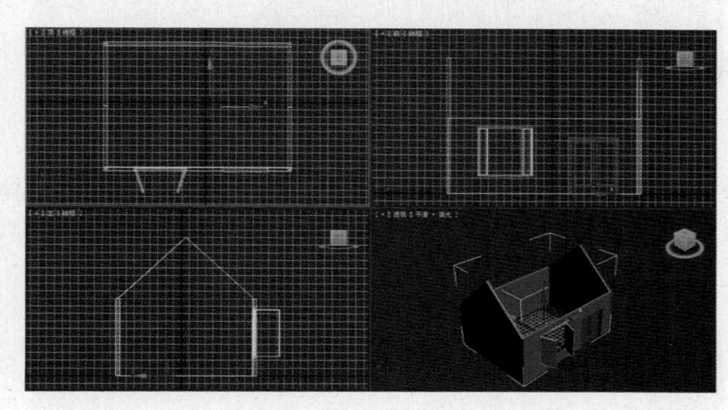

图 5-2-18

(7) 单击“创建”命令面板中的“几何体”,选取“标准基本体”项,单击“长方体”。在顶视图拖动,建立长度、宽度、高度分别为 135、270、5 的长方体。再利用“选择与旋转”工具在左视图调整角度与位置,再单击“镜像”工具,在 X 轴镜像复制一个,效果如图 5-2-19所示。

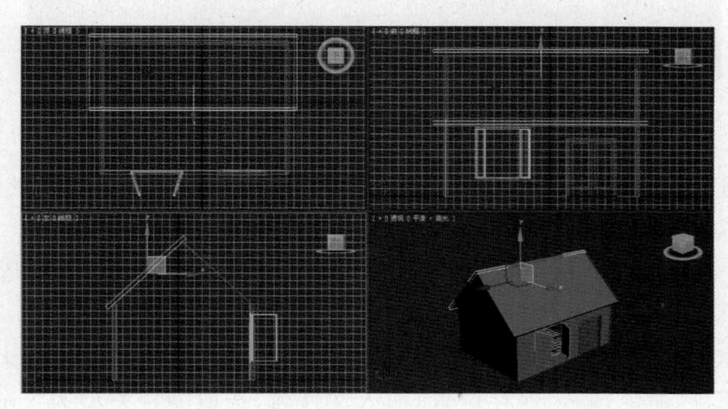

图 5-2-19

(8) 单击“创建”命令面板中的“几何体”，选取“标准基本体”项，单击“平面”。在顶视图拖动，建立长度、宽度分别为 2 000、2 000 的平面。

(9) 单击“创建”命令面板中的“几何体”，选取“AEC 扩展”项，单击“植物”。在“收藏的植物”中选取“美洲榆”，在顶视图单击，制作一棵高度为 300 的美洲榆。选取“一般的棕榈”，在顶视图单击，建立两棵高度分别为 350、300 的棕榈。效果如图 5-2-20 所示。

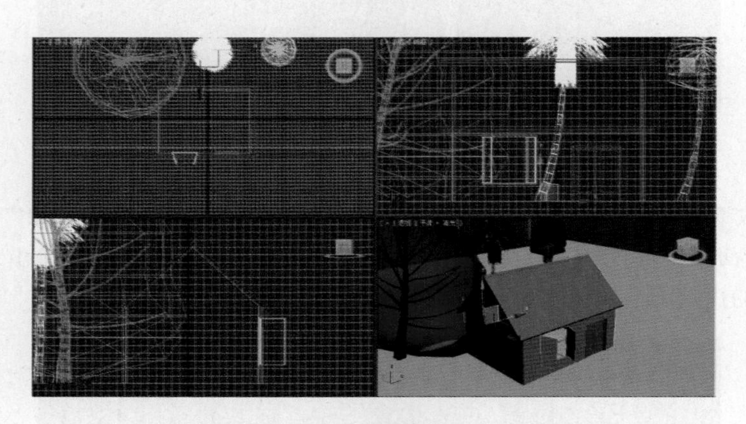

图 5-2-20

(10) 单击“创建”命令面板中的“摄像机”，单击“目标”。在顶视拖动建立一个摄像机，调整位置及“镜头”参数，效果如图 5-2-21 所示，右击透视视图，按 C 键，切换为摄像机视图。

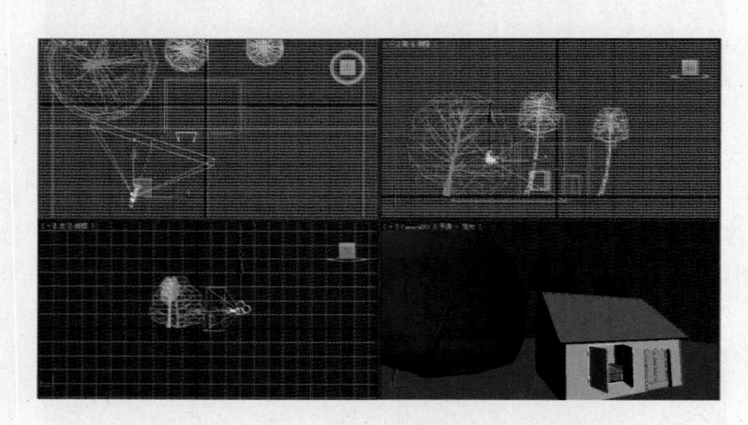

图 5-2-21

(11) 在场景中添加适当的泛光灯灯光效果，调整相应参数，添加场景背景，效果如图 5-2-22 所示。

(12) 打开“材质编辑器”，设置场景相应物体的材质贴图并赋予，形成最终效果如图 5-2-22 所示。

(13) 单击主工具栏中“渲染产品”工具，渲染的场景效果如图 5-2-13 所示，单击渲染窗口中“保存”命令，确定保存位置，输入文件名，选取文件类型为“.jpg”，单击“保存"按钮，保存渲染的场景效果。

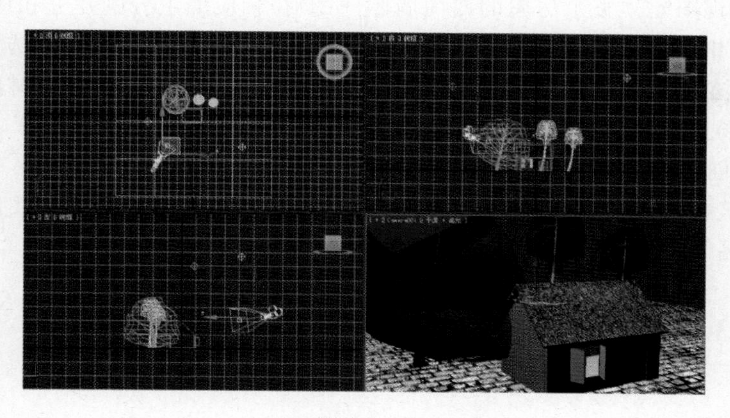

图 5-2-22

4. 知识链接

掌握建筑构件建模，主要包括楼梯、栏杆、墙、门、窗、植物等模型。建立方法就是利用"创建"命令面板"几何体"中的相应选项命令实现。

3ds Max 2011 的摄像机、灯光的设置方法同前面的案例。

5. 案例小结

本案例重点是掌握建筑构件建模及摄像机、灯光的设置方法，通过在场景中常用的建筑构件模型及设置摄像机、灯光来模拟真实场景效果，从而使 3ds Max 2011 做出具有实际意义的三维场景。

巩固与提高

1. 案例效果

案例效果如图 5-2-23 所示。

图 5-2-23

2. 制作流程

(1)在顶视图建立整个房屋的四周墙体→(2)在相应墙上分别建立相应的窗与相应的门→(3)对相应的墙体进行编辑,创建山墙→(4)在顶视图建立相应长方体,作为房屋的天棚→(5)在顶视图建立一个平面,作为地面,建立三棵植物→(6)赋材质→(7)加摄像机、灯光、场景背景→(8)保存渲染。

3. 自我创意

利用建筑构件建模及摄像机、灯光的设置方法,模拟案例结合生活实际,自我创意各种实际作品。

5.3 3ds Max 2011 的渲染系统

5.3.1 案例一:制作"电影放映效果"

1. 案例效果

案例效果如图 5-3-1 所示。

图 5-3-1

2. 制作流程

(1)在前视图分别绘制两个矩形图形与四个小圆图形,并进行可渲染设置,形成屏幕边→(2)在前视图建立一个平面,作为屏幕→(3)在顶视图建立一个摄像机→(4)为摄像机添加大气效果(体积光)→(5)为屏幕赋贴图→(6)进行渲染设置→(7)保存渲染。

3. 步骤解析

(1) 单击"创建"命令面板中的"图形",再单击"矩形",在前视图拖动绘制两个长度、宽度分别为 170、270,145、245 的矩形,效果如图 5-3-2 所示。

(2) 单击"圆",在前视图拖动绘制四个半径为 7 的圆形,如图 5-3-3 所示。

图 5-3-2

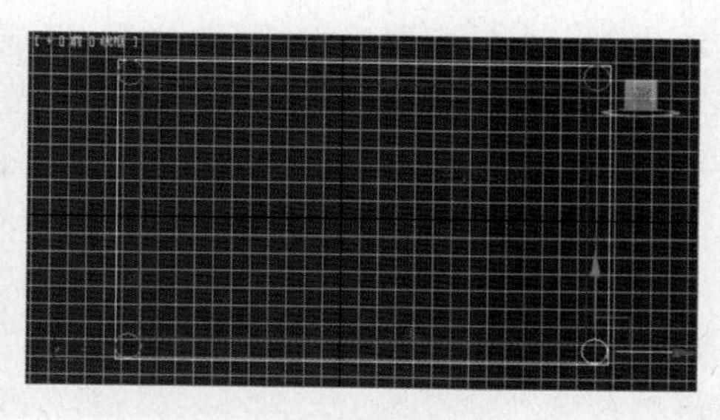

图 5-3-3

（3）选取一个矩形，单击“修改”命令面板中的“修改器列表”，展开“编辑样条线”面板，选取“样条线”，单击参数面板中“附加”，在前视图分别单击其他图形，再单击“编辑样条线”结束编辑。

（4）在参数面板中单击修改堆栈中“Rectangle”，弹出如图 5-3-4 对话框，单击“是”按钮，展开参数面板中“渲染”，选中“在渲染中启用”与“在视图中启用”，并设置厚度为 2，效果如图 5-3-5 所示。

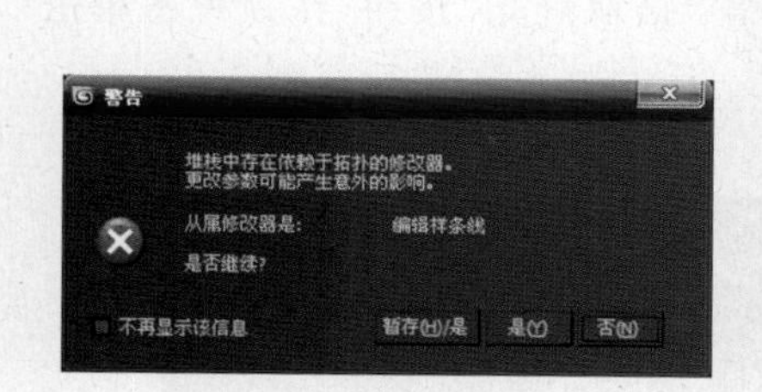

图 5-3-4

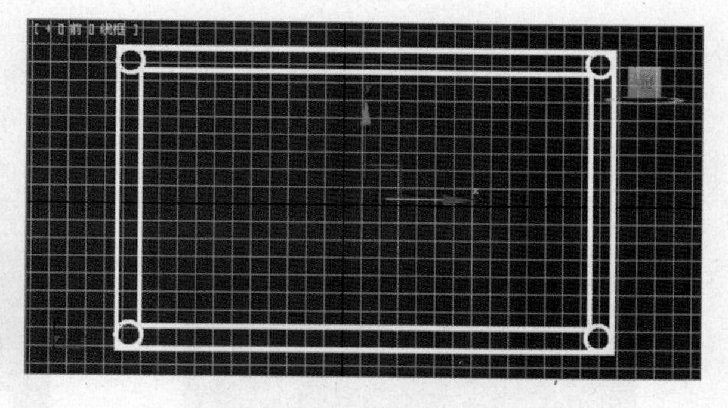

图 5-3-5

（5）单击“创建”命令面板中的“几何体”，选取“标准基本体”项，单击“平面”，在前视图拖动创建一个长度、宽度分别为 145、245 的平面，并调整位置，效果如图 5-3-6 所示。

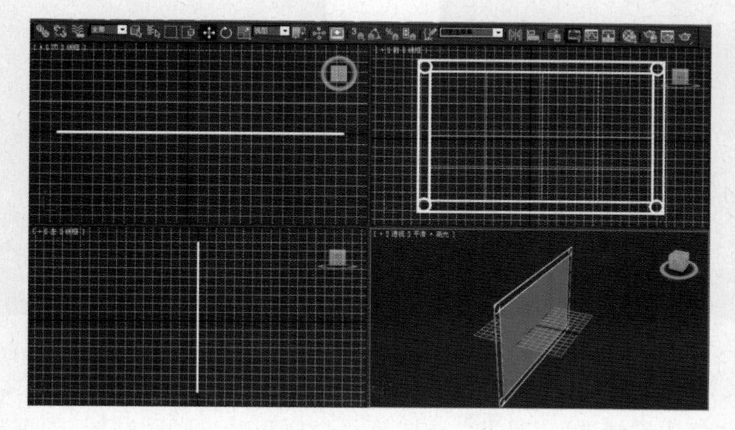

图 5-3-6

（6）单击“创建”命令面板中的“灯光”，选取“标准”，单击“目标聚光灯”。在顶视图拖动建立一个目标聚光灯，调整位置，形成如图 5-3-7 所示效果。设置“强度/颜色/衰减”参数面板，如图 5-3-8 所示。设置“聚光灯”参数中“聚光区/光束”为 19，“衰减区/区域”为 22。

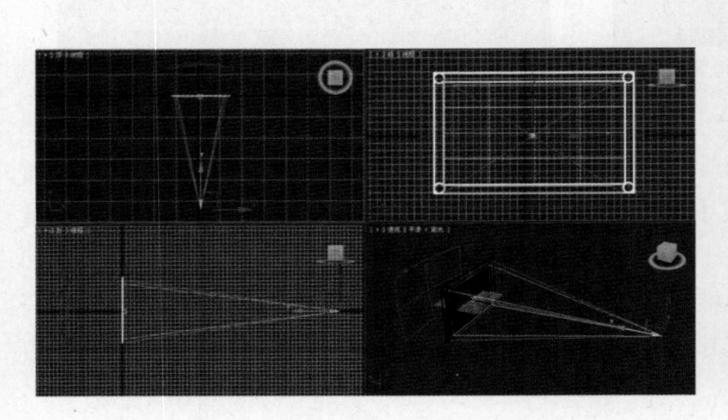

图 5-3-7

图 5-3-8

（7）单击“渲染”菜单→“环境”命令，弹出“环境和效果”面板，如图 5-3-9 所示，单击“添加”按钮，选取“体积光”，单击“确定”按钮。再单击“拾取灯光”按钮，在顶视图单击目标聚光灯，设置如图 5-3-10 所示参数。

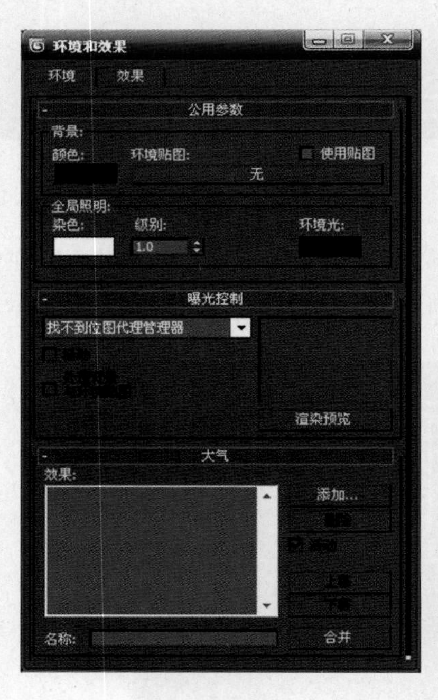

图 5-3-9

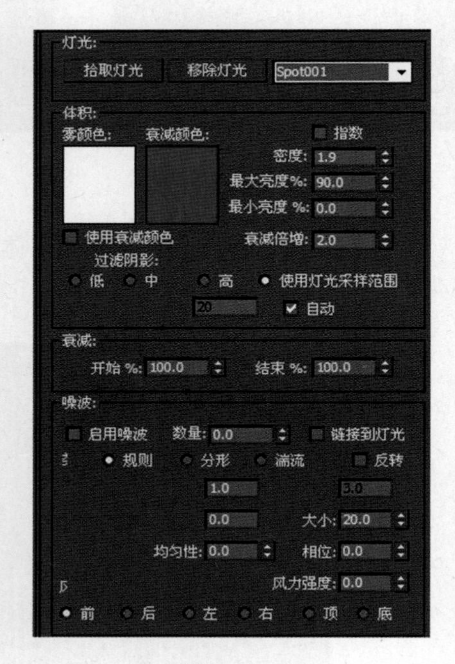

图 5-3-10

（8）单击“材质编辑器”工具，选取第一个样板球，展开“贴图”卷展栏。选中“漫

反射颜色”，单击后面的“None”长按钮，双击“位图”，打开素材文件“夜色 .jpg”，选取平面，单击“材质编辑器”中的按钮。

（9）单击“渲染→渲染设置”命令，打开“渲染设置”面板，设置如图 5-3-11 所示参数。

（10）如图 5-3-12 所示，展开“指定渲染器”，单击“产品级”后面的 ... 按钮，选取“mentalray 渲染器”，单击“确定”按钮。

图 5-3-11

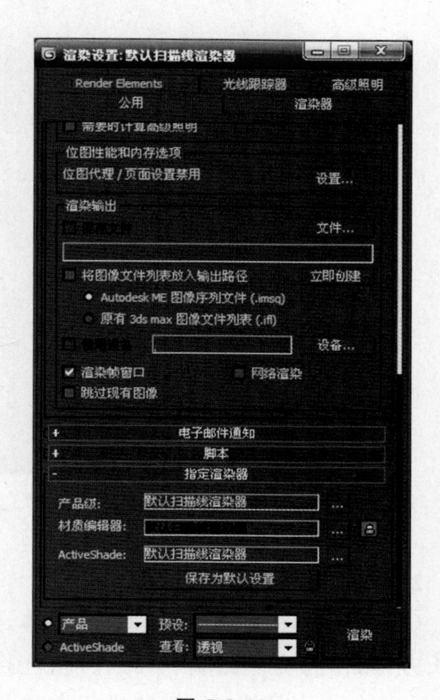

图 5-3-12

（11）单击“渲染”按钮，渲染的场景效果如图 5-3-1 所示，单击渲染窗口中“保存”命令，确定保存位置，输入文件名，选取文件类型为“. jpg”，单击“保存”按钮，保存渲染的场景效果。

4. 知识链接

体积光是实现目标聚光灯的光照效果的手段，设计过程为：先在场景中建立目标聚光灯，然后再通过“渲染”菜单中“环境”项去添加体积光设置参数。

渲染是获取三维场景效果的途径，在 3ds Max 2011 中既可以渲染出一幅静态的图像，也可以渲染一部动画。3ds Max 2011 提供了 4 种渲染工具：默认扫描线渲染器、Mental Ray 渲染器、Quicksilver 硬件渲染器、VUE 文件渲染器。本案例应用了 Mental Ray 渲染器，该渲染器能使场景渲染达到精细效果。

5. 案例小结

本案例重点是掌握体积光与 Mental Ray 渲染器的设置方法，通过设置聚光灯及体积光达到模拟真实场景效果，从而使 3ds Max 2011 做出逼真的三维场景。

巩固与提高

1. 案例效果

案例效果如图 5-3-13 所示。

图 5-3-13

2. 制作流程

(1)在顶视图分别建立两个长方体,作为房体的房顶与地面→(2)在左视图建立一个长方体,作为房体侧墙→(3)在前视图建立一个长方体,作为房体后墙→(4)在左视图建立一个切角长方体,与侧墙进行布尔差运算→(5)在左视图建立一个长方体阵列,作为百叶窗→(6)在前视图设计一个沙发及花盆→(7)加摄像机与聚光灯→(8)为摄像机添加大气效果(体积光)→(9)进行渲染设置→(10)保存渲染。

3. 自我创意

利用设置体积光与 Mental Ray 渲染器的效果,结合生活实际,自我创意各种实际模型作品。

5.3.2 案例二:制作"星光文字"

1. 案例效果

案例效果如图 5-3-14 所示。

2. 制作流程

(1)在前视图绘制文字图形并"挤出"→(2)设置"文字属性"对象 ID 号→(3)对场景加"Video Post"(镜头效果高光)进行视频处理→(4)进行视频渲染保存。

3. 步骤解析

(1) 单击"创建"命令面板中的"图形",再单击"文字",在参数卷展栏文本框中输入"星光文字",在前视图中单击。

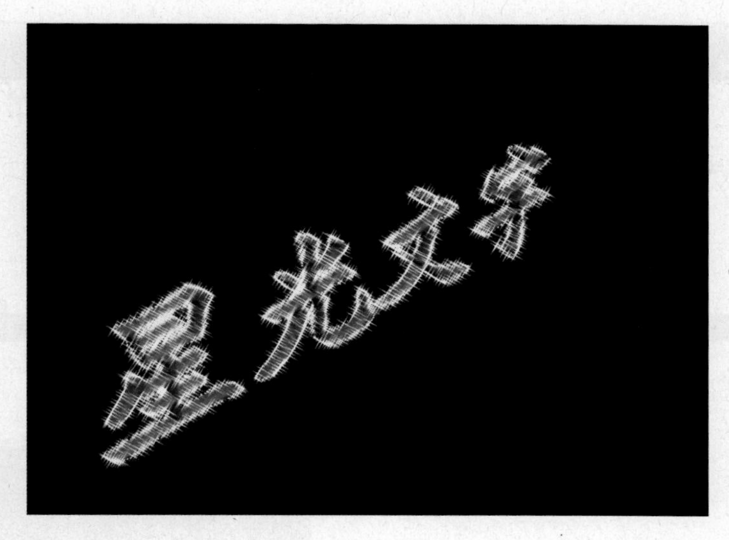

图 5-3-14

(2) 单击“修改”命令面板中的“修改器列表”，选取“挤出”。在参数面板中设置数量为 8，如图 5-3-15 所示。

(3) 右击文字，选取“对象属性”命令，弹出如图 5-3-16 所示面板。

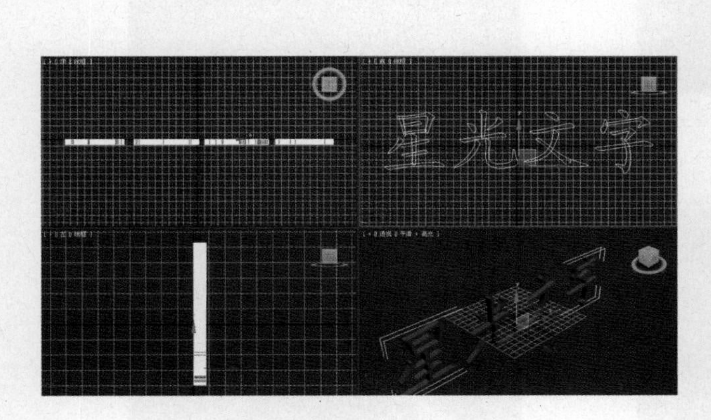

图 5-3-15

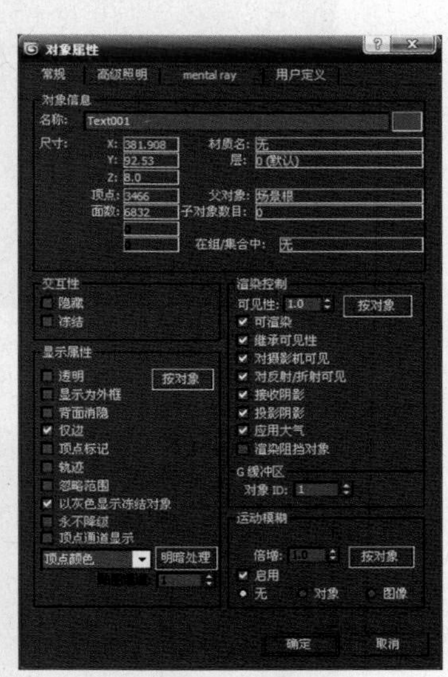

图 5-3-16

(4) 在“G 缓冲区”栏“对象 ID”框中输入 1，单击“确定”按钮。

(5) 选取“渲染”菜单中“Video Post”命令，弹出如图 5-3-17 所示面板。

(6) 单击“添加场景事件”按钮出现对话框后，单击“确定”按钮。

(7) 单击“添加图像过滤事件”按钮，弹出如图 5-3-18 所示面板，在“过滤器插件”中选取“镜头效果高光”，单击“设置”按钮，弹出如图 5-3-19 所示面板。

(8) 单击“预览”与“VP 队列”，再单击“首选项”标签，如图 5-3-20 所示。

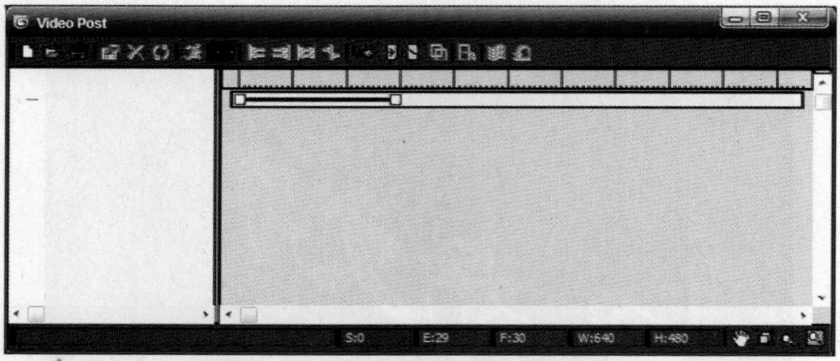

图 5-3-17

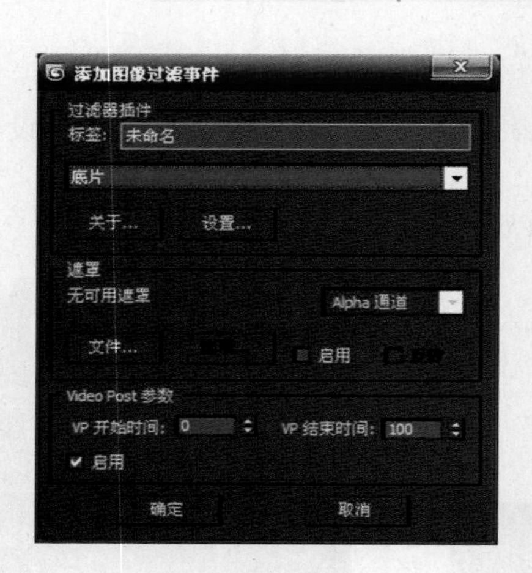

图 5-3-18

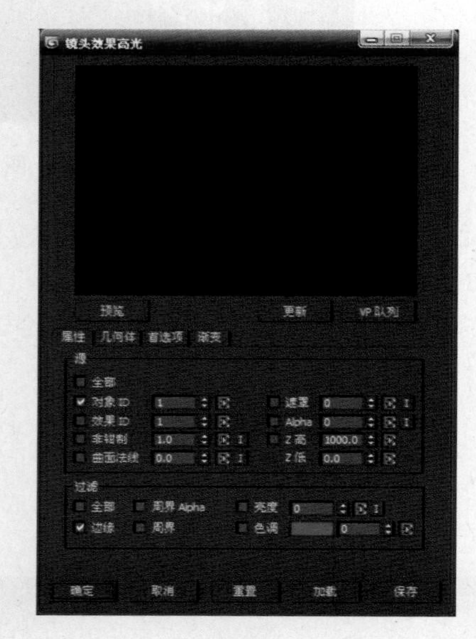

图 5-3-19

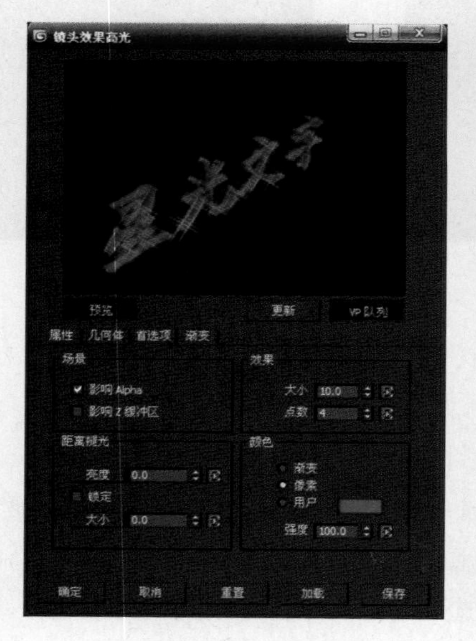

图 5-3-20

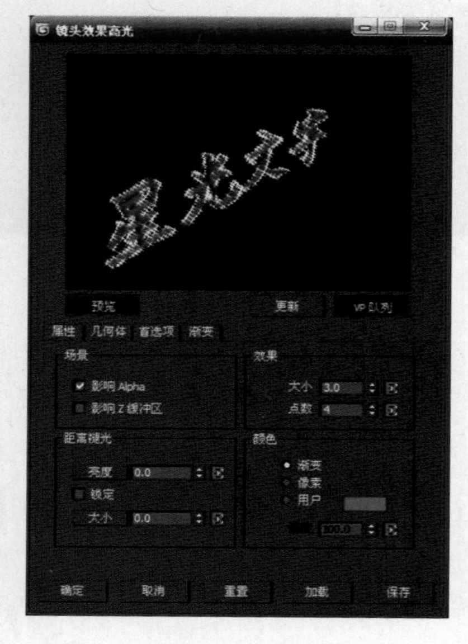

图 5-3-21

(9) 在参数面板“效果”中设置大小为 3，颜色选中“渐变”项，如图 5-3-21 所示，单击“确定”按钮。

(10) 单击“执行队列”按钮，打开如图 5-3-22 所示面板，在“时间输出”中选中“单个”，选取相应“输出大小”，单击“渲染”按钮。效果如图 5-3-14 所示。

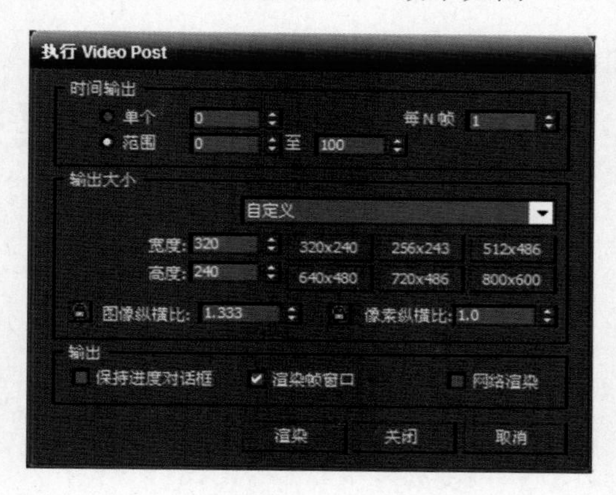

图 5-3-22

(11) 单击渲染窗口中“保存”命令，确定保存位置，输入文件名，选取文件类型为“.jpg”，单击“保存”按钮，保存渲染的场景效果。

4. 知识链接

“Video Post”是 3ds Max 2011 实现视频特效处理的一种方法，是对场景对象进行星光效果处理。在 3ds Max 2011 中对场景可以加若干种特效。制作视频特效过程如下：先给场景对象赋予 ID 号，进入“Video Post”设置窗口，添加场景事件（输出的视图），再添加图像过滤事件（特效方式），进行设置特效，最后通过“执行队列”渲染输出。

5. 案例小结

本案例重点是掌握“Video Post”视频特效处理设置方法，通过对场景对象或场景设置“Video Post”视频特效来实现特殊场景效果，从而使 3ds Max 2011 做出赏心悦目的三维场景。

巩固与提高

1. 案例效果

案例效果如图 5-3-23 所示。

2. 制作流程

(1)在前视图建立一个圆环→(2)设置“对象属性”中对象 ID 号→(3)对场景加“Video Post”（镜头效果高光）进行视频处理→(4)将圆环复制产生五个形成五环标志→(5)进行视频渲染保存。

3. 自我创意

利用“Video Post”视频特效处理设置方法，结合生活实际，自我创意各种实际模型作品。

图 5-3-23

室内效果图设计

6.1 案例一：制作“客厅”

1. 案例效果

案例效果如图 6-1-1 所示。

图 6-1-1

2. 制作流程

(1)在顶视图分别建立两个长方体，作为房体的房顶与地面→(2)在左视图建立两个长方体，作为房体侧墙→(3)在前视图建立一个长方体，作为房体后墙→(4)在前视图建立一个长方体，与后墙进行布尔差运算→(5)加摄像机与灯光→(6)在前视图建立一个门框与拉门→(7)在顶视图建立角台与平面地毯→(8)导入吊灯、沙发、茶几、液晶电视、壁画、装饰花→(9)赋材质→(10)保存渲染。

3. 步骤解析

(1) 单击“创建”命令面板中的“几何体”，选取“标准基本体”项，单击“长方体”，在顶视图拖动创建两个长度、宽度、高度分别为 400、400、4 的长方体。

(2) 在左视图拖动创建两个长度、宽度、高度为 270、400、4 的长方体。并调整位置，效果如图 6-1-2 所示。

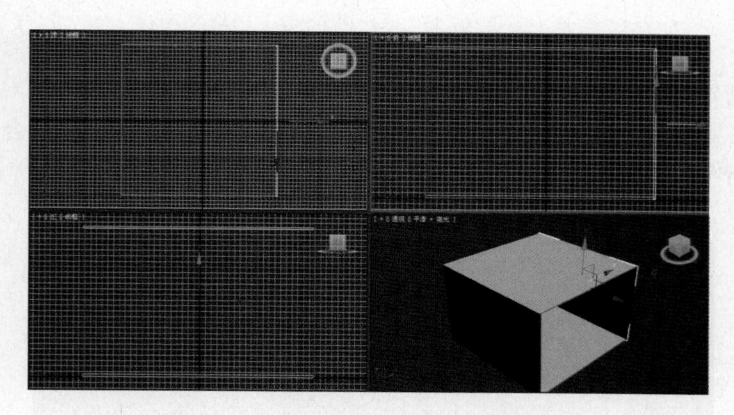

图 6-1-2

(3) 在前视图拖动创建一个长度、宽度、高度为 270、400、4 的长方体,并调整位置,效果如图 6-1-3 所示。

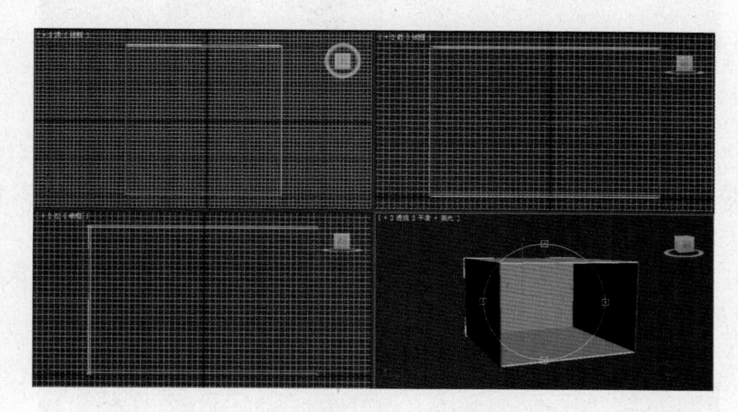

图 6-1-3

(4) 单击"创建"命令面板中的"摄像机",单击"目标",在顶视图拖动创建一个摄像机,调整至效果如图 6-1-4 所示。设置摄像机参数中"镜头"为 35,右击透视视图,按 C 键,切换至摄像机视图。再单击"创建"命令面板中的"灯光",选取"标准",单击"泛光灯",在前视图单击,如图 6-1-4 所示。

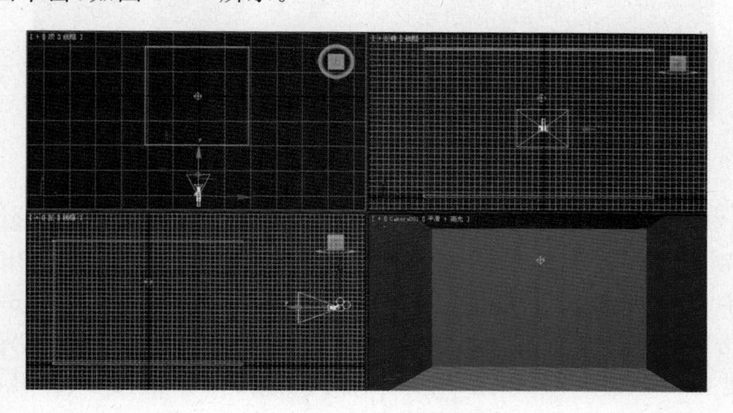

图 6-1-4

(5) 单击“创建”命令面板中的“几何体”，选取“标准基本体”项，单击“长方体”，在前视图拖动创建一个长度、宽度、高度分别为 200、160、30 的长方体。

(6) 选取后墙长方体，单击“创建”命令面板中的“几何体”，选取“复合对象”，单击“布尔”。单击“拾取操作对象 B”，在顶视图单击长方体，形成如图 6-1-5 所示效果。

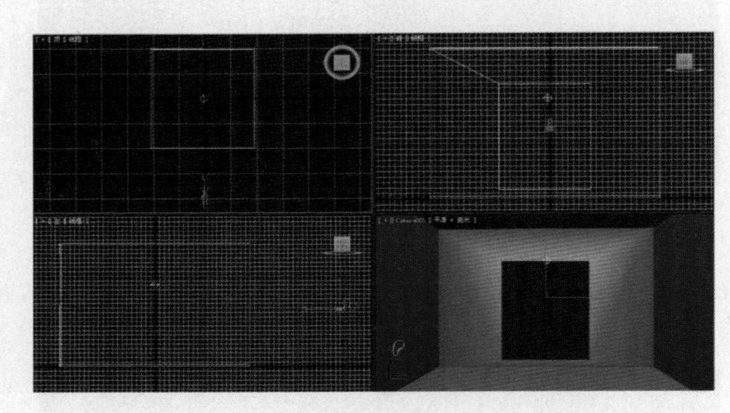

图 6-1-5

(7) 单击“创建”命令面板中的“图形”，再单击“线”。在前视图沿窗口绘制一个长方图形，调整位置到后墙边，单击“line”前面的“＋”，选取“样条线”，将参数面板中的“轮廓”设置为 10，按回车键。

(8) 单击“修改”命令面板中的“修改器列表”，选取“挤出”，将参数面板中的“数量”设置为 10，建立如图 6-1-6 所示效果。

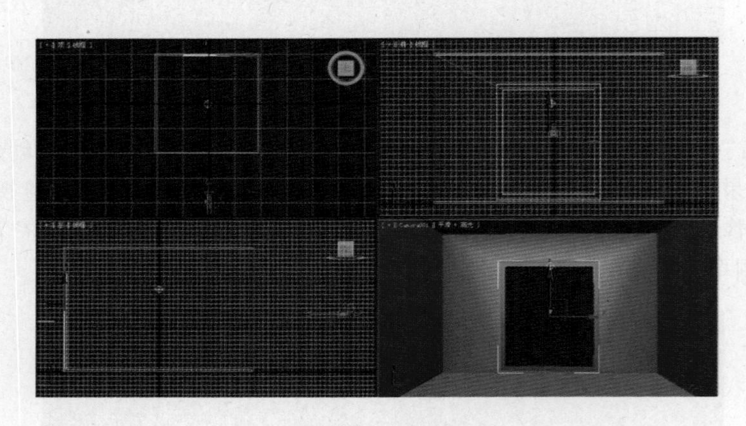

图 6-1-6

(9) 单击“创建”命令面板中的“图形”，再单击“矩形”。在前视图沿窗口绘制一个长度、宽度分别为 200、80 的矩形，展开“渲染”卷展栏，选中“在渲染中启用”和“在视图中启用”，并将“厚度”设置为 5，再复制一个形成两个门，调整至效果如图 6-1-7 所示。

(10) 单击“创建”命令面板中的“几何体”，选取“标准基本体”，单击“长方体”。在顶视图拖动建立一个长方体，作为阳台。单击“创建”命令面板中的“几何体”，选取“AEC 扩展”，单击“栏杆”。在顶视图拖动建立一个栏杆，如图 6-1-8 所示。

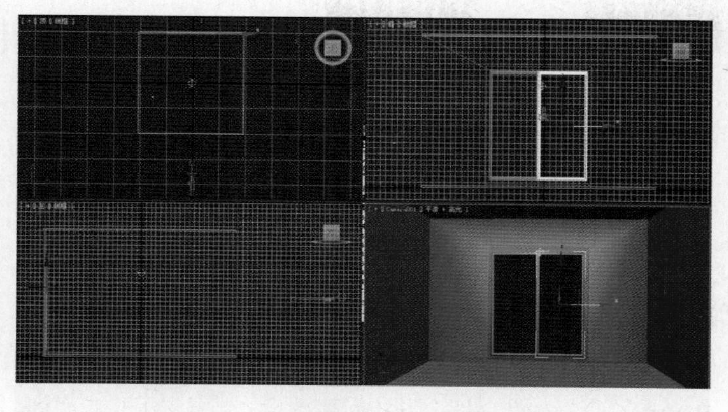

图 6-1-7

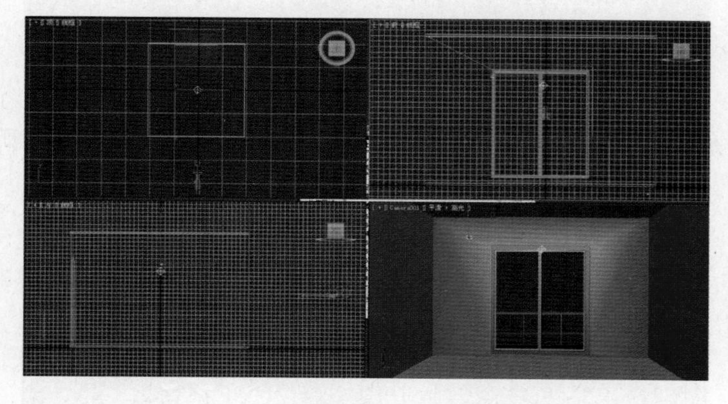

图 6-1-8

(11) 单击“创建”命令面板中的“几何体”,选取“标准基本体”项,单击“平面”,在顶视图拖动创建一个长度、宽度分别为 275、230 的平面。

(12) 单击按钮,选取“导入”中的“合并”,选取场景“吊灯”文件,将吊灯合并到场景中,调整位置,效果如图 6-1-9 所示。

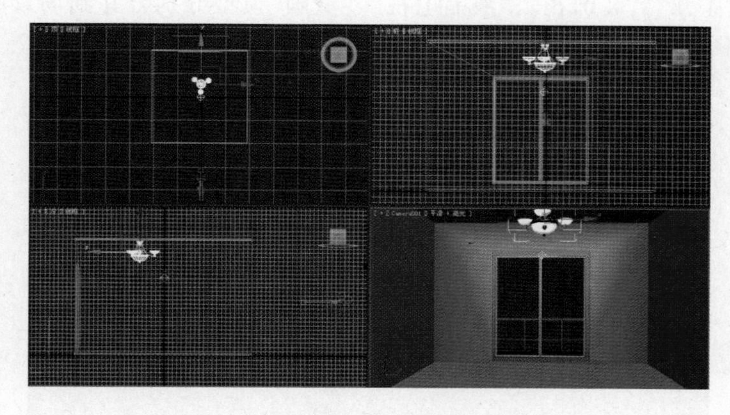

图 6-1-9

(13) 单击“创建”命令面板中的“图形”,再单击“线”。在顶视图绘制一个角台图形，调整顶点。再单击“修改”命令面板中的“修改器列表”，选取“挤出”，将参数面板中的“数量”设置为45，建立如图6-1-10所示效果。

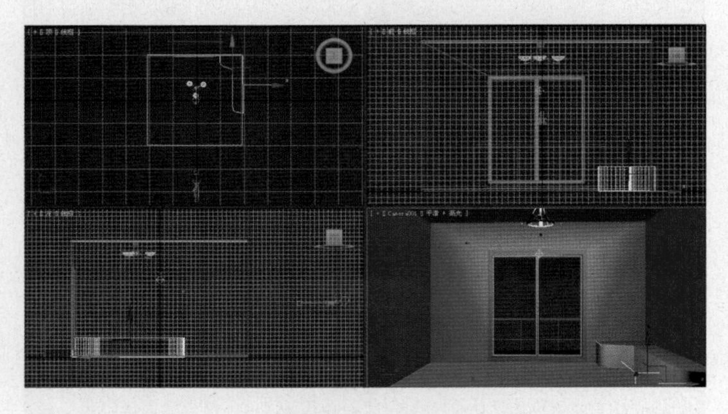

图 6-1-10

(14) 将“布纹沙发”模型合并到场景中，调整位置大小，形成如图6-1-11所示效果。

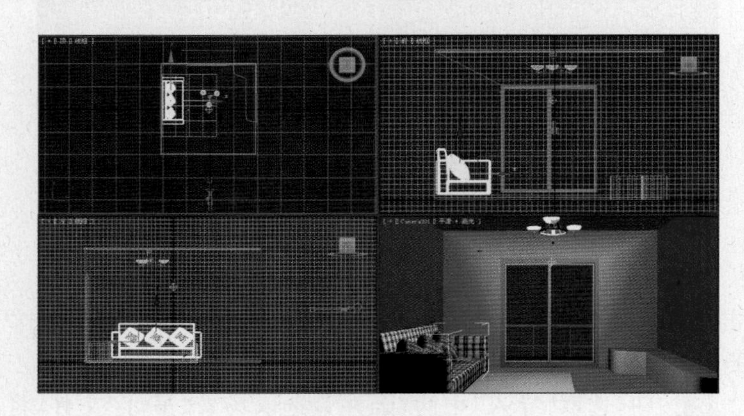

图 6-1-11

(15) 将“茶几”、“装饰花”、“液晶电视”、“壁画”模型分别合并到场景中，调整位置大小，形成如图6-1-12所示效果。

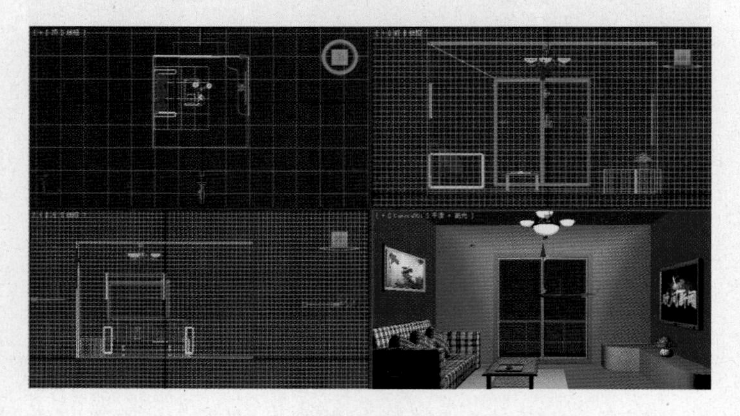

图 6-1-12

(16) 选取"渲染"菜单中"环境"项，选取"夜色 01.jpg"，作为"环境贴图"。

(17) 单击"材质编辑器"工具，打开"材质编辑器"，设置场景模型材质如图6-1-13所示，分别赋予窗框、阳台、地毯、角台、地面、门框相应模型，效果如图6-1-14所示。

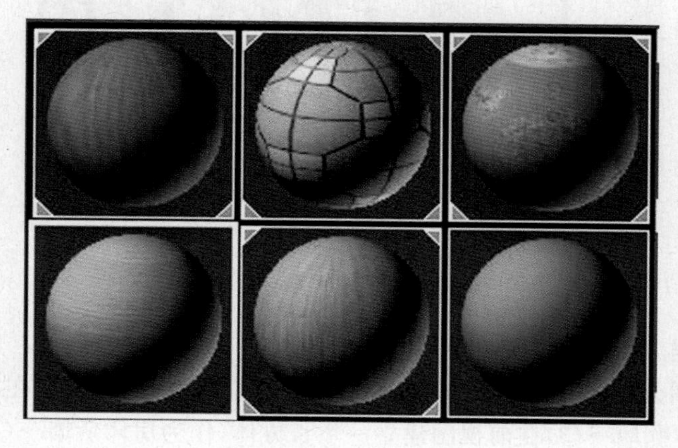

图 6-1-13

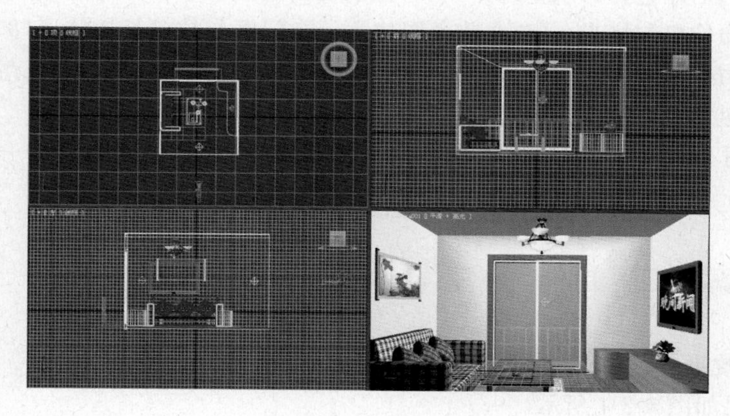

图 6-1-14

(18) 单击主工具栏中"渲染产品"工具，渲染的场景效果如图 6-1-1 所示，单击渲染窗口中"保存"命令，确定保存位置，输入文件名，选取文件类型为".jpg"，单击"保存"按钮，保存渲染的场景效果。

4. 案例小结

本案例重点综合运用了 3ds Max 2011 中的基本建模、复合建模、二维建模、场景合并、材质设置、灯光、摄像机、场景环境设置等相关知识实现室内效果图的设计。对装饰装潢设计过程、设计技巧逐步理解掌握并熟练。

巩固与提高

1. 案例效果

案例效果如图 6-1-15 所示。

图 6-1-15

2. 制作流程

(1)在顶视图分别建立两个长方体,作为房体的房顶与地面→(2)在左视图建立两个长方体,作为房体侧墙→(3)在前视图建立一个长方体,作为房体后墙→(4)在前视图建立一个长方体,与后墙进行布尔差运算→(5)在顶视图建立一个长方体,与房顶进行布尔差运算→(6)加摄像机与灯光→(7)在前视图建立一个门框与拉门长方体→(8)在顶视图建立吸顶灯与墙裙→(9)导入沙发、茶几、壁画、装饰灯→(10)赋材质→(11)保存渲染。

3. 自我创意

综合运用 3ds Max 2011 相关知识,结合生活实际,为自己家庭设计一幅客厅装饰效果图。

6.2 案例二:制作"卧室"

1. 案例效果

案例效果如图 6-2-1 所示。

图 6-2-1

2. 制作流程

(1)制作衣柜→(2)制作床头柜→(3)制作床→(4)制作卧室→(5)赋材质→(6)保存渲染。

3. 步骤解析

第1步:制作衣柜

(1) 重置一个场景,将单位设置为"毫米"。

(2) 单击"创建→几何体→标准基本体→长方体"命令,在顶视图中拖动鼠标创建一个长方体,将其命名为"顶板01"。在"参数"卷展栏中,分别设置长度为600,宽度为964,高度为18。

(3) 用步骤(2)中的方法在左视图中创建一个长方体,将其命名为"旁板01",设置长度为1900,宽度为600,高度为18。

(4) 在两个视图中分别调整"顶板01"和"旁板01"的位置,效果如图6-2-2所示。

(5) 在前视图中创建一个长方体,将其命名为"背板01",设置长度为1882,宽度为964,高度为18。单击主工具栏的"选择并移动"按钮,在视图中调整三个对象的位置,如图6-2-2所示。

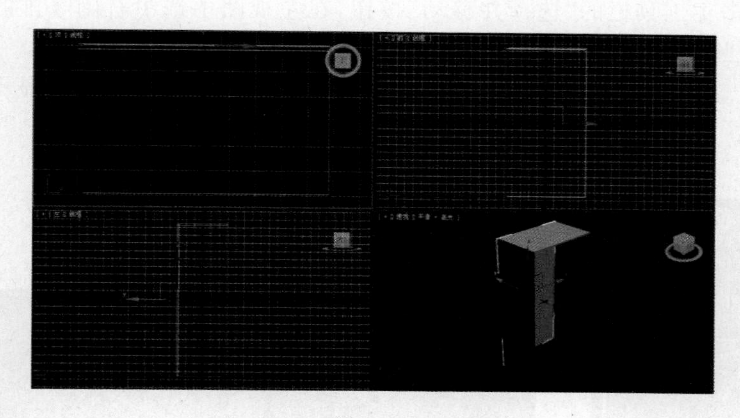

图 6-2-2

(6) 在前视图中选中"旁板01"对象,按住Shift键向右拖动鼠标,松开鼠标后弹出"克隆选项"对话框,使用默认设置,单击"确定"按钮,复制一个"旁板01"对象,将复制的对象移到顶板的另一侧。

(7) 单击"创建→几何体→标准基本体→长方体"命令,在前视图中创建一个长方体,将其命名为"面板01"。在"参数"卷展栏中,分别设置长度为316,宽度为964,高度为18。在视图中调整好的位置,如图6-2-3所示。

(8) 单击"创建→几何体→标准基本体→长方体"命令,在前视图中创建一个长方体,将其命名为"装饰框01"。在"参数"卷展栏中,分别设置长度为400,宽度为964,高度为18,将它移到"面板01"对象的下面。

(9) 单击"创建→几何体→标准基本体→切角长方体"命令,在前视图中拖动鼠标创建一个切角长方体,将其命名为"金属01"。在"参数"卷展栏中,分别设置长度为350,宽度为800,高度为50,圆角为80,圆角分段为3,最大化显示出该对象。

(10) 单击"修改"按钮,进入"修改"命令面板,单击"修改器列表"下拉列表框,从中选择“FFD 4×4×4”修改器。

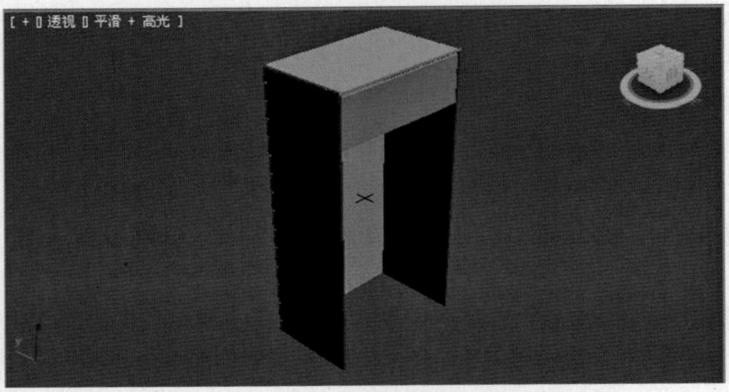

图 6-2-3

（11）在命令面板中单击“FFD 4×4×4”选项前面的“＋”，将其展开，单击鼠标选择“控制点”选项，如图 6-2-4 所示。

（12）单击主工具栏的“选择并移动”按钮，在左视图中选中右侧竖排的 4 组点，将其向左拖动，当与第二排点接近时，再选中右侧的两排点，继续向左拖动。

（13）将“金属 01”对象移动到“装饰框 01”中，使其能在透视视图中显示出来，如图 6-2-5 所示。

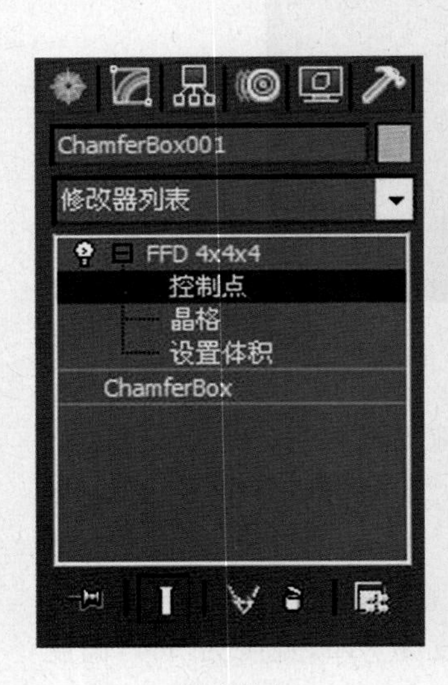

图 6-2-4

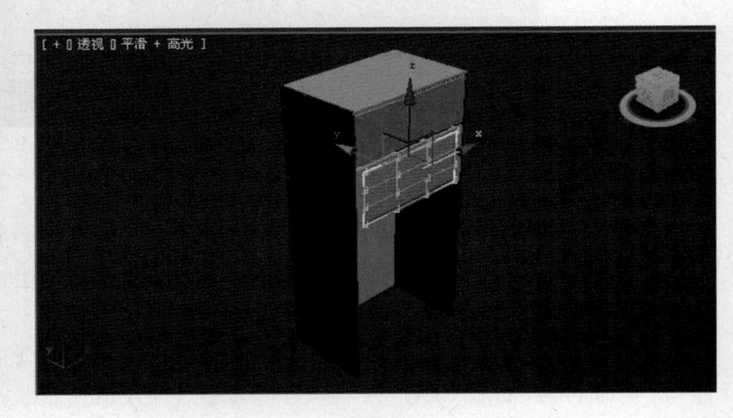

图 6-2-5

（14）单击“创建→几何体→标准基本体→长方体”命令，在前视图中绘制一个长方体，将其命名为“面板 02”，设置长度为 964，宽度为 1090，高度为 18。

（15）在顶视图中绘制一个长方体，将其命名为“底板 01”，设置长度为 582，宽度为 964，高度为 18，如图 6-2-6 所示。

图 6-2-6

(16) 在左视图中绘制一个长方体,将其命名为"旁板 03",设置长度为 1900,宽度为 450,高度为 18。

(17) 在顶视图中绘制一个长方体,将其命名为"顶板 02"。设置长度为 450,宽度为 500,高度为 18。

(18) 在前视图中绘制一个长方体,将其命名为"背板 02"。设置长度为 1882,宽度为 500,高度为 18,如图 6-2-7 所示。

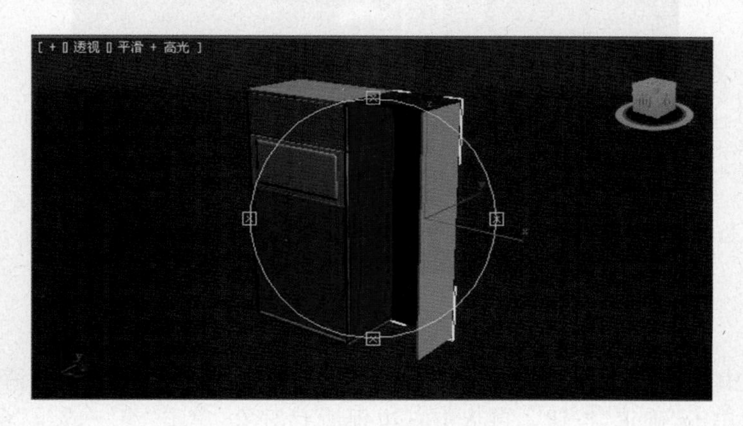

图 6-2-7

(19) 在顶视图中选中"旁板 03"对象,按下 Shift 键并拖动鼠标,松开鼠标后,弹出"克隆选项"对话框,然后单击"确定"按钮。

(20) 右击激活前视图,选中"顶板 02"对象,按下 Shift 键并拖动鼠标,松开鼠标后弹出"克隆选项"对话框,在"对象"栏中选择"复制"单选钮,设置副本数为 1,将名称改为"隔板 01",然后单击"确定"按钮。

(21) 选中"隔板 01"对象,用步骤(20)中的方法再复制两个对象。

(22) 在前视图中绘制一个长方体,将其命名为"抽屉 01"。设置长度为 512,宽度为 500,高度为 450。

(23) 选中"顶板 02"对象,将其复制一个,并将复制对象的名称改为"底板 02"。

(24) 根据合适比例大小建立柜的把手，效果如图 6-2-8 所示。

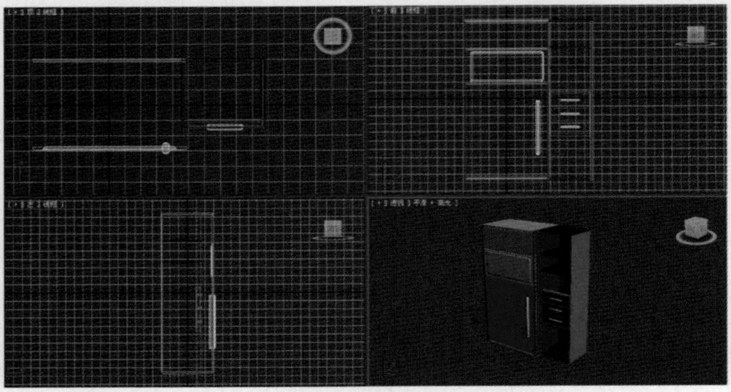

图 6-2-8

(25) 根据实际效果设计制作材质并赋予相应物体，最终效果如图 6-2-9 所示。

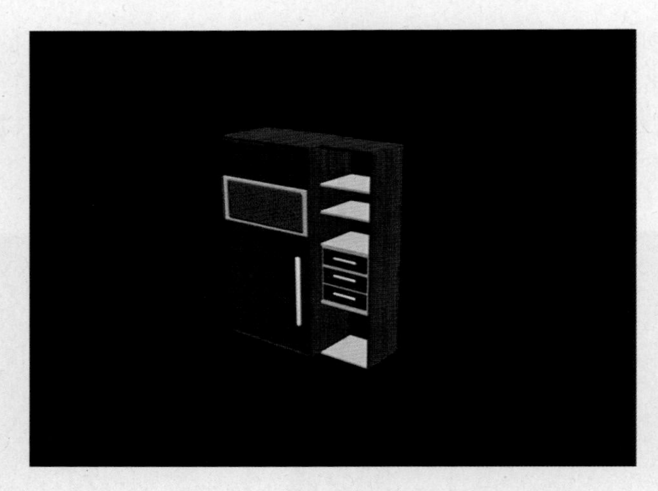

图 6-2-9

(26) 选中左边柜所有对象，单击“组→成组”命令，在弹出的“组”对话框中使用默认设置，然后单击“确定”按钮。再选中右边柜所有对象，单击“组→成组”命令，在弹出的“组”对话框中使用默认设置，然后单击“确定”按钮。

(27) 选中左边柜组对象，单击主工具栏中的“镜像”按钮，在弹出的“镜像”对话框中的“镜像轴”栏中选择“XY”单选钮，“克隆当前选择”栏中选择“复制”，然后单击“确定”按钮。再选取右边柜组，按住 Shift 键拖动复制一个，调整两个组对象的位置，完成后的前视图效果如图 6-2-10 所示。

(28) 单击主工具栏中“渲染产品”工具，渲染的场景效果如图 6-2-11 所示，单击渲染窗口中“保存”命令，确定保存位置，输入文件名，选取文件类型为“.jpg”，单击“保存”按钮，保存渲染的场景效果。

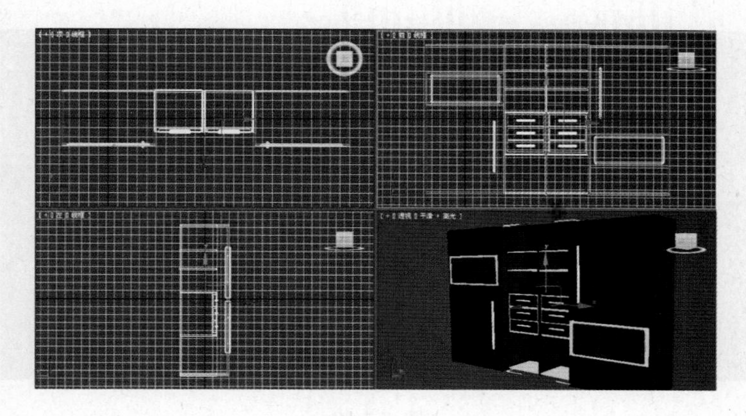

图 6-2-10

图 6-2-11

第 2 步：制作床头柜

步骤 1　制作床头柜与指定材质

（1）单击“创建→几何体→标准基本体→长方体”命令，在顶视图中创建一个长方体对象。在命令面板的“参数”卷展栏中，设置对象的长度为 420，宽度为 1420，高度为 18，宽度分段为 120，其余设置使用默认参数，将其命名为“桌面”。

（2）单击“修改”→“修改器列表”→“弯曲”修改器，在命令面板的“参数”卷展栏中，设置角度为 90，弯曲轴为 X，在“限制”栏中选中“限制效果”复选框，设置“上限”数值框中的数值为 80，这时的“修改”命令面板和对象修改后的效果如图 6-2-12 所示。

（3）在前视图中创建一个长方体，设置它的长度为 500，宽度为 50，高度为 50，在前视图中将长方体的上边移到与“桌面”对象同一高度处，如图 6-2-13 所示。

（4）选中“桌面”对象，在修改器堆栈中展开 Bend（弯曲）选项，单击“中心”子对象，将鼠标指针移到前视图中沿 X 轴向右拖动鼠标，这时可以发现对象弯曲的位置发生变化，继续向右拖动鼠标，直到桌面的竖直部分高度与旁边的长方体高度相似时停止，如图 6-2-13 所示，在修改器堆栈中再次单击“中心”子对象，结束对它的操作。

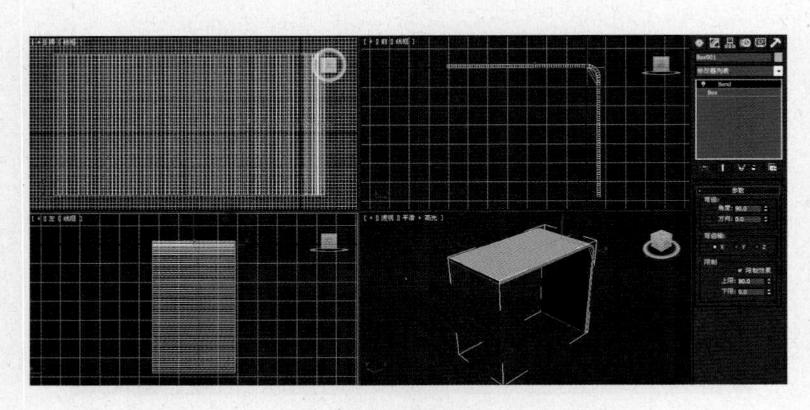

图 6-2-12

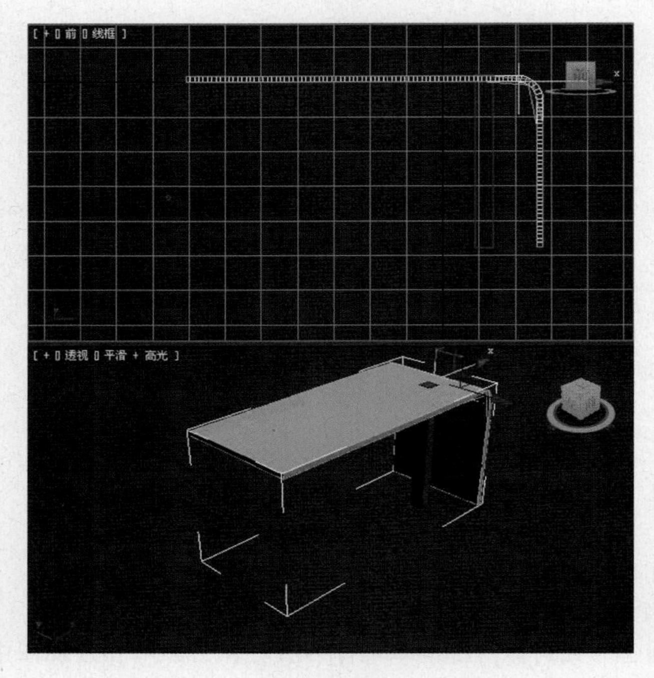

图 6-2-13

(5) 选中已经完成弯曲操作的“桌面”对象，单击“修改”→“修改器列表”→“弯曲”修改器，在命令面板的“参数”卷展栏中，设置角度为 90，弯曲轴为 X，在“限制”栏中选中“限制效果”复选框，设置“下限”数值框中的数值－80，这时的“修改”命令面板和对象修改后的效果如图 6-2-14 所示。

(6) 在修改器堆栈中展开顶端的 Bend(弯曲)选项，单击“中心”子对象，将鼠标指针移到前视图中沿 X 轴向左拖动鼠标，直到弯曲的位置比较合适时停止，如图 6-2-15 所示。然后在修改器堆栈中再次单击“中心”子对象，结束对它的操作。

(7) 选中桌面右侧长度为 500 的长方体，将其删除。

(8) 单击“创建→几何体→扩展基本体→切角长方体”命令，在前视图中拖动鼠标创建一个切角长方体，设置它的长度为 220，宽度为 500，高度为 420，圆角为 20，长度分段为 5，宽度分段为 10，高度为 1，圆角分段为 3，将其命名为“抽屉 01”。

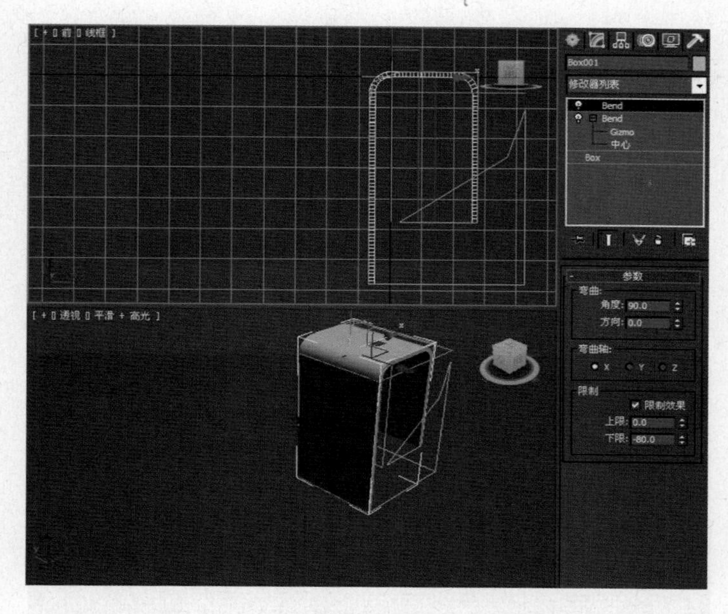

图 6-2-14

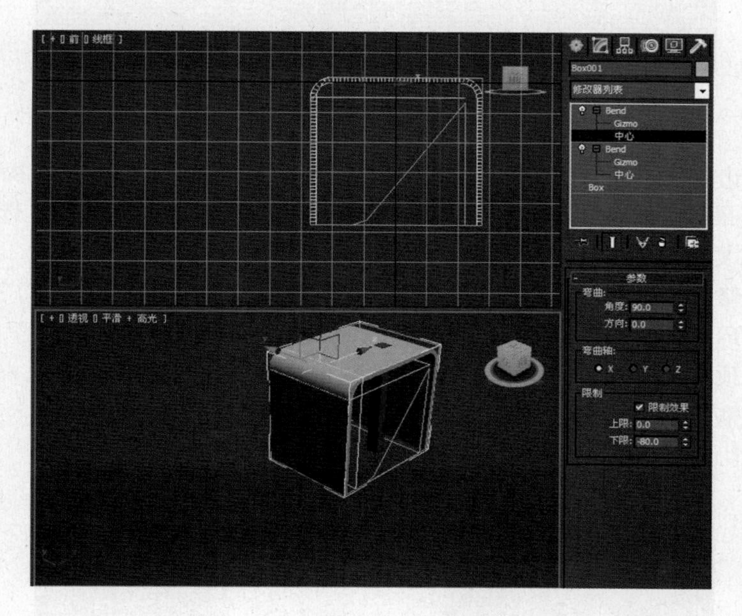

图 6-2-15

(9) 单击“修改”→“修改器列表”→“FFD(长方体)”修改器，在“FFD 参数”卷展栏中单击“设置点数”按钮，弹出“设置 FFD 尺寸”对话框，如图 6-2-16 所示，按图中所示在该对话框中设置长度、宽度和高度的数值，单击“确定”按钮完成设置。

(10) 在修改器堆栈中展开“FFD(长方体)8′10′4”选项，单击“控制点”子对象，在前视图中拖动鼠标选中右上角的点，将其向图形内部移动形成圆角，用同样的方法选中并移动左上角的点，形成圆角，如图 6-2-17 所示，调整完成后单击“控制点”子对象，结束

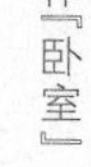

对它的操作。

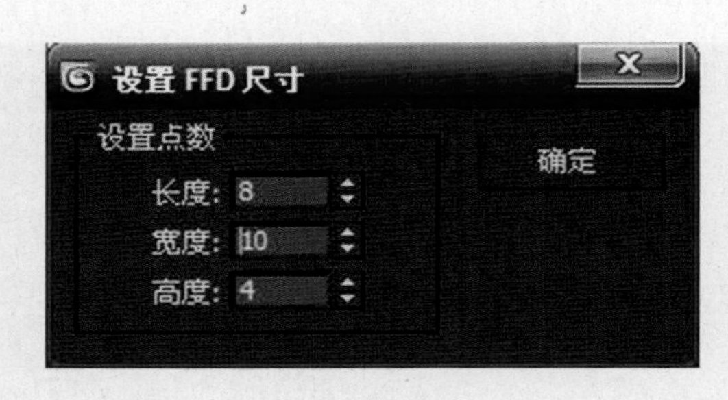

图 6-2-16

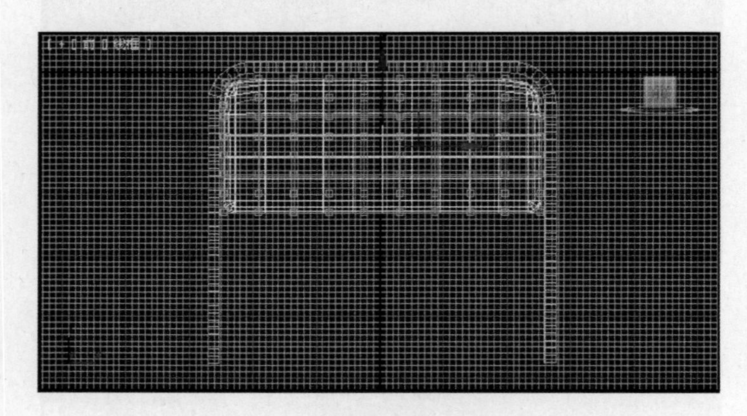

图 6-2-17

(11) 单击主工具栏的“选择并移动”按钮，选中“抽屉 01”对象，并在视图中向下拖动鼠标，松开鼠标后弹出“克隆选项”对话框，在“对象”栏中选中“复制”单选钮，单击“确定”按钮完成复制操作。

(12) 在修改器堆栈中选中“FFD(长方体)”选项，右击“FFD(长方体)”选取“删除”命令，删除 FFD 功能。将步骤(11)中复制的“抽屉 02”移动到“抽屉 01”的下面。

(13) 在顶视图中创建一个长方体，设置它的长度为 42，宽度为 520，高度为 35，将其命名为“底板”，移到“抽屉 02”对象的下面，完成的效果如图 6-2-18 所示。

图 6-2-18

（14）单击“创建→几何体→扩展基本体→环形结”命令，在前视图中拖动鼠标创建一个环形结对象，并在“参数”卷展栏中设置它的参数。在“基础曲线”栏中选中“圆”单选钮，设置半径为 10，扭曲数为 6，扭曲高度为 2，在“横截面”栏中设置半径为 3，如图 6-2-19、图 6-2-20 所示。

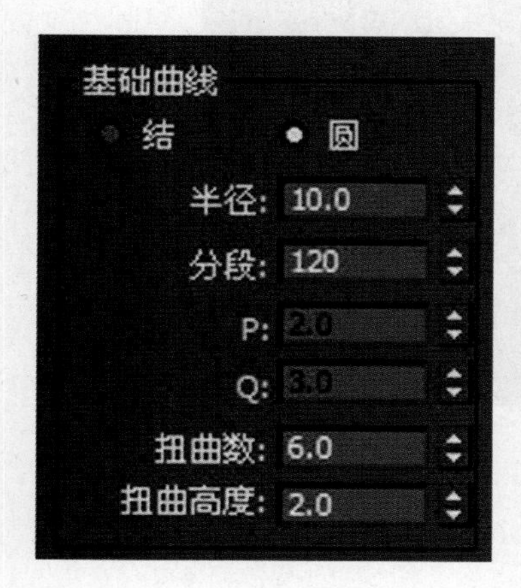

图 6-2-19

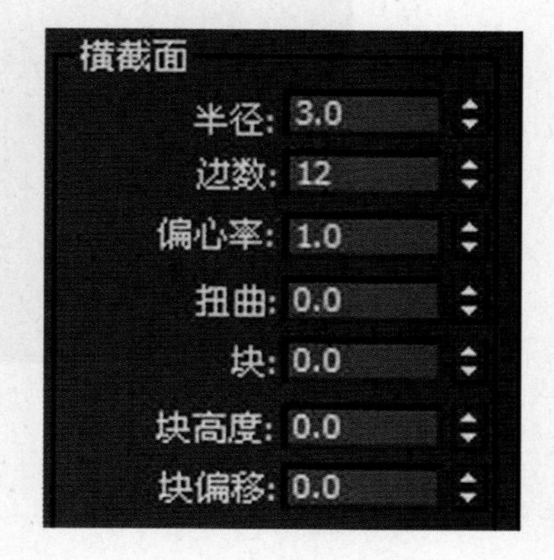

图 6-2-20

（15）在前视图中创建一个圆柱体，设置它的半径为 8，高度为 25。

（16）单击“创建→几何体→扩展基本体→异面体”命令，在前视图中拖动鼠标创建一个异面体对象，在“参数”卷展栏选中“星形 1”单选钮，半径为 10。

（17）在视图中调整以上三个对象的位置，如图 6-2-21 所示，然后将这三个对象选中，组成一个组，组名为“拉手”。

图 6-2-21

（18）将拉手移到抽屉上，再复制一个拉手移到另一个抽屉上。

（19）按下 M 键弹出“材质编辑器”对话框，将“抽屉桌面材质”指定给除拉手外的所有对象，将“拉手”材质指定给拉手对象，完成后的效果如图 6-2-22 所示。

图 6-2-22

步骤 2　制作盆花

（1）在视图空白处单击鼠标，再右击，在弹出的快捷菜单中单击“隐藏未选定对象”命令。

（2）单击“创建→几何体→标准基本体→管状体”命令，在顶视图中创建一个管状体对象，在“名称和颜色”卷展栏中设置它的名称为“花盆”。在命令面板的“参数”卷展栏中设置半径 1 为 52，半径 2 为 55，高度为 100，高度分段为 10，边数为 32，其余使用默认参数。

（3）单击“修改”→“修改器列表”→“锥化”修改器，在它的“参数”卷展栏中设置数量为 0.8，曲线为－2.0，如图 6-2-23 所示。

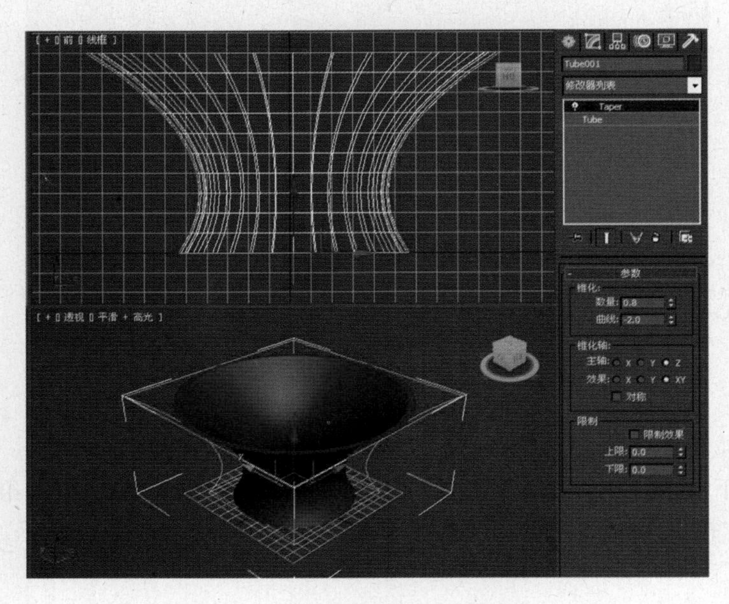

图 6-2-23

（4）在修改器堆栈中展开 Taper 选项，选中“中心”子对象，在前视图中向下拖动鼠标，将中心点向下移动，如图 6-2-24 所示，位置调整结束后再单击“中心”子对象，结束对它的编辑。

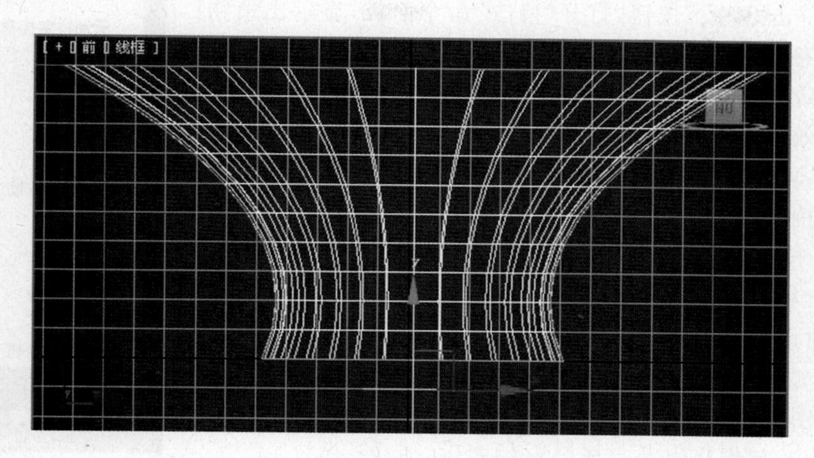

图 6-2-24

（5）单击“创建”→“几何体”→“标准基本体”→“圆柱体”按钮，在顶视图中创建一个圆柱体对象，将其命名为“土”。在命令面板的“参数”卷展栏中，设置半径为 80，高度为 3，边数为 18，高度分段为 2，端面分段为 5，其余使用默认设置。

（6）单击“修改”→“修改器列表”→“噪波”修改器，然后在它的“参数”卷展栏中设置种子为 30，比例为 30，选中“分形”复选框，然后设置粗糙度为 0.3，迭代次数为 3，在“强度”栏中设置 X、Y 和 Z 的数值分别为 2、3 和 10。有关参数设置完成后的效果如图 6-2-25所示。然后将土移到花盆中合适的位置。

图 6-2-25

（7）在场景中的空白处单击，取消对所有对象的选择，然后右击，在弹出的快捷菜单中单击“取消全部隐藏”命令，就可以将前面隐藏的对象显示出来。

（8）单击鼠标将透视视图激活，然后单击“创建”→“几何体”→“AEC 扩展”→“植物”按钮，这时在命令面板的下方出现了“收藏的植物”卷展栏，如图 6-2-26 所示。在该卷展栏中以图片的形式展示出了可以创建的植物，向上拖动命令面板，双击“芳香蒜”。

图 6-2-26

(9) 单击“修改”按钮，打开“修改”命令面板，显示出植物的“参数”卷展栏，将高度改为 200，其余使用默认参数，这时场景中的效果如图 6-2-27 所示。如果取消对植物的选择，则场景中的效果如图 6-2-28 所示。

(10) 调整好花、花盆和土三个对象的位置，然后将它们移到床头柜上。

(11) 按下 M 键弹出“材质编辑器”对话框，分别将“花盆材质”、“土材质”指定给场景中相应的对象，然后关闭“材质编辑器”对话框。

(12) 选中所有对象，将其复制一份，调整好位置，渲染后的效果如图 6-2-29 所示。

第 3 步：制作床以及完成卧室的制作

步骤 1　制作床头

(1) 单击“创建”→“几何体”→“标准基本体”→“长方体”按钮，在前视图中创建一个长方体对象，设置它的长度为 600，宽度为 1900，高度为 30，将其命名为“下床头”。

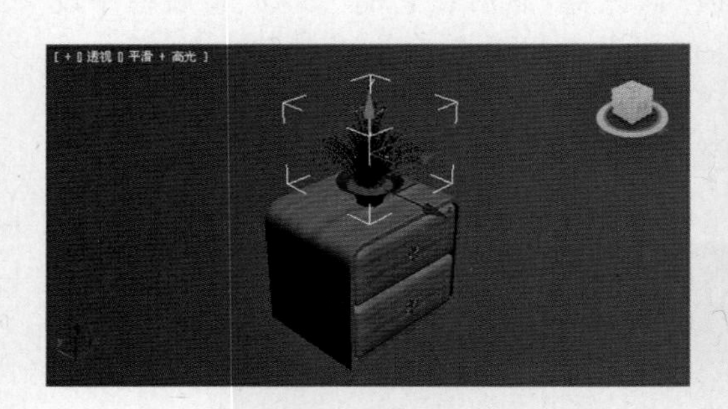
图 6-2-27

图 6-2-28

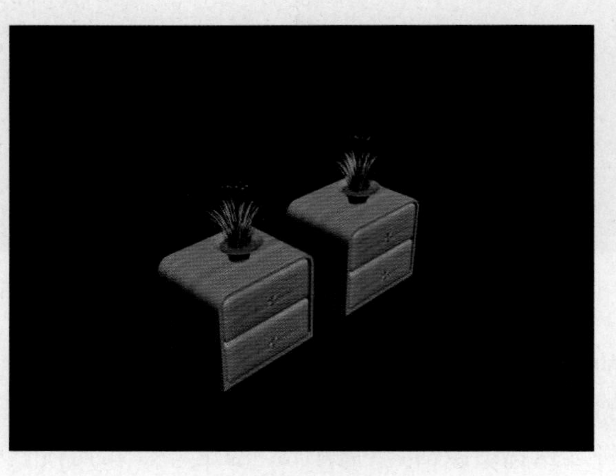
图 6-2-29

（2）单击“创建”→“几何体”→“标准基本体”→“圆柱体”按钮，在顶视图中创建一个圆柱体，设置它的半径为100，高度为1000，高度分段为20，选中“切片启用”复选框，在“从”数值框中输入“－90.0”，在“到”数值框中输入“90.0”，如图6-2-30所示。

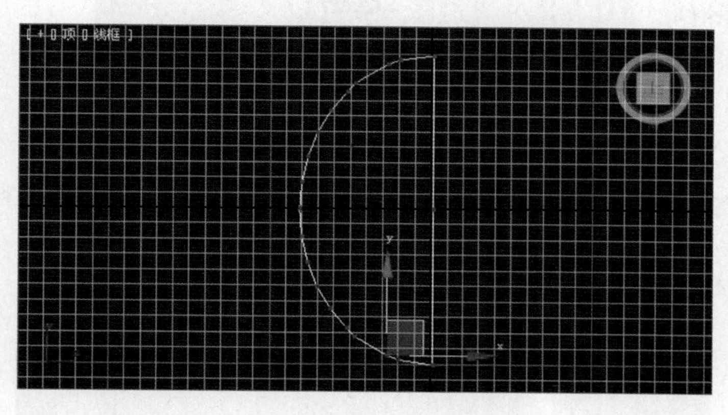

图 6-2-30

（3）单击主工具栏的“选择并缩放”按钮，选中圆柱体，在顶视图中沿X轴方向略作压缩，将圆柱体对象最大化显示。

（4）单击“修改”→“修改器列表”→“编辑网格”修改器，然后在修改器堆栈中展开“编辑网格”选项，选中“顶点”子对象，单击主工具栏的“选择并移动”按钮，在顶视图中拖动鼠标选中一组点，沿着圆的边缘移动顶点，使两组点靠近。

【提示】在顶视图中看到的一个点其实是垂直屏幕的一组点，如果单击鼠标则只会选中一个点，所以一定要拖动鼠标进行选择。

（5）在顶视图中拖动鼠标选择一组点，将其向图形内部方向移动，所选择的点如图6-2-31所示，这时如果渲染左视图，得到的效果如图6-2-31所示。

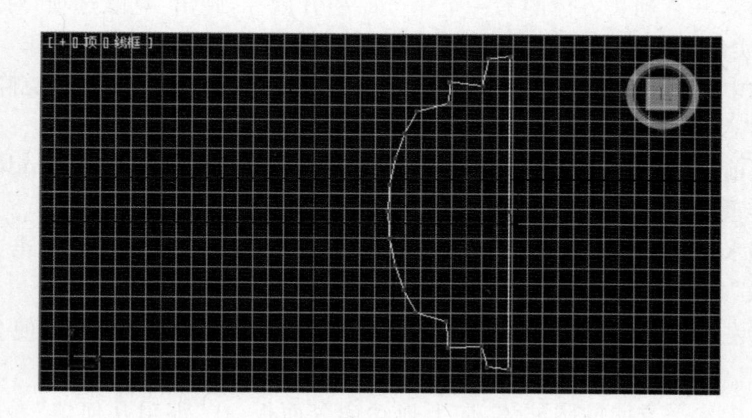

图 6-2-31

（6）在修改器堆栈中再次单击“顶点”子对象，结束对它的编辑。

（7）选中圆柱体，单击主工具栏的“选择并旋转”按钮，然后在该按钮上右击，弹出“旋转变换输入”对话框，如图6-2-32所示，在“偏移：屏幕”栏的Z数值框中输入“90”，按下回车键确认输入后，完成圆柱体的旋转，关闭该对话框。

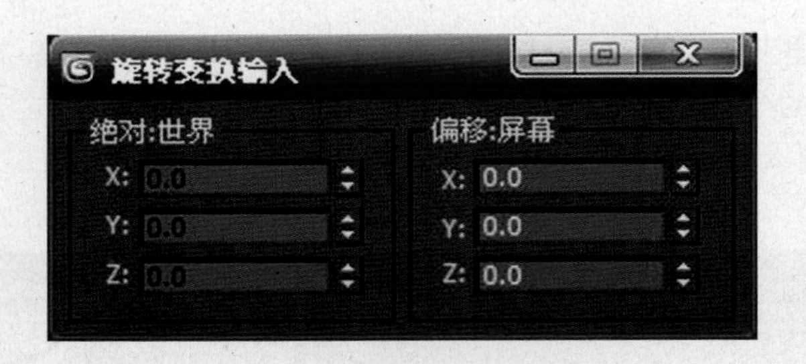

图 6-2-32

(8) 单击“修改”→“修改器列表”→“弯曲”修改器，在“参数”卷展栏中设置角度为 35。

(9) 将圆柱体移到长方体一个角上，这时的效果如图 6-2-33 所示。

图 6-2-33

(10) 单击主工具栏的“选择并移动”按钮，在前视图选中圆柱体对象，按住 Shift 键向右拖动鼠标，一直到长方体的另一个角上时松开鼠标，弹出“克隆选项”对话框，在“对象”栏选中“实例”单选钮，单击“确定”按钮完成复制操作。

(11) 选中左侧圆柱体，按住 Shift 键向右拖动鼠标，松开鼠标弹出“克隆选项”对话框，在“对象”栏选中“复制”单选钮，单击“确定”按钮完成复制操作。

(12) 在前视图中选中复制出来的圆柱体，在修改器堆栈中删除 Bend(弯曲)修改器，然后用步骤(7)中的方法将圆柱体沿 Z 轴旋转 90°，使其呈水平状态。

(13) 将水平的圆柱体移动到两个竖直旋转的圆柱体的上方，再单击主工具栏的“选择并缩放”按钮，沿 X 轴拉长圆柱体，如图 6-2-34 所示。

(14) 在左视图中选中水平放置的圆柱体，旋转并移动该圆柱体，使其方向如图 6-2-35所示。

(15) 选中水平方向的圆柱体，向上拖动命令面板，在“编辑几何体”卷展栏中单击“附加”按钮，然后将鼠标指针移到视图中单击另一个圆柱体，再单击第三个圆柱体，如图 6-2-36 所示。这样就可以将它们结合成一个整体，在“修改”命令面板中将它的名字更改为“床头边框”。

(16) 在顶视图中创建一个长方体，设置它的长度为 800，宽度为 35，高度为 1800，长度分段为 15，其余使用默认参数。

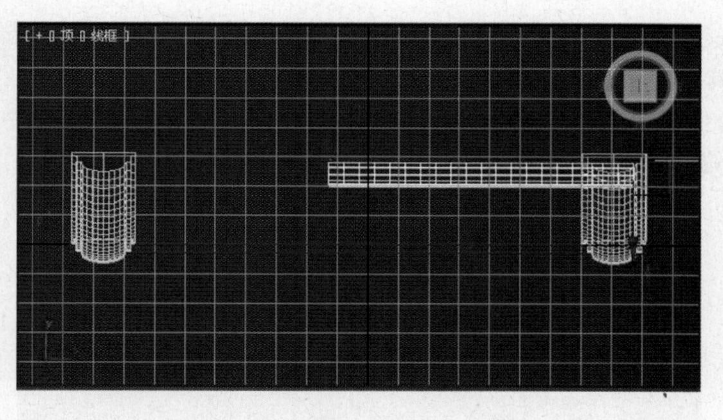

图 6-2-34

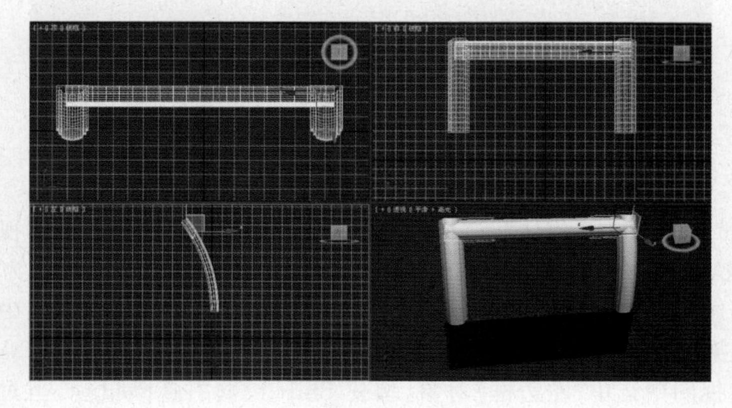

图 6-2-35

(17) 单击“修改”→“修改器列表”→“弯曲”修改器,在“参数”卷展栏中设置角度为-35,弯曲轴为Y。

(18) 将长方体旋转调整角度,如图 6-2-36 所示。

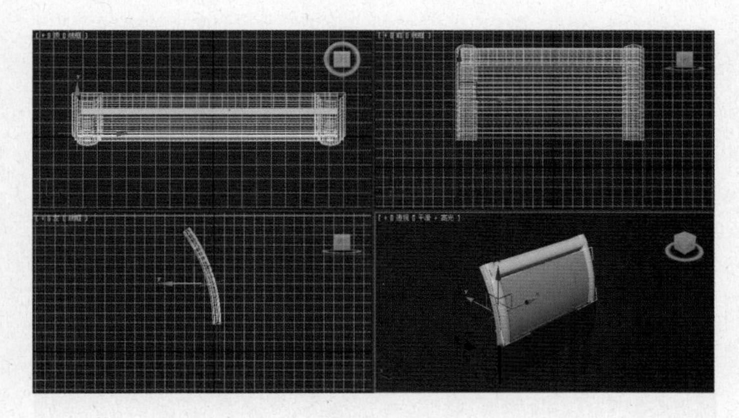

图 6-2-36

步骤 2　制作床垫

(1) 单击“创建”→“几何体”→“扩展基本体”→“切角长方体”按钮,在顶视图中创

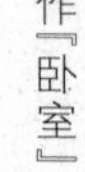

建一个切角长方体对象，设置它的长度为 2000，宽度为 1800，高度为 200，圆角为 30，圆角分段为 3，其余使用默认参数，将其命名为“床垫”。

（2）单击主工具栏的“选择并移动”按钮，选中“床垫”对象，在视图中将它移到“下床头”的上沿，如图 6-2-37 所示。

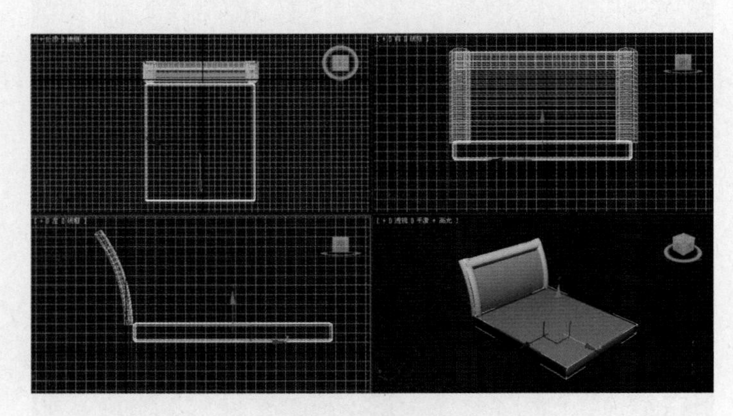

图 6-2-37

（3）单击“创建”→“几何体”→“标准基本体”→“长方体”按钮，在顶视图中创建一个长方体对象，设置它的长度为 2050，宽度为 100，高度为 150，将其命名为“左边框”。

（4）单击主工具栏的“选择并移动”按钮，选中“左边框”对象，在视图中将它移动到“床垫”对象左侧下方形成支撑，如图 6-2-38 所示。

（5）在前视图中选中“左边框”对象，按住 Shift 键向右拖动鼠标，当对象移动到床垫的另一侧时松开鼠标，弹出“克隆选项”对话框，在“对象”栏选中“实例”单选钮，在“名称”文本框中输入新的名称“右边框”，单击“确定”按钮完成复制操作。

（6）在顶视图中创建一个长方体，设置它的长度为 100，宽度为 1700，高度为 150，将其命名为“前边框”，然后在视图中将它移到床垫的前面形成支撑，这时的效果如图 6-2-38所示。

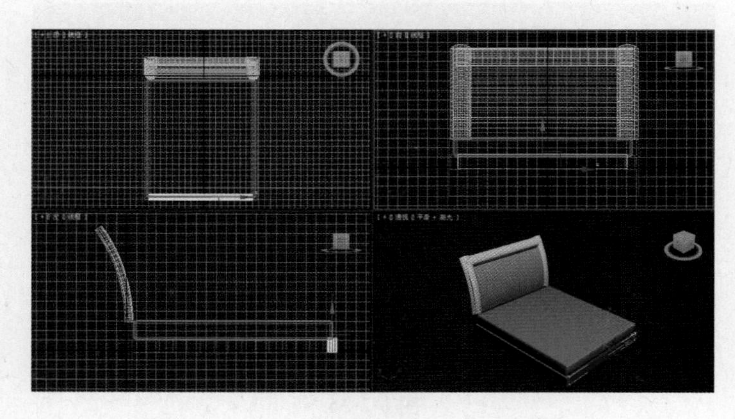

图 6-2-38

（7）将“前边框”对象复制一个，并把复制的对象移到床垫的另一侧，命名为“后边框”。

(8) 在顶视图中创建一个长方体，设置它的长度为100，宽度为100，高度为230，长度分段为3，宽度分段为3，高度分段为5，将其命名为“床腿”。

(9) 单击“修改”→“修改器列表”→“锥化”修改器，在“数量”数值框中输入“0.5”，这时的锥化效果如图 6-2-39 所示。

(10) 将“床腿”对象复制 3 个，并将所有“床腿”分别移到床的 4 个角上，效果如图 6-2-39所示。

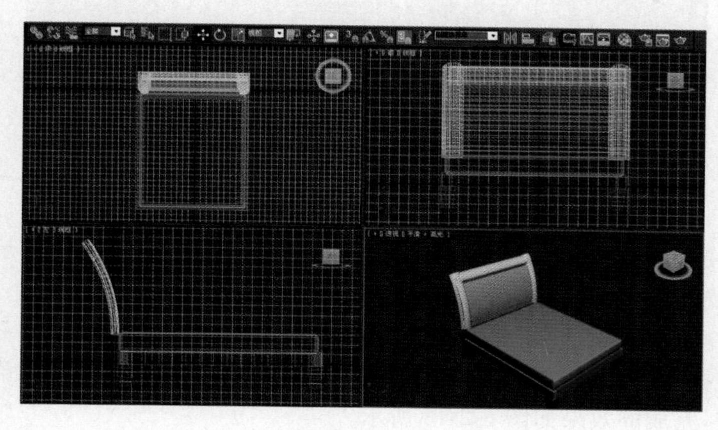

图 6-2-39

步骤 3　制作床单

(1) 单击“创建”→“几何体”→“标准基本体”→“平面”按钮，在顶视图中创建一个平面对象，设置它的长度为 2100，宽度为 2000，长度分段为 15，宽度分段为 15，将其命名为“床单”。

(2) 单击主工具栏中的“选择并移动”按钮，在视图中将平面对象移到比“床腿”略高的位置，单击“修改”→“修改器列表”→“编辑网格”修改器。

(3) 在屏幕的右侧命令面板区域单击“修改”按钮，进入“修改”命令面板，在下面的参数区域展开“选择”卷展栏，单击 (顶点)按钮进入对顶点子对象的编辑状态。

(4) 在顶视图中拖动鼠标选中如图 6-2-40 所示的点，在前视图中右击，然后向上拖动选中的点，如图 6-2-41 所示。

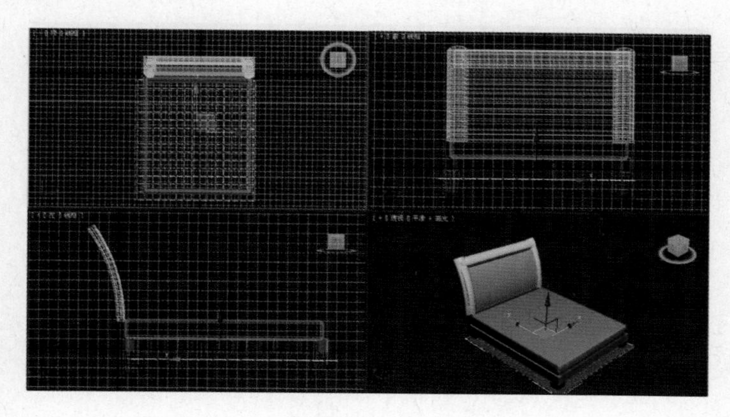

图 6-2-40

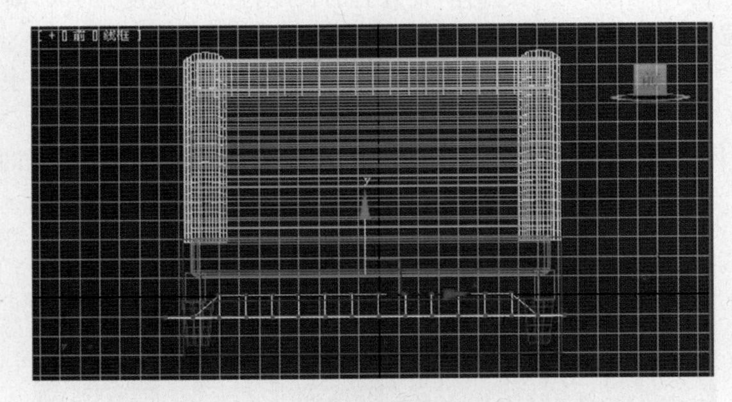

图 6-2-41

(5) 在顶视图中再次拖动鼠标选择顶点，选择范围比图 6-2-40 中所示的点扩大一层，然后在前视图中向上拖动选中的点，形成床单的基本结构。

(6) 在顶视图中按住 Ctrl 键单击鼠标选择点，每隔 2 至 3 个点选择一次，然后将选中的点略向里拖动，如图 6-2-42 所示。用同样的方法将床单另一侧和床单前面的点也进行相同操作，完成的效果如图 6-2-43 所示。

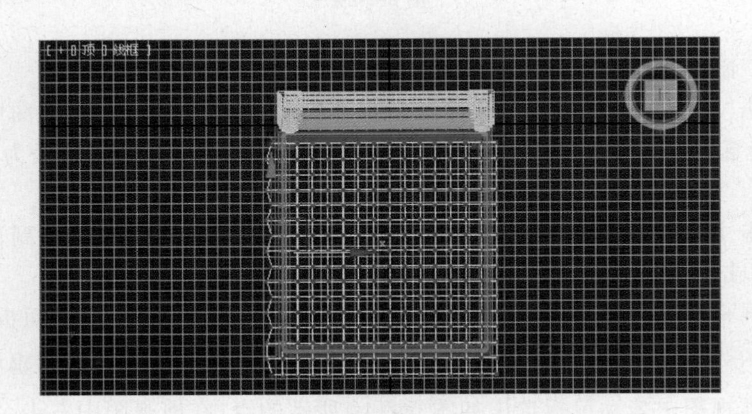

图 6-2-42

图 6-2-43

（7）在“选择”卷展栏，单击 （顶点）按钮结束对顶点子对象的编辑状态。

（8）单击“修改”→“修改器列表”→“噪波”修改器，在“参数”卷展栏中设置“种子”为“50”，“比例”为“30”，选中“分形”复选框，设置“粗糙度”为“0.3”，“迭代次数”为“3”，在“强度”栏中设置 Z 的值为“30mm”，这时渲染后的效果如图 6-2-44 所示。

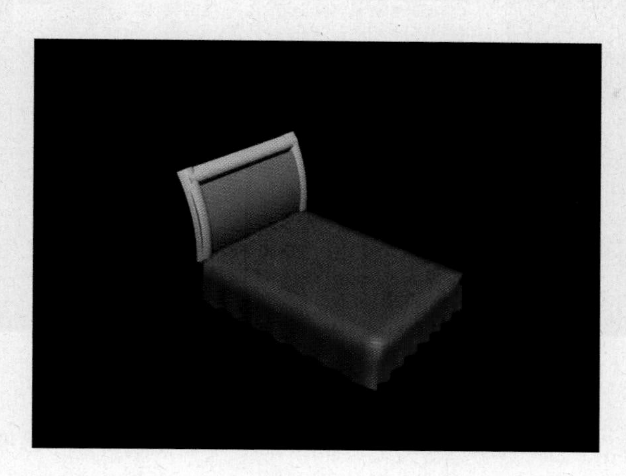

图 6-2-44

步骤 4　制作床上其他物品

（1）单击“创建”→“几何体”→“扩展基本体”→“切角长方体”按钮，在顶视图中拖动鼠标创建一个切角长方体对象，设置它的长度为 500，宽度为 2500，高度为 20，圆角为 20，长度分段为 5，宽度分段为 30，圆角分段为 3，将其命名为“小床单”。

（2）单击主工具栏的“选择并移动”按钮，选中刚创建的“小床单”，然后右击，在弹出的快捷菜单中单击“转换为”→“转换为可编辑网格”命令，将其转换为可编辑网格对象，然后在前视图中将它移到与床单下脚高度基本相同的位置，在顶视图中将它移到比较接近床头的位置，如图 6-2-45 所示。

（3）在修改器堆栈中展开“可编辑网格”堆栈，单击“顶点”子对象，向上拖动命令面板，展开“软选择”卷展栏，选中“使用软选择”复选框，在“衰减”数值框中输入“500.0”，如图 6-2-46 所示。

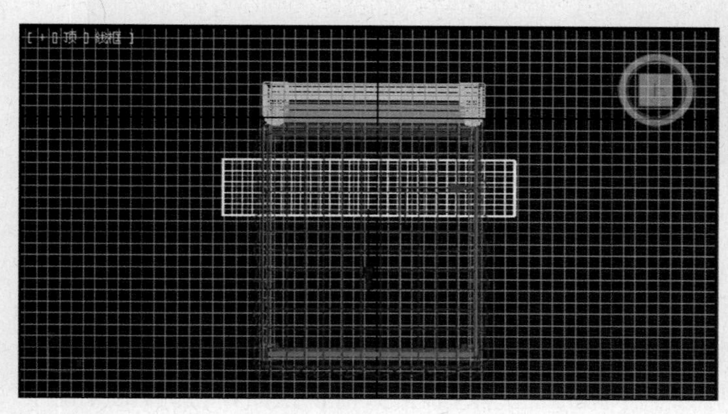

图 6-2-45

软选择
使用软选择
边距离:
影响背面
衰减: 500.0
收缩: 0.0
膨胀: 0.0
500.0　0.0　500.0

图 6-2-46

（4）在前视图中拖动鼠标选择中间的一部分点，然后将选中的点向上移动，效果如图 6-2-47 所示。在修改器堆栈中再次单击“顶点”子对象结束对它的编辑。

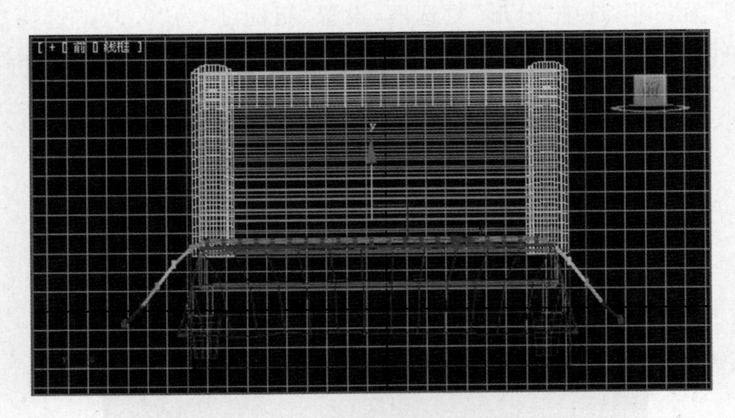

图 6-2-47

（5）单击“修改”→“修改器列表”→“噪波”修改器，在“参数”卷展栏中设置种子为 30，比例为 50，选中“分形”复选框，设置粗糙度为 0.6，迭代次数为 3，在“强度”栏中设置 X 为 10，Y 为 10，Z 为 20。

（6）单击“创建”→“几何体”→“标准基本体”→“长方体”按钮，在前视图中拖动鼠标创建一个长方体对象，设置它的长度为 500，宽度为 500，高度为 20，长度分段为 5，宽度分段为 5，高度分段为 2，将其命名为“枕头 01”。

（7）单击主工具栏的“选择并移动”按钮，选中刚创建的对象，右击，在弹出的快捷菜单中单击“隐藏未选定对象”命令，然后将枕头最大化显示出来，再右击，在弹出的快捷菜单中单击“转换为”→“转换为可编辑网格”命令。

（8）按下数字“1”键进入对顶点子对象的编辑状态，单击主工具栏的“选择并缩放”按钮，在前视图中拖动鼠标选中 4 个角上的点，右击激活顶视图，沿 Y 轴方向将所选择的点压缩，如图 6-2-48 所示。

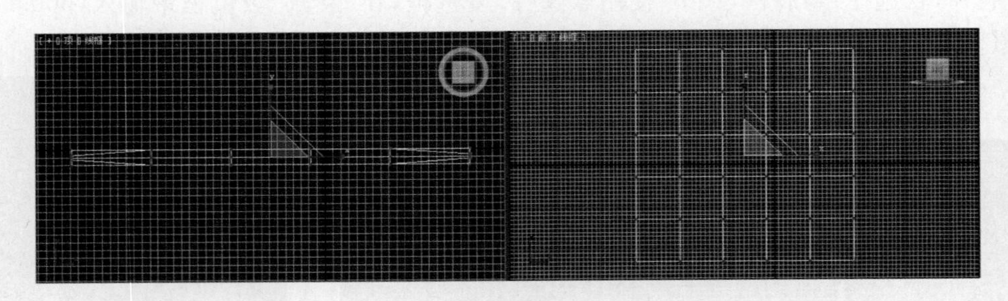

图 6-2-48

（9）单击主工具栏的“选择并移动”按钮，在“选择”卷展栏中选中“忽略背面”复选框，展开“软选择”卷展栏，选中“使用软选择”复选框，取消“影响背面”复选框的选择，在“衰减”数值框中输入“230.0”，如图 6-2-49 所示。

（10）在前视图中拖动鼠标选中中间的 4 个点，右击激活顶视图，将选择的点向下拖动，如图 6-2-50 所示。

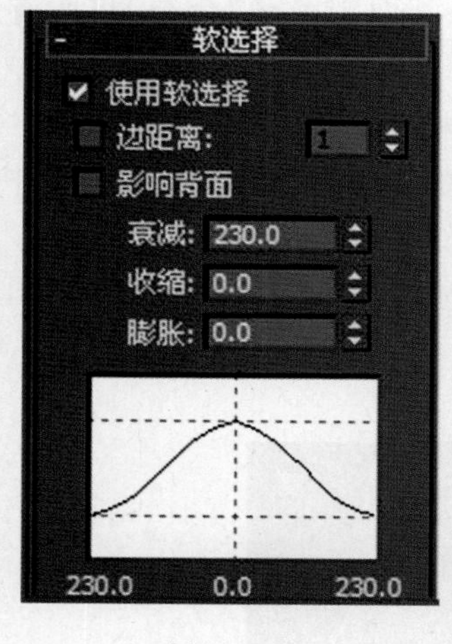

图 6-2-49

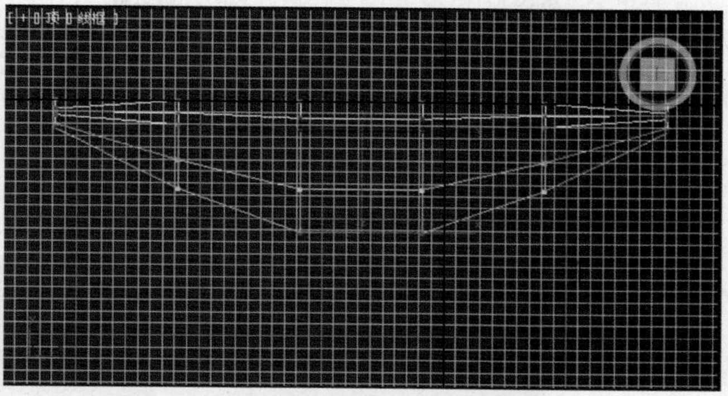

图 6-2-50

(11) 激活前视图，将鼠标指针移到视图标签处，右击，在弹出的快捷菜单中单击“视图”→“后”命令，将前视图更换为后视图。

(12) 在后视图中拖动鼠标选中中间的 4 个点，右击，激活顶视图，将选择的点向上拖动，然后再将后视图切换成前视图。

(13) 再次按下数字“1”键，结束对子对象的编辑。

(14) 单击“修改”→“修改器列表”→“网格平滑”修改器，在修改器堆栈中展开“局部控制”卷展栏，单击 (顶点)按钮进入对顶点子对象的编辑状态，在前视图中“枕头”的一个角上拖动鼠标选中一个点，然后按住 Ctrl 键分别拖动鼠标选中其他三个角上的点，如图 6-2-51 所示。

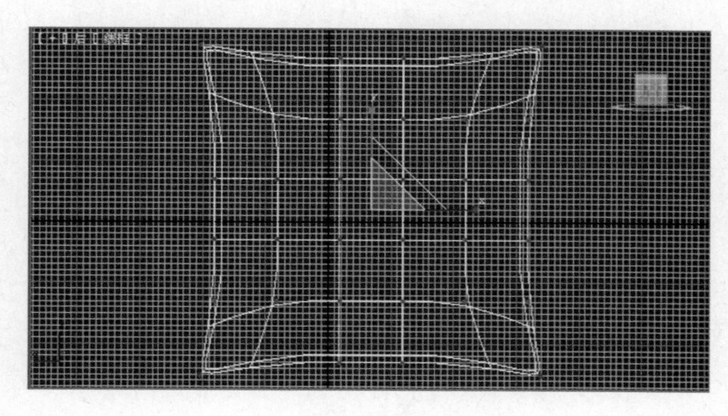

图 6-2-51

(15) 在“局部控制”卷展栏中的“权重”数值框中输入“5.0”，然后单击主工具栏中的“选择并缩放”按钮，在前视图中沿平面略放大，如图 6-2-51 所示。在“局部控制”卷展栏中，再次单击 按钮结束对顶点子对象的编辑。

(16) 单击“修改”→“修改器列表”→“噪波”修改器，在“参数”卷展栏中设置种子为

20,比例为 50,在“强度”栏中设置 X 为 20,Y 为 10,Z 为 30。

(17) 在视图空白处右击,在弹出的快捷菜单中单击“全部取消隐藏”命令,将所有对象显示出来。

(18) 将“枕头 01”对象复制一个,命名为“枕头 02”,与“枕头 01”并排摆放。

(19) 将“枕头 01”对象再复制一个,命名为“枕头 03”,单击主工具栏中的“选择并缩放”按钮,选中“枕头 03”对象,在前视图中沿 X 轴方向放大,形成长方形的枕头。

(20) 将“枕头 03”对象复制一个,命名为“枕头 04”,调整所有枕头的位置,如图 6-2-52所示,然后保存文件。

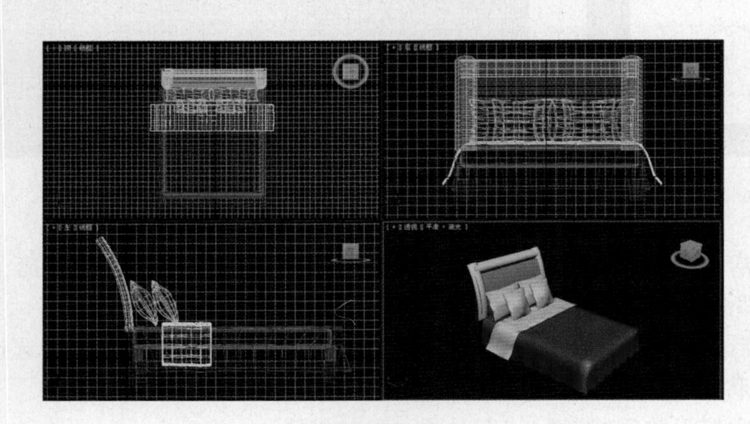

图 6-2-52

(21) 设计制作相应材质贴图并赋予床及床上物品,最终效果如图 6-2-53 所示。

图 6-2-53

步骤 5　合并文件

(1) 重置一个场景,将单位设置为“毫米”,然后将其以“温馨卧室”为名进行保存。

(2) 在顶视图中创建一个平面,设置长度为 6000,宽度为 7000,将其命名为“地板”。

(3) 单击“创建”→“几何体”→“扩展基本体”→“L-Ext”按钮,在顶视图中从平面的左上角向右下角拖动,设置它的侧面长度为 −6000,前面长度为 7000,侧面宽度为 100,

前面宽度为 100，高度为 4500，将其命名为“墙”，如图 6-2-54 所示。

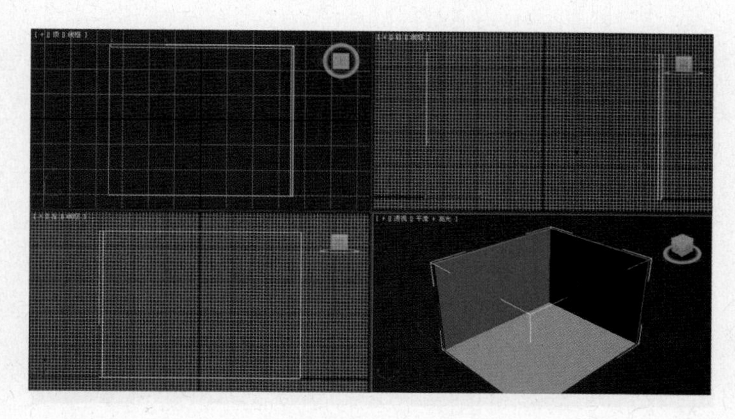

图 6-2-54

(4) 单击“文件”→“合并”命令，弹出“合并文件”对话框，选择制作的衣柜的保存位置及文件名，单击“打开”按钮，弹出“合并”对话框，单击“全部”按钮，将所有对象选中后单击“确定”按钮。对衣柜进行旋转调整如图 6-2-55 所示。

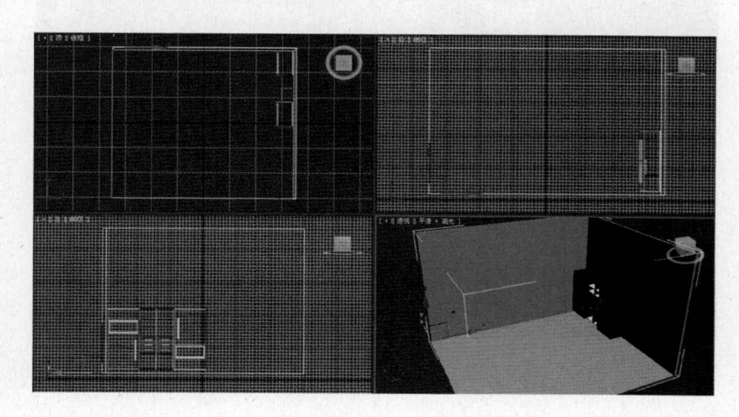

图 6-2-55

(5) 用同样的方法合并床头柜和床，然后调整好位置，如图 6-2-56 所示。

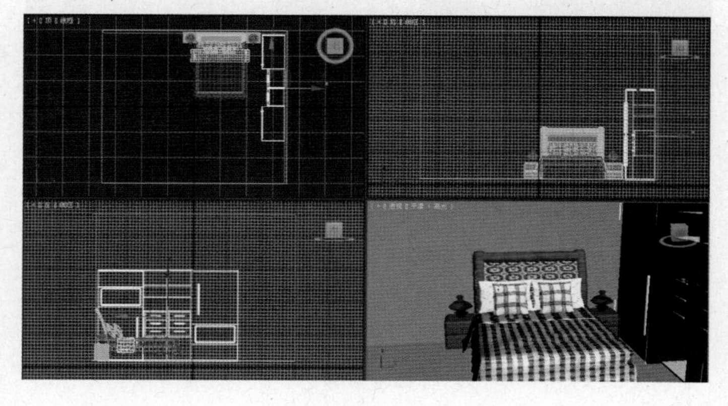

图 6-2-56

(6) 再制作一个相框放在床头上方,然后调整好位置大小,如图 6-2-57 所示。

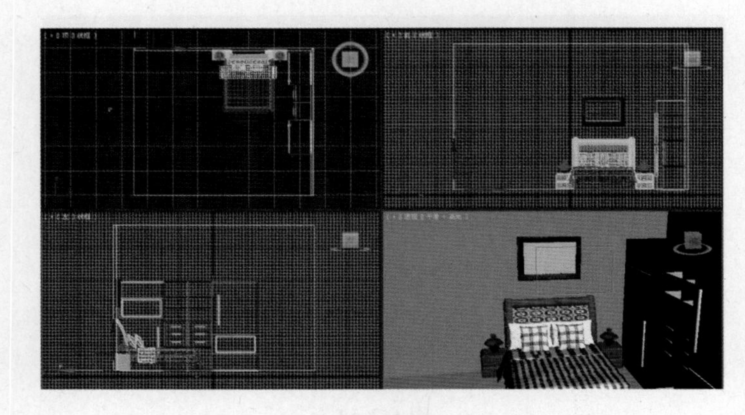

图 6-2-57

(7) 设计材质贴图并赋予相应物体,最终效果如图 6-2-58 所示。

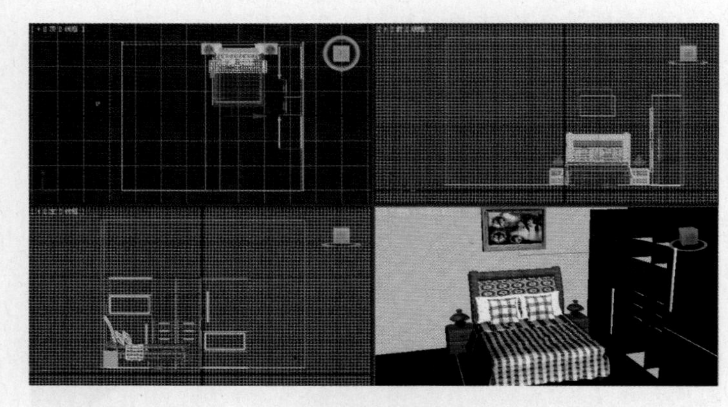

图 6-2-58

(8) 在场景中设置摄像机与灯光,适当调整角度与位置,效果如图 6-2-59 所示。

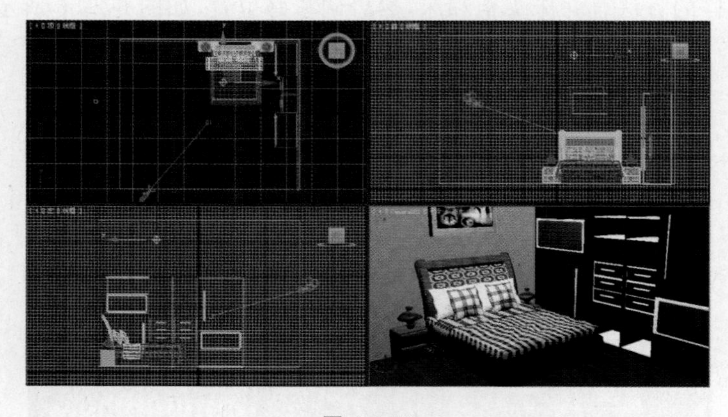

图 6-2-59

(9) 渲染的效果如图 6-2-1 所示。

4. 案例小结

本案例运用重点综合了 3ds Max 2011 中的“编辑修改器”的 FFD、弯曲、锥化、扭曲、噪波、编辑网格、可编辑多边形等功能建模，各种材质贴图制作设计，灯光、摄像机、场景环境设置等相关知识，实现室内效果图的设计。对装潢装饰设计过程、设计技巧逐步理解掌握并熟练。

巩固与提高

1. 案例效果

案例效果如图 6-2-60 所示。

图 6-2-60

2. 制作流程

(1)制作单人沙发→(2)制作双人沙发→(3)制作茶几→(4)制作房体→(5)赋材质→(6)保存渲染。

3. 自我创意

综合运用 3ds Max 2011 相关知识，结合生活实际，为自己家庭设计一个卧室装饰效果图作品。

7 动画制作

7.1 关键帧动画制作

7.1.1 案例一:制作“时钟”动画

1. 案例效果

案例效果如图 7-1-1 所示。

图 7-1-1

2. 制作流程

(1)调整秒针、分针、时针轴心位置→(2)调整分针和时针的角度→(3)打开动画记录,选择秒针旋转合适的角度→(4)选择分针,旋转合适的角度→(5)关闭动画记录,渲染动画。

3. 步骤解析

(1) 打开示例文件。依次选择秒针、分针、时针,分别单击“层次”→“轴”→“仅影响轴”按钮,在各视图中沿 Y 轴调整轴心位置至对象的下端。如图 7-1-2 所示。

图 7-1-2

（2）关闭“仅影响轴”按钮，单击“选择并旋转”工具，沿 Z 轴适当调整分针和时针的位置，如图 7-1-3、图 7-1-4 所示。

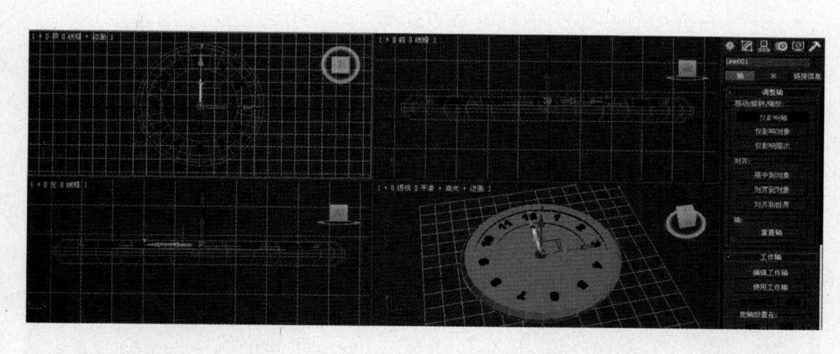

图 7-1-3

图 7-1-4

（3）单击“自动关键点”按钮，打开动画记录，将动画关键点拖动到 100 帧处。选择秒针，右击“角度捕捉”按钮，在弹出的快捷菜单中选择“栅格和捕捉设置”命令，设置角度为 20，如图 7-1-5 所示。使用“选择并旋转”工具沿 Z 轴将秒针旋转合适的角度，如图 7-1-6 所示。

（4）选择分针，使用“选择并旋转”工具沿 Z 轴将分针旋转合适的角度，如图 7-1-7所示。

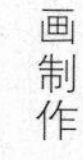

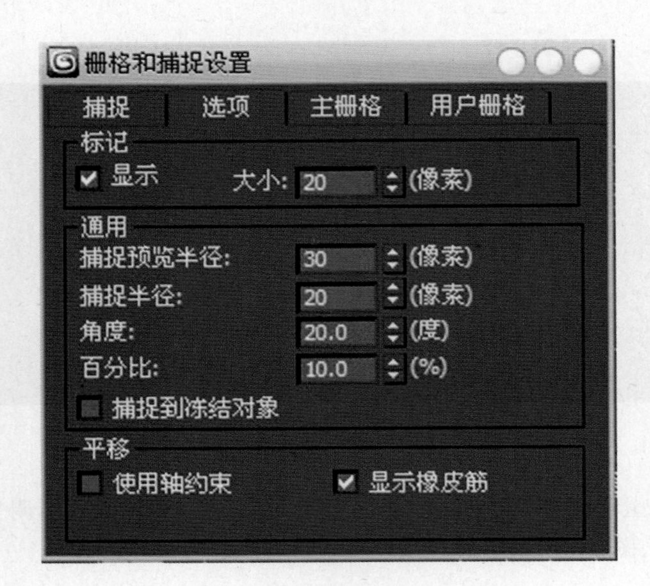

图 7-1-5

图 7-1-6

图 7-1-7

（5）单击“自动关键点”按钮，关闭动画记录。激活透视图，单击“渲染”→“渲染设置”命令，选择时间输出范围为 0 至 100，输出大小为“640×480”。选择合适的文件保存路径，保存文件类型为“AVI 文件”，渲染，如图 7-1-8 所示。

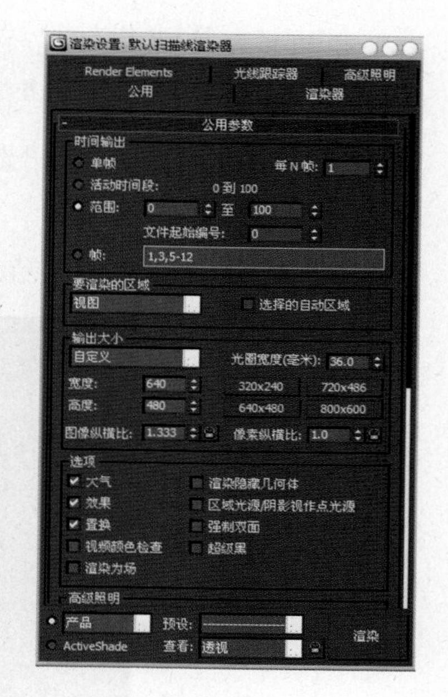
图 7-1-8

4. 知识链接

轴点可以通过“层级”面板中的轴选项来调整。

① 仅影响轴：当这一选项打开后，可以单独对物体的轴点进行变换控制。移动旋转轴点不影响对象和子对象。缩放对象则从轴心对物体进行缩放，但不影响子对象。

② 仅影响对象：当这一选项打开时，变换时应用到选定对象，轴点不受影响。移动、旋转、缩放对象不影响对象的轴或子对象。

③ 仅影响层次：当这一选项打开时，旋转、缩放变换只作用到对象和子对象的链接上。

5. 案例小结

本案例重点是掌握使用“层级”面板指定时钟转动轴点，以及关键帧动画的制作方法。

巩固与提高

1. 案例效果

案例效果如图 7-1-9 所示。

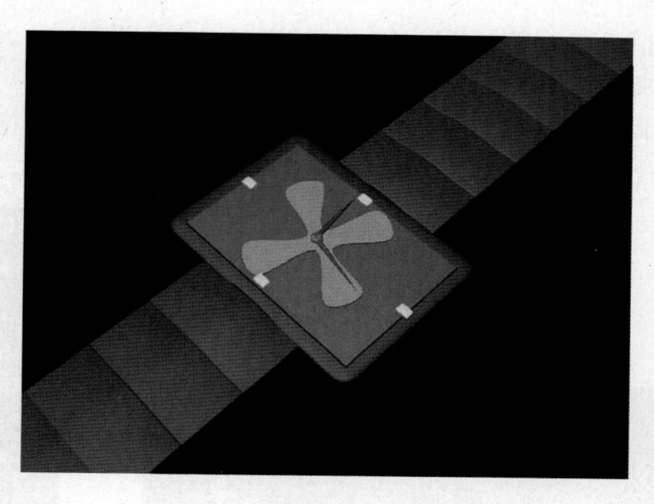
图 7-1-9

2. 制作流程

(1)制作手表模型→(2)制作手表的刻度→(3)制作手表的轴心→(4)制作分针和时针→(5)调整指针的轴心→(6)记录指针运动→(7)渲染成动画。

3. 自我创意

利用标准基本体的创建方法，结合生活实际，自我创意各种卡通物体模型。

7.1.2　案例二：制作“燃烧的蜡烛”动画

1. 案例效果

案例效果如图 7-1-10 所示。

图 7-1-10

2. 制作流程

(1)制作一个红色的圆柱体→(2)使用线工具制作烛心→(3)建立辅助对象做出火焰效果→(4)制作火焰抖动动画→(5)渲染播放。

3. 步骤解析

(1) 单击“几何体”→“圆柱体”按钮，在透视图中绘制一个圆柱体，再单击“图形”→“线”按钮，绘制烛心，如图 7-1-11 所示。

(2) 在创建面板中单击“辅助对象”按钮，选择卷展栏中的“大气装置”，单击“球体 Gizmo”，勾选卷展栏中“球体 Gizmo 参数/半球”，如图 7-1-12 所示。

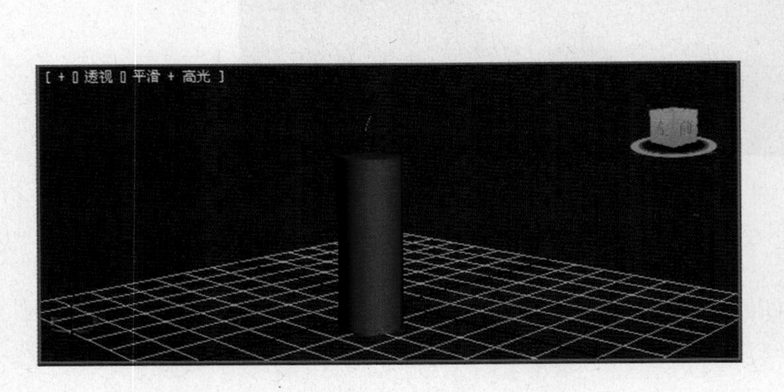

图 7-1-11

图 7-1-12

（3）在顶视图中创建半球，并在各视图中调整合适的位置及大小，如图 7-1-13 所示。

（4）单击菜单中“渲染”→“环境”命令，在大气卷展栏中单击“添加”按钮，选择“火效果”，单击“确定”按钮，如图 7-1-14 所示。

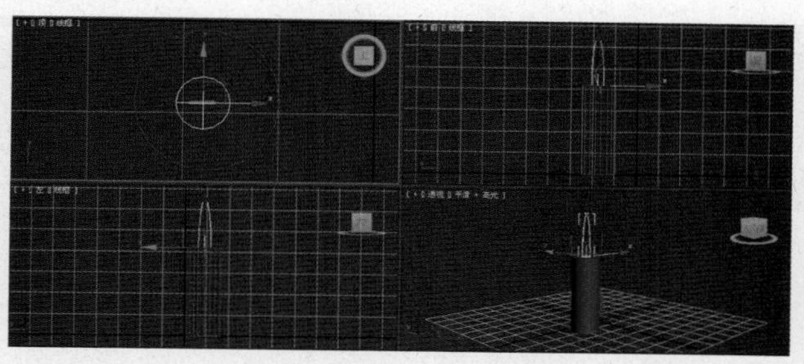

图 7-1-13

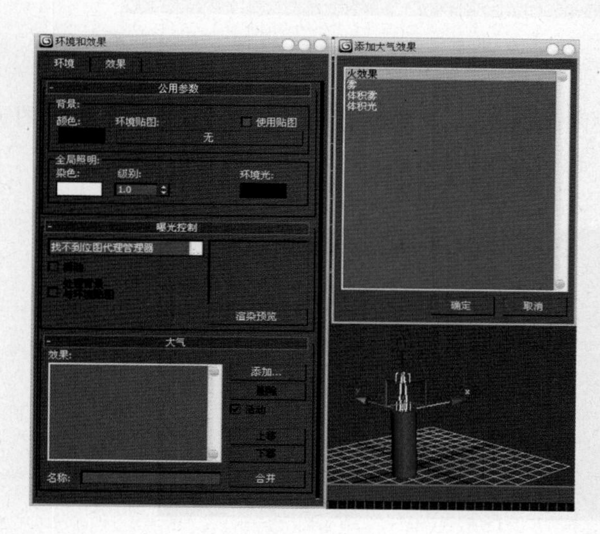

图 7-1-14

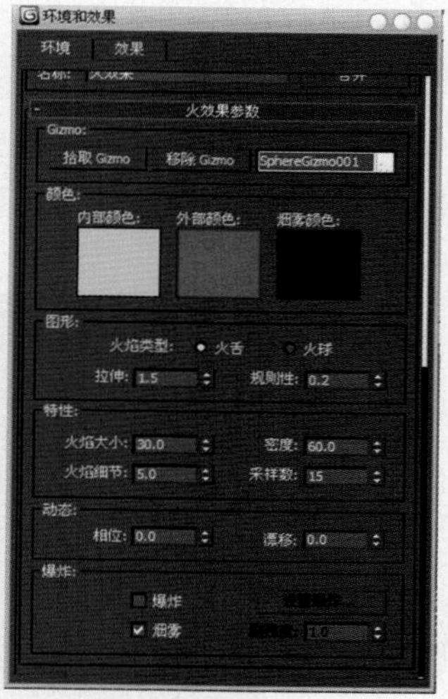

图 7-1-15

（5）在火效果参数卷展栏中，单击“拾取 Gizmo”按钮，拾取视图中的半球，并设置火效果其他参数，如图 7-1-15 所示。

（6）单击“渲染产品”工具，查看渲染效果，如图 7-1-16 所示。

图 7-1-16

(7) 单击“自动关键点”按钮，打开动画记录。将动画关键点拖动到100帧处。将火效果卷展栏中，动态选项的“相位“和“漂移”值调整为100，如图7-1-17所示。

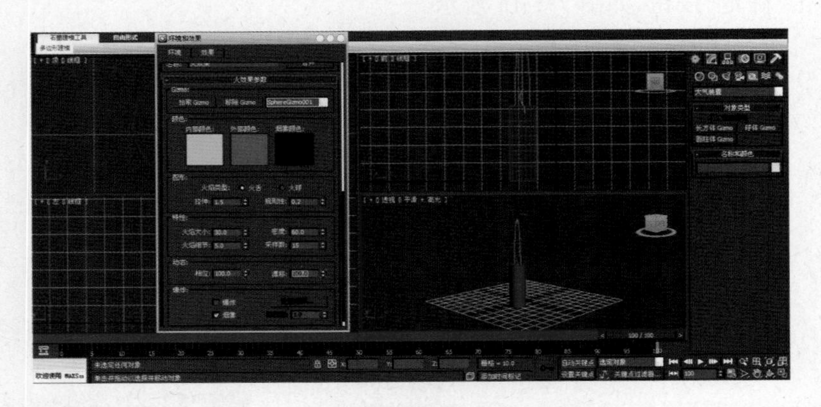

图 7-1-17

(8) 单击“自动关键点”按钮，关闭动画记录。在创建面板中选择灯光，在前视图火焰的下部创建一个泛光灯，如图7-1-18所示。

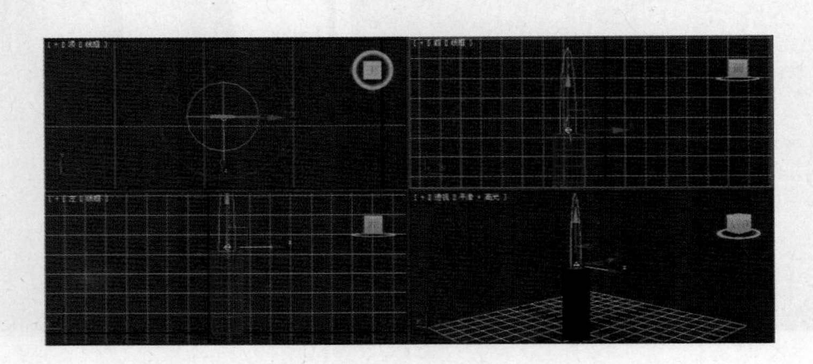

图 7-1-18

(9) 单击“自动关键点”按钮，打开动画记录。将动画关键点拖回到0帧处，单击“修改器列表”，修改“强度/颜色/衰减”中“倍增”的值，从0帧开始每隔20帧修改一次泛光灯灯光的“倍增”值，参考值为1、1.3重复。制作完成后单击“自动关键点”按钮，关闭动画记录，如图7-1-19所示。

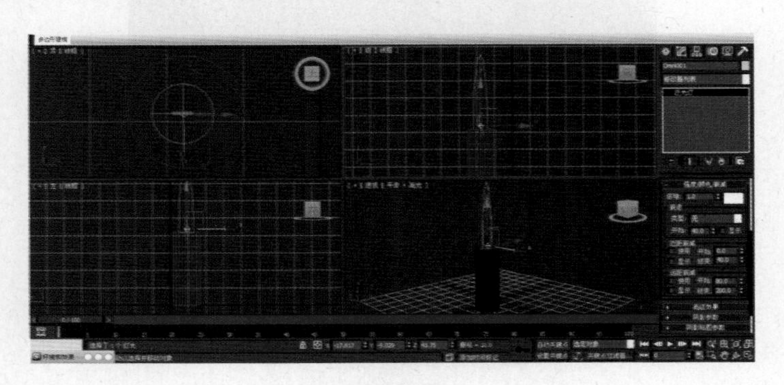

图 7-1-19

（10）在前视图中再创建一个泛光灯，提亮蜡烛在场景中的效果，如图 7-1-20 所示。

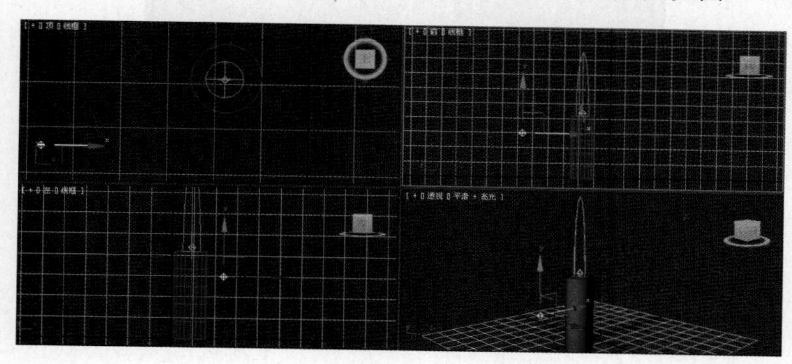

图 7-1-20

（11）激活透视图，单击“渲染”→“渲染设置”命令，选择时间输出范围为 0 至 100，输出大小为“640×480”。选择合适的文件保存路径，保存文件类型为“AVI 文件”，渲染，如图 7-1-21 所示。

图 7-1-21

4. 知识链接

“辅助对象”面板中大气装置可以创建三种类型的大气装置，长方体、圆柱体或球体。通过“修改”面板中“大气和效果”卷展栏添加所需效果。

关键帧：关键帧记录场景内对象或元素每次变换的起点和终点。这些关键帧的值称为关键点，启用“自动关键点”按钮之后，关键帧模式就处于活动状态。当处于“关键帧”模式时，变换对象或子对象或者是改变可设置动画的参数值将会创建动画关键点。

5. 案例小结

本案例重点是掌握辅助对象面板中大气装置的使用，通过大气装置中的火效果配合泛光灯的强度调整模拟火苗的跳跃效果。

巩固与提高

1. 案例效果

案例效果如图 7-1-22 所示。

2. 制作流程

（1）创建辅助对象制作火焰→（2）制作火焰跳动动画→（3）制作几个圆柱，利用弯曲命令将圆柱做成木棒→（4）制作木棒材质→（5）渲染播放。

3. 自我创意

利用辅助对象大气装置，结合生活实际，自我创意各种火焰效果。

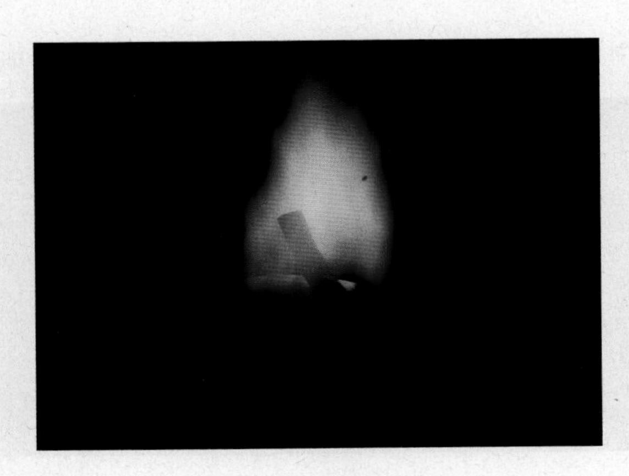

图 7-1-22

7.1.3　案例三：制作“卷轴”动画

1. 案例效果

案例效果如图 7-1-23 所示。

图 7-1-23

2. 制作流程

(1)顶视图中创建一个长方体，设置宽度分段为 200→(2)选择“修改器例表”→“弯曲”命令→(3)创建圆柱体并复制→(4)打开动画记录→(5)将动画关键点拖动到 100 帧处→(6)调整长方体的弯曲程度→(7)把画轴调整到右侧尾端→(8)设置材质贴图→(9)渲染播放。

3. 步骤解析

(1) 单击“几何体”→“长方体”按钮，在顶视图中创建一个长方体，设置宽度分段为 200，如图 7-1-24 所示。

(2) 选择“修改器例表”→“弯曲”→“Gizmo”项，设置参数如图 7-1-25 所示，效果如图 7-1-26 所示。

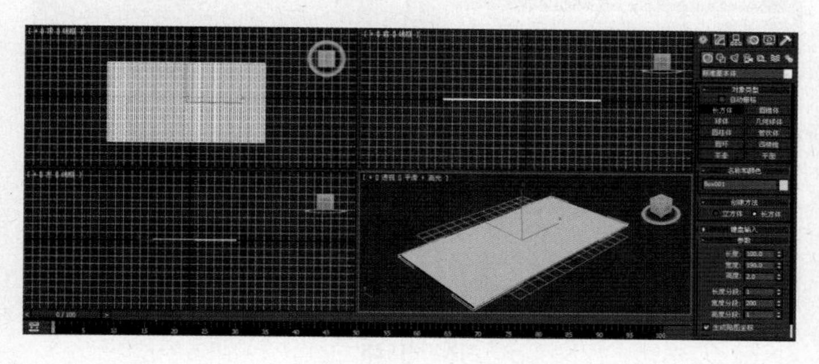

图 7-1-24

图 7-1-25

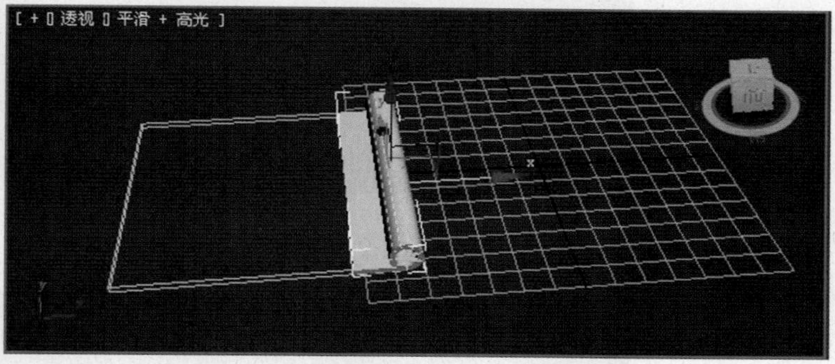

图 7-1-26

(3) 单击“几何体”→“圆柱体”按钮,在各视图中调整合适的位置,如图 7-1-27 所示。

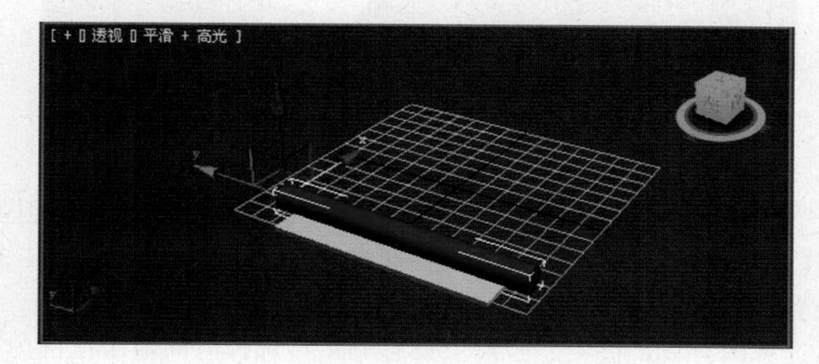

图 7-1-27

(4) 选中圆柱体,按住 Shift 键沿 X 轴复制,调整合适位置,如图 7-1-28 所示。

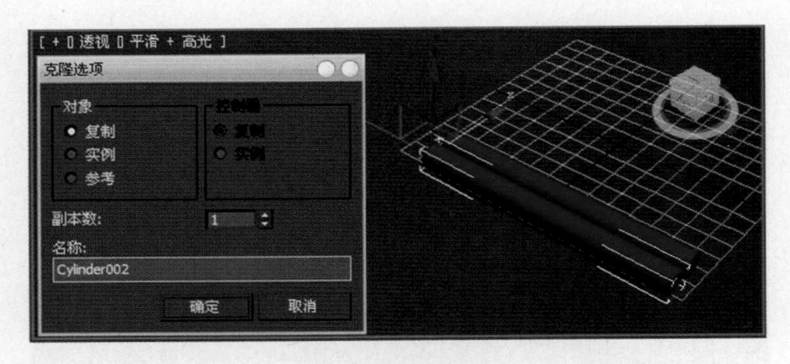

图 7-1-28

（5）单击“自动关键点”按钮，打开动画记录。将动画关键点拖动到 100 帧处调整长方体的弯曲程度，并把画轴调整到右侧尾端，关闭“自动关键点”按钮，如图 7-1-29、图 7-1-30所示。

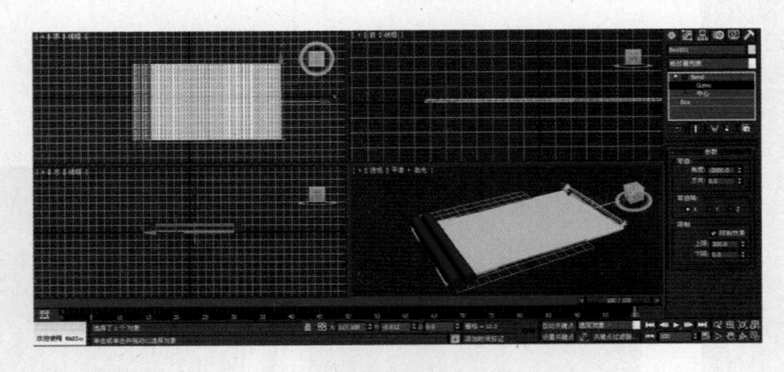

图 7-1-29

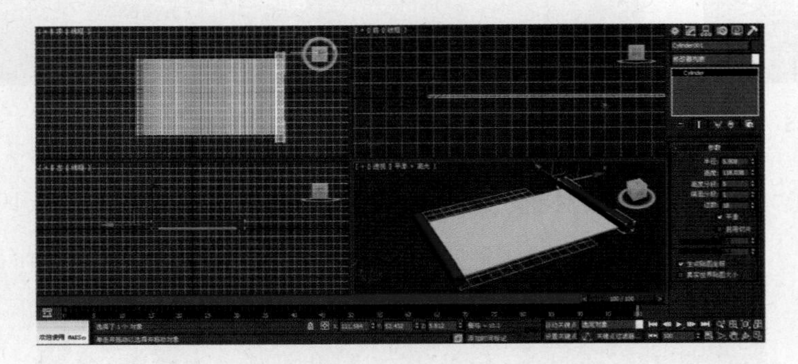

图 7-1-30

（6）打开“材质编辑器”，选择样板球，展开“贴图”卷展栏。选中“漫反射颜色”后面的“None”长按钮，双击“位图”，找到合适的素材贴图，参数设置如图 7-1-31、图7-1-32所示。

（7）将设置好的材质赋给长方体，如图 7-1-33 所示。

（8）激活透视图，单击“渲染”→“渲染设置”命令，选择时间输出范围为 0 至 100，输出大小为“640×480”。选择合适的文件保存路径，保存文件类型为“AVI 文件”，渲染，参数设置如图 7-1-34 所示，效果如图 7-1-35 所示。

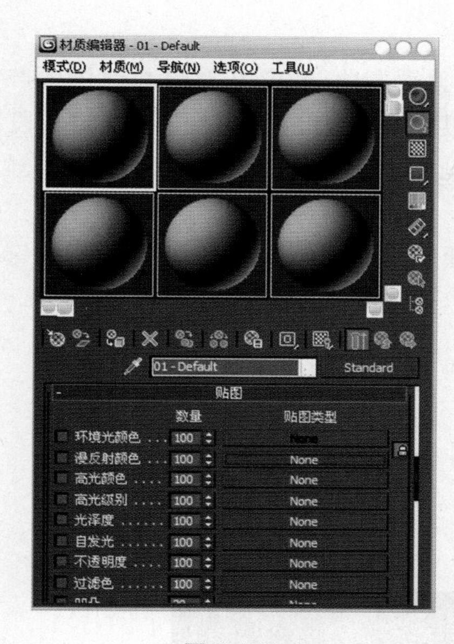

图 7-1-31

图 7-1-32

图 7-1-33

图 7-1-34

图 7-1-35

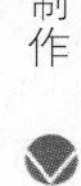

4. 知识链接

“弯曲”修改器允许将当前选中对象围绕单独轴弯曲 360°，在对象几何体中产生均匀弯曲。可以在任意三个轴上控制弯曲的角度和方向，也可以对几何体的一段限制弯曲。

5. 案例小结

本案例重点是掌握弯曲动画的制作方法，通过对长方体做弯曲命令，设置关键帧制作卷轴动画。

巩固与提高

1. 案例效果

案例效果如图 7-1-36 所示。

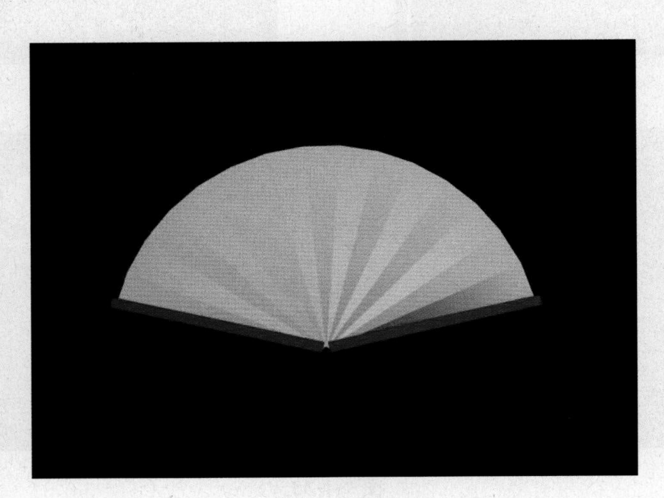

图 7-1-36

2. 制作流程

(1)创建长方体→(2)将长方体转换为“可编辑多边形”→(3)“点”层级调整出折叠状→(4)创建长方体作为扇子边缘→(5)设置关键帧→(6)调整“弯曲”效果→(7)渲染播放。

3. 自我创意

利用弯曲动画的方法，结合生活实际，自我创意弯曲动画。

7.2 路径约束动画制作

7.2.1 案例一：制作“空中翱翔的飞机”动画

1. 案例效果

案例效果如图 7-2-1 所示。

图 7-2-1

2. 制作流程

(1)导入素材文件→(2)前视图中制作动画路径→(3)为飞机模型添加路径约束→(4)调整路径选项→(5)添加背景图片→(6)渲染播放。

3. 步骤解析

(1) 打开素材文件“飞机”。单击创建面板上图形中的“椭圆”按钮,在前视图中创建椭圆路径,如图 7-2-2 所示。

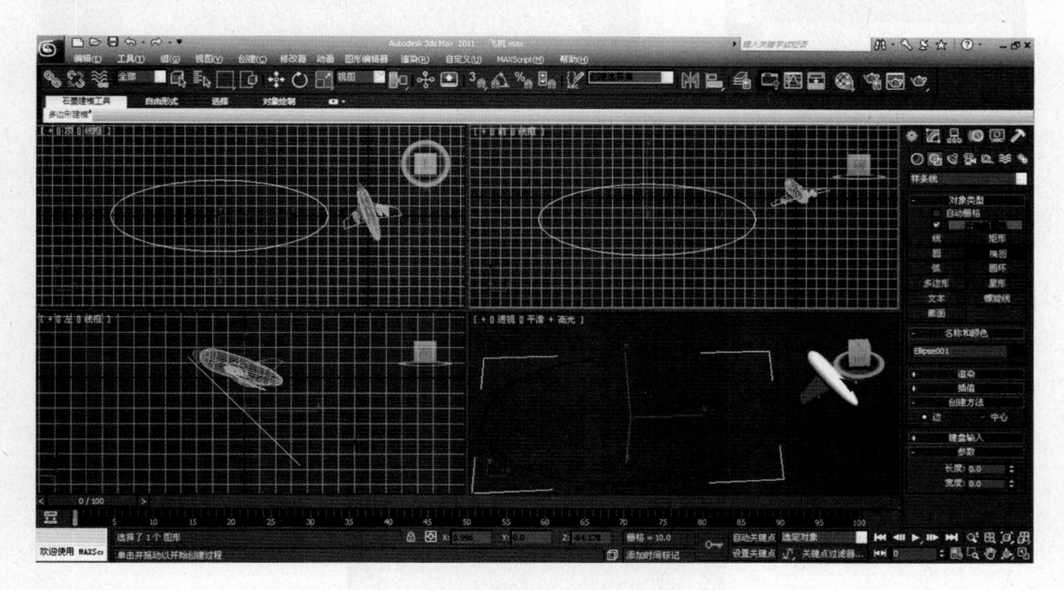

图 7-2-2

(2) 选中飞机模型,单击“运动”面板中的“指定控制器”→“位置”项,并单击左上角的按钮,打开“指定位置控制器”对话框,选取“路径约束”,并单击“确定”按钮,如图 7-2-3、图 7-2-4 所示。

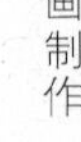

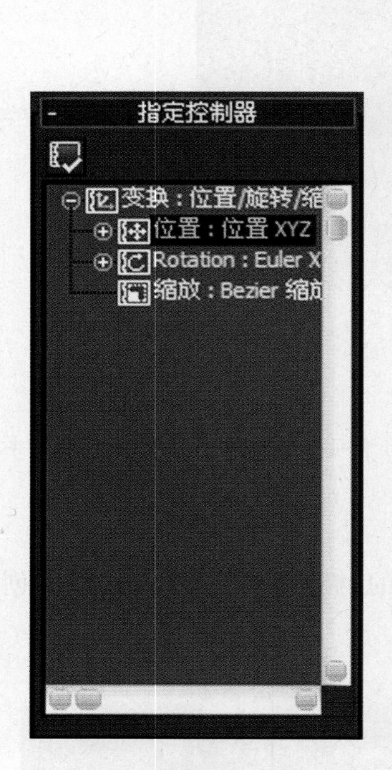

图 7-2-3

图 7-2-4

（3）单击卷展栏中“路径参数”→“添加路径”，在视图中选取椭圆作为轨道运动，如图 7-2-5、图 7-2-6 所示。

图 7-2-5

(4) 关闭“添加路径”按钮。在路径选项卷展栏中选取“跟随”、“倾斜”、“翻转”等选项，参考选项如图 7-2-7 所示。

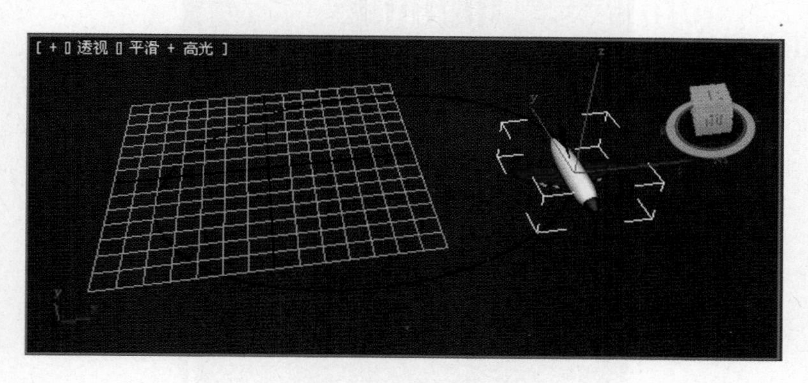

图 7-2-6

(5) 为了使画面丰富，为动画添加背景。单击菜单“渲染”→“环境”命令，在“背景”栏中单击“无”按钮，单击“位图”按钮，选择一张合适的图片作为背景，如图 7-2-8 所示。

图 7-2-7

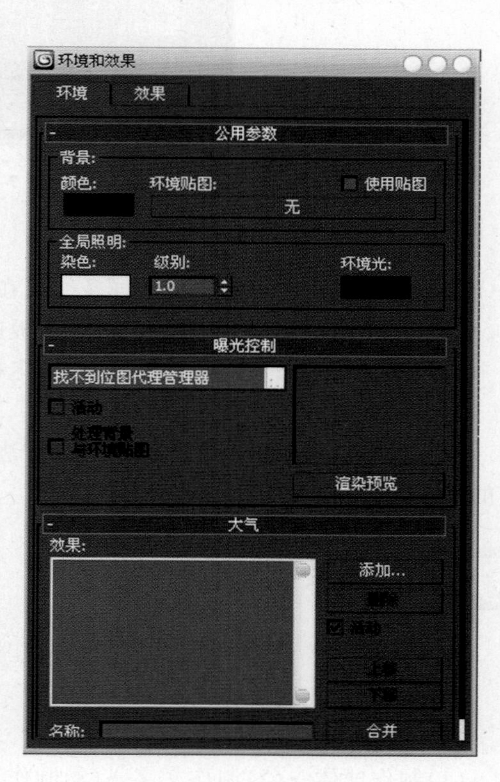

图 7-2-8

(6) 激活透视图，单击“渲染”→“渲染设置”命令，选择时间输出范围为 0 至 100，输出大小为“640×480”。选择合适的文件保存路径，保存文件类型为“AVI 文件”，渲染，如图 7-2-9 所示。

图 7-2-9

4. 知识链接

路径约束会对一个对象沿着样条线或在多个样条线间的平均距离间的移动进行限制。一旦指定路径约束,可以在"运动"面板的"路径参数"卷展栏上访问它的属性。在这个卷展栏中可以添加或者删除目标,指定权重,还可为每个目标的权重值设置动画。

5. 案例小结

本案例重点是掌握制作路径动画的方法,通过制作路径动画,调整运动对象在路径上的运动方向,从而使动画更加真实。

巩固与提高

1. 案例效果

案例效果如图 7-2-10、图 7-2-11 所示。

2. 制作流程

(1)制作球体→(2)制作文字→(3)制作运动路径→(4)设置文字绕球体旋转运动→(5)添加渲染背景→(6)渲染播放。

3. 自我创意

利用制作路径动画的方法,结合生活实际,自我创意模型在指定的路径上运动。

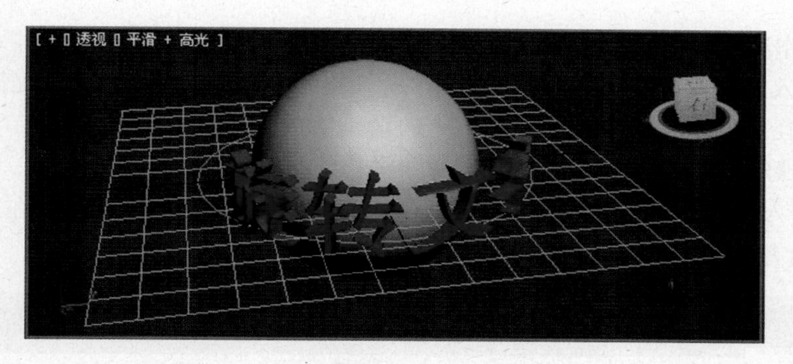

图 7-2-10

图 7-2-11

7.2.2　案例二：制作“蝴蝶飞舞”动画

1. 案例效果

案例效果如图 7-2-12 所示。

图 7-2-12

2. 制作流程

（1）导入素材文件→（2）前视图中制作动画路径→（3）为蝴蝶模型添加路径约束→（4）调整路径选项→（5）添加背景图片→（6）渲染播放。

3. 步骤解析

（1）导入素材文件“蝴蝶 .3ds”，单击创建面板上图形中的“线”按钮，在前视图中创建一条闭合的曲线，并在各视图中调整点的位置，如图 7-2-13 所示。

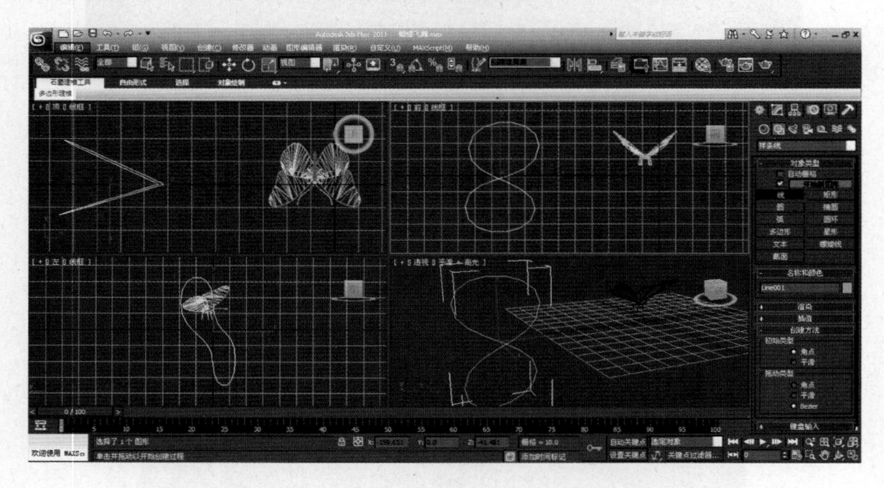

图 7-2-13

（2）选中蝴蝶模型，单击“运动”面板中的“指定控制器”→“位置”项，并单击左上角的按钮，打开“指定位置控制器”对话框，选取“路径约束”，并单击“确定”按钮。如图 7-2-14、图 7-2-15 所示。

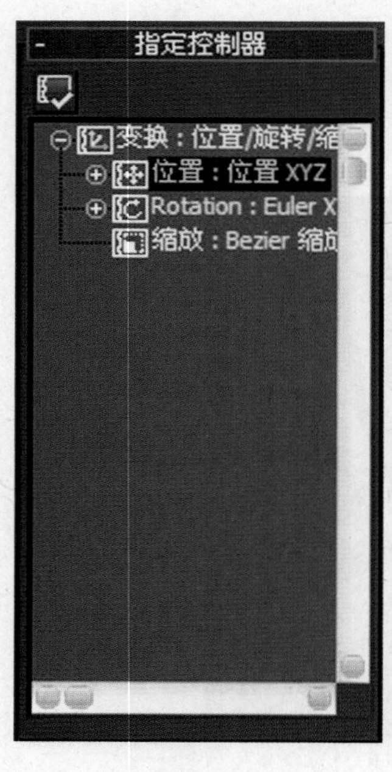

图 7-2-14

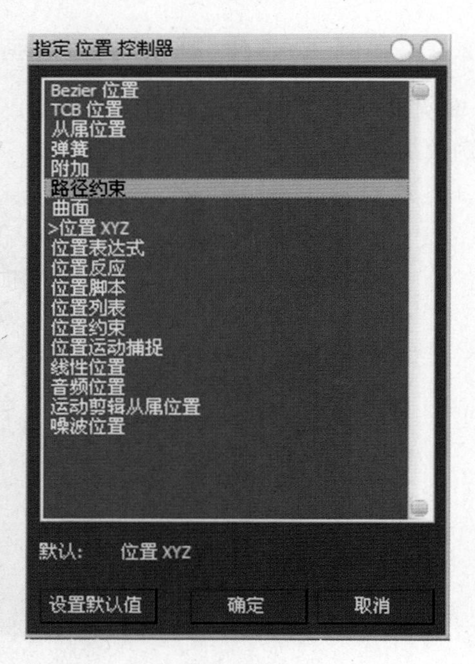

图 7-2-15

(3) 单击卷展栏中"路径参数"→"添加路径",在视图中选取曲线作为轨道运动,如图 7-2-16、图 7-2-17 所示。

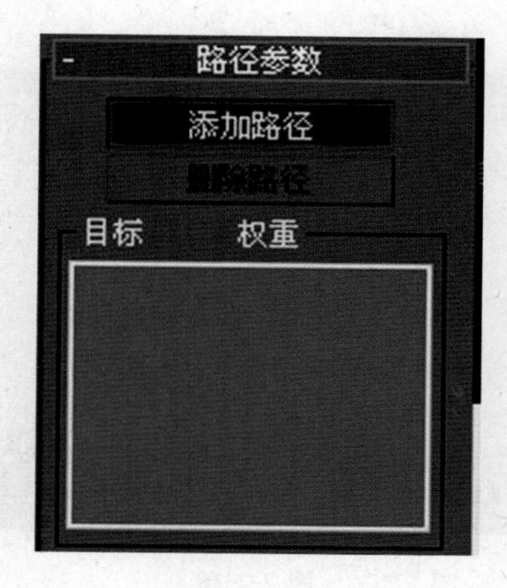

图 7-2-16

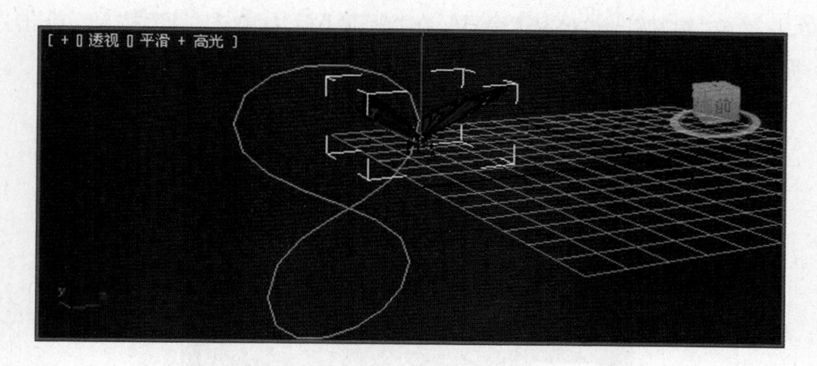

图 7-2-17

(4) 关闭"添加路径"按钮,在路径选项卷展栏中选取"跟随"、"倾斜"、"翻转"等选项,参考选项如图 7-2-18 所示。

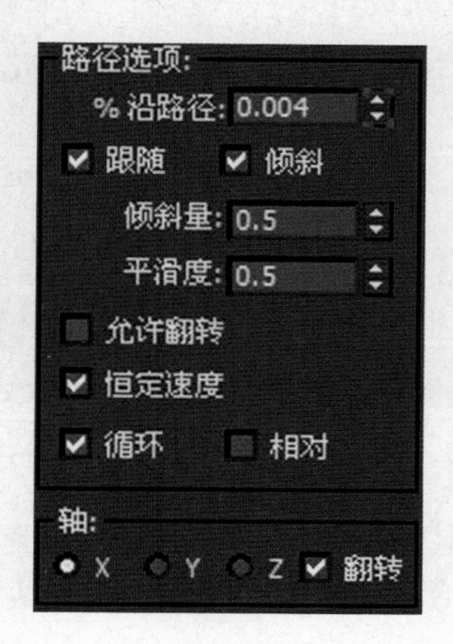

图 7-2-18

(5) 为了使画面丰富，可用同样的方法制作出多个飞行路径不同的蝴蝶，如图7-2-19所示。

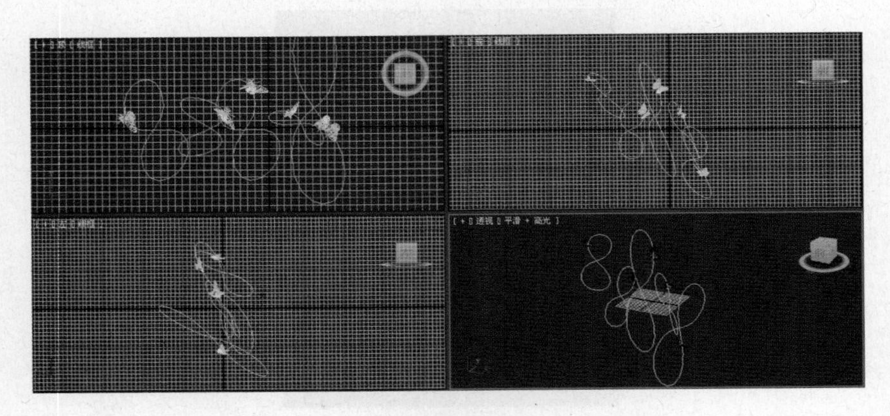

图 7-2-19

(6) 单击菜单“渲染”→“环境”命令，在“背景”栏中单击“无”按钮，单击“位图”按钮，选择一张合适的图片作为背景，如图 7-2-20 所示。

图 7-2-20

(7) 激活透视图，单击“渲染”→“渲染设置”命令，选择时间输出范围为 0 至 100，输出大小为“640×480”。选择合适的文件保存路径，保存文件类型为“AVI 文件”，渲染，如图 7-2-21 所示。

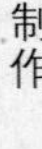

图 7-2-21

4. 知识链接

路径变形绑定(WSM):“路径变形”世界空间修改器根据图形、样条线或 NURBS 曲线路径变形对象。除了在“界面”部分有所不同之外,世界空间修改器与对象空间路径变形修改器工作方式完全相同。

路径变形卷展栏:

① 路径:显示选定路径对象的名称。

② 拾取路径:单击该按钮,然后选择一条样条线或 NURBS 曲线作为路径使用。出现的 Gizmo 设置成路径一样的形状并与对象的局部 Z 轴对齐。一旦指定了路径,就可以使用该卷展栏上剩下的控件调整对象的变形。所拾取的路径应当含有单个的开放曲线或封闭曲线。如果使用含有多条曲线的路径对象,那么只使用第一条曲线。

③ 百分比:根据路径长度的百分比,沿着 Gizmo 路径移动对象。

④ 拉伸:使用对象的轴点作为缩放的中心,沿着 Gizmo 路径缩放对象。

⑤ 旋转:关于 Gizmo 路径旋转对象。

⑥ 扭曲:关于路径扭曲对象,根据路径总体长度一端的旋转决定扭曲的角度。通常,变形对象只占据路径的一部分,所以产生的效果很微小。

5. 案例小结

本案例重点是掌握制作路径动画的方法,通过制作路径动画,调整运动对象在路径上的运动方向,从而使动画更加真实。

巩固与提高

1. 案例效果

案例效果如图 7-2-22、图 7-2-23 所示。

2. 制作流程

(1)创建三个球体→(2)制作两个圆形作为地球和月亮运动轨迹→(3)分别让三个球体中心对齐→(4)指定月亮绕地球运动→(5)将地球和月亮编组→(6)指定围绕太阳运动→(7)渲染播放。

3. 自我创意

利用制作路径动画的方法，结合生活实际，自我创意模型在指定的路径上运动。

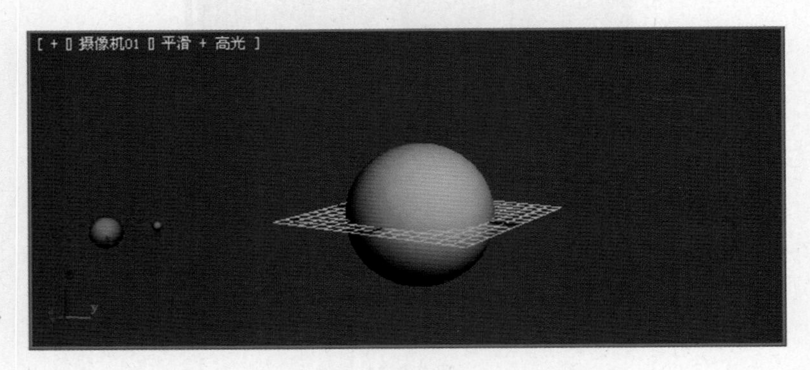

图 7-2-22

图 7-2-23

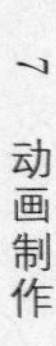

7.3 粒子系统与空间扭曲动画

7.3.1 案例一：制作“粒子流”动画

1. 案例效果

案例效果如图 7-3-1 所示。

2. 制作流程

（1）制作粒子运动路径→（2）制作两个飞沫粒子并设置相应参数→（3）设置飞沫粒子运动→（4）设置粒子材质→（5）进行视频处理→（6）渲染播放。

3. 步骤解析

（1）在前视图中创建一个椭圆形，并复制。将这两个椭圆作为粒子运行轨迹，如图 7-3-2、图 7-3-3 所示。

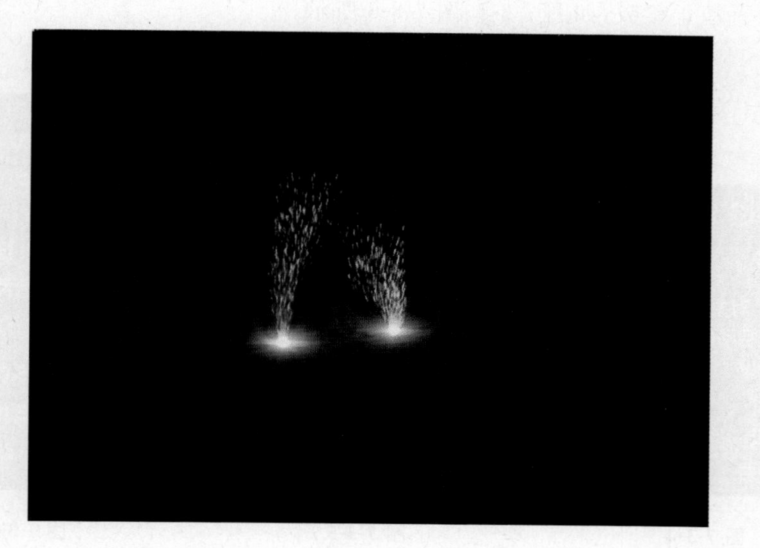

图 7-3-1

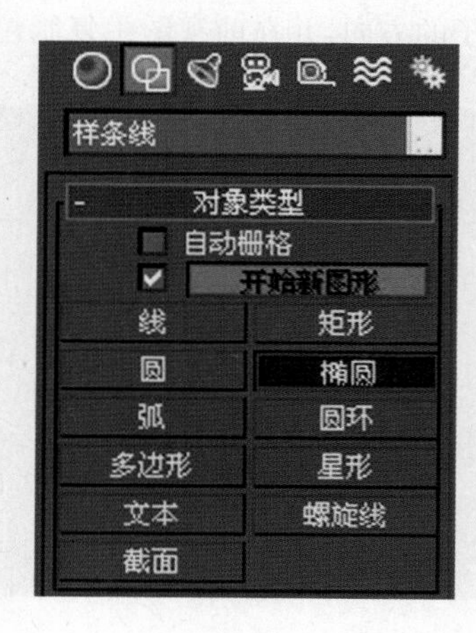

图 7-3-2

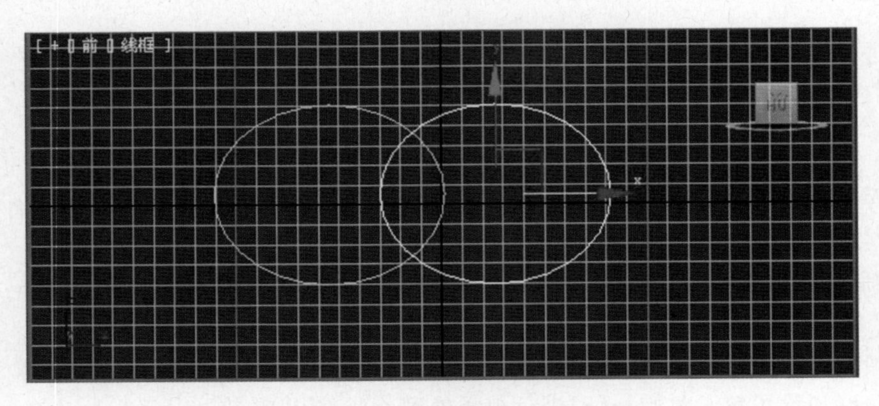

图 7-3-3

（2）在创建面板中选取“粒子系统”，选择“对象类型”→“喷射”，在前视图中创建粒子，如图 7-3-4 所示。

（3）设置粒子参数，如图 7-3-5、图 7-3-6 所示。

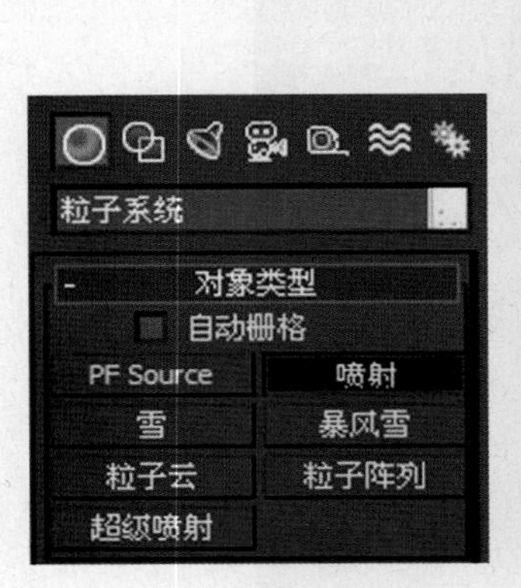

图 7-3-4

图 7-3-5

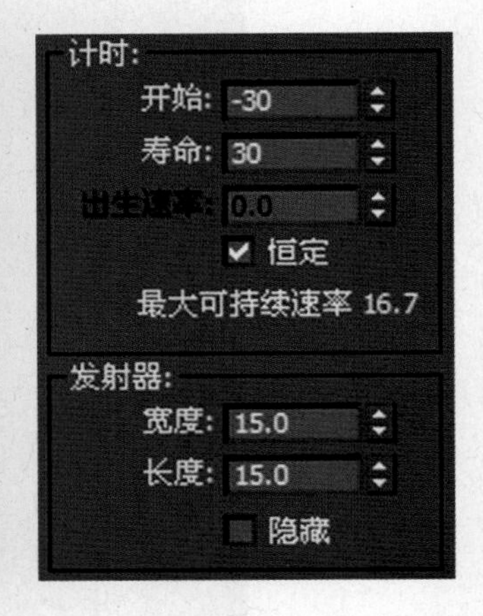

图 7-3-6

（4）在透视图中调整好粒子的方向，并在前视图中复制粒子，如图 7-3-7、图7-3-8所示。

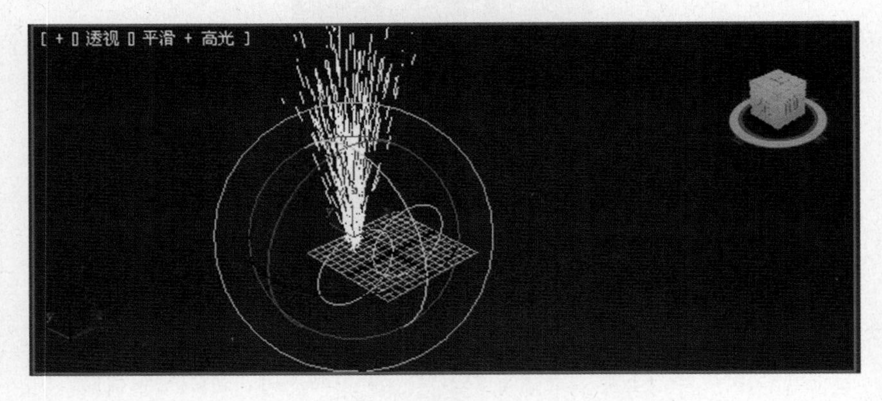

图 7-3-7

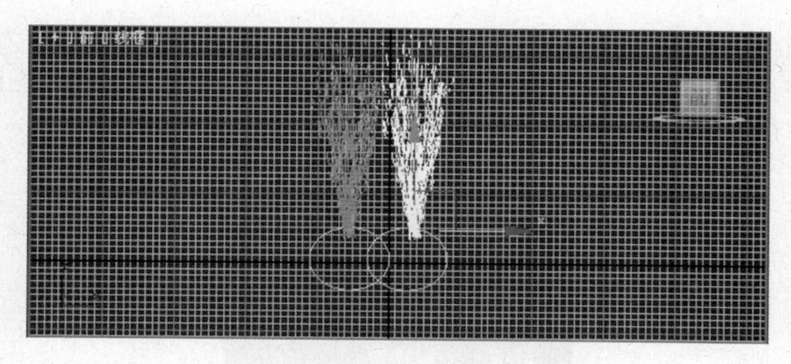

图 7-3-8

（5）在前视图中创建一个球体并复制，调整好两个球体的位置，如图 7-3-9 所示。

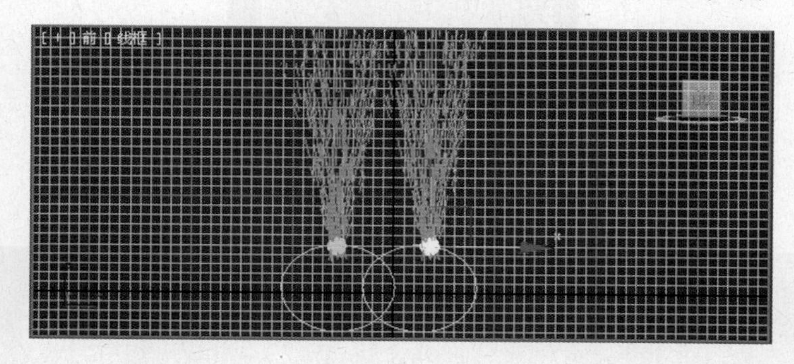

图 7-3-9

（6）选中其中一个粒子，单击“运动”面板中的“指定控制器”→“位置”，并单击左上角的按钮，打开“指定位置控制器”对话框，选取“路径约束”并单击“确定”按钮，如图 7-3-10、图 7-3-11 所示。

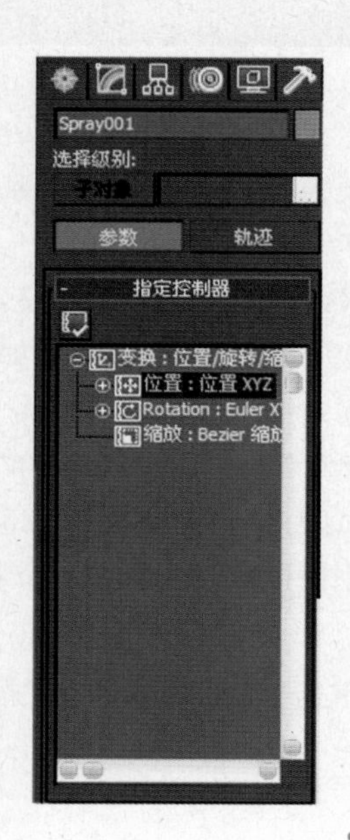

图 7-3-10

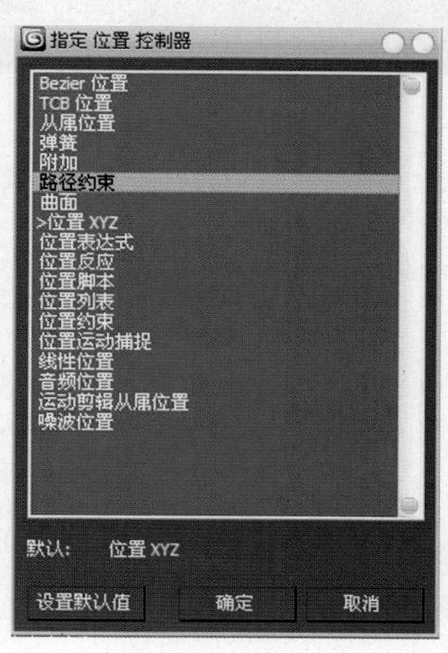

图 7-3-11

（7）单击卷展栏中“路径参数”→“添加路径”，在视图中选取椭圆作为轨道运动。关闭“添加路径”按钮，并用同样的方法将另一粒子和两个球体添加到对应的椭圆轨道上，如图 7-3-12、图 7-3-13 所示。

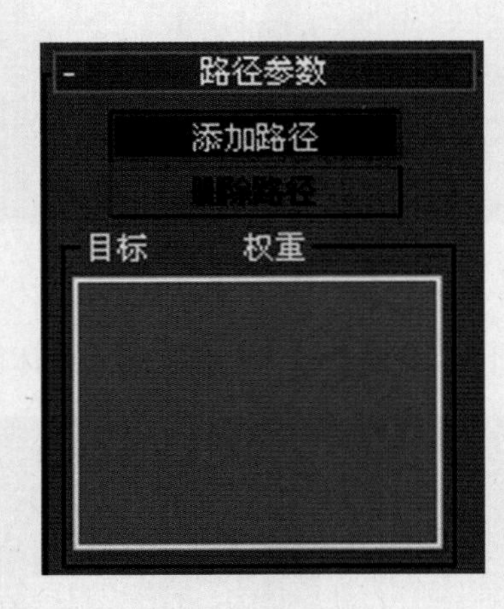

图 7-3-12

图 7-3-13

（8）打开“材质编辑器”，选择材质球设置漫反射颜色，并将材质分别赋给两个球体，如图 7-3-14、图 7-3-15 所示。

（9）选择另一个材质球，设置漫反射颜色参数为 R:161，G:166，B:183，自发光颜色 70，光泽度 50，扩展参数中的衰减为“外”，数量 100，类型为“相加”，如图 7-3-16 所示。

（10）单击“贴图”卷展栏，选择漫反射后面贴图类型“None”，在打开的“材质编辑器”中选择“粒子年龄”。设置颜色 ♯1 为 R:255，G:0，B:0；颜色 ♯2 为 R:255，G:157，B:0；颜色 ♯3 为 R:255，G:255，B:0。设置结束后将贴图材质分别赋给两个粒子，如图 7-3-17 所示。

（11）单击菜单中“渲染”→“Video Post(v)”命令，单击“添加场景事件”按钮，选择“透视”，添加透视图轨道，如图 7-3-18 所示。

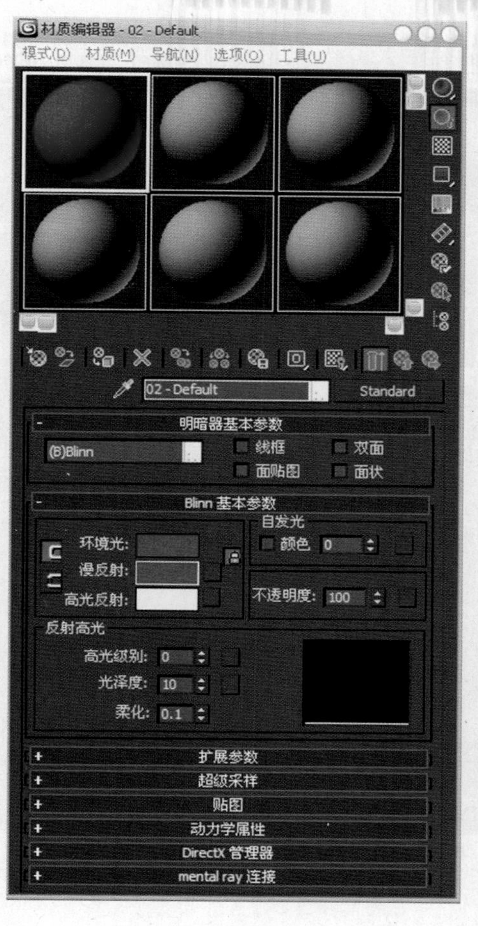
材质编辑器 - 02 - Default
模式(D) 材质(M) 导航(N) 选项(O) 工具(U)
02 - Default
Standard
明暗器基本参数
(B)Blinn
线框
双面
面贴图
面状
Blinn 基本参数
自发光
环境光:
漫反射:
高光反射:
颜色
不透明度:
100
反射高光
高光级别:
光泽度:
柔化:
扩展参数
超级采样
贴图
动力学属性
DirectX 管理器
mental ray 连接

图 7-3-14

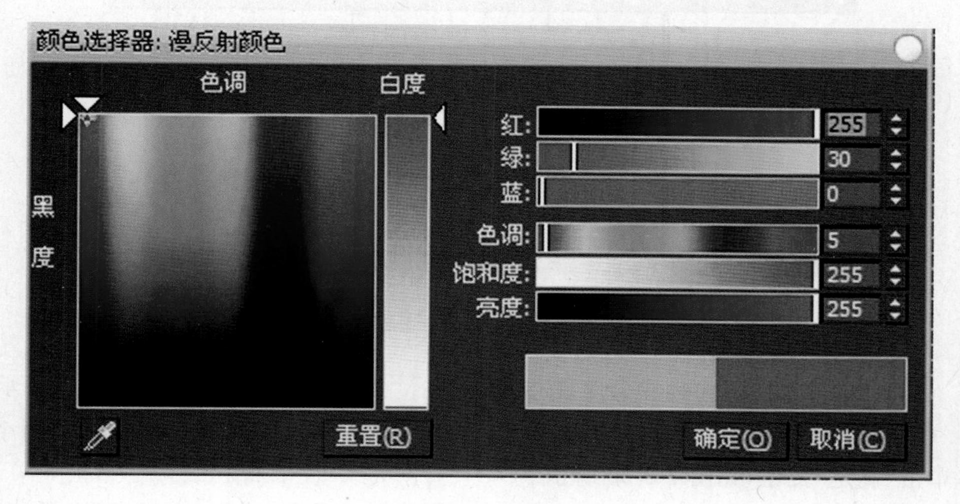
颜色选择器: 漫反射颜色
色调
白度
黑
度
红:
255
绿:
30
蓝:
0
色调:
5
饱和度:
255
亮度:
255
重置(R)
确定(O)
取消(C)

图 7-3-15

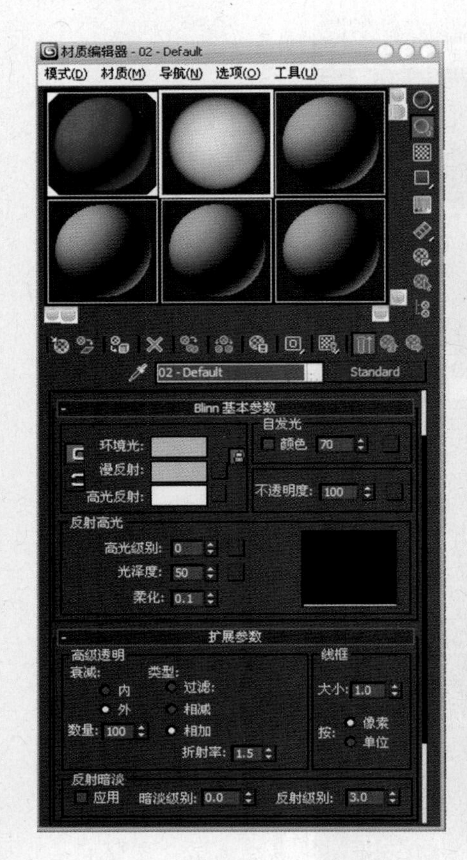

图 7-3-16

图 7-3-17

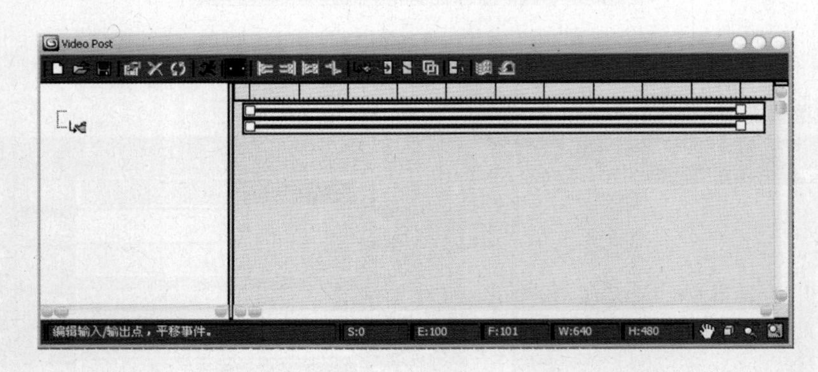

图 7-3-18

（12）单击“添加图像过滤事件”按钮，选择“镜头效果光斑”，如图 7-3-19 所示。

（13）单击“设置”按钮，打开“选择光斑对象”对话框，单击“节点源”，选取两个球体，单击“确定”按钮，如图 7-3-20 所示。

（14）单击“VP 队列”和“预览”按钮，显示粒子特效效果，设置“首选项”参数，如图 7-3-21所示。

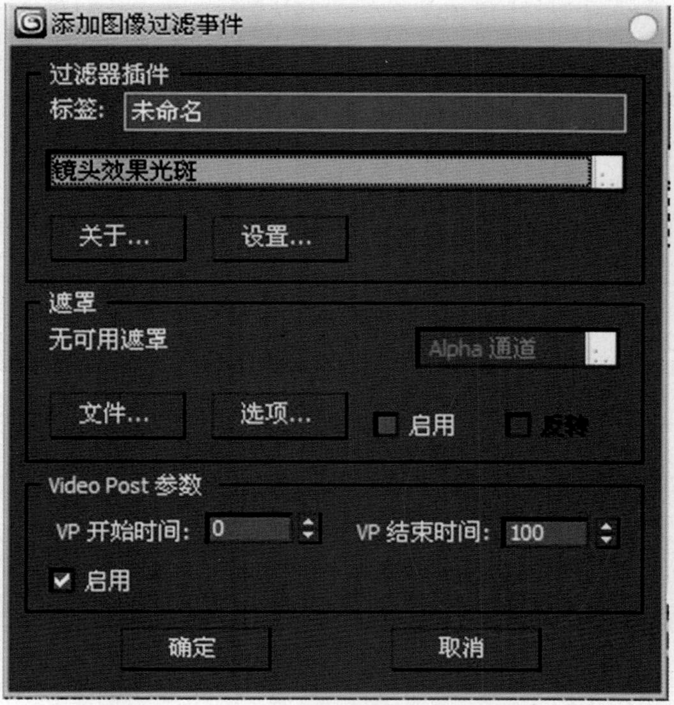

添加图像过滤事件

过滤器插件

标签: 未命名

镜头效果光斑

关于... 设置...

遮罩

无可用遮罩

Alpha 通道

文件... 选项... 启用 反转

Video Post 参数

VP 开始时间: 0 VP 结束时间: 100

启用

确定 取消

图 7-3-19

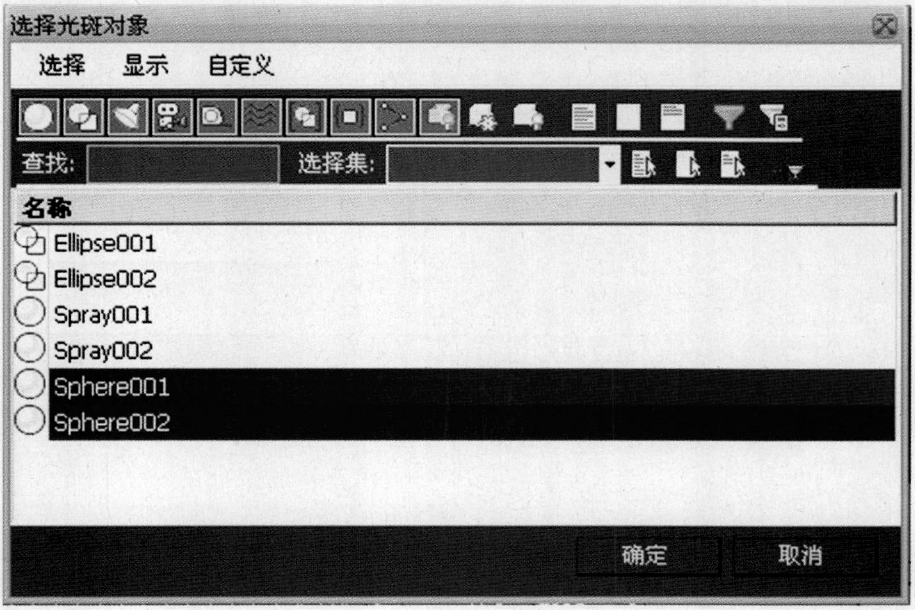

选择光斑对象

选择 显示 自定义

查找: 选择集:

名称

Ellipse001

Ellipse002

Spray001

Spray002

Sphere001

Sphere002

确定 取消

图 7-3-20

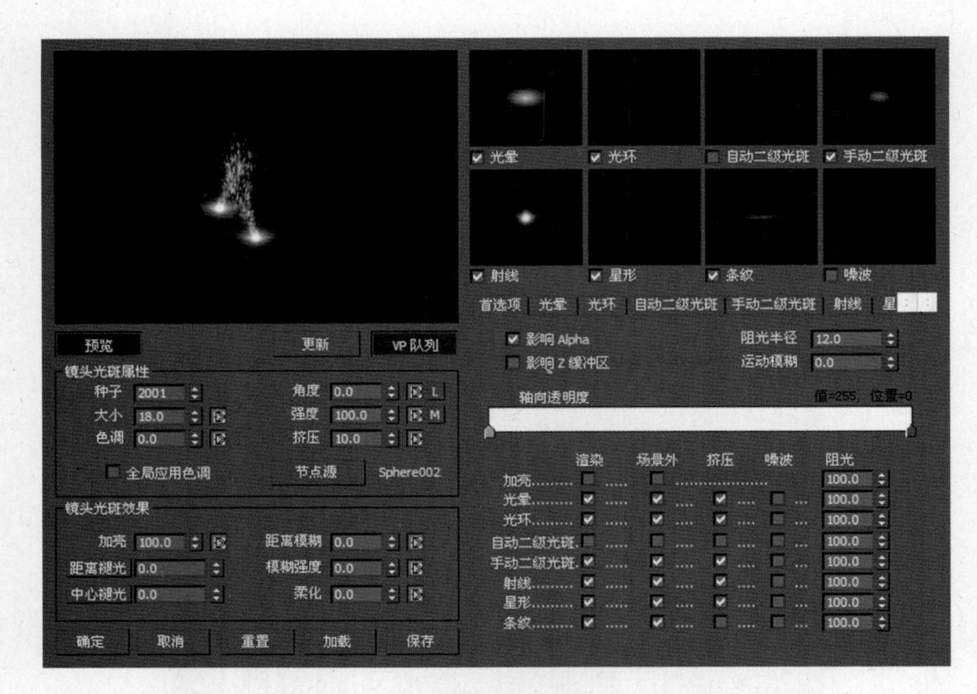

图 7-3-21

（15）设置“光晕”参数，如图 7-3-22 所示。

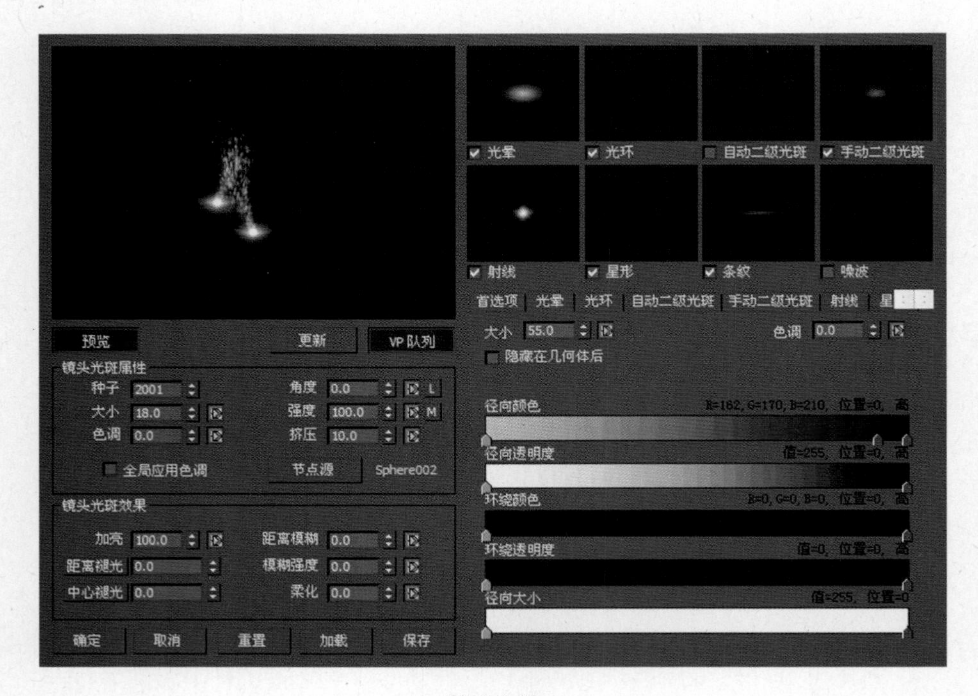

图 7-3-22

（16）设置“射线”参数，如图 7-3-23 所示。

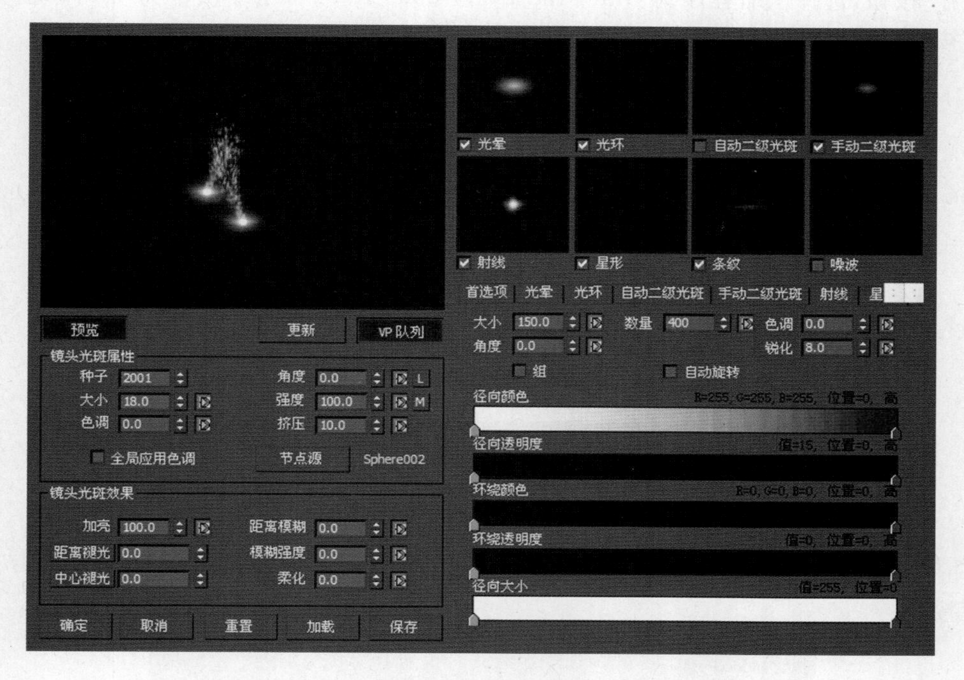

图 7-3-23

(17) 设置“条纹”参数,如图 7-3-24 所示。设置其他参数后,单击“确定”按钮。

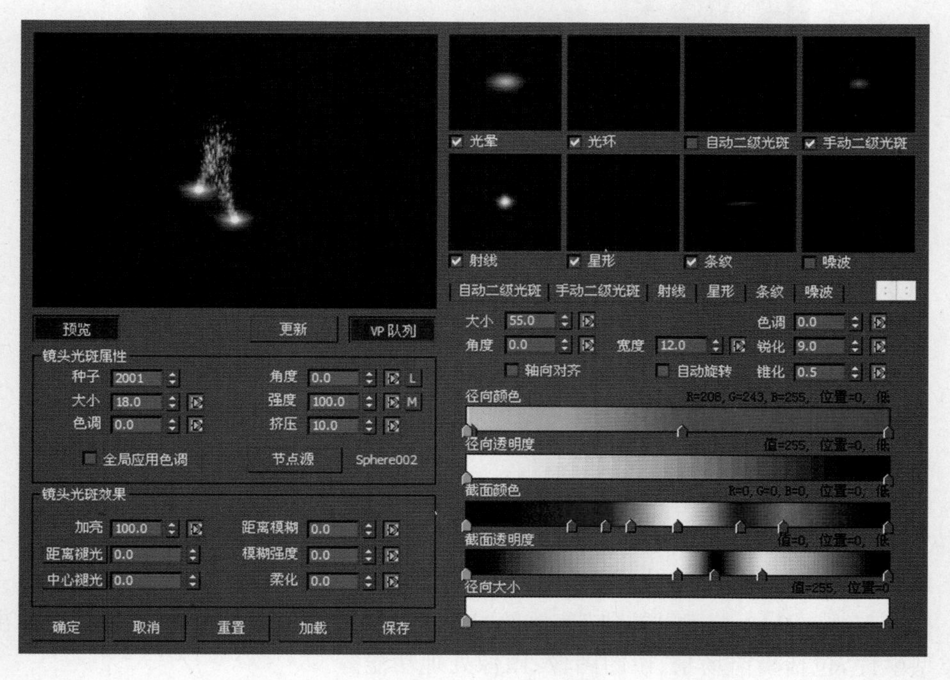

图 7-3-24

(18) 单击“添加图像输出事件”按钮,输出文件名称,文件类型为“.avi”,单击

“保存”按钮，选择压缩程序为“Intel Indeo(R) Videl R3.2”，压缩质量为100，单击“确定”按钮，如图7-3-25所示。

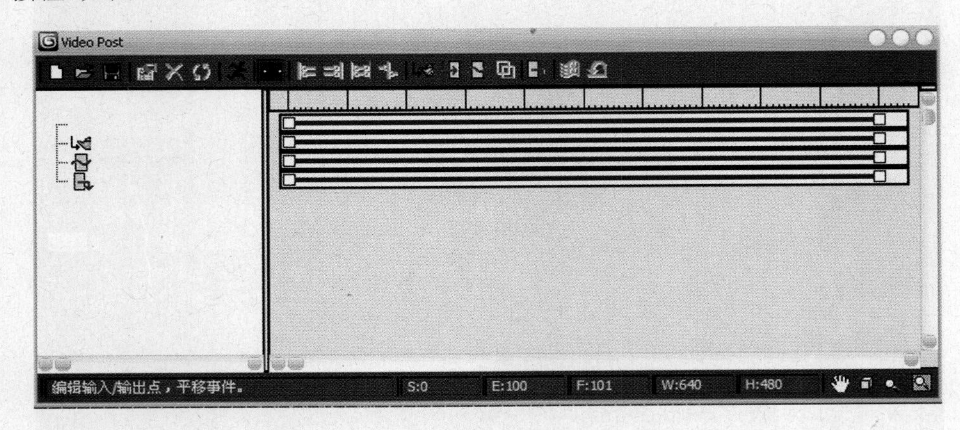

图 7-3-25

(19) 单击“执行序列”按钮，参数设置如图7-3-26所示，设置结束后，单击“渲染”按钮。

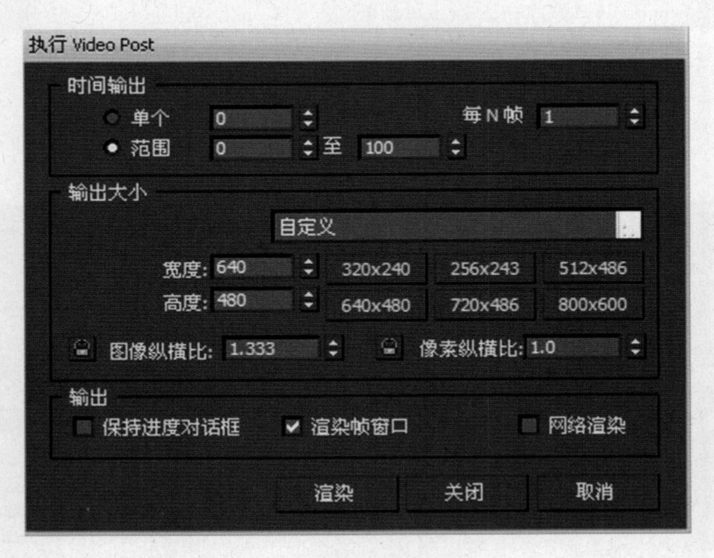

图 7-3-26

4. 知识链接

粒子系统：粒子系统是生成不可编辑子对象的一系列对象，称为粒子，用于模拟雪、雨、灰尘等。

粒子系统对象随着时间变化生成粒子。主要在动画中使用粒子系统。

视频 Video Post 技术：“渲染”菜单的“Video Post”可使合并(合成)并渲染输出不同类型事件，包括当前场景、位图图像、图像处理功能等。

Video Post 是独立的、无模式对话框，与“轨迹视图”外观相似。该对话框的编辑窗口会显示完成视频中每个事件出现的时间。每个事件都与具有范围栏的轨迹相关联。

5. 案例小结

本案例重点是掌握粒子系统的应用，通过制作粒子运动路径完成粒子喷射效果。

巩固与提高

1. 案例效果

案例效果如图 7-3-27 所示。

图 7-3-27

2. 制作流程

(1)创建圆柱体→(2)制作飞沫粒子，并设置相应参数→(3)设置粒子材质→(4)渲染保存。

3. 自我创意

利用粒子系统的创建方法，结合生活实际，自我创意各种粒子效果。

7.3.2 案例二：制作“文字爆炸”动画

1. 案例效果

案例效果如图 7-3-28、图 7-3-29 所示。

图 7-3-28

图 7-3-29

2. 制作流程

(1)创建文本→(2)设置倒角→(3)设置材质→(4)制作空间扭曲爆炸→(5)空间扭曲绑定文字→(6)设置爆炸参数→(7)添加渲染背景→(8)添加两个泛光灯→(9)渲染保存。

3. 步骤解析

(1) 单击“创建”→“图形”→“文本”按钮,在前视图中创建一文本“爆炸”,适当调整其大小和字体,如图 7-3-30、图 7-3-31 所示。

图 7-3-30

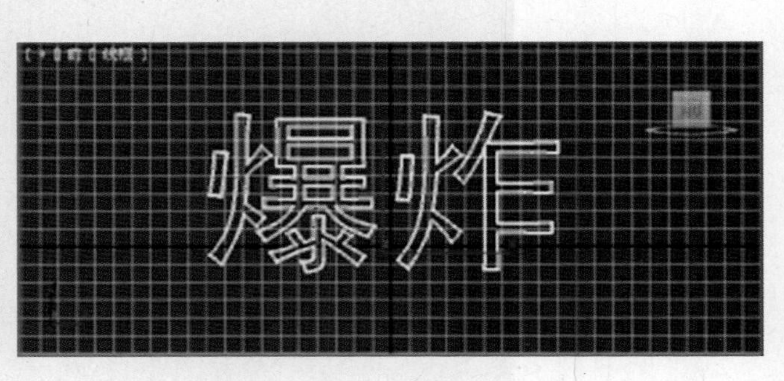

图 7-3-31

(2) 单击“修改器列表”→“倒角”,给文字增加立体效果,参数如图 7-3-32、图7-3-33 所示。

图 7-3-32

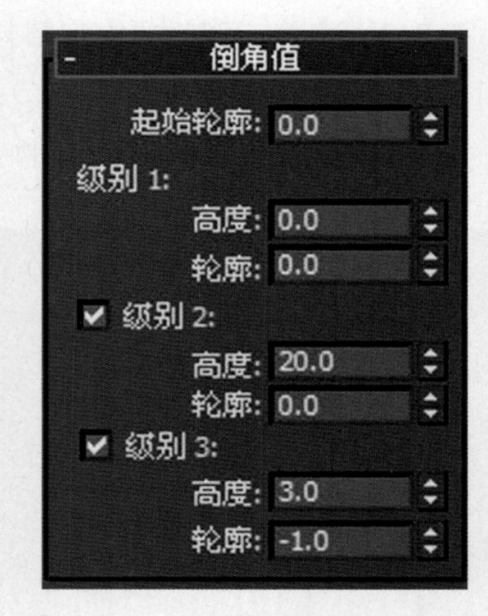

图 7-3-33

（3）打开“材质编辑器”，选择材质球，设置漫反射颜色与反射高光各值，并将材质赋给文字，参数如图 7-3-34 所示。

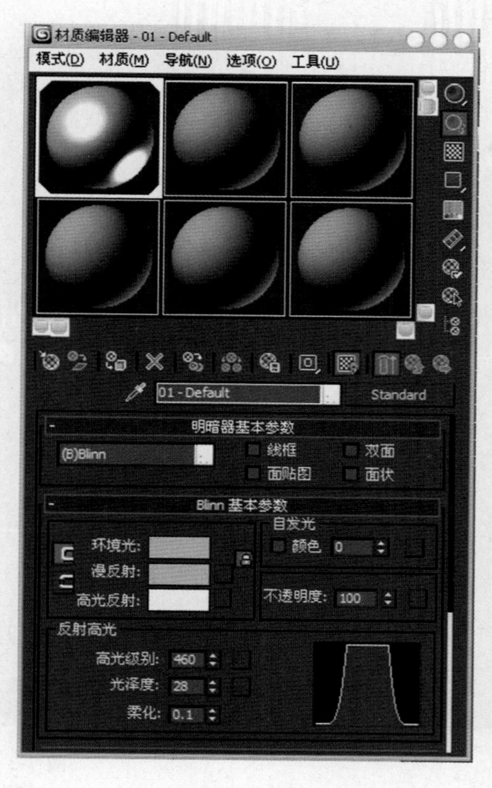

图 7-3-34

（4）单击空间扭曲按钮，选择“几何/可变形”→“爆炸”按钮，在视图中绘制一个爆炸点，并单击工具栏上的“绑定到空间扭曲”按钮，拖拽至爆炸文字上，如图 7-3-35、图 7-3-36 所示。

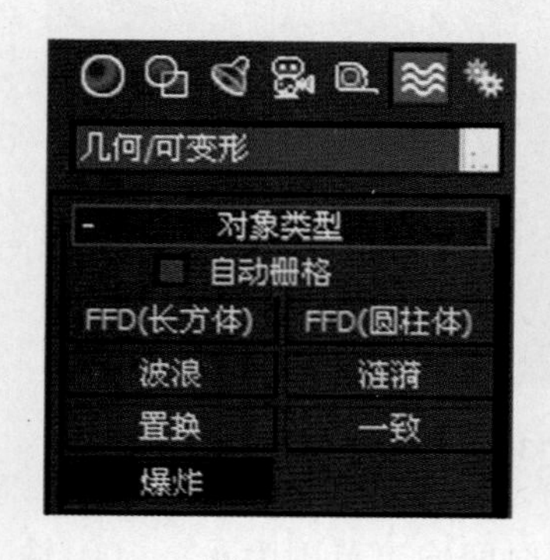

图 7-3-35

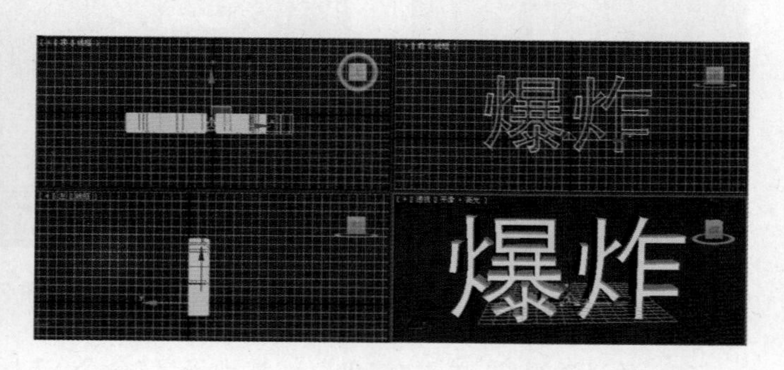

图 7-3-36

（5）设置爆炸的参数，如图 7-3-37 所示。

（6）单击菜单“渲染”→“环境”命令，在“背景”栏中单击“无”按钮，单击“位图”按钮，选择一张合适的图片作为背景，如图 7-3-38 所示。

图 7-3-37

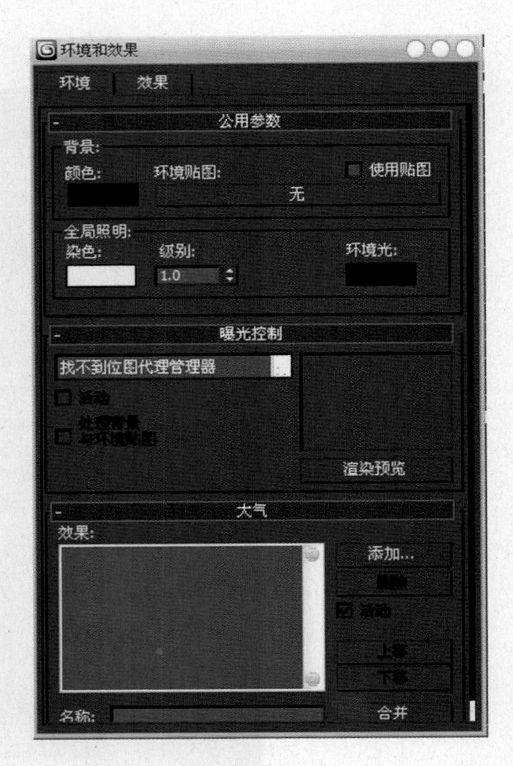

图 7-3-38

（7）单击“灯光”→“标准”，在顶视图中创建两个泛光灯，调整到合适的位置，如图 7-3-39、图 7-3-40 所示。

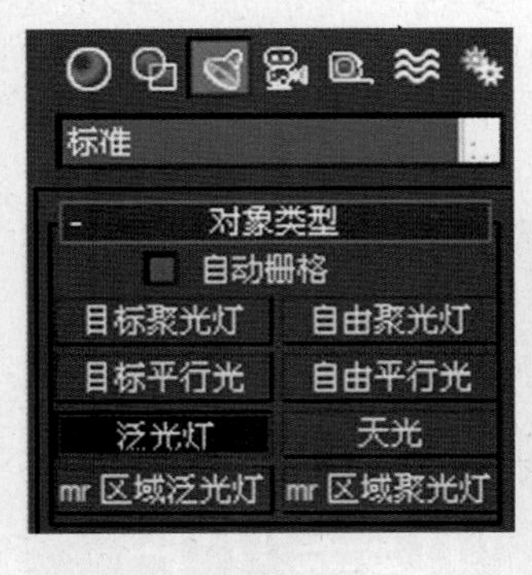

图 7-3-39

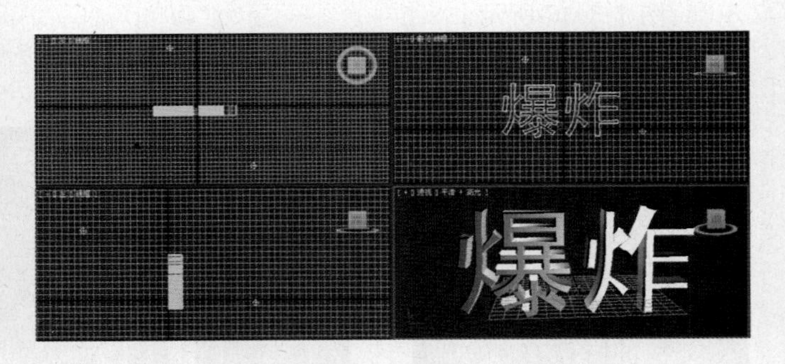

图 7-3-40

（8）激活透视图，单击“渲染”→“渲染设置”命令，选择时间输出范围为 0 至 100，输出大小为“640×480”。选择合适的文件保存路径，保存文件类型为“AVI 文件”，渲染，如图 7-3-41 所示。

图 7-3-41

4. 知识链接

空间扭曲:空间扭曲是影响其他对象外观的不可渲染对象。空间扭曲能创建使其他对象变形的力场,从而创建出爆炸、波浪和风吹等效果。

空间扭曲的行为方式类似于修改器,只不过空间扭曲影响的是世界空间,而几何体修改器影响的是对象空间。

空间扭曲只会影响和它绑定在一起的对象。扭曲绑定显示在对象修改器堆栈的顶端。空间扭曲总是在所有变换或修改器之后应用。

5. 案例小结

本案例重点是掌握空间扭曲动画的制作方法,通过绑定到空间扭曲命令,制作文字对象爆炸效果。

巩固与提高

1. 案例效果

案例效果如图 7-3-42、图 7-3-43 所示。

2. 制作流程

(1)创建一个圆柱体,修改成桶状→(2)制作空间扭曲爆炸→(3)空间扭曲绑定文字→(4)设置爆炸参数→(5)创建辅助对象制作火焰→(6)添加泛光灯,制作火焰跳动动画→(7)设置火焰爆炸效果→(8)渲染保存。

3. 自我创意

利用爆炸动画的方法,结合生活实际,自我创意爆炸模型动画。

图 7-3-42

图 7-3-43

7.3.3 案例三:制作“波浪文字”动画

1. 案例效果

案例效果如图 7-3-44 所示。

图 7-3-44

2. 制作流程

(1)创建文本→(2)将文本进行倒角设置→(3)创建波浪空间扭曲→(4)使用“绑定到空间扭曲”命令,将文本绑定到波浪上→(5)在 100 帧处设置关键帧动画,调整波长→(6)添加背景图片→(7)渲染播放。

3. 步骤解析

(1) 单击创建命令面板中“图形”→“文本”按钮。在文本框中输入“波浪文字”,单击前视图创建文字,并适当调整大小,如图 7-3-45、图 7-3-46 所示。

(2) 单击修改命令面板,单击“修改器列表”→“倒角”,打开其参数进行定义,如图 7-3-47、图 7-3-48 所示。

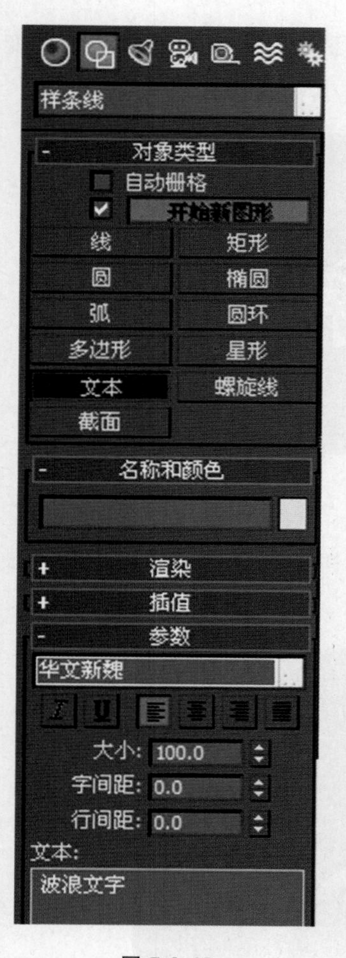

图 7-3-45

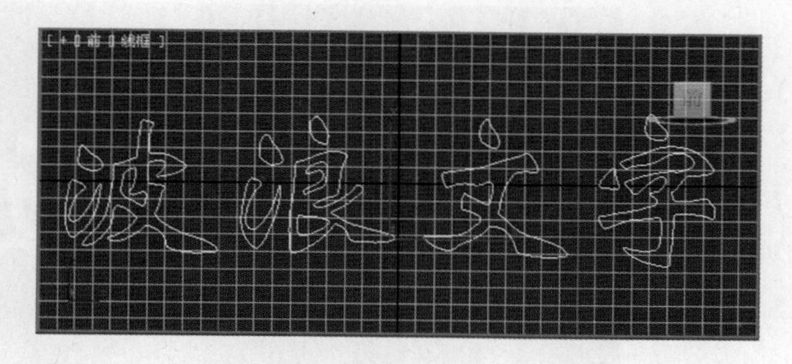

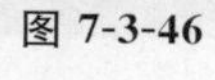

图 7-3-46

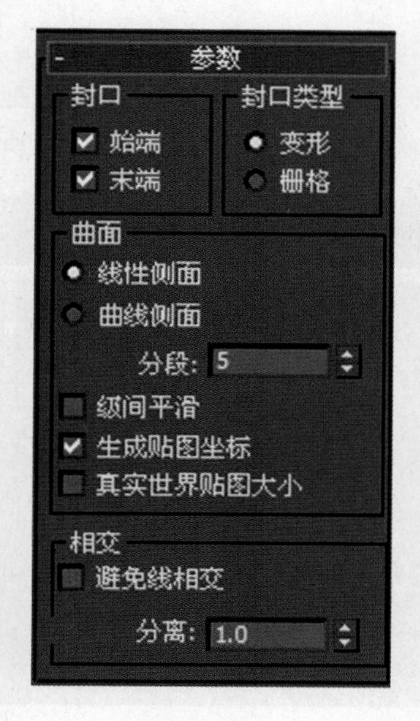

图 7-3-47

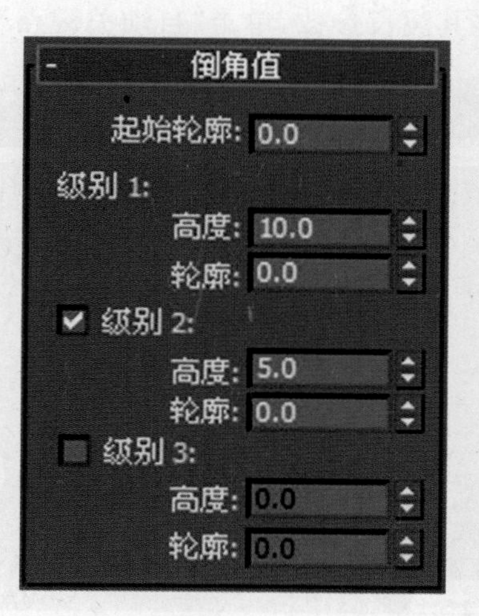

图 7-3-48

（3）单击创建命令面板中的“空间扭曲”按钮，在下拉列表中选择“几何/可变形”，单击“波浪”按钮，在透视图中拖拽出一个波浪，并调整其位置，如图 7-3-49 所示。

图 7-3-49

（4）选中文字，单击工具栏上的“绑定到空间扭曲”按钮，然后选择视图中的波浪，此时文字就产生了波浪起伏的效果，如图 7-3-50 所示。

图 7-3-50

（5）选中波浪，单击“自动关键点”按钮，打开动画记录。将动画关键点拖动到 100 帧处，调整其波长参数，单击“自动关键点”按钮，关闭动画记录，如图 7-3-51 所示。

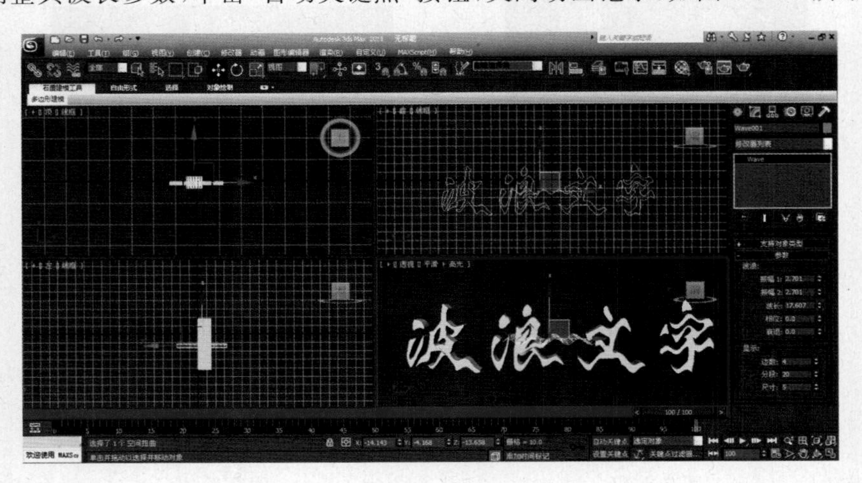

图 7-3-51

（6）单击菜单“渲染”→“环境”命令，在“背景”栏中单击“无”按钮，单击“位图”按钮，选择一张合适的图片作为背景，如图 7-3-52 所示。

（7）激活透视图，单击“渲染”→“渲染设置”命令，选择时间输出范围为 0 至 100，输出大小为“640×480”。选择合适的文件保存路径，保存文件类型为“AVI 文件”，渲染，如图 7-3-53 所示。

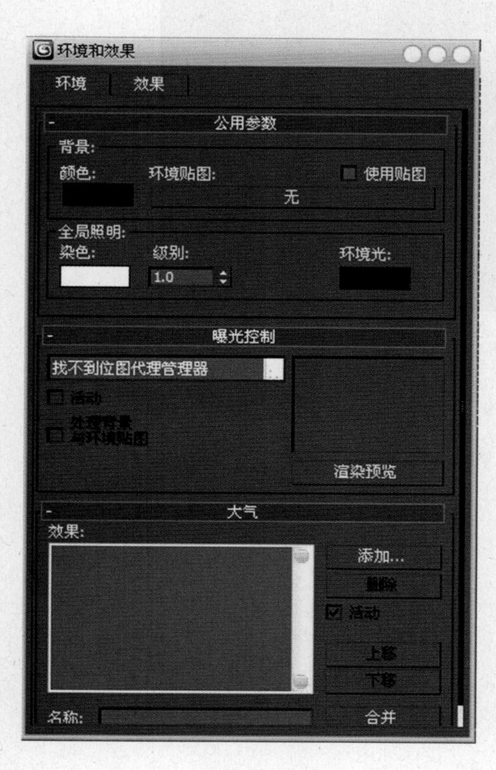

图 7-3-52

图 7-3-53

4. 案例小结

本案例重点是掌握空间扭曲动画的制作方法，通过“绑定到空间扭曲”命令将文字对象绑定到波浪扭曲上，设置关键帧制作波浪文字动画。

巩固与提高

1. 案例效果

案例效果如图 7-3-54 所示。

2. 制作流程

（1）创建长方体作为水面→（2）创建球体→（3）创建空间扭曲涟漪→（4）将水面绑定到涟漪上→（5）设置关键帧→（6）对应涟漪的关键帧调整球体的位置→（7）渲染播放。

图 7-3-54

3. 自我创意

利用空间扭曲动画的方法，结合生活实际，自我创意空间扭曲模型动画。

环境与特效

8.1 案例一：制作“书房”效果图

1. 案例效果

案例效果如图 8-1-1 所示。

图 8-1-1

2. 制作流程

(1)在顶视图分别建立两个长方体，作为房体的房顶与地面→(2)在左视图建立两个长方体，作为房体侧墙→(3)在前视图建立一个长方体，作为房体后墙→(4)在前视图建立一个长方体，与后墙进行布尔差运算→(5)加摄像机与灯光→(6)在前视图建立一个门框与拉门→(7)在顶视图建立盆花、吊灯→(8)导入转椅、写字台、挂图、台灯、书柜→(9)赋材质、添加场景背景、光照效果→(10)保存渲染。

3. 步骤解析

(1) 单击“创建”命令面板中的“几何体”，选取“标准基本体”项，单击“长方体”，在顶视图拖动创建两个长度、宽度、高度分别为 400、300、5 的长方体。

（2）在左视图拖动创建两个长度、宽度、高度分别为 270、400、5 的长方体，并调整位置，如图 8-1-2 所示。

（3）在前视图拖动创建一个长度、宽度、高度分别为 270、300、5 的长方体，并调整位置如图 8-1-2 所示。

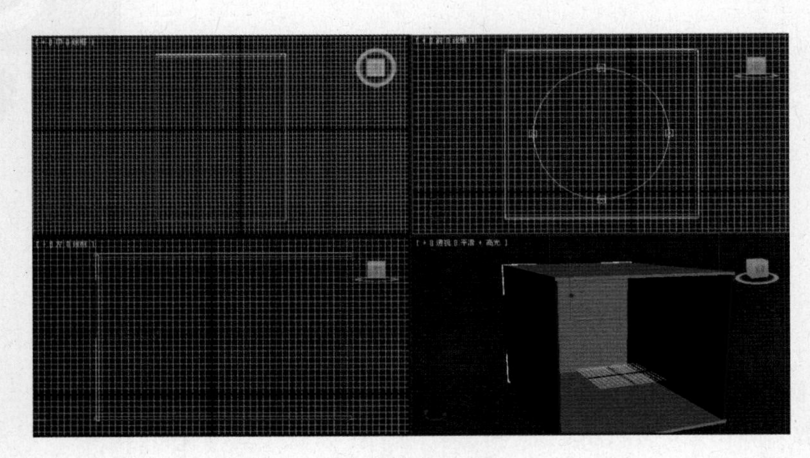

图 8-1-2

（4）单击“创建”命令面板中的“摄像机”，单击“目标”，在顶视图拖动创建一个摄像机，如图 8-1-3 所示，摄像机参数“镜头”为 35，右击透视视图，按 C 键。再单击“创建”命令面板中的“灯光”，选取“标准”，单击“泛光灯”，在前视图单击。

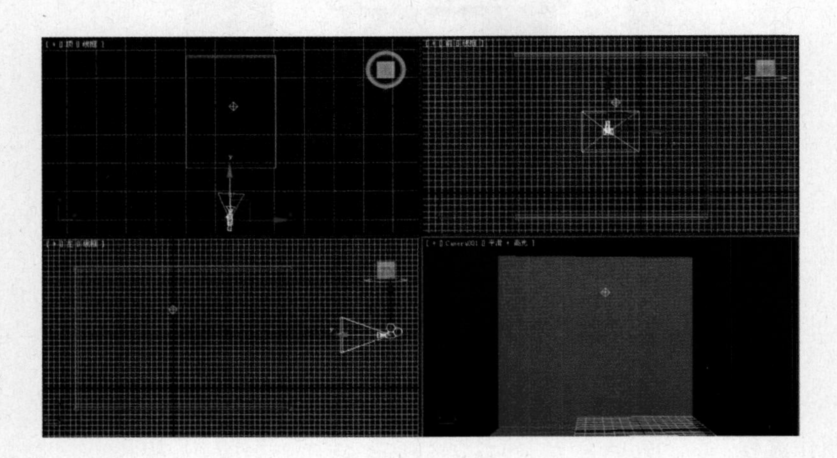

图 8-1-3

（5）单击“创建”命令面板中的“几何体”，选取“标准基本体”项，单击“长方体”，在前视图拖动创建一个长度、宽度、高度分别为 200、160、30 的长方体。

（6）选取后墙长方体，单击“创建”命令面板中的“几何体”，选取“复合对象”，单击“布尔”。单击“拾取操作对象 B”，在顶视图单击长方体，形成如图 8-1-4 效果。

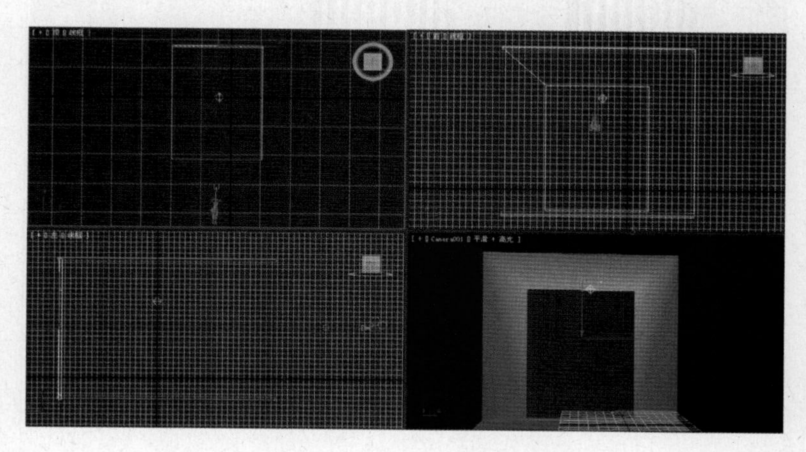

图 8-1-4

(7) 单击“创建”命令面板中的“图形”，单击“线”。在前视图沿窗口绘制一个长方图形，调整位置到后墙边，单击“line”前面的“+”，选取“样条线”，将参数面板中的轮廓设置为-8，按回车键。

(8) 单击“修改”命令面板中的“修改器列表”，选取“挤出”，将参数面板中的数量设置为 10，建立如图 8-1-5 所示效果。

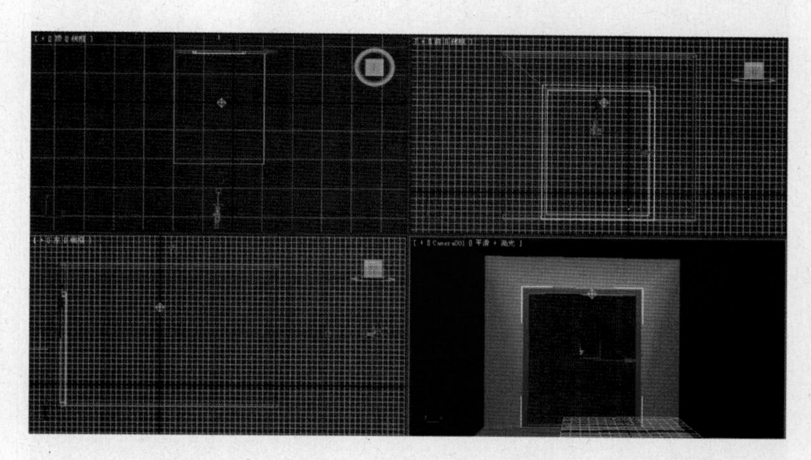

图 8-1-5

(9) 单击“创建”命令面板中的“图形”，单击“矩形”。在前视图沿窗口绘制一个长度、宽度分别为 200、80 的矩形图，展开“渲染”卷展栏，选中“在渲染中启用”和“在视图中启用”，并将厚度设置为 5。同时建立一个长度、宽度分别为 198、78 的平面，并赋予白色半透明材质，再复制一个，形成两个门，调整位置如图 8-1-6 所示。

(10) 单击“创建”命令面板中的“几何体”，选取“标准基本体”，单击“长方体”。在顶视图拖动建立一个长方体作为阳台。单击“创建”命令面板中的“几何体”，选取“AEC 扩展”，单击“栏杆”。在顶视图拖动建立一个栏杆，如图 8-1-7 所示。

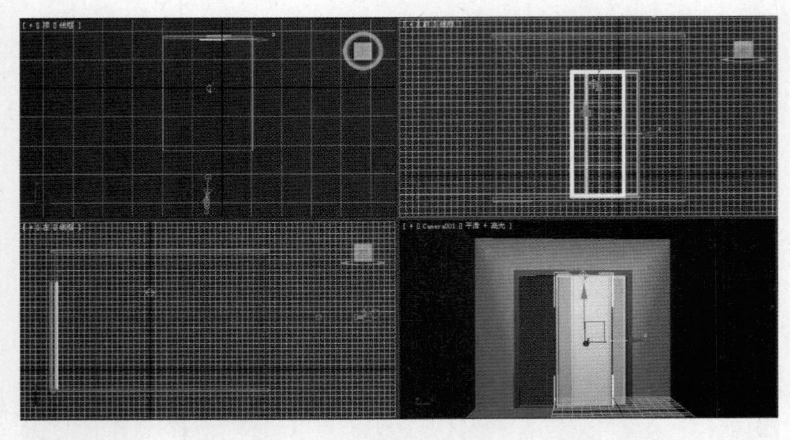

图 8-1-6

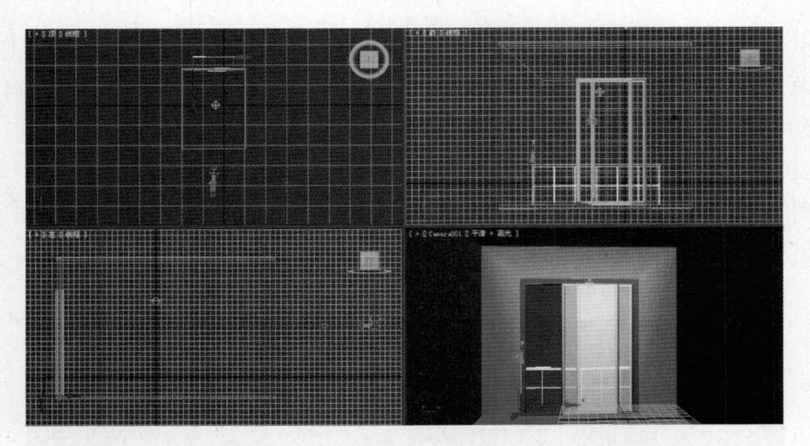

图 8-1-7

(11) 在顶视图建立一盏吊灯(由一个切角圆柱体、一条可渲染的直线、一个管状体加"锥化"处理),如图 8-1-8 所示。

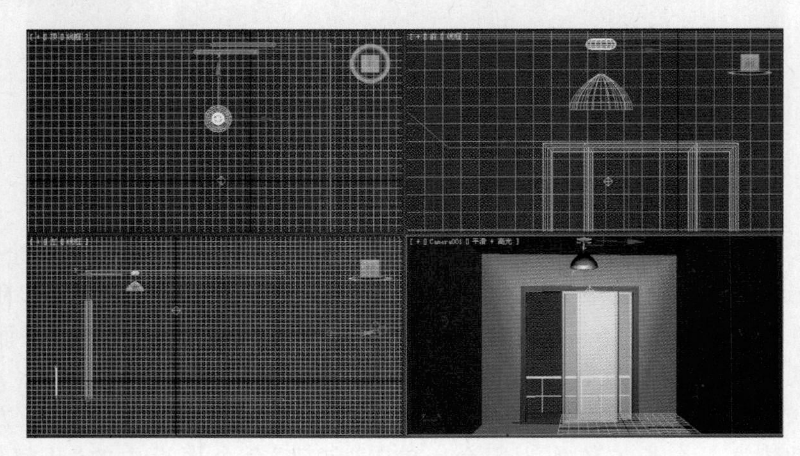

图 8-1-8

(12) 在顶视图建立一盆花卉(在前视图画出盆的边缘线条进行"车削",在顶视图建立花草),如图 8-1-9 所示。

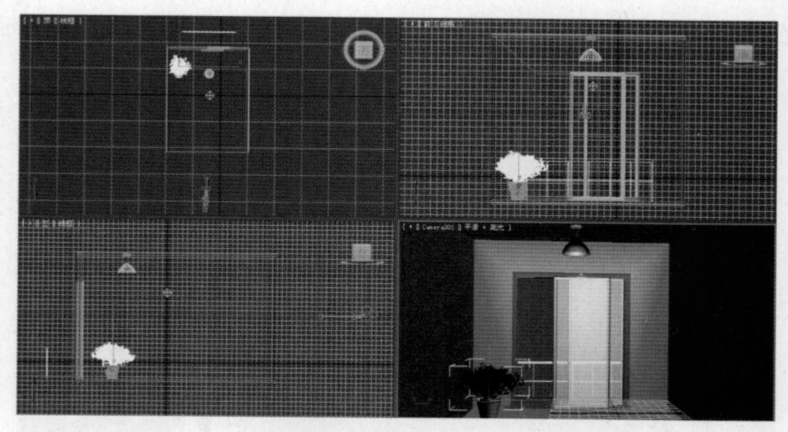

图 8-1-9

(13) 单击按钮,选取“导入”中的“合并”,选取场景“写字台”文件,将写字台合并到场景中,调整位置如图 8-1-10 所示。

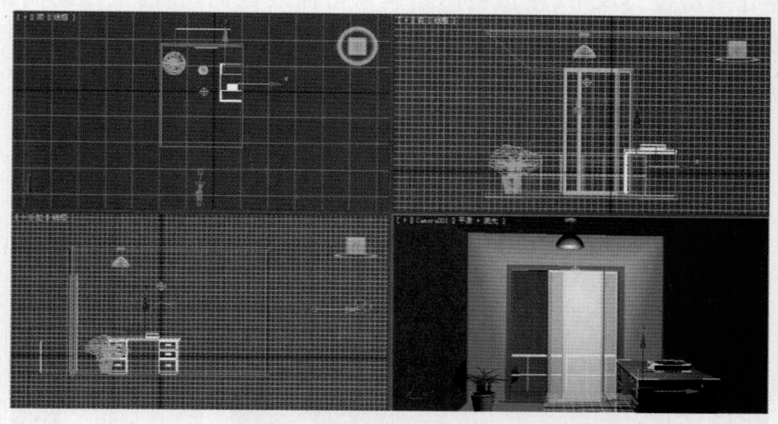

图 8-1-10

(14) 单击按钮,选取“导入”中的“合并”,选取场景“转椅”文件,将转椅合并到场景中,调整位置如图 8-1-11 所示。

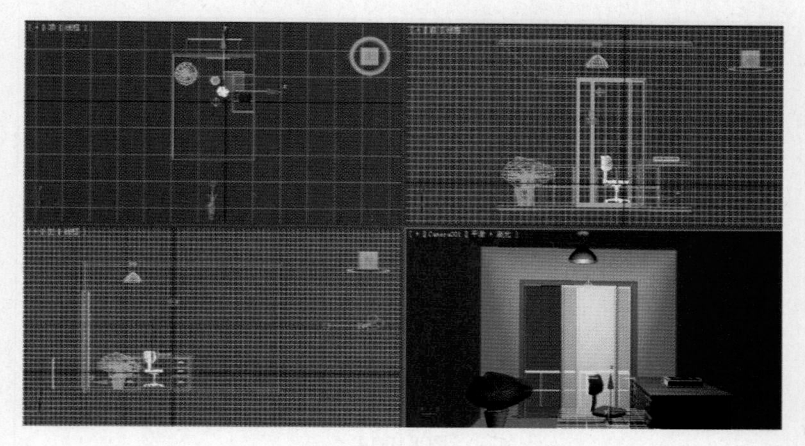

图 8-1-11

(15) 在左视图建立三个长方体,形成挂图,并赋予贴图,如图 8-1-12 所示。

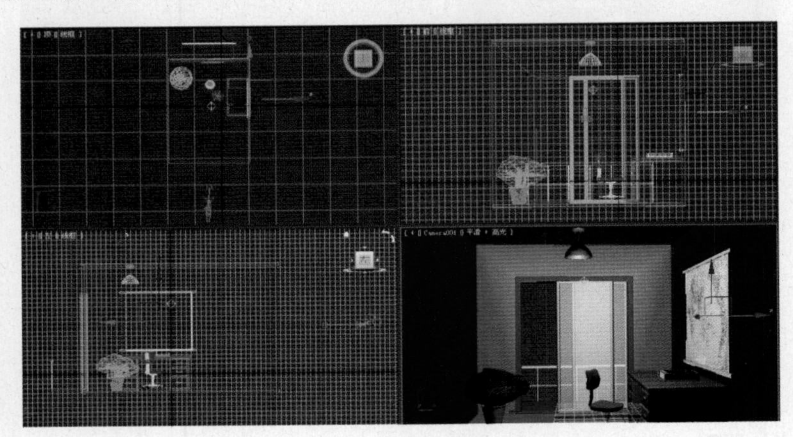

图 8-1-12

(16) 制作书房拉门窗帘(在顶视图绘制窗帘曲线截面,在前视图绘制窗帘路径直线,进行"放样"并赋予贴图,调整形成如图 8-1-13 所示效果。

(17) 制作设计贴图,分别赋予不同物体,如图 8-1-14 所示。

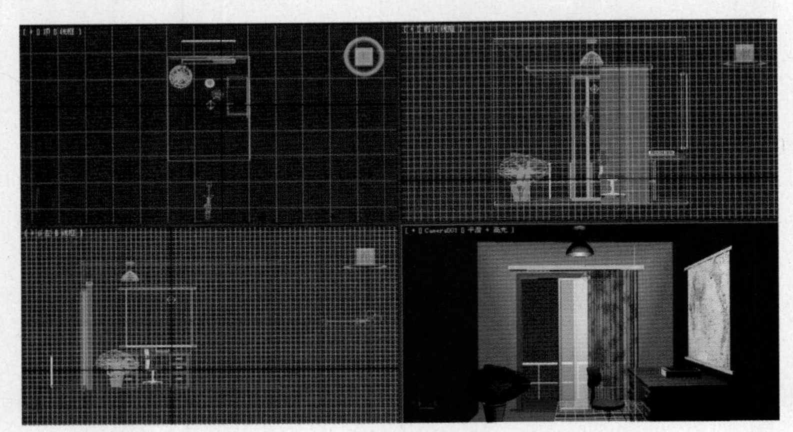

图 8-1-13

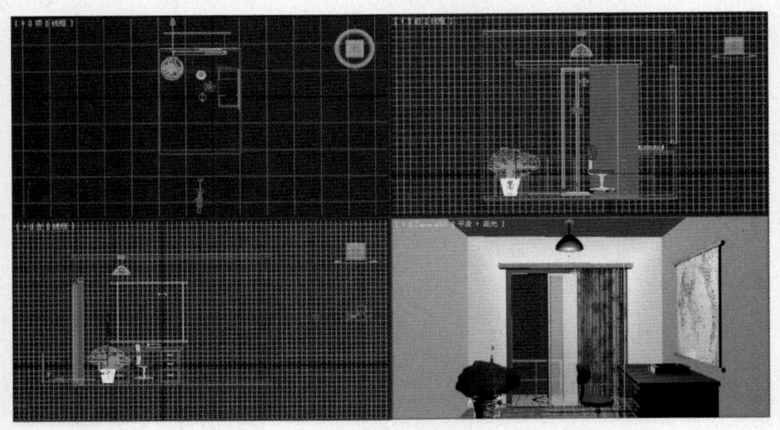

图 8-1-14

(18) 单击“创建”命令面板中的“灯光”,选取“标准”项,单击“泛光灯”,在顶视图单击,建立一盏灯光,在参数面板“阴影”中选取“启用”。“倍增”为 0.8,调整位置如图 8-1-15 所示。

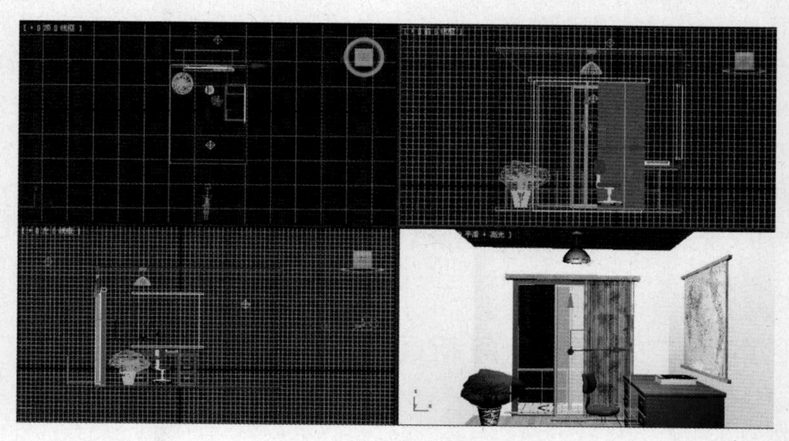

图 8-1-15

(19) 选取“渲染”菜单中“环境”项,单击“环境贴图”按钮,为场景添加背景文件。

(20) 单击主工具栏中“渲染产品”工具,渲染的场景效果如图 8-1-1 所示,单击渲染窗口中“保存”命令,确定保存位置,输入文件名,选取文件类型为“.jpg”,单击“保存”按钮,保存渲染的场景效果。

4. 案例小结

本案例重点是综合运用了 3ds Max 2011 中的基本建模、复合建模、二维建模、场景合并、材质设置、灯光、摄像机、场景环境设置等相关知识实现室内效果图的设计。对装潢装饰设计过程、设计技巧逐步理解掌握并熟练。

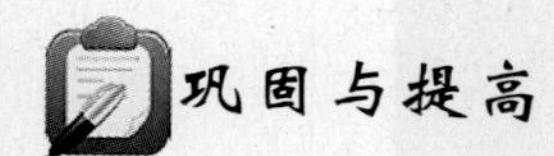

巩固与提高

1. 案例效果

案例效果如图 8-1-16 所示。

图 8-1-16

2. 制作流程

(1)在顶视图分别建立一个长方体,作为房体的地面→(2)在左视图建立一个长方体,作为房体墙→(3)在前视图建立一个长方体,作为房体后墙→(4)在前视图建立两个窗形体,与后墙进行布尔差运算→(5)在左视图建立一个长方体,与可渲染的二维图形形成门→(6)加摄像机与灯光→(7)将灯光添加体积光→(8)导入餐桌→(9)赋材质→(10)保存渲染。

3. 自我创意

综合运用 3ds Max 2011 相关知识,结合生活实际,为自已家庭设计一个功能区装饰效果图。

8.2 案例二:制作“晚间新闻”动画

1. 案例效果

案例效果如图 8-2-1 所示。

图 8-2-1

2. 制作流程

(1)在顶视图建立一个球体,并赋予材质贴图→(2)设置场景背景→(3)设置球体自转动画→(4)在顶视图建立一个圆锥体,并进行路径变形→(5)记录路径变形动画→(6)设置圆锥材质并进行视频特效,再复制三组→(7)在顶视图建立文字→(8)设置文字材质→(9)记录文字动画→(10)保存渲染。

3. 步骤解析

(1) 单击“创建”命令面板中的“几何体”,选取“标准基本体”项,单击“球体”,在顶视图拖动创建一个半径为 100 的球体。

(2) 单击按钮,打开“材质编辑器”,选取第一样板球,单击按钮,将材质赋给球体,如图 8-2-2 所示。单击“材质编辑器”中的“标准”,如图 8-2-3 所示,双击“混合”,弹出如图 8-2-4 所示对话框。

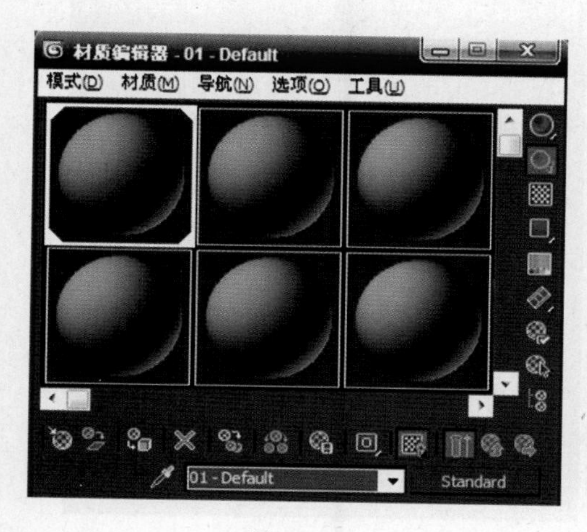

图 8-2-2

图 8-2-3

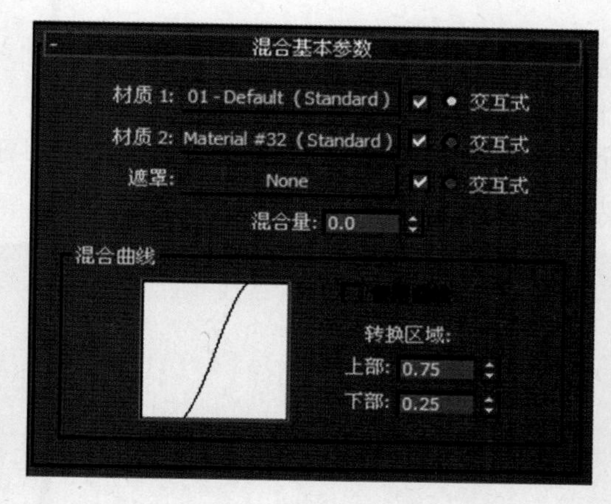

图 8-2-4

(3) 单击“材质 1”后面的长按钮，在参数面板中选取“双面”，漫反射颜色为蓝(42，30，205)，不透明为 83，高光为 34，展开“贴图”，选中“反射”，数量为 81%，单击“反射”后面的“None”，双击“反射/折射”。

(4) 单击两次，单击“材质 2”后面的长按钮，在参数面板中选取“双面”，展开“贴图”，选中“漫反射颜色”，单击“漫反射颜色”后面的“None”，选取“map.jpg”文件，单击按钮，选中“凹凸”，“数量”为 121，单击“凹凸”后面的“None”，选取“map1.jpg”文件。

(5) 单击两次，单击“遮罩”后面的长按钮，双击“位图”，选取“map2.jpg”文件，形成如图 8-2-5 所示效果。

(6) 选取“渲染”菜单中“环境”，如图 8-2-6 所示，单击“无”按钮，双击“位图”，选取背景文件“sig10.jpg”。

(7) 单击“自动关键点”，将帧指示器从第 0 帧拖到 100 帧，选取“选择并旋转”工具，在顶视图将球体逆时针旋转 360°，再单击“自动关键点”。

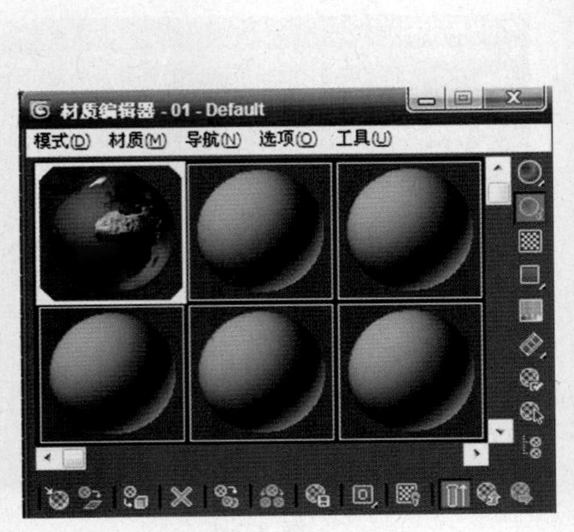

图 8-2-5

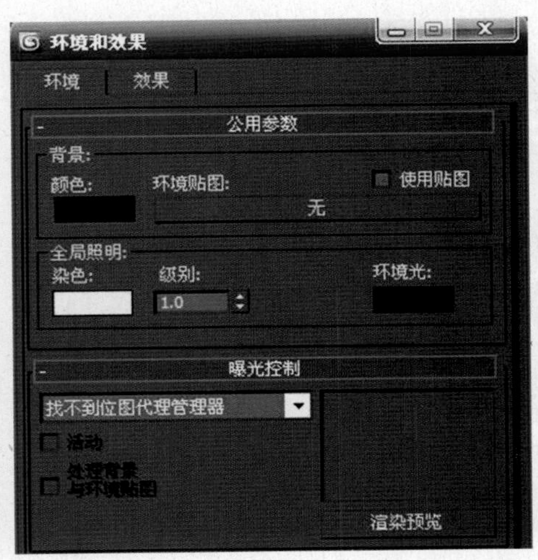

图 8-2-6

(8) 单击“创建”命令面板中的“几何体”,选取“标准基本体”项,单击“圆锥体”,在顶视图拖动创建一个半径为 10、高度为 30 的圆锥体。

(9) 单击“创建”命令面板中的“图形”,单击“圆”,在顶视图拖动创建一个半径为 120 的圆,如图 8-2-7 所示。

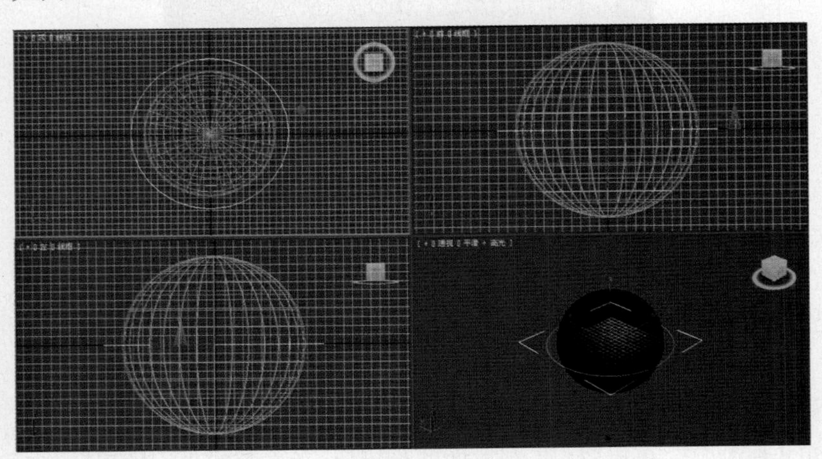

图 8-2-7

(10) 选取圆锥体,单击“修改”命令面板,单击“修改器列表”,选取“路径变形(WSM)”,单击参数面板中“拾取路径”后,在顶视图中单击圆图形,再单击“转到路径”,如图 8-2-8 所示。

(11) 将参数面板中“拉伸”设置为 5,单击“自动关键点”,将参数面板中“百分比”设置为 100,将帧指示器从第 0 帧拖到 100 帧,再将“百分比”设置为-100,再单击“自动关键点”,如图 8-2-9 所示。

(12) 单击按钮,打开“材质编辑器”,选取第二个样板球,单击按钮,将材质赋给圆锥体。“不透明度”设置为 0。再右击圆锥体,选取“对象属性”,如图 8-2-10 所示,将“G 缓冲区”中“对象 ID:”设置为 1,单击“确定”按钮。

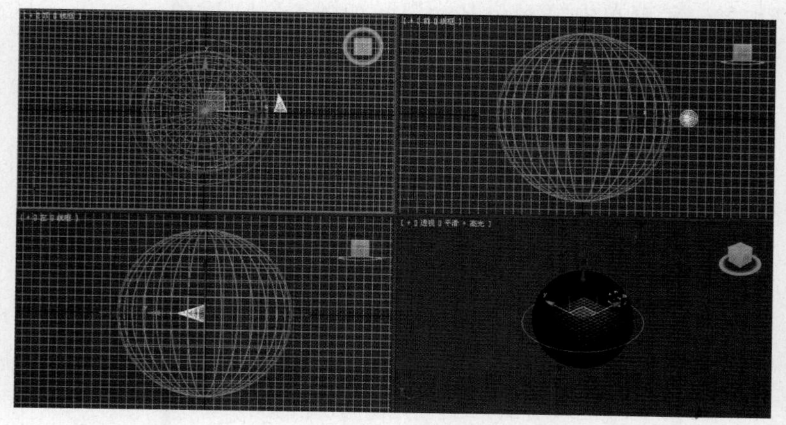

图 8-2-8

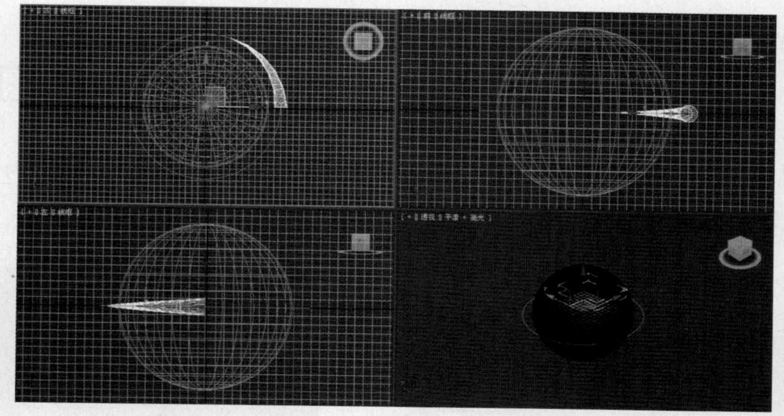

图 8-2-9

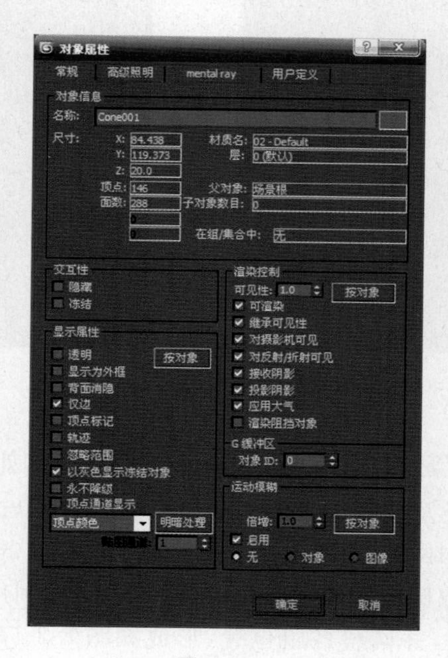

图 8-2-10

（13）选取“渲染”菜单中“Video Post”项，如图 8-2-11 所示。

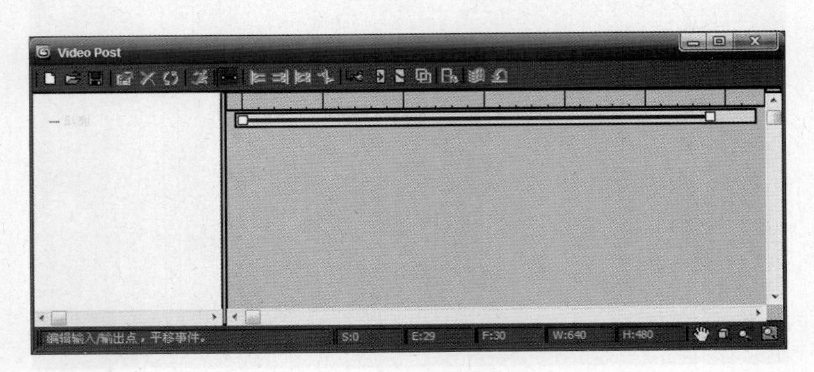

图 8-2-11

（14）单击窗口中按钮，单击“确定”按钮。再单击窗口中按钮，弹出“添加图像过滤事件”对话框，如图 8-2-12 所示。单击“过滤器插件”选项下拉按钮，选取“镜头效果光晕”，再单击“设置”按钮，弹出“镜头效果光晕”对话框，如图 8-2-13 所示，单击“预览”与“VP 队列”按钮，再单击“首选项”标签，将“效果”中的“大小”设置为 3，“颜色”中选取“渐变”。效果如图 8-2-14 所示，单击“确定”按钮。

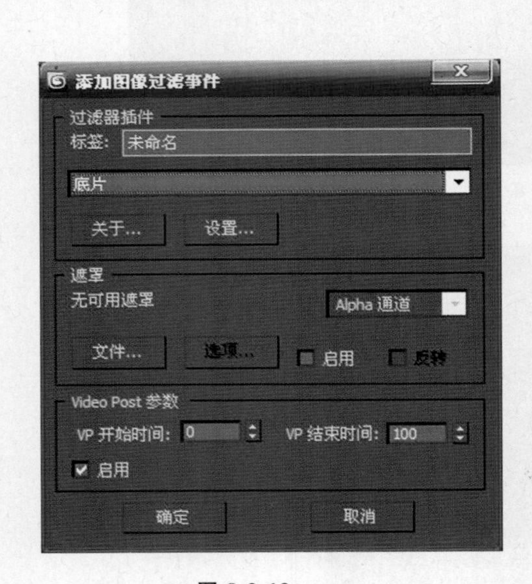

图 8-2-12

图 8-2-13

（15）在“Video Post”窗口空白处单击，再单击按钮，如图 8-2-15 所示，单击“文件”按钮，确定文件的路径及文件名，单击“保存”按钮，再单击“确定”按钮，形成如图 8-2-16所示效果，关闭“Video Post”窗口。

（16）在前视图中选取圆锥体与圆路径，按住 Shift 键，利用“选择并旋转”工具旋转复制两组圆锥体与圆路径，并调整各组位置，形成如图 8-2-17 所示效果。将帧指示器拖到第 0 帧，选取一个圆锥体，将“百分比”设置为 120，再选取另一个圆锥体，将“百分比”设置为 80。

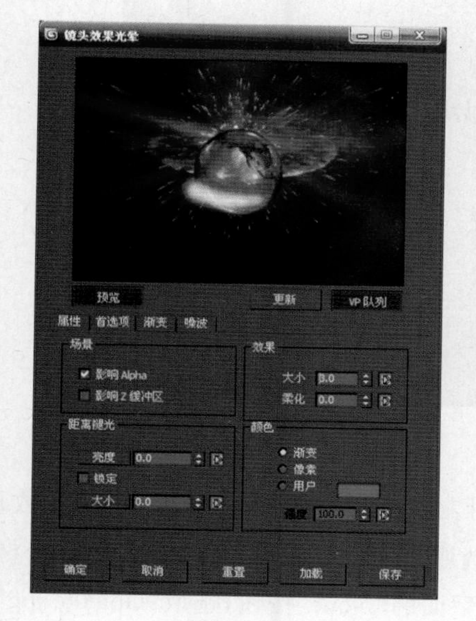

图 8-2-14

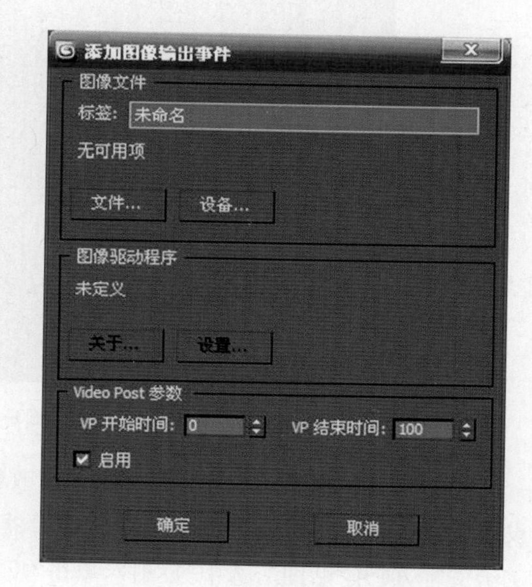

图 8-2-15

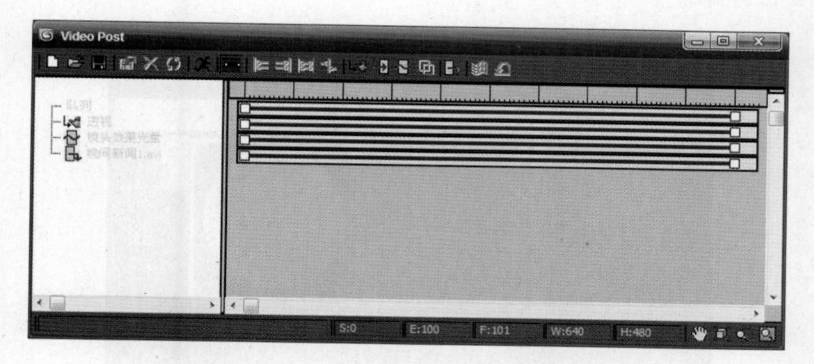

图 8-2-16

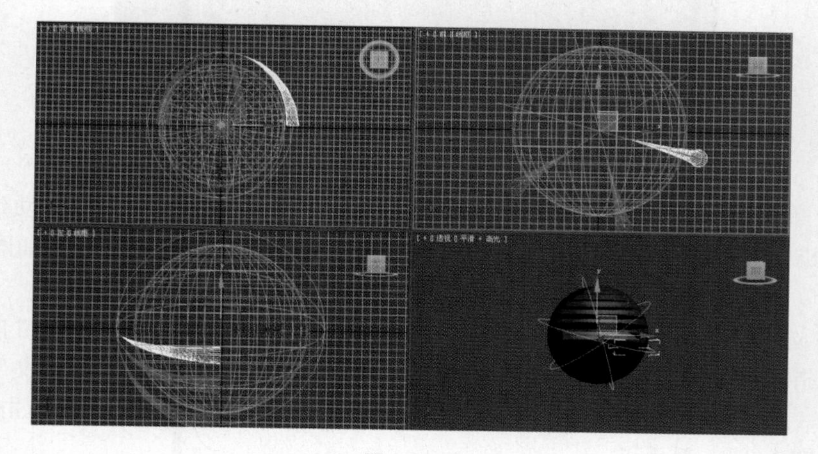

图 8-2-17

(17) 单击“创建”命令面板中的“图形”，单击“文本”，在参数面板中文本框内输入“晚间新闻”，在顶视图单击创建一个文本图形并适当调整大小，如图 8-2-18 所示。

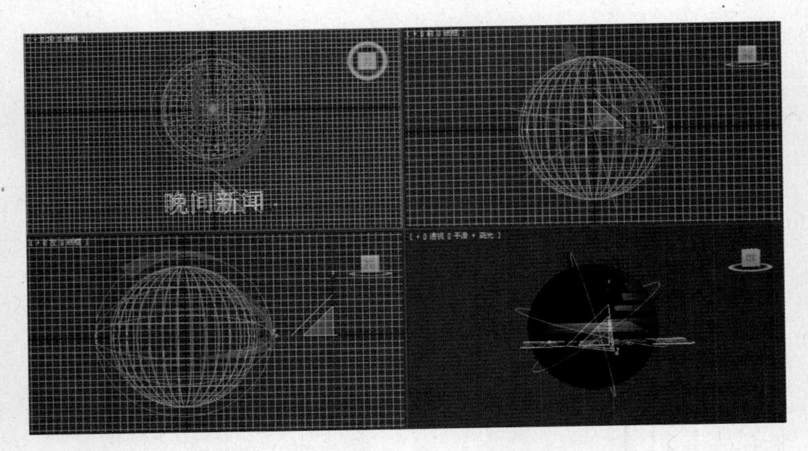

图 8-2-18

(18) 单击“修改”命令面板，单击“修改器列表”，选取“挤出”，将参数面板中“数量”设置为 10。单击按钮，打开“材质编辑器”，选取第三个样板球，单击按钮，将材质赋给文字，展开“贴图”，选中“反射”，单击“反射”后面的“None”按钮，选取“Gold06. jpg”文件，如图 8-2-19 所示。

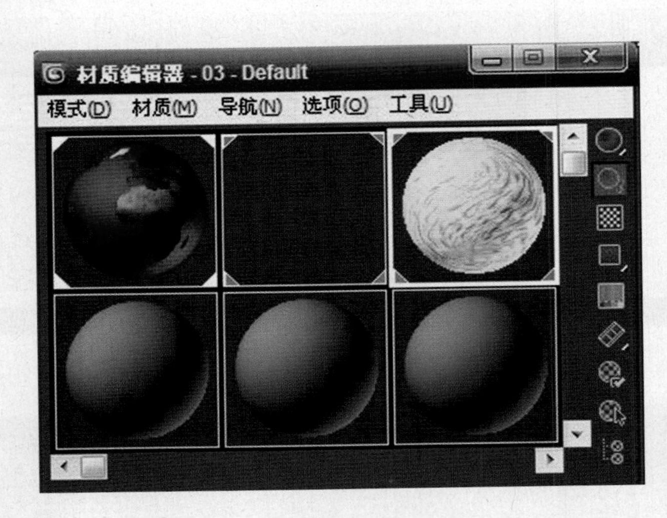

图 8-2-19

(19) 单击“创建”命令面板中的“摄像机”，单击“目标”，在顶视图中拖动建立一个目标摄像机，并调整参数面板中“镜头”为 15，将透视视图切换为摄像机视图，如图 8-2-20 所示。

(20) 选取文字，在顶视图将文字移出摄像机，如图 8-2-20 所示，单击“自动关键点”，将帧指示器从第 0 帧拖到 50 帧，选取“选择并移动”工具，在顶视图将文字移到接近球体处。再选取“选择并旋转”工具，在顶视图将文字向下旋转 90°，再单击“自动关键点”，如图 8-2-21 所示。

(21) 选取“渲染”菜单中“Video Post”项，双击“透视”，选取“Camera001”视图，单击“确定”按钮。

图 8-2-20

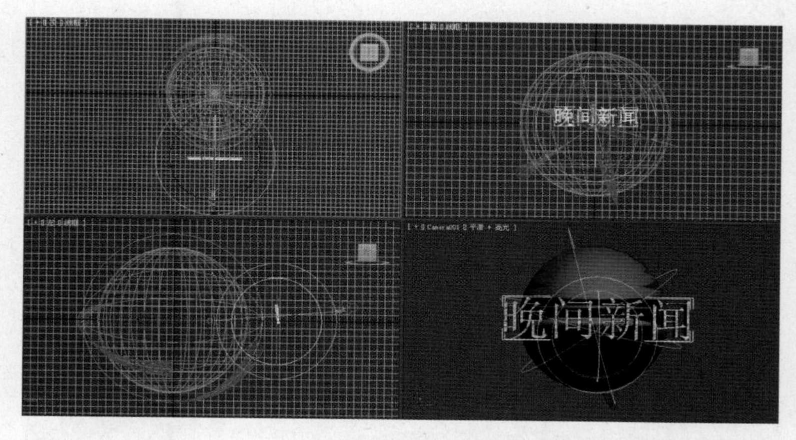

图 8-2-21

（22）单击窗口中按钮，进入如图 8-2-22 所示窗口。选中“范围”，选取一种输出大小，单击“渲染”，形成如图 8-2-1 所示效果。

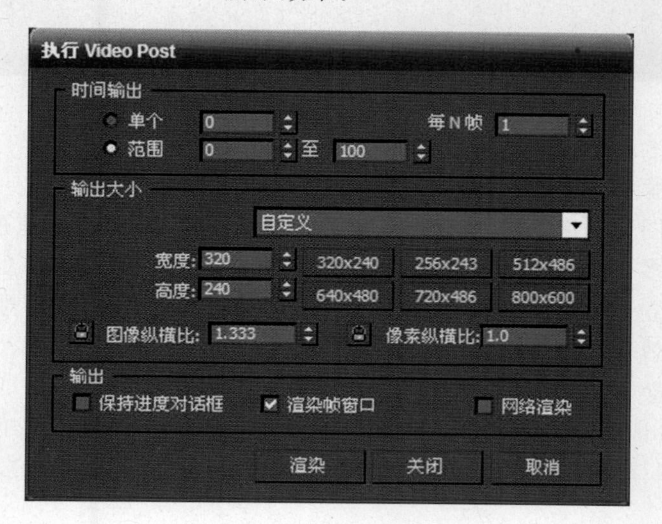

图 8-2-22

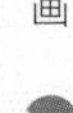

4. 知识链接

场景背景与视频特效设置是3ds Max 2011模拟真实场景效果设计基本手段，具有很强的实用价值。场景背景设置方法：选取“渲染”菜单中“环境”，选取环境图文件。视频特效设置方法：选取“渲染”菜单中“Video Post”项，添加相应的视频特效。

5. 案例小结

本案例重点是综合运用了3ds Max 2011中的基本建模、复合建模、二维建模、场景合并、材质设置、灯光、摄像机、场景环境设置等相关知识实现相应效果设计，以模拟真实场景效果。

巩固与提高

1. 案例效果

案例效果如图8-2-23所示。

图 8-2-23

2. 制作流程

(1)在顶视图分别建立二个长方体，作为地面与后背景→(2)在顶视图建立一个小球、一棵植物与多个卡通花→(3)分别在前视图建立“少儿影视”文字(位置要错开)→(4)在顶视图建立一个摄像机→(5)对文字与小球进行动画设置→(6)对小球进行“镜头光斑”的视频特效→(7)赋材质→(8)保存渲染。

3. 自我创意

综合运用3ds Max 2011视频特效相关知识，结合生活实际，自我设计一个电视栏目片头。

动画制作实训

9.1 案例一：制作“热气”动画

1. 案例效果

案例效果如图 9-1-1 所示。

图 9-1-1

2. 制作流程

(1)打开素材文件→(2)创建圆锥体→(3)为圆锥体设置材质→(4)设定圆锥体对象ID→(5)设置 Video Post(v)→(6)设置镜头效果光晕→(7)渲染保存。

3. 步骤解析

(1) 打开“杯子素材.max”文件。单击“几何体”→“圆锥体”按钮，在顶部视图中绘制一个圆锥体，并修改其参数，如图 9-1-2、图 9-1-3 所示。

(2) 单击“材质编辑器”按钮，选择样板球，设置漫反射颜色红、蓝、绿颜色值均为57，单击“确定”按钮。环境光为黑色，不透明度为 10，如图 9-1-4 所示。

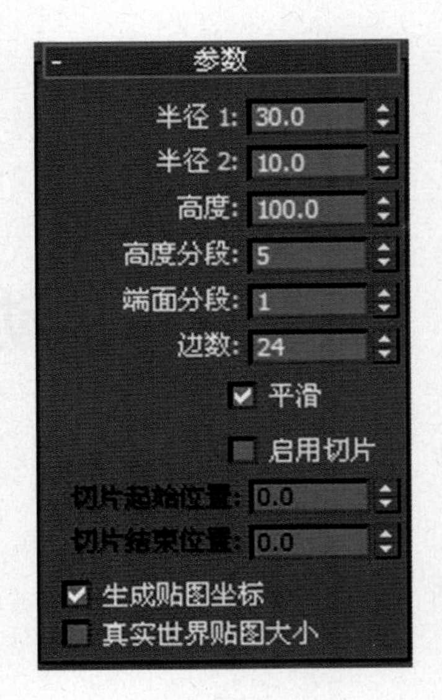

图 9-1-2

图 9-1-3

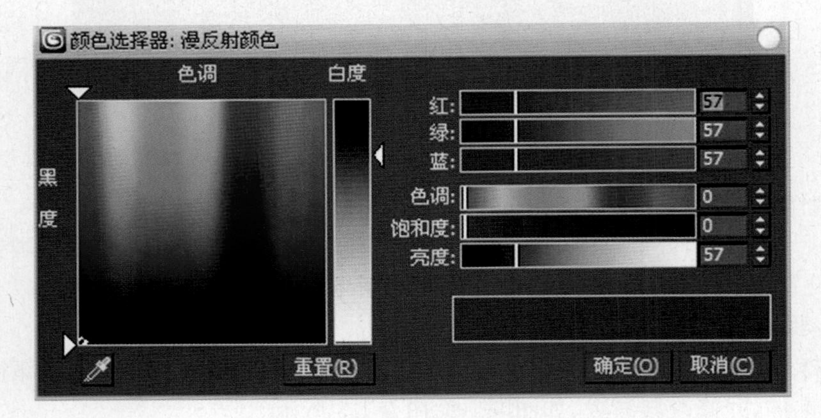

图 9-1-4

（3）选中圆锥体，右击，在快捷菜单中选择“对象属性”命令，在“G 缓冲区”栏下的“对象 ID”设置为 1，如图 9-1-5 所示。

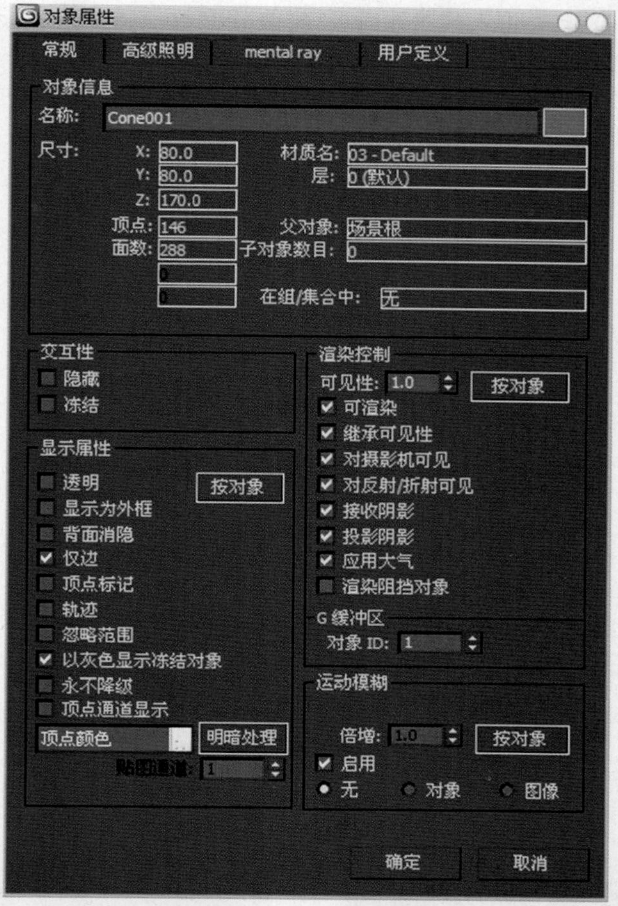

对象属性
常规 | 高级照明 | mental ray | 用户定义
对象信息
名称: Cone001
尺寸: X: 80.0 Y: 80.0 Z: 170.0
材质名: 03 - Default
层: 0 (默认)
顶点: 146
面数: 288
父对象: 场景根
子对象数目: 0
0
0
在组/集合中: 无
交互性
隐藏
冻结
显示属性
透明
显示为外框
背面消隐
仅边
顶点标记
轨迹
忽略范围
以灰色显示冻结对象
永不降级
顶点通道显示
按对象
顶点颜色
明暗处理
贴图通道: 1
渲染控制
可见性: 1.0
按对象
可渲染
继承可见性
对摄影机可见
对反射/折射可见
接收阴影
投影阴影
应用大气
渲染阻挡对象
G 缓冲区
对象 ID: 1
运动模糊
倍增: 1.0
按对象
启用
无 对象 图像
确定 取消

图 9-1-5

(4) 单击菜单中“渲染”→“Video Post”命令，单击“添加场景事件”按钮，选择“透视”，添加透视图轨道，如图 9-1-6 所示。

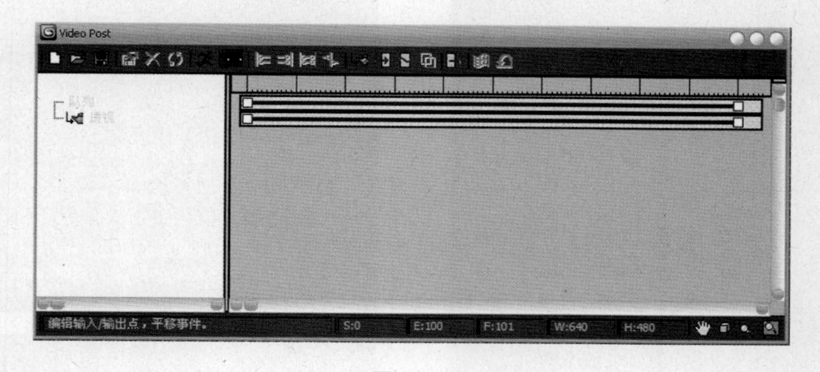

图 9-1-6

(5) 单击“添加图像过滤事件”按钮，选择“镜头效果光晕”，如图 9-1-7 所示。

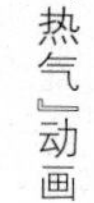

（6）单击“设置”按钮，打开“镜头效果光晕”对话框。单击“VP 队列”和“预览”按钮，再单击“噪波”选项，并进入其属性面板，修改其参数，勾选红、绿、蓝单选框，设置其他参数后单击“确定”按钮，如图 9-1-8、图 9-1-9 所示。

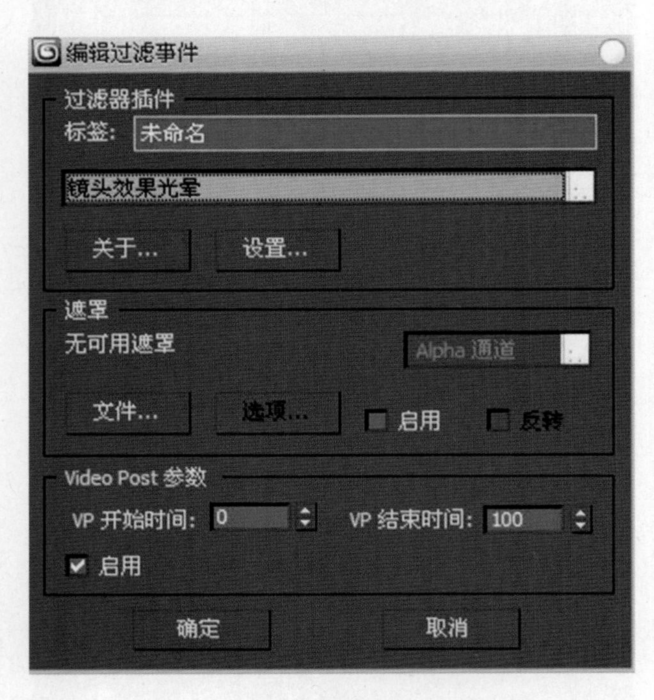

图 9-1-7

图 9-1-8

图 9-1-9

（7）单击“添加图像输出事件”按钮，输出文件名称，文件类型为“.avi”，单击“保存”按钮，选择压缩程序为“Intel Indeo(R)Videl R3.2”，压缩质量为100，单击“确定”按钮，如图9-1-10所示。

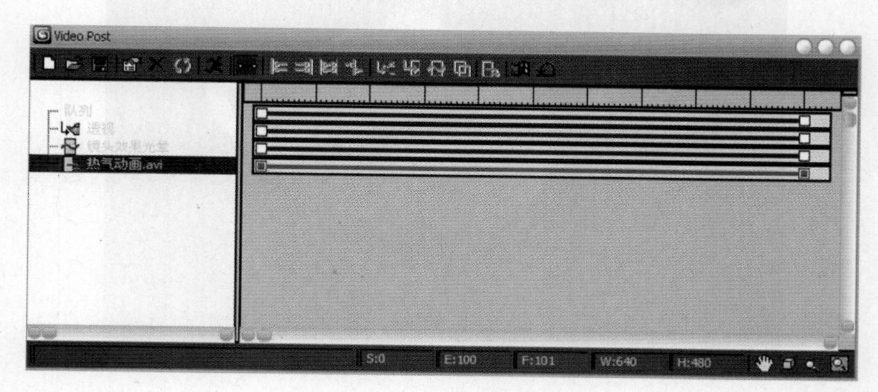

图 9-1-10

（8）单击“执行序列”按钮，参数设置如图9-1-11所示，参数设置结束后单击“渲染”按钮。

图 9-1-11

4. 案例小结

本案例重点是掌握蒸汽效果的应用，通过Video Post制作蒸汽效果动画。

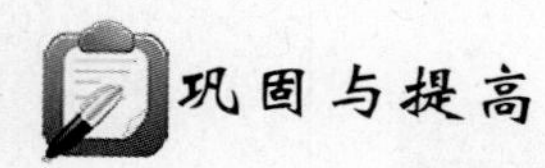

巩固与提高

1. 案例效果

案例效果如图9-1-12所示。

图 9-1-12

2. 制作流程

(1)创建水壶模型→(2)创建圆锥体→(3)为圆锥体设置材质→(4)设定圆锥体对象ID→(5)设置 Video Post→(6)设置镜头效果光晕→(7)渲染保存。

3. 自我创意

利用蒸汽效果的创建方法,结合生活实际,自我创意各种蒸汽效果。

9.2 案例二:制作“节目片头”动画

1. 案例效果

案例效果如图 9-2-1 所示。

图 9-2-1

2. 制作流程

(1)创建一条螺旋线→(2)创建文本“科技博览”→(3)挤出文字→(4)将文字做路径变形,绑定到螺旋线→(5)设置动画,调整路径变形百分比→(6)创建一个椭圆形和一个球体,对球体做路径约束→(7)复制椭圆形和球体→(8)设置视频 Video Post 技术→(9)添加背景图片→(10)执行序列渲染。

3. 步骤解析

(1) 单击“创建”→“图形”→“螺旋线”按钮,创建一条螺旋线,如图 9-2-2、图 9-2-3 所示。

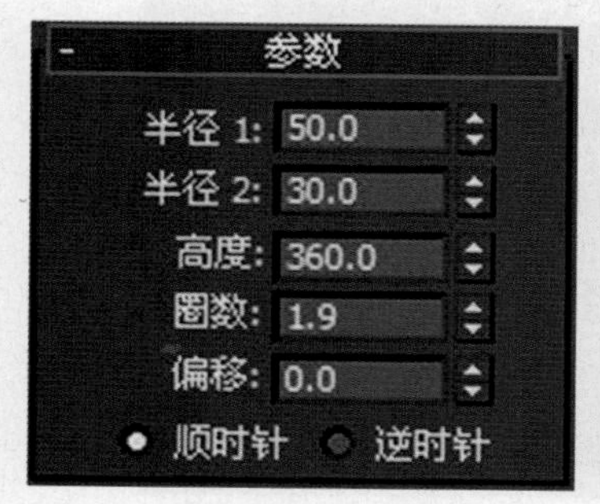

图 9-2-2

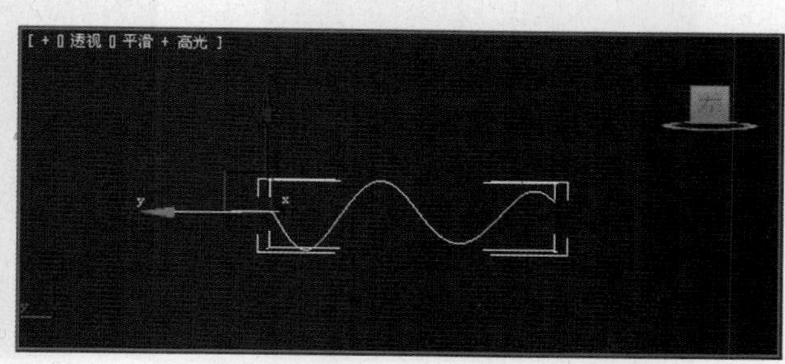

图 9-2-3

(2) 单击“创建”→“图形”→“文本”按钮,在前视图中创建一文本“科技博览”,适当调整其大小和字形,如图 9-2-4、图 9-2-5 所示。

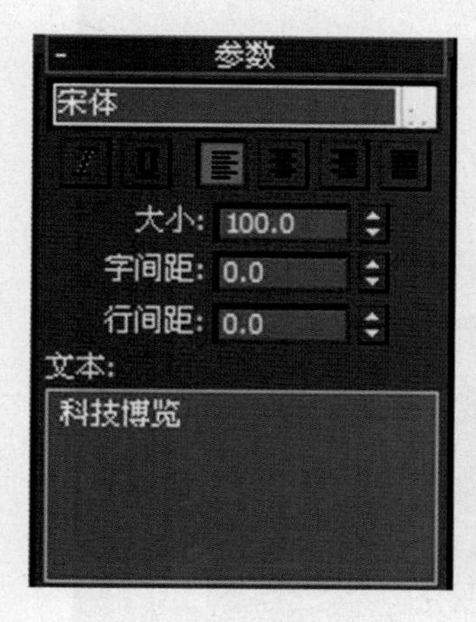

图 9-2-4

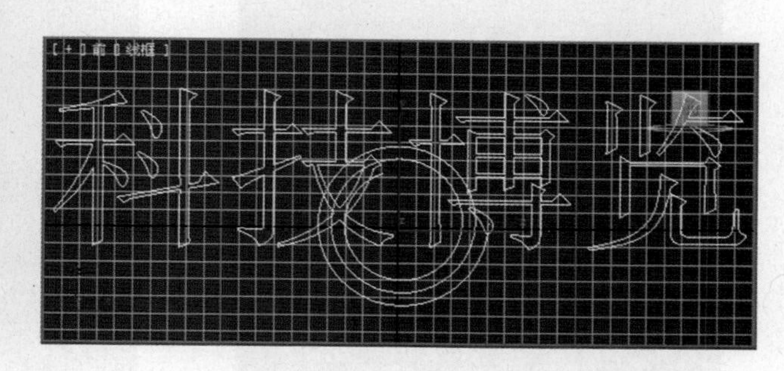

图 9-2-5

(3) 单击“修改器列表”→“挤出”,给文字增加立体效果,参数设置如图 9-2-6 所示。

(4) 选中文字,单击“修改器列表”→“路径变形绑定(WSM)”,单击“拾取路径”按钮,在视图中单击绘制的螺旋线,再单击“转到路径”按钮。在路径变形轴选项中选择 X 轴,设置旋转为 90°,参数设置如图 9-2-7 所示。

(5) 单击“自动关键点”按钮,打开动画记录。在第 0 帧调整百分比为 120,第 100 帧处调整百分比为-40,关闭“自动关键点”按钮。参数设置如图 9-2-8、图 9-2-9 所示。

图 9-2-6

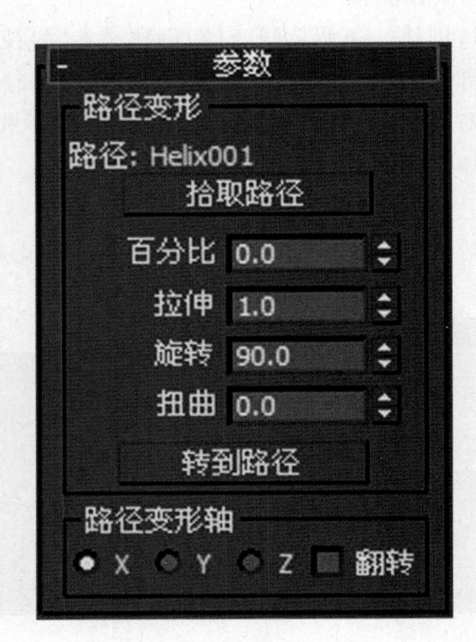

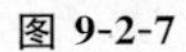
图 9-2-7

图 9-2-8

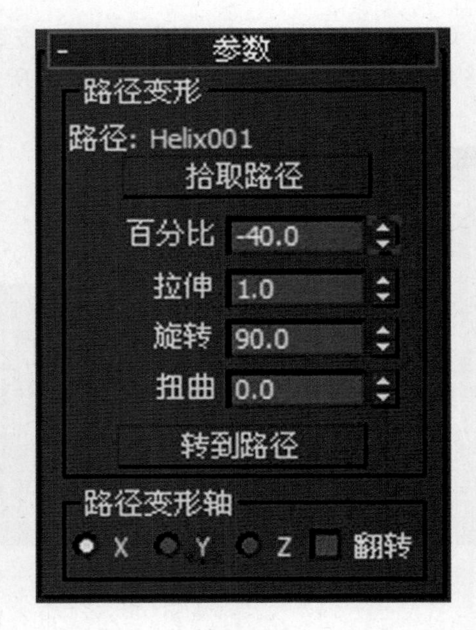

图 9-2-9

(6) 在视图中创建一个椭圆形和一个球体。选中球体，单击“运动”面板中的“指定控制器”→“位置”，并单击左上角的“指定控制器”按钮，打开“指定位置控制器”对话框，选取“路径约束”并点击“确定”按钮。如图 9-2-10、图 9-2-11、图 9-2-12 所示。

(7) 单击卷展栏中“路径参数”→“添加路径”，选取椭圆作为轨道运动，如图 9-2-13

所示。

（8）复制椭圆形和球体，通过旋转调整交叉摆放。

（9）单击菜单中"渲染"→"Video Post"，单击"添加场景事件"按钮，选择"透视"，添加透视图轨道，如图 9-2-14 所示。

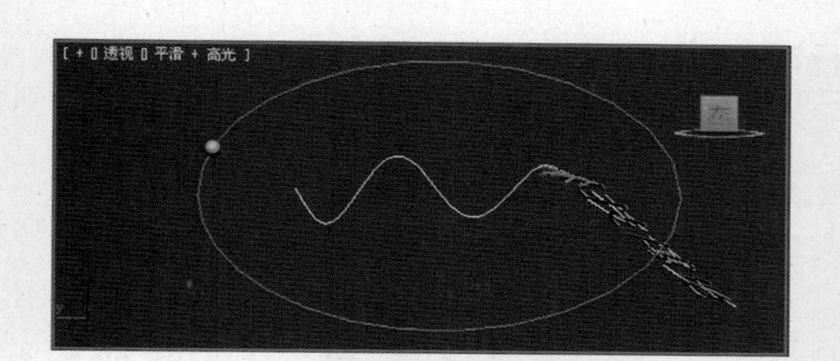

图 9-2-10

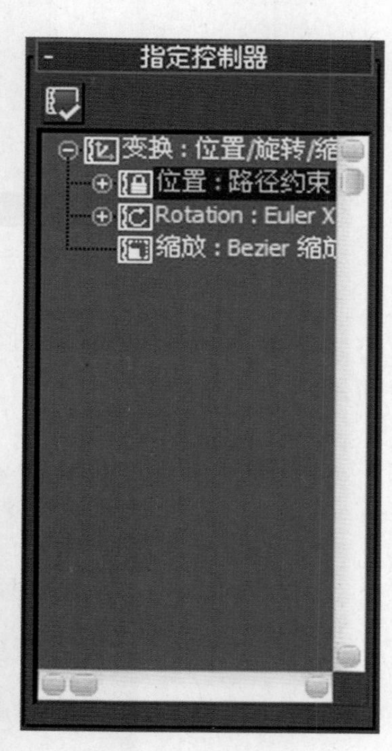

图 9-2-11

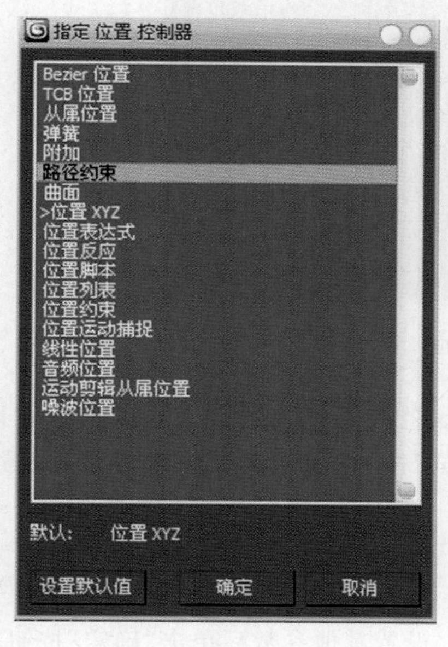

图 9-2-12

图 9-2-13

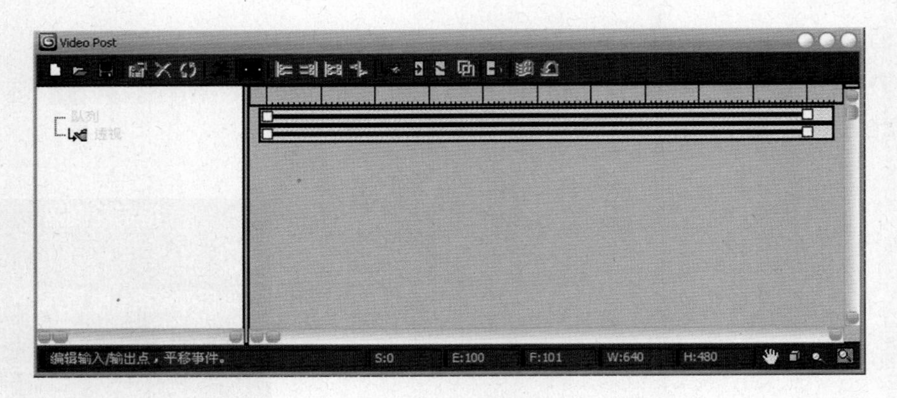

图 9-2-14

(10) 单击“添加图像过滤事件”按钮，选择“镜头效果光斑”，如图 9-2-15 所示。

图 9-2-15

(11) 单击“设置”按钮，打开“镜头效果光斑”对话框，单击“节点源”，选取两个球体，单击“确定”按钮。单击“VP 队列”和“预览”按钮，显示粒子特效效果，设置“首选项”参数，如图 9-2-16 所示。

(12) 设置“光晕”参数，如图 9-2-17 所示。

(13) 设置“射线”参数，如图 9-2-18 所示。

(14) 设置“条纹”参数，如图 9-2-19 所示。设置其他参数后单击“确定”按钮。

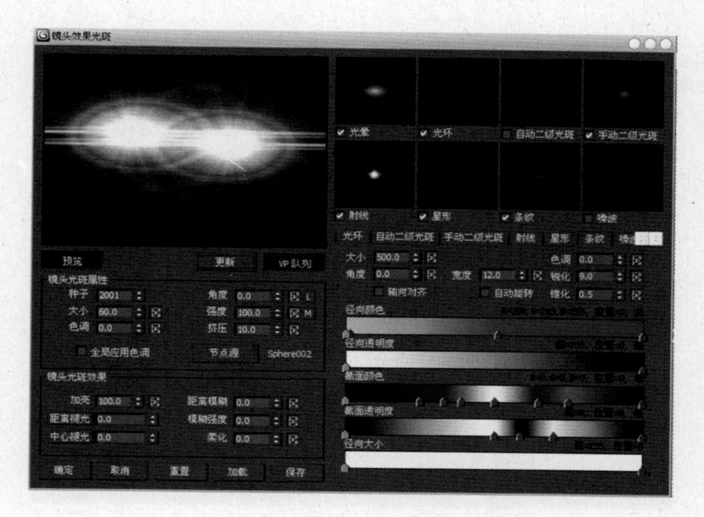

图 9-2-16

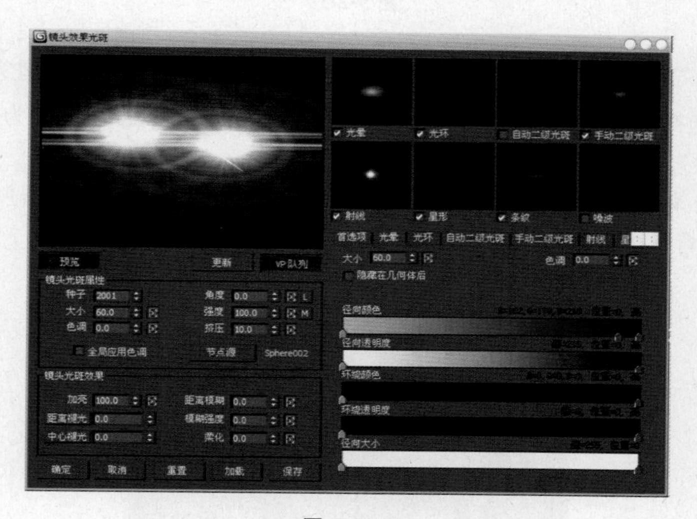

图 9-2-17

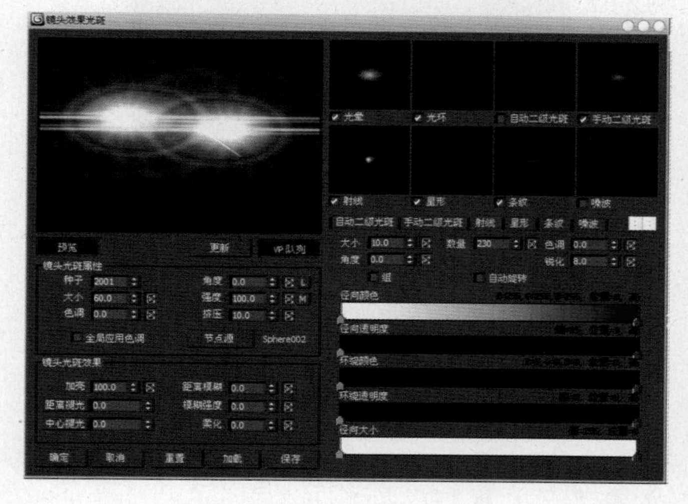

图 9-2-18

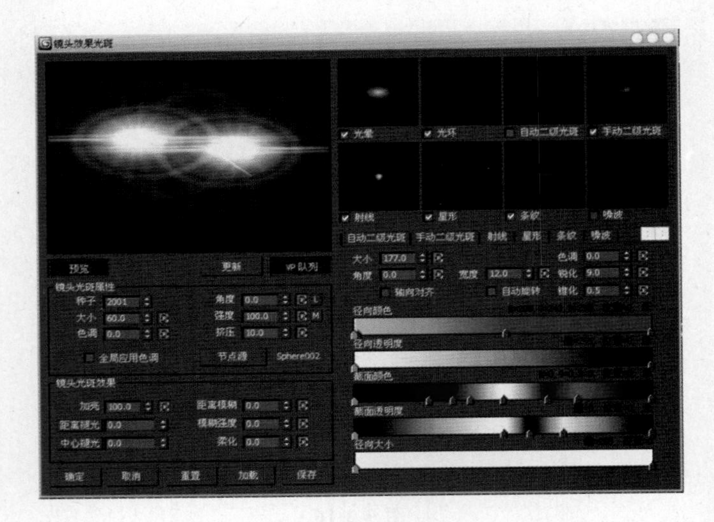

图 9-2-19

(15) 单击“添加图像输出事件”按钮，输出文件名称，文件类型为“. avi”，单击“保存”按钮，选择压缩程序为“Intel Indeo(R) Videl R3. 2”，压缩质量为 100，单击“确定”按钮。

(16) 单击菜单“渲染”→“环境”，在“背景”栏中单击“无”按钮，单击“位图”按钮，选择一张合适的背景，如图 9-2-20 所示。

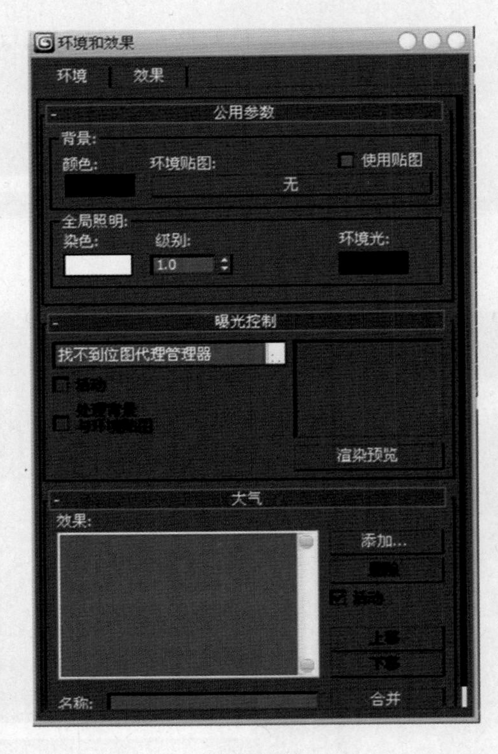

图 9-2-20

（17）单击“执行序列”按钮，参数设置如图 9-2-21 所示，设置后单击“渲染”按钮。

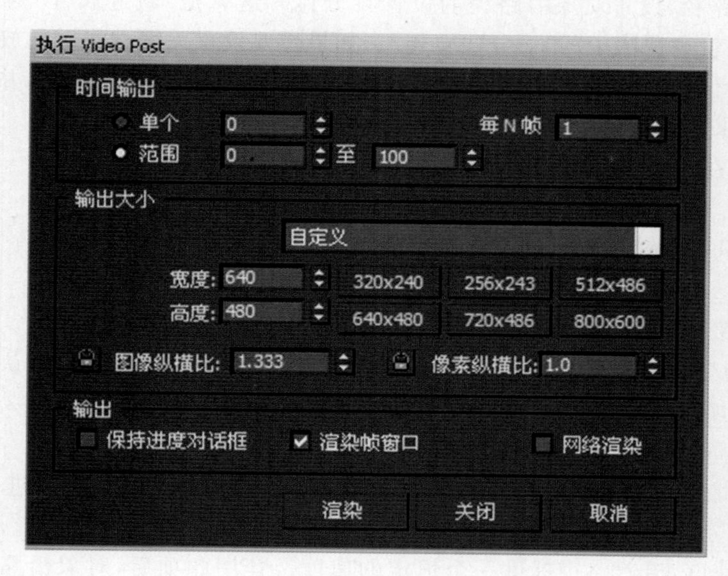

图 9-2-21

（18）最终效果如图 9-2-22 所示。

图 9-2-22

4. 知识链接

路径参数：

① 添加路径：添加一个新的样条线路径使之对约束对象产生影响。

② 删除路径：从目标列表中移除一个路径，一旦移除目标路径，它将不再对约束对

象产生影响。

③ 权重：为每个目标指定并设置动画。

④ % 沿路径：设置对象沿路径的位置百分比。这将把“轨迹属性”对话框中的值微调器复制到轨迹视图中的“百分比轨迹”。如果想要设置关键点将对象放置于沿路径特定百分比的位置，要启用“自动关键点”，移动到想要设置关键点的帧，并调整“% 沿路径”微调器来移动对象。

⑤ 跟随：在对象跟随轮廓运动同时将对象指定给轨迹。

⑥ 倾斜：当对象通过样条线的曲线时允许对象倾斜(滚动)。

⑦ 倾斜量：调整这个量使倾斜从一边或另一边开始，这依赖于这个量是正数或负数。

⑧ 平滑度：控制对象在经过路径中转弯时翻转角度改变的快慢程度。较小的值使对象对曲线的变化反应更灵敏，而较大的值则会消除突然的转折。此默认值对沿曲线的常规阻尼是很适合的。当值小于 2 时往往会使动作不平稳，但是值在 3 附近时对模拟出某种程度的真实的不稳定很有效果。

⑨ 允许翻转：启用此选项可避免在对象沿着垂直方向的路径行进时有翻转的情况。

⑩ 恒定速度：沿着路径提供一个恒定的速度。禁用此项后，对象沿路径的速度变化依赖于路径上顶点之间的距离。

⑪ 循环：默认情况下，当约束对象到达路径末端时，它不会越过末端点。循环选项会改变这一行为，当约束对象到达路径末端时会循环回起始点。

⑫ 相对：启用此项保持约束对象的原始位置。对象会沿着路径同时有一个偏移距离，这个距离基于它的原始世界空间位置。

⑬ 轴：定义对象的轴与路径轨迹对齐。

⑭ 翻转：启用此项来翻转轴的方向。

5. 案例小结

本案例重点是掌握路径变形绑定的动画制作，通过结合视频 Video Post 技术制作动画片头。

巩固与提高

1. 案例效果

案例效图如图 9-2-23 所示。

2. 制作流程

(1)创建一条螺旋线→(2)创建文本“舞动中国”→(3)挤出文字→(4)将文字做路径变形，绑定到螺旋线→(5)复制螺旋线和文字→(6)添加泛光灯→(7)分别设置动画，调整路径变形百分比→(8)添加背景图片→(9)渲染保存。

3. 自我创意

利用路径变形绑定(WSM)的创建方法，结合生活实际，自我创意路径变形动画效果。

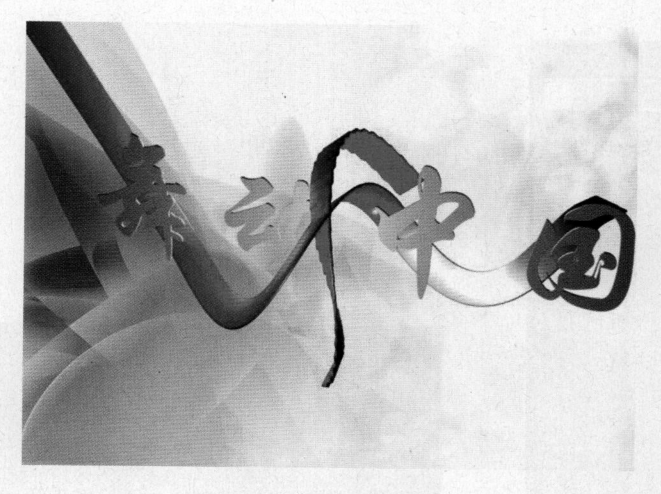

图 9-2-23

9.3 案例三:制作“电影频道片头”动画

1. 案例效果

案例效果如图 9-3-1 所示。

图 9-3-1

2. 制作流程

(1)前视图创建文本“电影频道”→(2)前视图中创建一个矩形→(3)转换为可编辑样条线→(4)附加文字→(5)做挤出效果→(6)添加设置目标聚光灯→(7)添加摄像机→(8)设置关键帧动画→(9)添加背景→(10)渲染保存。

3. 步骤解析

(1) 单击“创建”→“图形”→“文本”按钮,在前视图中创建一文本“电影频道”,适当调整其大小和字形,如图 9-3-2、图 9-3-3 所示。

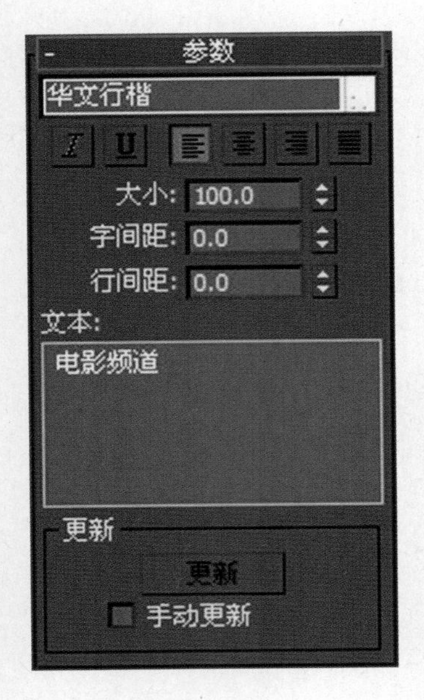

图 9-3-2

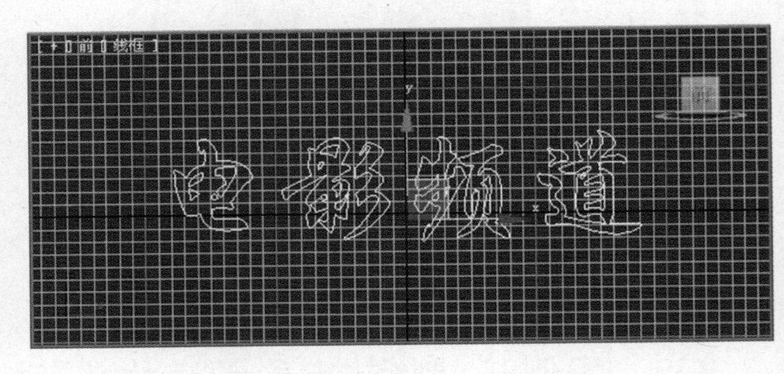

图 9-3-3

（2）单击“创建”→“图形”→“矩形”按钮，在前视图中创建一个矩形，如图 9-3-4 所示。

（3）选中矩形，右击，在快捷菜单中选择“转换为”→“转换为可编辑样条线”→“线段”，如图 9-3-5 所示。

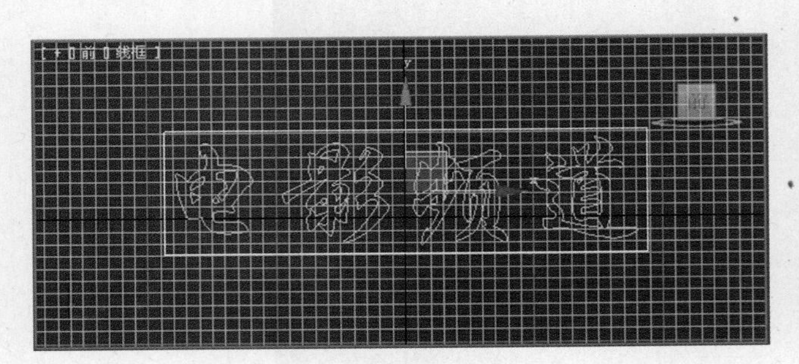

图 9-3-4

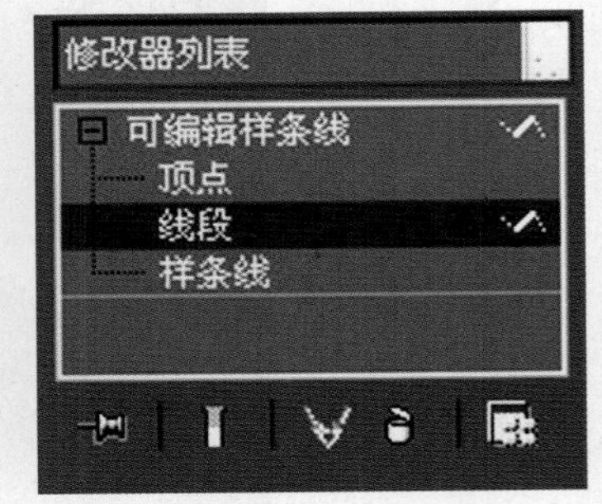

图 9-3-5

（4）单击卷展栏中“附加”按钮，在视图中单击文字，如图 9-3-6、图 9-3-7 所示。

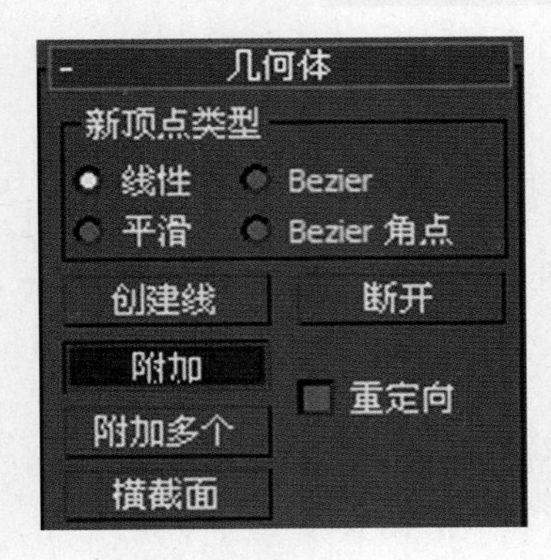

图 9-3-6

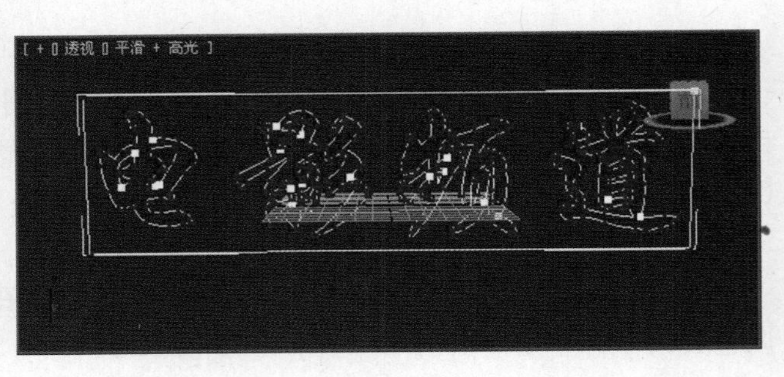

图 9-3-7

（5）关闭“线段”选项。单击“修改器列表”→“挤出”，数量为 10，如图 9-3-8、图9-3-9所示。

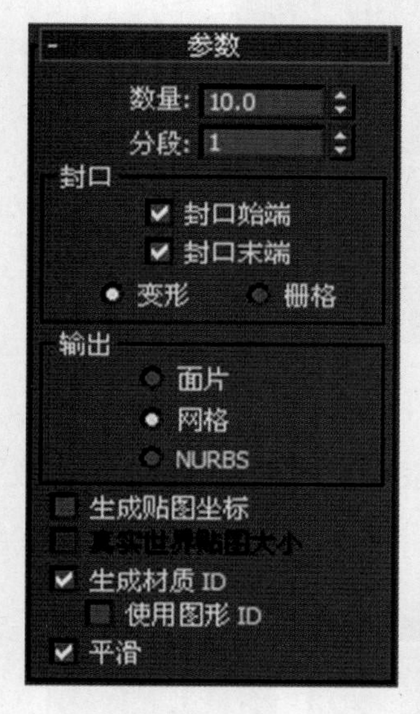

图 9-3-8

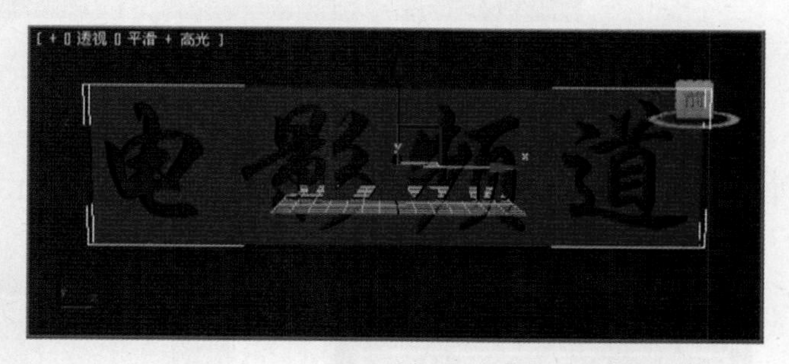

图 9-3-9

（6）单击“灯光”→“标准”→“目标聚光灯”，设置常规参数，如图 9-3-10、图 9-3-11 所示。

图 9-3-10

图 9-3-11

（7）设置倍增颜色为金黄色，设置聚光灯参数。其他参数设置如图 9-3-12、如图 9-3-13所示。设置好各参数后，在顶视图中创建目标聚光灯，如图 9-3-14 所示。

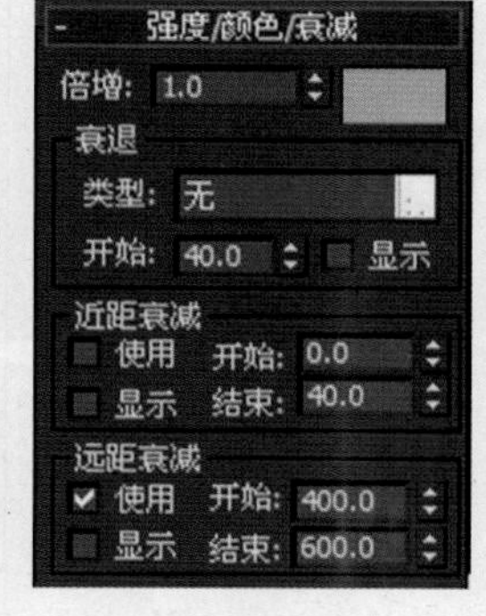

图 9-3-12

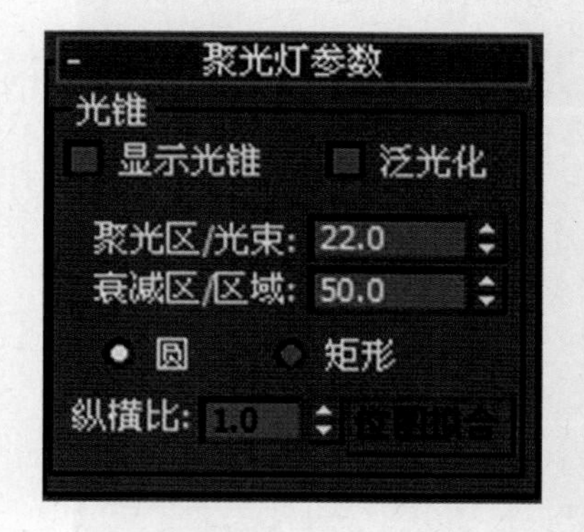

图 9-3-13

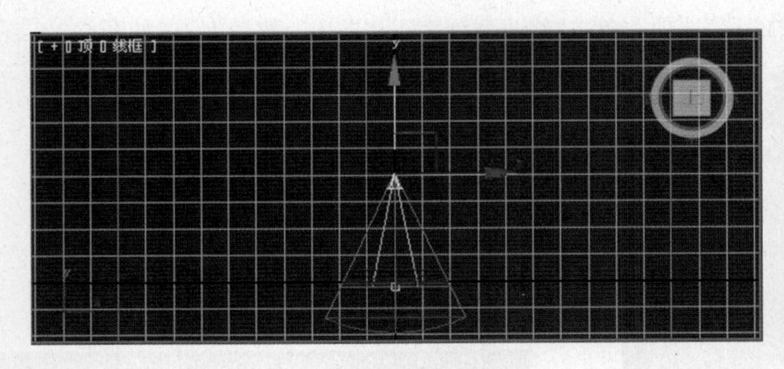

图 9-3-14

(8) 在目标聚光灯的卷展栏中选择“大气和效果”→“添加”，弹出“添加大气或效果”对话框，选择“体积光”，单击“确定”按钮，如图 9-3-15、图 9-3-16 所示。

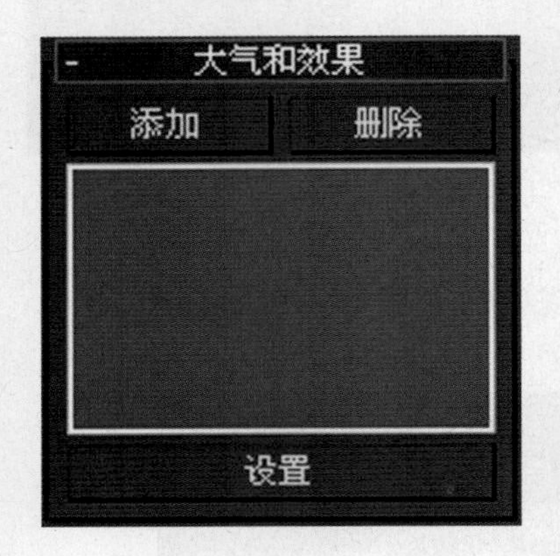

图 9-3-15

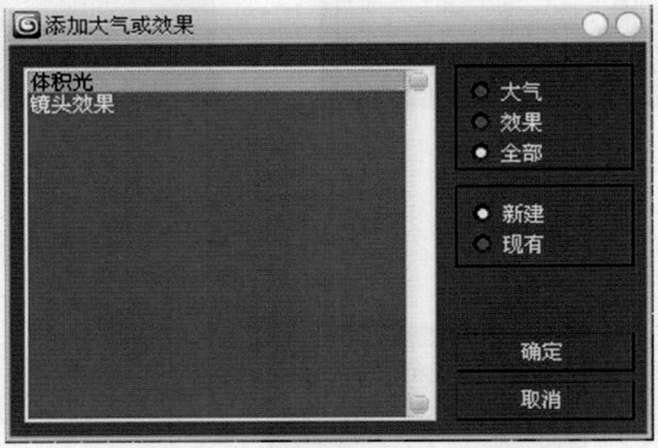

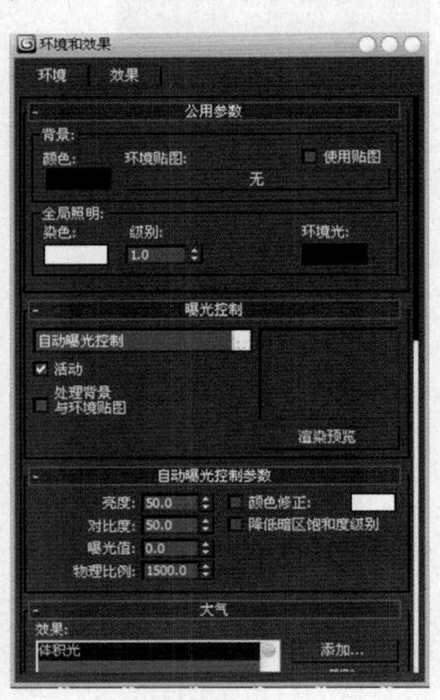

图 9-3-16

(9) 选择添加的“体积光”，单击“设置”按钮，弹出“环境和效果”对话框，选择“曝光控制”→“自动曝光控制”，如图 9-3-17、图 9-3-18 所示。

图 9-3-17

图 9-3-18

（10）单击“摄像机”→“目标”，在顶视图中创建一个摄像机。激活透视图，按 C 键进入摄像机模式，如图 9-3-19、图 9-3-20 所示。

图 9-3-19

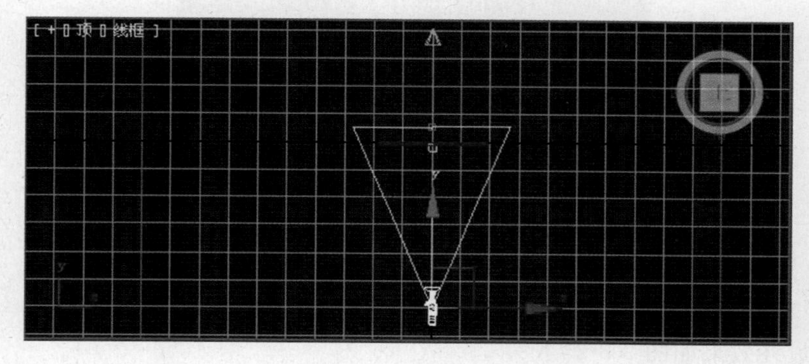

图 9-3-20

（11）单击“自动关键点”按钮，打开动画记录。在第 0 帧处将目标聚光灯沿 X 轴向一侧移动，在第 100 帧处将目标聚光灯沿 X 轴向另一侧移动，关闭“自动关键点”按钮，如图 9-3-21 所示。

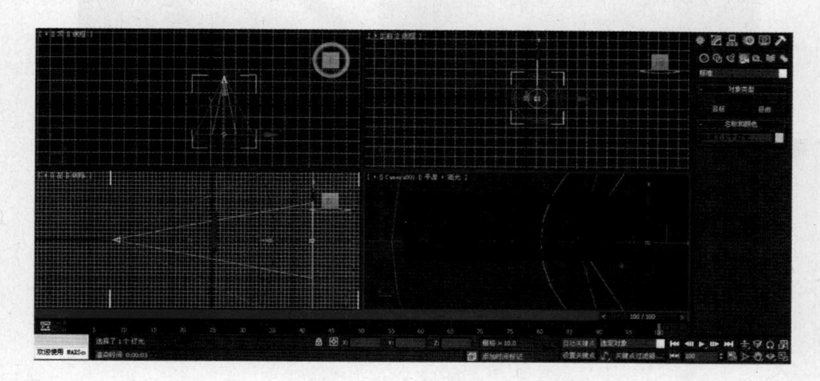

图 9-3-21

（12）单击菜单“渲染”→“环境”，在“背景”栏中单击“无”按钮，单击“位图”按钮，选择一张合适的背景，如图 9-3-22 所示。

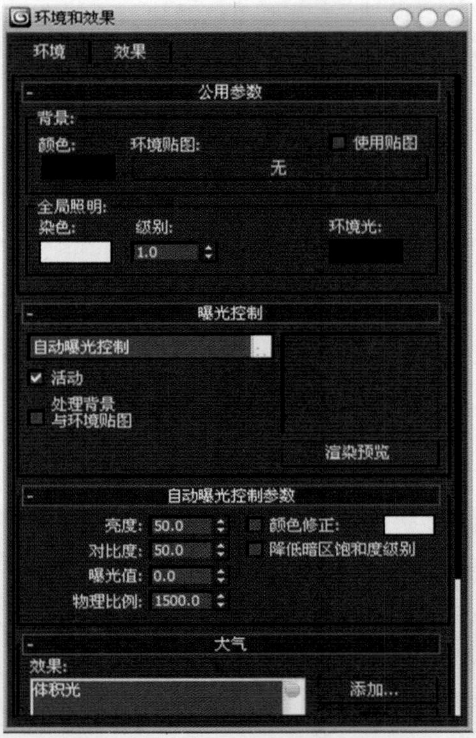

图 9-3-22

（13）最终效果如图 9-3-23 所示。

图 9-3-23

4. 知识链接

摄影机从特定的观察点表现场景。摄影机对象模拟现实世界中的静止图像、运动图片或视频摄影机。摄影机分为两种：目标摄影机和自由摄影机。目标摄影机查看目标对象周围的区域。创建目标摄影机时，看到一个两部分的图标，该图标表示摄影机和其目标(一个白色框)。摄影机和摄影机目标可以分别设置动画,以便当摄影机不沿路径移动时,容易使用摄影机。自由摄影机在摄影机指向的方向查看区域。创建自由摄影机时,看到一个图标,该图标表示摄影机和其视野。摄影机图标与目标摄影机图标看起来相同,但是不存在要设置动画的单独的目标图标。当摄影机的位置沿一个路径被设置动画时,更容易使用自由摄影机。

5. 案例小结

本案例重点是掌握创建、设置目标聚光灯效果,结合关键帧的设置制作片头动画。

巩固与提高

1. 案例效果

案例效果如图 9-3-24 所示。

图 9-3-24

2. 制作流程

(1)创建片头背景模型→(2)创建片头文字与发光小球→(3)制作文字动画→(4)制作小球运动路径→(5)设置小球运动→(6)设置小球镜头光斑→(7)进行视频特效处理→(8)渲染播放。

3. 自我创意

利用灯光效果,结合生活实际,自我创意片头动画效果。

9.4 案例四:制作"飘动的红旗"动画

1. 案例效果

案例效果如图 9-4-1 所示。

图 9-4-1

2. 制作流程

(1)创建旗杆和旗帜→(2)将旗帜修改为网格选择→(3)添加 Reactor Cloth 修改器→(4)创建 Cloth 集合→(5)拾取旗帜→(6)设置顶点约束→(7)创建风→(8)设置动力学参数→(9)设置材质→(10)添加背景→(11)渲染保存。

3. 步骤解析

(1) 单击“几何体”→“圆柱体”按钮,创建圆柱体作为旗杆,如图 9-4-2、图 9-4-3 所示。

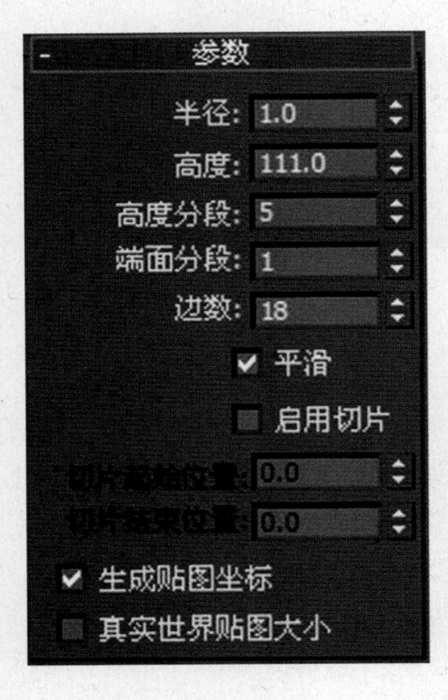

图 9-4-2

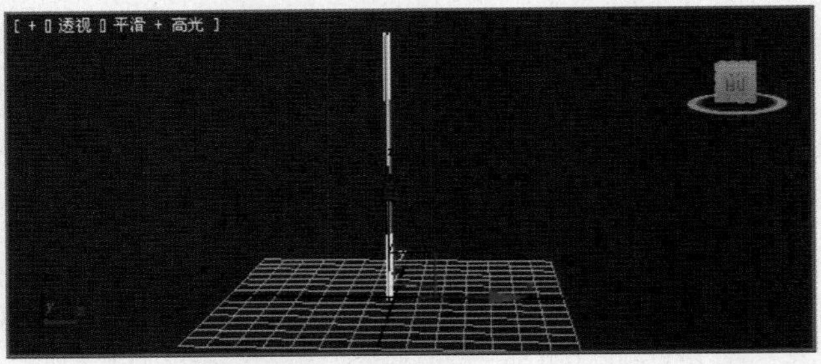

图 9-4-3

(2) 单击“几何体”→“球体”按钮,创建球体作为旗杆顶端部分,如图 9-4-4、图9-4-5 所示。

(3) 单击“几何体”→“平面”按钮,创建平面作为旗,如图 9-4-6、图 9-4-7 所示。

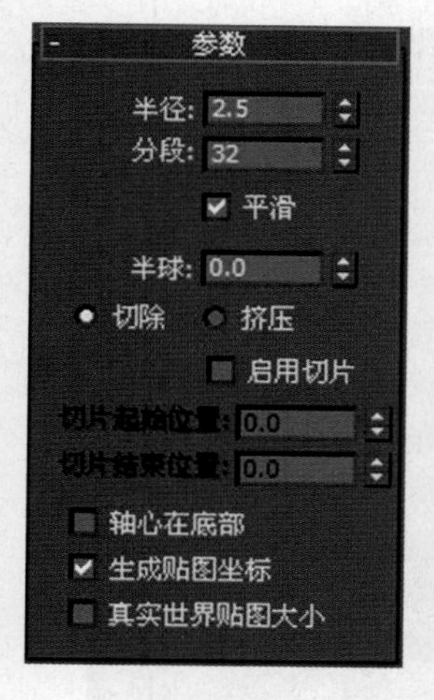

图 9-4-4

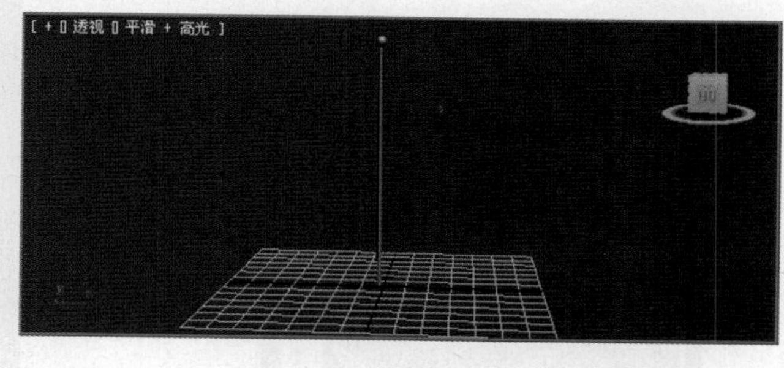

图 9-4-5

图 9-4-6

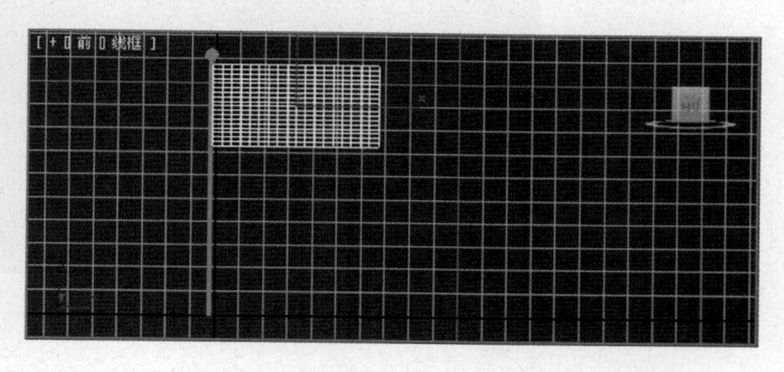

图 9-4-7

(4) 选择平面,进入修改命令面板,选择“修改器列表”→“网格选择”→“面”,在视图中选择平面,如图 9-4-8、图 9-4-9 所示。

图 9-4-8

图 9-4-9

(5) 选择“修改器列表”→“Reactor Cloth”,单击“辅助对象”→“Cloth 集合”,在视图中单击创建,如图 9-4-10、图 9-4-11、图 9-4-12 所示。

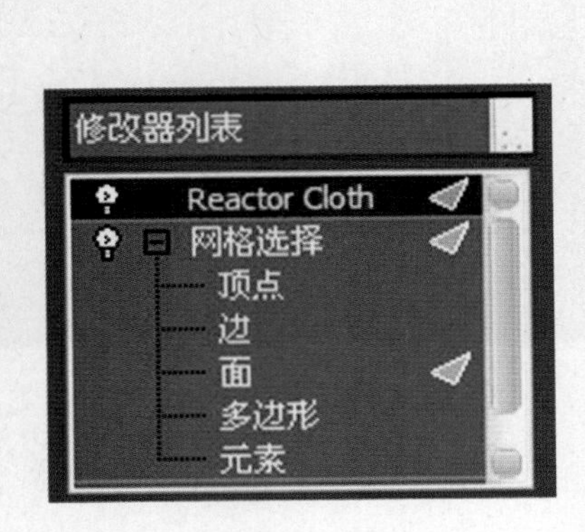

图 9-4-10

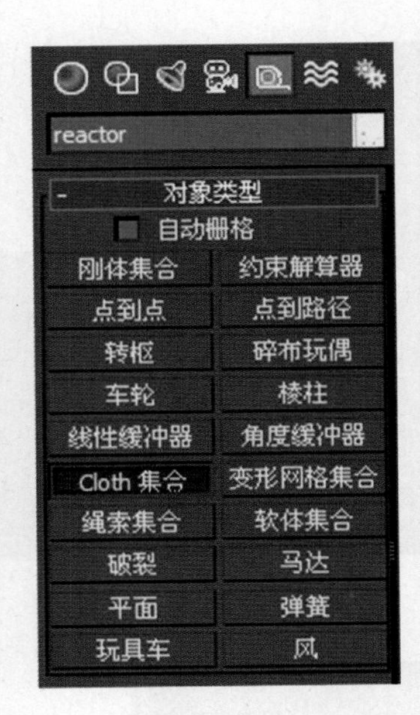

图 9-4-11

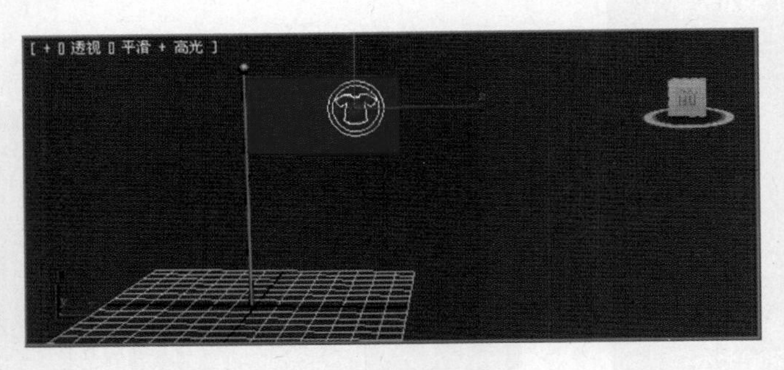

图 9-4-12

（6）单击卷展栏中“属性”→“拾取”按钮，单击视图中的平面，如图 9-4-13、图9-4-14所示。

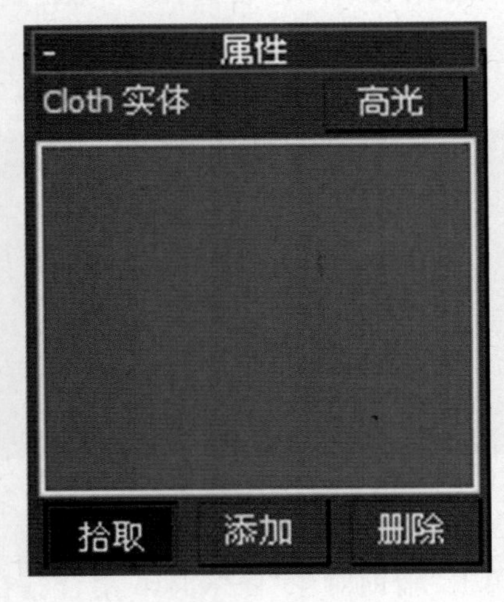

图 9-4-13

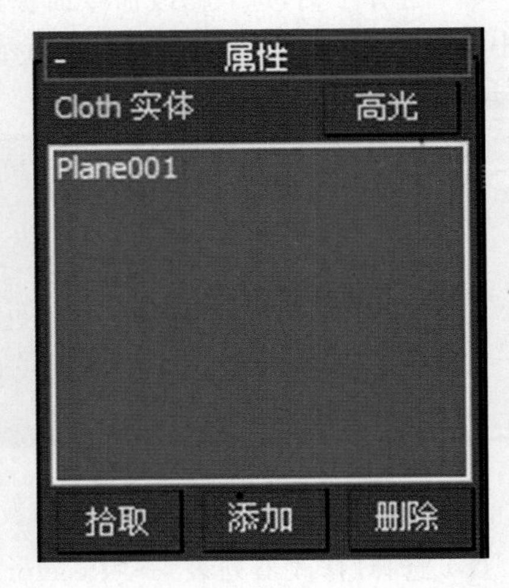

图 9-4-14

（7）选择平面，进入修改命令面板，选择“Reactor Cloth”→“顶点”，在前视图中框选接近旗杆的一排顶点，如图 9-4-15、图 9-4-16 所示。

图 9-4-15

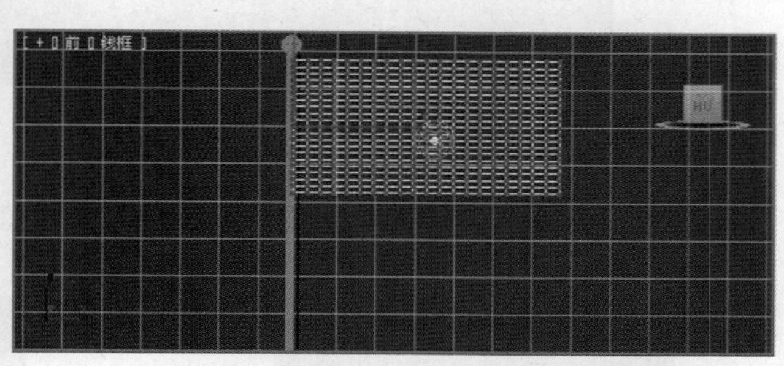

图 9-4-16

（8）单击卷展栏中的“约束”→“固定顶点”，此时选中的点为橙色，如图 9-4-17 所示。

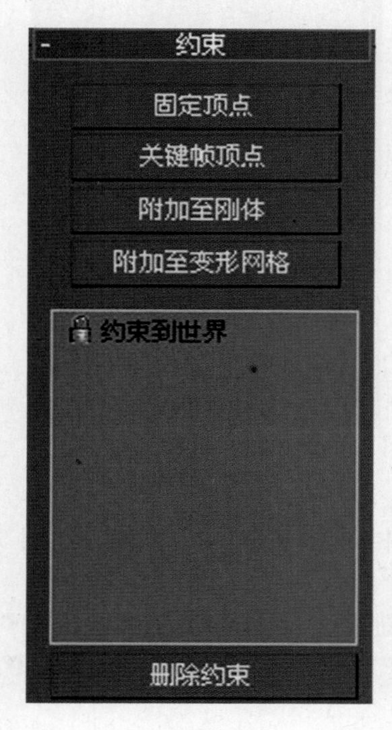

图 9-4-17

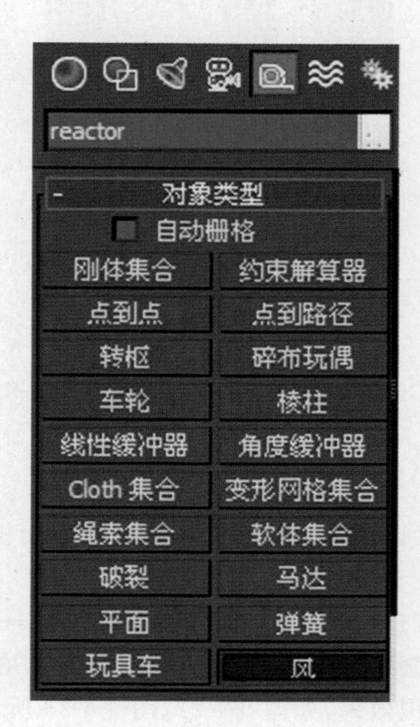

图 9-4-18

（9）单击“辅助对象”→“风”，在视图中单击创建，并使用旋转工具调整风的合适方向，如图 9-4-18、图 9-4-19 所示。

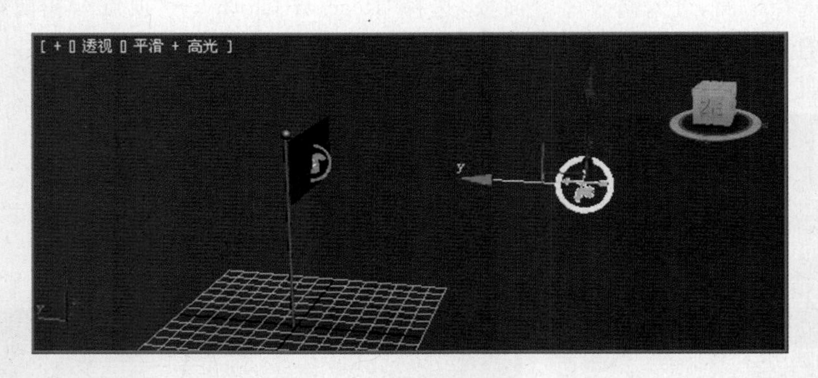

图 9-4-19

(10) 选择“风”,单击修改面板设置属性中各值,如图 9-4-20 所示。

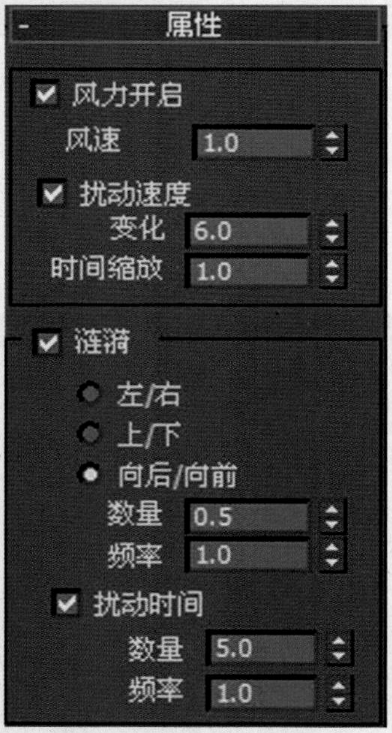

图 9-4-20

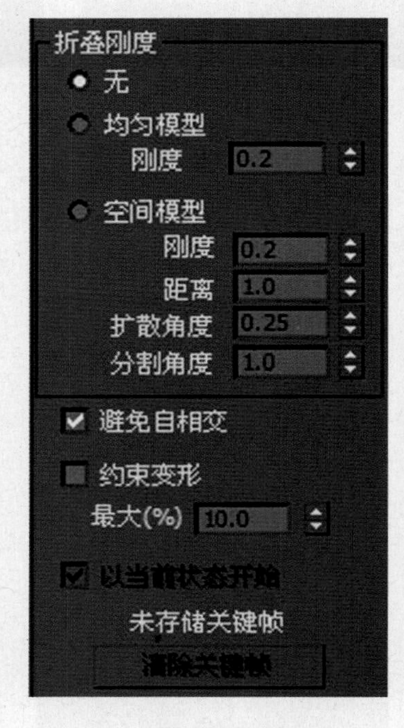

图 9-4-21

(11) 选择平面,进入修改命令面板,在卷展栏中勾选“避免自相交”项。如图 9-4-21 所示。

(12) 单击命令面板中的“工具”→“reactor”按钮,进入动力学属性面板,展开“预览与动画”卷展栏,设置各参数。单击“在窗口中预览”按钮,弹出预览窗口,单击 P 键观察模拟效果,如图 9-4-22、图 9-4-23 所示。

(13) 单击“材质编辑器”按钮,选择材质球,设置为金属材质调整各参数,并将材质赋给圆柱体和球体。再选择另一个材质球,设置贴图为素材“五星红旗”,勾取双面选项,并将材质赋给平面,如图 9-4-24、图 9-4-25 所示。

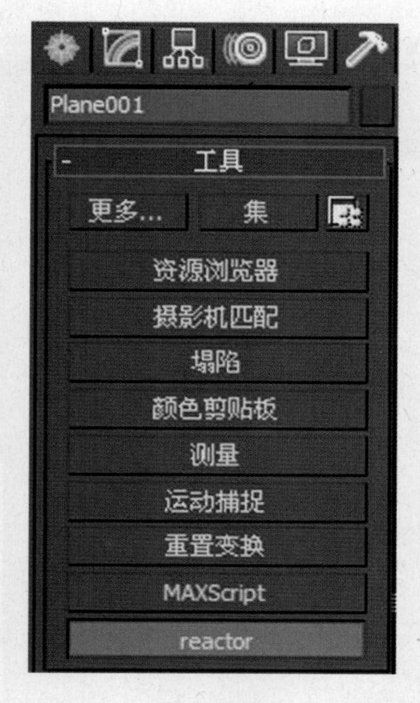

图 9-4-22

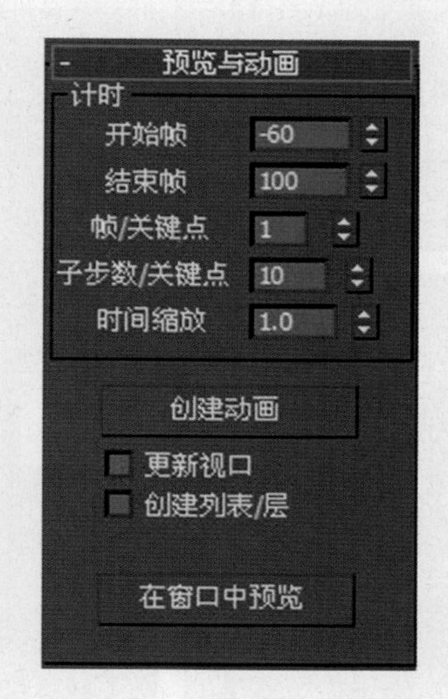

图 9-4-23

图 9-4-24

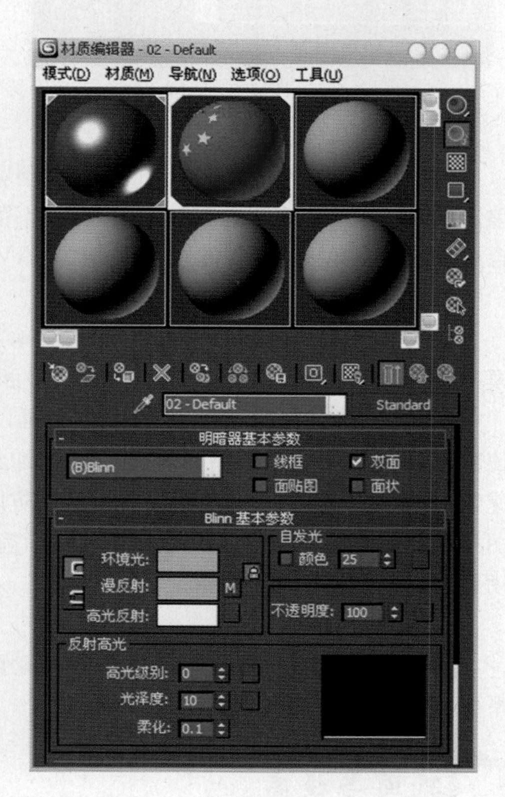

图 9-4-25

(14) 单击菜单“渲染”→“环境”命令,在“背景”栏中单击“无”按钮,单击“位图”按钮,选择一张合适的背景,如图 9-4-26 所示。

图 9-4-26

图 9-4-27

(15) 单击命令面板中的"工具"→"预览与动画"→"创建动画"。动画演算成功后，单击"渲染"→"渲染设置"，选择时间输出范围为 0～100，输出大小为 640×480。选择合适的文件保存路径，保存文件类型为"AVI 文件"，渲染，如图 9-4-27 所示。

4. 知识链接

动力学布料：Reactor 中的 Cloth 对象是二维的可变形实体。可以利用 Cloth 对象模拟旗帜、窗帘、衣服（裙子、帽子和衬衫）和横幅，甚至类似纸张和金属片的材质。

风力系统：使用风力系统辅助对象可以向 Reactor 场景中添加风效果，例如，可以使窗帘在微风中摆动。将风辅助对象添加到场景中后，可以配置效果的各种属性（例如速度、阵风）以及场景中的对象是否可以防风。可以设置大多数参数的动画。辅助对象图标的方向指示风的方向，即沿着风向标箭头的方向吹。还可以通过设置图标方向的动画，来设置此方向的动画。

5. 案例小结

本案例重点是掌握制作动力学布料动画的方法，通过制作红旗飘动动画，设置风力系统，模拟红旗迎风飘动。

巩固与提高

1. 案例效果

案例效果如图 9-4-28 所示。

图 9-4-28

2. 制作流程

(1)创建房间→(2)创建窗→(3)创建窗帘→(4)将窗帘修改为网格选择→(5)添加 Reactor Cloth 修改器→(6)创建 Cloth 集合→(7)拾取窗帘→(8)设置顶点约束→(9)创建风→(10)设置动力学参数→(11)设置材质→(12)添加背景→(13)渲染保存。

3. 自我创意

利用制作动力学布料动画的方法,结合生活实际,自我创意布料动画。

9.5 案例五:制作"火车"动画

1. 案例效果

案例效果如图 9-5-1 所示。

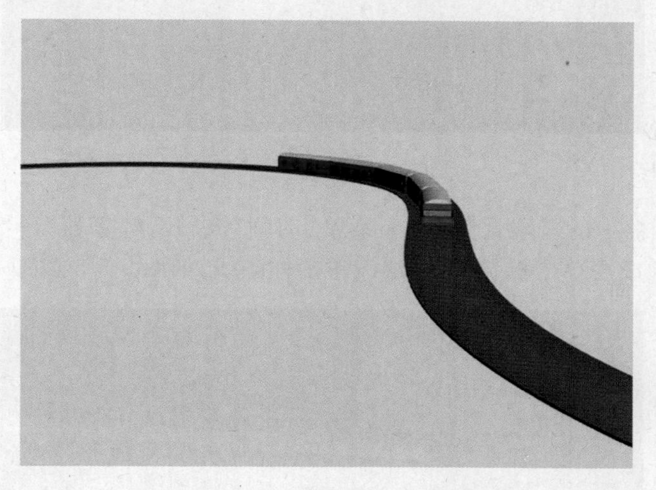

图 9-5-1

2. 制作流程

(1)为火车模型创建骨骼→(2)创建火车模型与骨骼的父子关系→(3)创建一条样

条线作为火车运动的轨迹，并再复制一条→(4)创建样条线 IK 解算器→(5)创建长方体作为火车运动的轨道→(6)对长方体使用路径变形绑定(WSM)→(7)设置关键帧→(8)渲染保存。

3. 步骤解析

(1) 打开"火车素材"文件，单击"系统"→"骨骼"，在视图中按照火车模型依次创建骨骼，如图 9-5-2、图 9-5-3 所示。

图 9-5-2

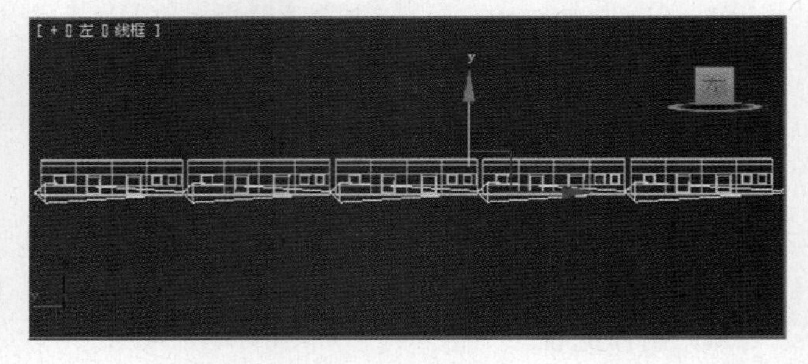

图 9-5-3

(2) 逐一的选择火车车厢模型，单击"选择并链接"按钮，按住鼠标逐一拖拽至对应的骨骼上，创建火车模型与骨骼的父子关系。

(3) 单击"图形"→"线"按钮，在视图中创建一条样条线作为火车运动的轨迹，并再复制一条，如图 9-5-4 所示。

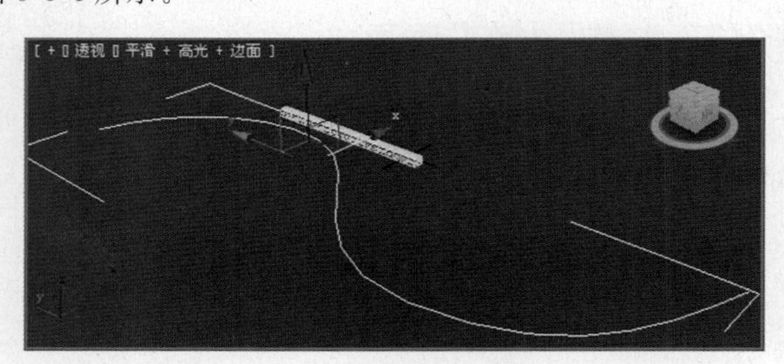

图 9-5-4

(4) 选择骨骼中的末端骨骼，单击菜单"动画"→"IK 解算器"→"样条线 IK 解算器"命令，出现虚线后单击根骨骼，再继续单击样条线，如图 9-5-5、图 9-5-6 所示。

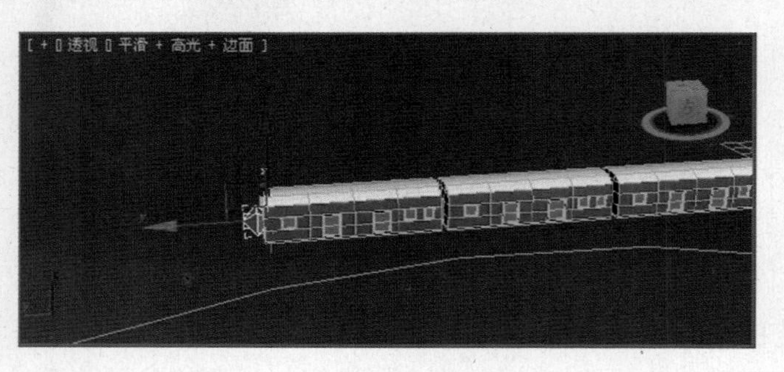

图 9-5-5

（5）单击“几何体”→“长方体”按钮，创建一个长方体作为火车运动的轨道，参数设置如图 9-5-7 所示。

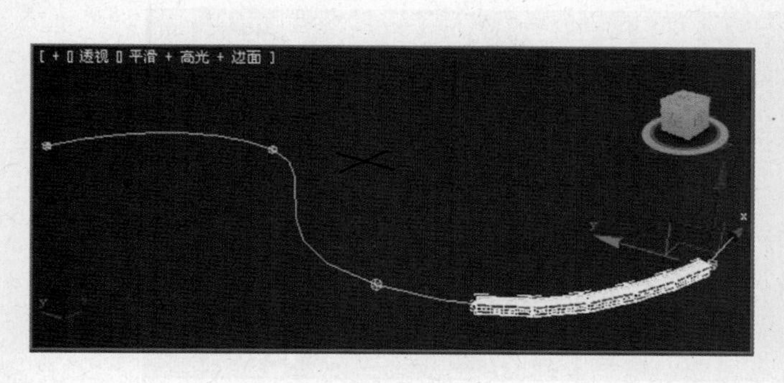

图 9-5-6

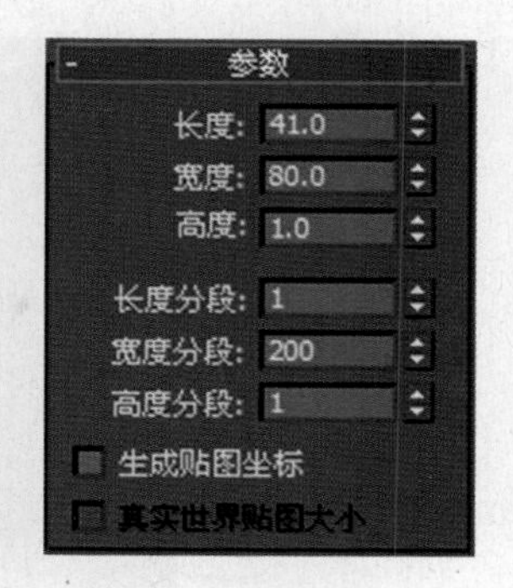

图 9-5-7

（6）选中长方体，单击“修改器列表”→“路径变形绑定（WSM）”，单击“拾取路径”按钮，在视图中单击复制后的样条线，再单击“转到路径”按钮。在路径变形轴选项中选择 X 轴，其他参数设置如图 9-5-8、图 9-5-9 所示。

图 9-5-8

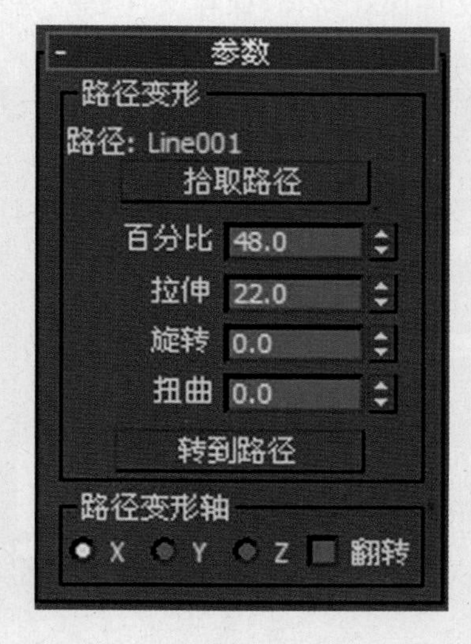

图 9-5-9

（7）调整路径变形后的长方体位置，如图 9-5-10 所示。

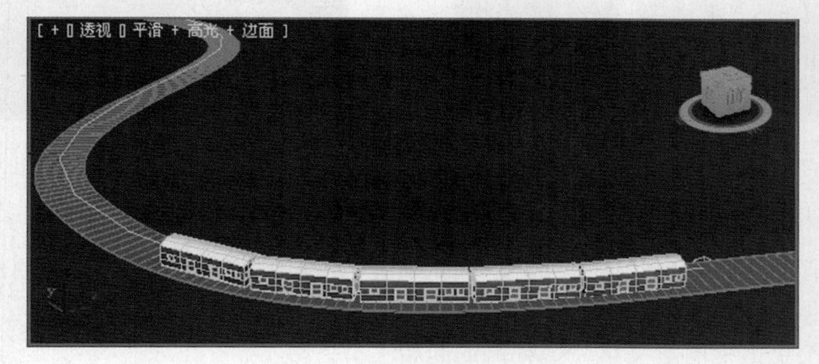

图 9-5-10

（8）单击“自动关键点”按钮，打开动画记录。双击根骨骼，分别在第 0 帧和第 100 帧处调整火车的运动位置，关闭“自动关键点”按钮，如图 9-5-11 所示。

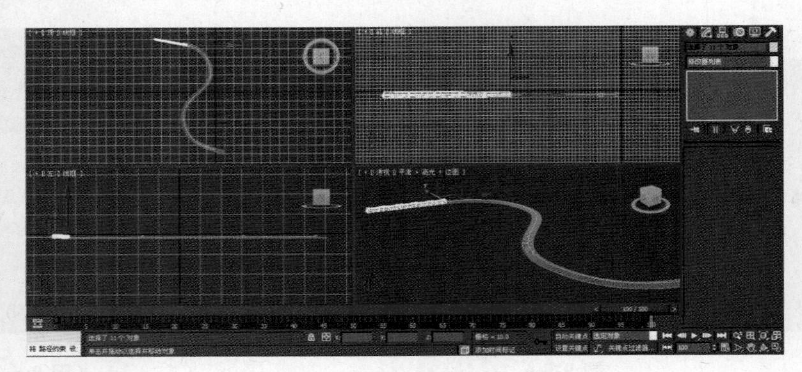

图 9-5-11

（9）单击菜单“渲染”→“环境”，在“背景”栏中设置颜色为浅蓝色。激活透视图，单击“渲染”→“渲染设置”，选择时间输出范围为 0～100，输出大小为 640×480。选择合适的文件保存路径，保存文件类型为“AVI 文件”，渲染，如图 9-5-12、图 9-5-13 所示。

图 9-5-12

图 9-5-13

4．知识链接

创建骨骼：通过单击“创建”面板上的“系统”类别中的“骨骼”按钮开始创建骨骼。

创建骨骼操作：

第一次单击视图定义第一个骨骼的起始关节。

第二次单击视图定义下一个骨骼的起始关节。由于骨骼是在两个轴点之间绘制的可视辅助工具,因此看起来此时只绘制了一个骨骼。实际的轴点位置非常重要。

后面每次单击都定义一个新的骨骼,作为前一个骨骼的子对象。经过多次单击之后,便形成了一个骨骼链。

右击可退出骨骼的创建。此操作在层次末端创建一个小的骨骼,该骨骼在指定 IK 链时使用。如果不准备为层次指定 IK 链,则可以删除这个小的骨骼。

样线条 IK 解算器:使用样条线确定一组骨骼或其他链接对象的曲率。移动和设置样条线顶点动画来更改样条线的曲率。通常,每个顶点都放置了一个辅助对象,用来辅助设置样条线的动画。然后样条线曲率传递到整个链接结构中。骨骼自身并不改变形状。

样条线 IK 提供的动画系统比其他 IK 解算器的灵活性高。可以在 3D 空间的任何地方定位顶点/辅助对象,以便链接的结构可以假定要为其提供的任何形状。

5. 案例小结

本案例重点是掌握骨骼动画的制作,通过绑定骨骼和 IK 解算器的应用制作动画。

巩固与提高

1. 案例效果

案例效果如图 9-5-14 所示。

图 9-5-14

2. 制作流程

(1)制作一条鱼的模型→(2)创建骨骼并绑定→(3)创建小鱼运动轨道→(4)使用 IK 解算器→(5)设置关键帧→(6)设置动画背景→(7)渲染保存。

3. 自我创意

利用骨骼动画的创建方法,结合生活实际,自我创意骨骼动画效果。

后 记

在这个绚丽多彩的夏天，终于迎来了数字媒体技术应用专业系列教材即将出版的日子。

早在2009年，我就与Adobe公司和Autodesk公司等数字媒体领域的国际企业中国区领导人就数字媒体技术在职业教育教学中的应用进行过探讨，并希望有机会推动职业教育相关专业的发展。2010年，教育部《中等职业教育专业目录》中将数字媒体技术应用专业作为新兴专业纳入中职信息技术类专业之中。2010年11月18日，教育部职业教育与成人教育司（以下简称“教育部职成教司”）同康智达数字技术（北京）有限公司就合作开展“数字媒体技能教学示范项目试点”举行了签约仪式，教育部职成教司刘建同副司长代表职成教司签署合作协议。同时，该项目也获得了包括高等教育出版社等各级各界关心和支持职业教育发展的单位和有识之士的大力协助。经过半年多的实地考察，“数字媒体技能教学示范项目试点”的授牌仪式于2011年3月31日顺利举行，教育部职成教司刘杰处长向试点学校授牌，确定了来自北京、上海、广东、大连、青岛、江苏、浙江等七省市的9所首批试点学校。

为了进一步建设数字媒体技术应用专业，在教育部职成教司的指导下、在高等教育出版社的积极推动下，与实地考察工作同时进行的专业教材编写经历了半年多的研讨、策划和反复修改，终于完稿。同时，为了后续培养双师型骨干教师和双证型专业学生，我们还搭建了一个作品展示、活动发布及测试考评的网站平台——数字教育网www.digitaledu.org。随着专业建设工作的开展，我们还会展开一系列数字媒体技术应用专业各课程的认证考评，颁发认证证书，证书分为师资考评和学生专业技能认证两种，以利于进一步满足师生对专业学习和技能提升的要求。

我们非常感谢各界的支持和有关参与人员的辛勤工作。感谢教育部职成教司领导给予的关怀和指导；感谢上海市、广州市、大连市、青岛市和江苏省等省市教育厅（局）、职成处的领导介绍当地职业教育发展状况并推荐考察学校；感谢首批试点学校校长和老师们切实的支持。同时，要感谢教育部新闻办、中国教育报、中国教育电视台等媒体朋友们的支持；感谢高等教育出版社同仁们的帮助并敬佩编辑们的专业精神；感谢Adobe公司、Autodesk公司和汉王科技公司给予的大力支持。

我还要感谢一直在我身边，为数字媒体专业建设给予很多建议、鼓励和帮助的朋友和同事们。感谢著名画家庞邦本先生、北京师范大学北京京师文化创意产业研究院执行院长肖永亮先生、北京电影学院动画学院孙立军院长，他们作为专业建设和学术研究的领军人物，时刻关心着青少年的成长和教育，积极参与专业问题的探讨并且给予悉心指导，在具体工作中还给予了我本人很多鼓励。感谢资深数字视频编辑专家赵小虎对于视频编辑教材的积极帮助和具体指导；感谢好友张超峰在基于Maya的三维动画工作流程中给予的指导和建议；感谢好友张永江在网站平台、光盘演示程序以及考评系统程序设计中给予的大力支持；感谢康智达公司李坤鹏等全体员工付出的努力。

最后，我要感谢在我们实地考察、不断奔波的行程中，从雪花纷飞的圣诞夜和辞旧迎新的元旦，到春暖花开、夏日炎炎的时节，正是因为有了出租车司机、动车组乘务员以及飞机航班的服务人员等身边每一位帮助过我们的人，伴随我们留下了很多值得珍惜和记忆的美好时光，也促使我们将这些来自各个地方、各个方面的关爱更加积极地渗透在“数字媒体技能教学示范项目试点”的工作中。

愿我们共同的努力，能够为数字媒体技术应用专业的建设带来帮助，让老师们和同学们能够有所收获，能够为提升同学们的专业技能和拓展未来的职业生涯发挥切实有效的作用！

数字媒体技能教学示范项目试点执行人
数字媒体技术应用专业教材编写组织人
康智达数字技术（北京）有限公司总经理

贡庆庆
2011年6月

读者回执表

亲爱的读者：

感谢您阅读和使用本书。读完本书以后，您是否觉得对数字媒体教学中的光影视觉设计、数字三维雕塑等有了新的认识？您是否希望和更多的人一起交流心得和创作经验？我们为数字媒体技术应用专业系列教材的使用及教学交流活动搭建了一个平台——数字教育网 www.digitaledu.org，电话：010－51668172，康智达数字技术（北京）有限公司。我们还会推出一系列的师资培训课程，请您随时留意我们的网站和相关信息。

回执可以传真至 010－51657681 或发邮件至 edu@digitaledu.org。

姓名		性别		出生日期		民族	
工作单位	（或学校名称）						
职务		学科					
电话		传真					
手机		E－mail					
地址				邮编			

1. 您最喜欢这套数字媒体技术应用专业系列中的哪一本教材？____________

2. 您最喜欢本书中的哪一个章节？________________

3. 贵校是否已经开设了数字媒体相关专业？□是　□否；专业名称是________

4. 贵校数字媒体相关专业教师人数：________数字媒体相关专业学生人数：____

5. 您是否曾经使用过电子绘画板或数位板？□是　□否；型号是________

6. 作为学生能够经常使用电子绘画板进行数字媒体创作吗？□是　□否

7. 贵校是否曾经开设过与 Adobe 公司相关软件的课程？□是　□否；开设的内容与如下软件相关：□Photoshop　□Illustrator　□InDesign　□Flash　□Dreamweaver　□Flash ActionScript　□Premiere　□After Effects　□Audition

8. 贵校是否曾经开设过与 Autodesk 公司相关软件的课程？□是　□否；开设的内容与如下软件相关：□Maya　□3ds Max　□Mudbox　□Smoke　□Flame

9. 贵校在数字媒体课程中有可能先开设哪些课程？

□数字媒体技术基础　□光影视觉设计　□数字插画与排版　□二维动画制作

□互动媒体制作　□数字视频编辑　□数字影像合成　□三维可视化制作

□三维动画基础入门　□数字三维雕塑　□数字后期特效

10. 贵校有相关数字媒体、动画、漫画、摄影、游戏设计等学生社团吗？□有　□无

社团的名称是____________________________

11. 您最希望参加何种类型的培训学习或活动？

培训学习：□讲座　□短期培训（1 周以内）　□长期培训（3 周左右）

活动：□数字媒体相关作品大赛　□数字媒体相关作品的媒体发布　□专业的高级研讨会

12. 您对我们的工作有何建议或意见？